"十四五"国家重点出版物出版规划项目

基础科学基本理论及其热点问题研究

基础科学
Basic Science

孟元库　栾锡武　魏友卿　王珍珍◎著

藏南冈底斯带中段
岩浆演化与构造特征

Magmatic Evolution and Structural Feature of the Gangdese Magmatic Belt in Southern Xizang

中国科学技术大学出版社

内 容 简 介

冈底斯带(冈底斯岩浆带)是新特提斯洋俯冲和印度-亚洲板块碰撞的产物,为典型的复合型大陆岩浆弧,是研究板块增生、大陆地壳生长再造和碰撞造山的天然实验室。在野外地质调查基础上,本书对冈底斯带中段的火成岩、构造岩(糜棱岩)开展了系统性的研究工作,对不同时代的火成岩展开了成因分析,并对韧性剪切带的形成时限和动力学过程进行了限定,最后对冈底斯带中段的隆升剥蚀历史进行了约束。

本书适合岩石学、矿物学、地球化学等专业研究生和科研人员阅读。

图书在版编目(CIP)数据

藏南冈底斯带中段岩浆演化与构造特征/孟元库等著. —合肥:中国科学技术大学出版社,2024.3

(基础科学基本理论及其热点问题研究)

"十四五"国家重点出版物出版规划项目

ISBN 978-7-312-02841-0

Ⅰ.藏… Ⅱ.孟… Ⅲ.①岩浆发育—研究—西藏 ②成矿带—构造形式—研究—西藏
Ⅳ.①P588.11 ②P548.275

中国国家版本馆CIP数据核字(2024)第032397号

藏南冈底斯带中段岩浆演化与构造特征

ZANGNAN GANGDISIDAI ZHONGDUAN YANJIANG YANHUA YU GOUZAO TEZHENG

出版	中国科学技术大学出版社
	安徽省合肥市金寨路96号,230026
	http://press.ustc.edu.cn
	https://zgkxjsdxcbs.tmall.com
印刷	合肥华苑印刷包装有限公司
发行	中国科学技术大学出版社
开本	787 mm×1092 mm　1/16
印张	19.5
字数	475千
版次	2024年3月第1版
印次	2024年3月第1次印刷
定价	138.00元

前　言

　　自古生代以来,青藏高原的形成就与欧亚大陆南缘经历的一系列古大洋的开启、闭合以及块体的拼贴事件密切相关,其相对完整地记录了特提斯(始特提斯-古特提斯和新特提斯)构造域演化的全过程。因此,青藏高原是研究特提斯构造域最佳的天然实验室。另外,青藏高原是现今世界上平均海拔最高(平均海拔4000 m)、地壳厚度最厚(70~80 km,为正常地壳的两倍)和形成时代最新的高原,被誉为“地球第三极”,它独特的地理环境和岩石圈结构对解决地球地学理论问题具有典型意义。另外,青藏高原又是一个正在快速崛起的大陆地块,高原四周为高耸起伏的巨型山链,高原内部则是广袤而又平坦的地域。在地球上,新生代最为壮观和显著的地质事件是印度-亚洲大陆的碰撞。两大陆的碰撞导致了青藏高原的隆升,影响了资源的再分配及生存环境的变化,并在高原内部及其边缘诱发了异常活跃的地震灾害。青藏高原又是亚洲大陆的最后拼合体,它完整地记录和保留了多期地质事件(分散、聚敛、碰撞、拼贴)和碰撞造山的动力学证据。印度-亚洲板块的重大碰撞事件形成了广泛的大陆变形域,因此作为世界地学瑰宝之一的青藏高原已经被公认为研究大陆动力学最佳的窗口和天然的实验室。

　　青藏高原的研究始于19世纪,至今已一百多年。本书第一作者于2011年5月首次踏进青藏高原,十多年来(累计工作560余天),足迹从北侧的祁连山-疏勒南山到最南边的高喜马拉雅,多次走进高原,领略高原的风采。在青藏高原的地质调查和研究中,以大陆动力学为纲,板块拼贴和碰撞为主线,与青藏高原有关的特提斯构造域的关键科学问题为出发点,结合多学科和新技术手段,在野外大量调查的基础上,以冈底斯带作为研究基地,经过多年的努力、拼搏和探究,在前人研究的基础上,取得了一些新的认识和看法,撰写了《藏南冈底斯带中段岩浆演化与构造特征》一书。这些成果来之不易,本书献给仍然奋战在青藏高原一线的地质工作者和关心高原的人们。

本书主要以青藏高原藏南冈底斯地体为研究对象,通过宏观/微观、定性/半定量、几何学/运动学/动力学、深部/浅部以及地质/地球化学的手段,初步确定了冈底斯地体的基本构造格架、岩浆演化特征以及变形构造体制;重塑了碰撞前藏南冈底斯地体的大地构造格局和地幔性质,并对新特提斯洋的形成和演化进行了约束。本书取得的主要进展如下:

1. 限定了新特提斯洋向欧亚板块俯冲的时限

冈底斯带是研究新特提斯洋俯冲的最佳野外天然实验室。在藏南冈底斯带中段地区,本书第一作者及团队成员首次厘定了晚三叠世辉长岩和花岗岩,通过详细的研究,进一步印证了新特提斯洋的俯冲不晚于晚三叠世(约225 Ma)。晚三叠世火成岩岩体的发现和厘定除了具有理论上的意义之外,还有最重要的一点启示:冈底斯带经历了一个长期的构造演化,最早的岩浆活动可追溯至晚三叠世早中期,并且已经厘定的火成岩均显示出俯冲带型的地球化学特征(弧型岩浆)。这些晚三叠世岩体的厘定为今后进一步详细研究冈底斯带早期的构造背景和火成岩成岩时的动力学机制提供了良好的地质素材。此外,晚三叠世岩体的发现,也表明了新特提斯洋的俯冲期至少长达1.5亿年,直到新生代早期(60~55 Ma)印度-欧亚大陆的碰撞,新特提斯洋才完全闭合。

2. 阐明了冈底斯带弧型岩浆岩重Mg同位素的成因机制

首次在冈底斯带中段曲水和大竹卡地区发现了重Mg同位素的辉长岩。根据野外岩体的分布产状、矿物学和岩石学特征,并结合Sr-Nd-Hf-O同位素,认为重Mg同位素的镁铁质弧型岩浆是富含滑石(talc)蛇纹岩在弧下地幔变质脱水交代上覆地幔楔部分熔融的产物,并且沉积熔体扮演的作用非常有限。根据重Mg同位素形成的特征,本书第一作者提出了俯冲隧道的模式(subduction channel),该模式进一步印证了新特提斯洋的俯冲不晚于晚三叠世。

3. 确定了侏罗纪叶巴组火山岩的成因和动力学机制

拉萨地体南缘早侏罗世叶巴组火山岩呈现出双峰式的岩石组合,包括玄武岩、玄武安山岩、英安岩和流纹岩,喷发年龄为174~183 Ma。基性火山岩单元具有富集大离子亲石元素(LILE)和轻稀土元素(LREE),亏损高场强元素(HFSE)和Sr-Nd-Hf同位素的特征,暗示了岩石源于俯冲物质交代的地幔楔部分熔融作用。中酸性火山岩单元与基性火山岩之间无成因联系,为新生下地壳与变质硬砂岩混合源区在高温低压条件下部分熔融的结果。综合已有资料,对比结果显示叶巴组火山岩应是新特提斯洋北向俯冲体系构造背景的弧后岩浆作用产物。

4. 重塑了晚白垩世冈底斯带岩浆岩形成的地球动力学背景

对冈底斯带中段的晚白垩世岩浆岩样品开展了全岩主微量和Sr-Nd同位素分析、锆石U-Pb定年、Hf同位素测试以及单矿物原位主微量元素分析,获得了冈底斯带晚白垩世岩浆岩的成因,并重塑了晚白垩世冈底斯带岩浆岩形成的地球动力学背景。研究结果表明,晚白垩世时期,冈底斯带中段广泛出露的埃达克质岩石可以分为高镁埃达克岩和低镁埃达克岩,其中高镁埃达克岩形成于俯冲新特提斯洋壳的部分熔融,低镁埃达克岩形成于中下地壳埃达克质岩浆房的重新活化或者分离结晶(显示出假埃达克岩的地球化学特征),指示了晚白垩世时期,冈底斯带南缘地壳在90 Ma左右仍未显著增厚。冈底斯带中段还零星出露铝质A型花岗岩(约92 Ma),表明这一时期冈底斯带南缘地壳下部出现了显著的高温热异常。与此同时,我们综合已经发表的晚白垩世岩浆岩的时空分布和地球化学数据(并进行了Pearson相关分析和LOESS非参数回归分析),发现100~90 Ma时,晚白垩世岩浆活动整体显示从北向南的迁移趋势,岩浆成分逐渐富水的演化特征,指示晚白垩世时期新特提斯洋板片发生了回转。非埃达克岩的花岗质岩石主要来自新生地壳的部分熔融,在成岩过程中,慢源物质不仅贡献了热量,而且参与了花岗质岩石的形成与演化。

5. 确定了冈底斯带新生代岩浆岩的成因及构造背景

新生代始新世和中新世是冈底斯带岩浆活动中的两个重要节点。始新世的大多数花岗岩体的铝饱和指数A/CNK值小于1.1,为典型的准铝质到弱过铝质,具有I型花岗岩的地球化学特征。在稀土配分和蛛网图解中,冈底斯带的始新世花岗岩体均富集轻稀土和大离子亲石元素,亏损重稀土元素(HREE)和高场强元素,具有弧型或者壳源岩浆岩的地球化学特征。在全岩Sr/Y和La/Yb图解中,约50 Ma后花岗岩体的全岩Sr/Y和La/Yb值的不断升高也暗示了冈底斯地区地壳处于一个持续加厚的阶段,到始新世晚期时,冈底斯地区的地壳厚度已经达到了50~55 km。以上研究表明,从始新世早期到始新世中期,冈底斯地区的地壳厚度处于一个持续加厚的过程。根据亏损的Hf同位素组成,始新世早中期地壳的加厚可能和岩石圈缩短及印度陆壳的下插没有直接的关系,主要和新特提斯洋板片断离导致软流圈物质上涌引起岩石地慢部分熔融形成的基性岩浆的大规模底侵有关(垂向生长和增厚)。另外,通过对中新世冈底斯带部分岩体和脉体开展研究,主要取得如下认识:在20~14 Ma期间,侧向地壳增厚变化不均导致拉萨地体东西向的崩塌,造成南北向的后碰撞伸展与东西向垮塌伸展的构造叠加,同时基性新生下地壳发生部分熔融形成具有特殊地球化学特征的埃达克质岩浆。

6. 厘定了渐新世钾玄质岩石的成因及构造背景

钾玄质岩石通常富含大离子亲石元素和轻稀土元素,具有高 K_2O/Na_2O,是造山带环境中一种特殊的岩石类型,受到了学者的广泛关注。值得注意的是,以前关于碰撞后钾玄质岩石的研究主要集中在 23~8 Ma 的中新世,而南拉萨地体渐新世钾玄质岩浆作用的报道很少。在前人工作的基础上,本书作者在冈底斯尼木地区厘定了由高 Sr/Y 深成岩体夹带的渐新世钾玄质岩石,它们以暗色镁铁质微粒包体(镁铁质包体,MME)的形式出露于地表。通过系统性的研究得出,渐新世钾玄质包体富集轻稀土元素,具有低的全岩 $\varepsilon_{Nd}(t)$ 值和锆石的 $\varepsilon_{Hf}(t)$ 值,暗示了钾玄质岩石起源于富集地幔低程度的部分熔融。通过钾玄质岩石的岩石学、矿物学和地球化学等综合研究得出,岩石圈的地幔对流剥离(convective removal)是引起渐新世藏南冈底斯地区伸展(onset of extension)的主要原因。因此,这进一步更新了前人的认识,暗示了藏南地区的伸展可能开始于渐新世晚期。

7. 厘定了冈底斯带中段大型韧性剪切带的运动学机制和形成时限

对藏南冈底斯带中段的谢通门-曲水韧性剪切带进行了定量研究,首次获得了该韧性剪切带形成的时限和变形的温压条件。在前期工作的基础上,对谢通门-曲水韧性剪切带进行了详细的野外调查和室内分析,运用电子背散射衍射技术(EBSD)和 $^{40}Ar/^{39}Ar$ 测年的手段厘定了该韧性剪切带发生变形时的温度和时限(23~21 Ma)。此外,还在冈底斯带曲水地区厘定了一条新的韧性剪切带(曲水韧性剪切带)。对该韧性剪切带进行了详细的野外观测和室内研究(EBSD 和年代学分析等),综合得出该韧性剪切带形成于始新世晚期(38~35 Ma),是印度板块持续向北俯冲,构造应力在欧亚板块边界释放引起的陆内构造响应。在曲水韧性剪切带的研究中,通过详细的野外地质填图调查、全岩稀土配分模式以及锆石 CL 特征等,厘定了与韧性剪切带活动同期的同构造花岗岩脉,并提出了识别同构造花岗岩脉的判别办法。

8. 限定了冈底斯地体中段南缘崛起及隆升的时限和机制

通过对冈底斯带中段的代表性样品开展磷灰石裂变径迹(apatite fission track,AFT)和 Ar-Ar 综合分析测试,获得了中段南缘的构造隆升剥蚀史。研究结果显示,冈底斯带中段的隆升是多阶段性的,中新世以前的隆升、剥蚀和印度-亚洲大陆的碰撞有关,隆升速率相对较慢,隆升时间较长,一直从古新世持续到渐新世,其中较快速的抬升发生在古新世到始新世中期,始新世中期到渐新世中晚期为构造平静期,冈底斯地区活动相对减弱。磷灰石裂变径迹显示,自 23 Ma 以来,冈底斯南缘地区进入了一个快速抬升冷却的时期,年轻的 AFT 年龄以及 $^{40}Ar/^{39}Ar$ 年龄都暗示了构造运动的活跃,此时冈底斯逆冲大断裂开始活动,进一步加速了冈底斯南缘地区的抬升剥蚀。并且,大反向逆冲断裂(GCT)的活动,使得大量的沉积载荷仰冲在冈底斯带上,致使刚性的岩基前缘发生挠曲翘倾,引起了冈底斯带的加速抬升。其中中新世快速隆升的过程中也具有短暂的构造间歇期,但是到了中新世中晚期冈底斯南缘地区又迎来了一次快速隆升的阶段,该次快速的抬升剥蚀可能和雅鲁藏布江的快速下切侵蚀有关。第四纪以来,在季风、地表径流以及新构造活动共同作用下,塑造了现今的冈底斯带中段南缘地貌。

本书撰写工作分工如下:前言由孟元库、魏友卿、王珍珍撰写;第 1~2 章、第 4~7 章由孟元库撰写;第 3 章由孟元库、魏友卿、王珍珍撰写。全书由孟元库、栾锡武统稿。

在本书的撰写过程中,得到了许志琴院士、杨经绥院士、高惠书记、常象春教授、陈希节教授级高工、毛光周教授、李旭平教授、邱检生教授、杨仁超教授、马绪宣副研究员和刘一霖博士、韩文学博士等的指导和帮助。另外,孟凡雪副教授在部分章节内容的修订上给予了指导和帮助。在本书的完成过程中,部分研究生参与了参考文献的编辑和校对。本书中的部分科研成果得到了国家自然科学基金委(项目号 9205521、41902230)、自然资源部金矿成矿过程与资源利用重点实验室的资助及山东省金属矿产成矿地质过程与资源利用重点实验室(联合项目号 KFKT202103)、中国地质调查局(项目号 12120114057401、1212011502680、1212010818094)、山东省科技厅(项目号 ZR2019QD002、ZR2017BD033)、中国博士后基金会面上项目(项目号 2017M612220)等的联合资助。在此一并表示衷心的感谢。最后,还要感谢中国科学技术大学出版社编辑们的辛勤付出!

孟元库　魏友卿　王珍珍

2023 年 6 月于青岛小珠山下

目 录

第1章 冈底斯带国内外研究进展及科学问题概述

冈底斯带,也称冈底斯岩基(Tans-Himalaya岩基),是新特提斯洋俯冲和印度-亚洲板块碰撞的岩浆产物(Yin,Harrison,2000;Yin,2006;孟元库等,2018a,b,c,2022;张泽明等,2018,2019)。在大地构造划分上,冈底斯带属于南拉萨地体(southern Lhasa sub-terrane),位于雅鲁藏布江缝合带(IYZSZ)和洛巴堆-米拉山断裂带之间(LMF),主要由中晚三叠世至中新世的复式花岗岩基和同时代的火山-沉积地层(叶巴组、雄村组、桑日群、林子宗群等)以及少量的超镁-镁铁质岩石组成(Chung et al.,2003;莫宣学等,2003,2005,2009;董国臣等,2006,2008)。

冈底斯带的研究始于20世纪60年代,至今已有六十多年,取得了非常丰硕的科研成果,特别是对冈底斯带的形成机制进行了有效的约束(孟元库等,2022)。这些成果为全面理解冈底斯造山带和新特提斯洋的演化提供了最基本的地质资料和理论依据。虽然冈底斯带的研究取得了长足的进步,获得了一大批高质量的同位素年代学和地球化学数据,但是冈底斯带绵延上千千米,与北美西部的内华达岩基、海岸山岩基和南美西部的安第斯岩基等相比较,其研究程度还明显不足。首先,表现在研究深度和广度上;其次,在精细化研究方面,冈底斯带的研究仍然很薄弱,以点和面研究为主,缺乏对代表性岩基的全面解剖,其中岩浆构造解析的思维在岩浆分析的过程中较为缺乏,往往以岩浆演化代替构造演化。另外,更多的研究主要集中于岩石成因探讨方面,而原位的矿物学研究,特别是在岩浆动力学研究和岩浆侵入机制研究方面较为薄弱。目前,在区域上,冈底斯带的研究主要集中在公路沿线(也称为公路地质)、中大型矿区(比如雄村、甲玛、驱龙等矿区)以及交通较为便利的区域,而冈底斯带高海拔区域以及其他交通不便的地区研究程度仍然较低,这直接制约了对冈底斯带的全面理解(孟元库等,2022)。而在研究对象上,目前的研究以花岗岩类和中酸性火山岩(比如林子宗群、叶巴组、比马组、桑日群和渐新世-中新世钾质-超钾质火山岩等)为主,而对冈底斯带中零星分布的镁铁质岩石的研究程度较低(Ma et al.,2013a,b;邱检生等,2015;Wang et al.,2017a;Meng et al.,2016a;Ma et al.,2018a,b;Wang et al.,2019a,b)。研究方法也较为单一,以岩石学、矿物学和地球化学研究为主,同位素方面仅限于放射性同位素Sr-Nd-Hf-Pb,而对非传统稳定性同位素Mg-O-Li-Mo-B等的研究则较为薄弱。

在前人工作的基础上,本书主要对冈底斯带中段的部分火成岩岩体进行了系统性的研究、归纳和总结,而对于冈底斯带的含矿斑岩和变质岩等的详细归纳和总结见郑有业等(2007)、Wang等(2015a,b)和张泽明等(2018,2019),本书不再进行重点描述。本章通过梳理与冈底斯带研究相关的大量文献资料,归纳出尚未解决或者存在较大争议的基础性地质问题,为我们进一步研究冈底斯带的形成与演化提供借鉴,希望引起更多学者的关注,进一步把藏南冈底斯岩浆弧的深入研究推向更加广阔的天地。

1.1 研究进展及存在的科学问题

1. 冈底斯带花岗质岩石成因的精细化和系统性研究有待提高

花岗岩(本书中泛指花岗质岩石,SiO_2含量>56%)是大陆地壳的主要组成部分,是地球区别于其他行星最为鲜明的地质特征。花岗岩是研究大陆形成与演化最为理想的对象,也是铜、铅、锌等大宗矿产资源的重要载体,因此在大陆动力学理论研究和金属矿床成因研究方面具有十分重要的科学意义和战略价值。冈底斯带是我国花岗岩分布最为集中的一条构造-岩浆-变质带(纪伟强等,2009;张泽明等,2018,2019;孟元库等,2022;Zhu et al.,2023a,b)。根据形成的大地构造背景,冈底斯带的花岗质岩石分为俯冲期(>55 Ma)和碰撞期(<55 Ma)。在冈底斯带,花岗质岩石主要以大型岩基和岩株的形式产出(图1.1(a)),出露情况良好,整体上较为新鲜,部分岩体遭受韧性变形(图1.1(d)~(e)),整体上风化较弱,部分岩体可见明显的暗色镁铁质包体(图1.1(b)~(f))。

前期研究的重点是冈底斯带花岗质岩石演化的动力学过程和源区特征,而对花岗质岩石的精细化成岩过程缺乏系统性研究,特别是横穿复式岩体或者岩基的大比例尺的构造-岩性剖面的缺乏,导致复式岩体中不同岩性单元之间的穿插关系不明确。例如,一个大型的岩体通常由多种岩性组成,并非单一的岩石类型。以花岗岩为例,岩体的中心以更加偏向基性的闪长岩到花岗闪长岩为主,边部则以二长花岗岩或者更为酸性的正长花岗岩为主,显示出岩性上的逐渐过渡。对于复式的基性岩体以上结论也同样适用。比如,Meng等(2020)在冈底斯带中段调查时发现,辉长岩体从中心到边缘岩性依次逐渐变化为辉长岩—辉长闪长岩—闪长岩。

近期,Meng等(2020)采用高精度的SHRIMP Ⅱ测年技术对南木林地区的花岗岩脉(图1.1(g))进行研究后发现,该脉体并不是以前认为的壳源岩浆一次性部分熔融的产物,而是经历了一个脉冲式的成岩过程,成岩期长达8 Ma。这启示我们冈底斯带的花岗岩基和大中型岩株也经历了一个多期次脉冲成岩的过程,即大型的岩体通常是多次累积组装的过程,而非一次结晶成岩。虽然前人对冈底斯带的花岗质岩石开展了大量的研究,但是新的研究模式和思路却相对缺乏。近期,花岗岩的晶粥储库模型(mush model)显示,一个岩体是由多次累积组装(incremental assembly)而成的,这对传统的"大水缸模型"(岩浆分异演化模型)即大多数侵入体均是由单一的岩浆房储库固结而成的模式提出了挑战(马昌前等,2017,2020)。最新的晶粥模型也得到了地球物理证据的支持。通常岩浆中的熔体含量对地震波速度具有非常大的影响,如上地幔中熔体含量如果达到了2%,就可以使得地震波V_p速度降低约7%,V_s降低约16%(Hammond,Humphreys,2000)。通过对大量现存的活火山地区开展地球物理探测,发现活火山深部并不存在以熔体为主的大型岩浆房,而是以晶粥体的形式

图1.1　藏南南拉萨地体冈底斯带花岗岩野外露头

(a)冈底斯复式岩基野外分布情况;(b)含暗色镁铁质包体的花岗岩;(c)~(e)花岗岩野外露头;(f)遭受韧性剪切的花岗岩体,其中暗色镁铁质包体受到剪切拉伸变长,定向排列;(g)冈底斯复式岩基中发育的花岗岩脉为主(图1.2(a))。Cashman等(2017)提出了多层岩浆储库的模型,这就暗示了一个大型的花岗岩体或者岩基是由多层岩浆系统反复聚积而成的(图1.2(b)~(d))。野外调查中也发现花岗岩体中通常发育有宽窄不一的细晶岩脉(图1.3(a)~(b)),对这些细晶岩脉进行追踪,发现其通常表现为典型的无根型构造,这就暗示了这些脉体并非宿主岩体成岩后侵入而来的。此外,野外调查还发现,这些脉体是零散的,不具有统一的方向性,这与区域伸展所形成的定向性脉体截然不同。通过锆石U-Pb定年,发现这些细脉和花岗岩体具有近乎一致的结晶年龄(比宿主岩体稍微年轻一些),可能代表了晶间熔体聚积的产物。另外,美国犹他州的分支岩墙和岩床的关系也表明了岩墙到岩床的形成是一个渐进累积的过程(图1.3(c)),这与理想中的模型完全一致(图1.2(c)),进一步佐证了一个大型岩浆房可能是一个多次叠加、累积的过程。此外,我们在对青岛地区的花岗岩进行野外考察时也发现不少花岗岩体的长石具有明显环斑结构,通常具有多圈层结构,表现为钾长石-斜长石-钾长石-斜长石的复杂成分环带结构(图1.3(d))。这种结构就暗示了岩浆房中熔体成分的变化和晶粥体多次活化再生长的过程,即存在不同岩浆之间的相互作用或者不同成分岩浆对流混合的过程(Couch et al.,2001;马昌前,李艳青,2017)。因此,对冈底斯带的花岗岩运用晶粥模型开展精细化研究非常有必要,这对进一步细化和了解大陆地壳生长、再造和演化机制具有重要的科学意义。同时,这也要求对花岗岩的研究不能仅仅停留在年代学和粉末地球化学阶段,而应该更加重视野外岩体的岩相学特征和矿物的精细化结构特征,这有助于进一步深化对大陆地壳形成和演化过程的全面理解。

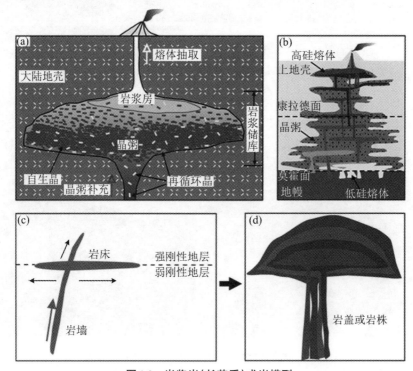

图1.2 岩浆岩(长英质)成岩模型

(a)岩浆储库和岩浆房(熔体)的关系;(b)岩浆通道系统模型(据Cashman et al. (2017)修改);(c)~(d)从岩墙到岩床以及最后形成大的侵入体示意图(据Menand (2008)和Bartley et al.(2006)修改)

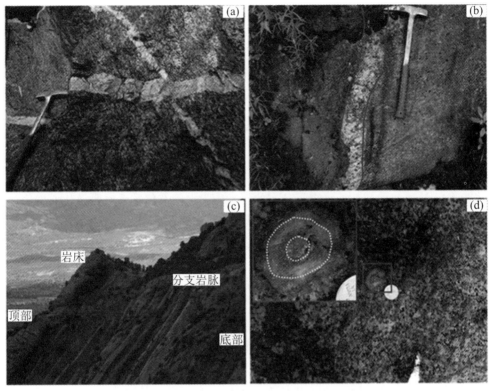

图1.3 花岗质岩石晶粥模型及活化的野外证据

(a)~(b)冈底斯带花岗岩体中的细晶岩脉(晶间熔体聚积的产物),岩体分别为石英闪长岩和黑云母花岗岩;(c)美国犹他州亨利山分支岩脉和岩床(图片来自Menand(2011));(d)苏鲁造山带中早白垩世花岗岩中的长石环斑结构,暗示了一个多次岩浆作用的过程

2. 冈底斯带中段南缘辉长岩类的时空分布及岩石成因机制

传统的观点认为,冈底斯带南缘的辉长岩类主要形成于始新世,是印度-亚洲板块主碰撞期的产物(董国臣等,2006,2008);而近期的研究得出,冈底斯带中段部分的辉长岩、镁铁质岩体形成时代为中晚三叠世(约247~212 Ma)到早侏罗世(约180 Ma)(邱检生等,2015;Meng et al.,2016a;Wang et al.,2016;Wang et al.,2017a,b;Ma et al.,2018a)。在空间归属方面,一部分学者根据地球物理异常、区域性断裂、岩性组合和分布规模等特征,认为冈底斯带中段南缘(谢通门-拉萨段)的辉长岩类及其相伴生的镁铁质岩体应归属于雅鲁藏布江蛇绿岩套,不属于冈底斯带(刘国惠,金成伟,1990;侯增谦等,2001;熊育青等,2001;高永丰等,2003)。另外一部分学者根据岩石学和地球化学特征认为它们属于冈底斯带的一部分,是新特提斯洋俯冲和印度-亚洲板块碰撞的产物,和雅鲁藏布江蛇绿岩没有成因上的联系(刘振声,王洁民,1994;李才等,2003;董国臣等,2006,2008;Ma et al.,2013a,b,c;邱检生等,2015;Meng et al.,2016a),在地球化学上具有典型的俯冲带或者弧型火成岩的特征。

野外考察中不难发现,冈底斯带中段南缘的花岗岩类中普遍发育有暗色镁铁质包体。这些暗色镁铁质包体的形成时代横跨早中侏罗世-始新世(Dong et al.,2005;Mo et al.,2005;董国臣等,2006,2008;邱检生等,2015;Meng et al.,2016b;马绪宣等,2020,2021)。先

005

前的研究揭示,这些暗色镁铁质包体不但有物理混合的过程(即机械混合,magma mingling),还存在着不同端元成分交换的过程(即化学混合,magma mixing)。对冈底斯带中暗色镁铁质包体的研究主要集中于年代学和同位素地球化学,而关于岩浆混合过程中矿物结构、构造特征以及不同端元的矿物如何记录岩浆混合过程的研究还较为薄弱(马绪宣等,2021)。此外,对于花岗岩中的暗色镁铁质包体成因仍然存在以下几种观点:① 暗色镁铁质包体(角闪石型)直接来自中基性的岩浆(金成伟,1986);② 暗色镁铁质包体主要形成于岩浆不混溶,少量形成于岩浆混合的淬冷过程(谭富文,刘朝基,1992);③ 暗色镁铁质包体是岩浆早期结晶的产物(江万等,1998;Niu et al.,2013)或者暗色镁铁质包体和寄主岩石可能是分离结晶的(江万等,1999)或岩浆混合的产物(magma mixing)(Shu et al.,2018;Meng et al.,2019a)。而这些暗色镁铁质包体与其南缘零星分布的辉长岩类之间有何关系?是辉长质岩浆和花岗质岩浆混合的产物,还是另有起因?如果为混合的成因机制,辉长质岩体是否代表了暗色镁铁质包体的基性端元?这些问题目前仍然缺乏系统的研究(特别是定量计算)。对辉长岩类和花岗岩类的接触关系为侵入接触关系(邱检生等,2015;Meng et al.,2016a)还是断层接触关系(Yin et al.,1994;侯增谦等,2001),仍然存在异议。

前期冈底斯带大量的研究多集中于对暗色镁铁质包体源区和混合过程的研究,而对包体混合成岩过程中所反映的大地构造属性和岩浆动力学的关系却没有很好限定。马绪宣等(2021)对曲水岩基中的暗色镁铁质包体进行详细的研究后,认为暗色镁铁质包体中角闪石的显微结构能很好地反映岩体形成和演化的过程。根据暗色镁铁质包体的矿物学特征,马绪宣等(2021)认为曲水花岗岩基经历了双重岩浆作用,早期是基性和酸性端元的混合,晚期是混合后的中性熔体上升爆破并与酸性岩浆继续混合,形成最终的曲水岩基。因此,对岩浆中暗色镁铁质包体开展精细化的研究,不但能确定岩浆源区,而且能更好地厘定岩体形成的精细化动力学过程,并对构造-岩浆体制提出约束。

冈底斯带中段南缘的基性岩侵入体是否普遍遭受了壳源物质的混染也缺乏有效约束。大量的研究显示,冈底斯带的花岗岩类均具有非常亏损的 Sr-Nd-Hf 同位素组成,它们显示出和来自亏损的幔源岩浆相似的放射性同位素组成(董国臣等,2006,2008;纪伟强等,2009;徐旺春,2010;马林,2013;邱检生等,2015;Meng et al.,2016a,b),甚至部分花岗岩显示出比所含的暗色镁铁质包体更加亏损的同位素特征(即出现同位素倒转现象)(孟元库等,2022)。冈底斯带中的花岗质岩石普遍是新生地壳部分熔融的产物,具有亏损的同位素组成,因此来自幔源的基性岩浆遭受了冈底斯带壳源岩浆的(花岗岩类)的混染,传统的放射性同位素 Sr-Nd-Hf 也难以进行有效的判别,无法识别幔源岩浆是否真正遭受了壳源岩浆的混染。因此,在加强传统野外地质基础研究的前提下,使用非传统稳定同位素示踪 Li-B-Mg-O-Mo 等,为深入了解基性岩源区的演化与壳-幔相互作用的过程和方式提供了新方法和新思路(Meng et al.,2021a;Li et al.,2022a;杨凯等,2022)。

大量的研究已经证实,冈底斯带南缘的俯冲期新生代镁铁质岩石(>55 Ma)(玄武岩和辉长岩)是新特提斯洋俯冲过程中流体/熔体交代上覆地幔楔部分熔融的产物,均具有非常亏损的 Sr-Nd-Hf-Pb 地球化学特征。与俯冲期的镁铁质岩石相比,冈底斯带主碰撞期(自始新世时)的镁铁质岩石同位素组成则逐渐富集起来(Ma et al.,2017a,d),到了渐新世至中新世时冈底斯地区已经出现了同位素极端富集的钾质-超钾质火山岩(赵志丹等,2006;

Zhao et al.,2009;Liu et al.,2014,2015,2017a;Wang et al.,2020a)。虽然大量的工作已经开展,但是关于新生代镁铁质岩石富集同位素组分的来源目前仍然不清楚,现有的认识认为其可能来自北向继续俯冲的印度古老陆壳或新特提斯洋的俯冲沉积物(Zhao et al.,2009;Guo et al.,2013,2015;Liu et al.,2015)。

3. 印度-亚洲大陆碰撞前(即新特提斯洋俯冲期),冈底斯带地壳生长的过程和深部动力学机制的研究进展及存在的问题

冈底斯带的主体形成于古新世-始新世(65~40 Ma),因此部分学者认为冈底斯地区地壳生长主要形成于同碰撞(syn-collision)或者后碰撞(post-collision)过程中的垂向生长(以岩浆的底垫作用为主)(莫宣学等,2003,2009;Mo et al.,2007,2008,2009;Wen,2007;Zhu et al.,2013)。然而,用同碰撞或者后碰撞地壳生长的模式很难解释前新生代冈底斯带的岩石具有亏损放射性同位素组成的特征(马林,2013)。由于冈底斯地区中生代早期的岩浆事件不断被识别和厘定,有些学者认为冈底斯地区地壳生长可能开始于中晚三叠世(Wang et al.,2016;Meng et al.,2016a,b;Ma et al.,2017c,2018a;Meng et al.,2018),甚至少数学者认为冈底斯地区陆壳最早形成于晚太古代至早元古代,从新元古代(约1.0 Ga)开始快速生长,并指出冈底斯地区地壳主体形成于中生代之前,而非传统认为的中生代之后(Ma et al.,2019a)(图1.4)。锆石的Hf同位素显示,冈底斯地区的地壳以新生地壳为主,这暗示了冈底斯地区曾经发生过大规模的地壳生长。冈底斯带从中晚三叠世到新生代早中期,经历了较为复杂的构造演化,期间经历了新特提斯洋板片的高角度俯冲、平板俯冲、板片后撤(rollback)、洋脊俯冲、板片撕裂(tearing up)、板片断离(breakoff)和印度-亚洲板块碰撞等重要的构造-岩浆地质事件。这些重要的构造事件直接导致了冈底斯地区大规模的地壳生长(growth)、地壳侵蚀(erosion)和地壳再造(reworking)。通常幔源岩浆是地壳生长的内在因素,而放射性同位素亏损的花岗质岩石通常是幔源物质或者新生地壳再造和再循环的产物,对地壳的生长几乎没有贡献。此外,大陆弧带往往作为正地形,作为弧前和弧后盆地的主要物源供应区,是汇聚型板块边缘的主要构造单元的侵蚀带。因此,显生宙以来汇聚板块边界的净生长量才对地壳的生长具有贡献。因而,定量估算大陆弧侵蚀量和垂向生长量之间的净生长量才是今后更应关注和研究的重点。与大规模的花岗岩相比,冈底斯带镁铁质岩浆的露头非常稀少,这暗示了冈底斯地区可能经历了大规模的剥蚀,导致冈底斯地区的地壳净生长没有想象中的那么大,甚至净生长率可能为负(幔源岩浆的贡献率<剥蚀量)。因此,冈底斯地区地壳生长和侵蚀的研究(低温热年代学的U-Th-He技术)将是今后研究的重点和热点,而花岗质岩石亏损的同位素特征更多的是对母岩浆的继承,新生镁铁质岩浆的再造和循环(recycling)是花岗质岩石和花岗质陆壳形成的内在因素。

4. 冈底斯地区地幔储库的性质和演化

冈底斯地区先后经历了新特提斯洋俯冲(包括洋脊俯冲)、板片回转、撕裂和断离、印度-亚洲板块碰撞以及后期印度大陆俯冲等一系列复杂的地质构造事件。这些地质构造事件对冈底斯地区的地幔结构和成分的改变起到了决定性的作用(Mo et al.,2007,2008;莫宣学等,2009;Ma et al.,2017a,b,c,d)。大量的研究显示,冈底斯带经历了漫长的演化过程,然而对冈底斯地区地幔演化的动力学过程以及细节仍然存在着激烈的争论。传统的观点认为冈底斯带是一个典型的大陆弧(莫宣学等,2003;Chung et al.,2005;Lee et al.,2009),因此冈底

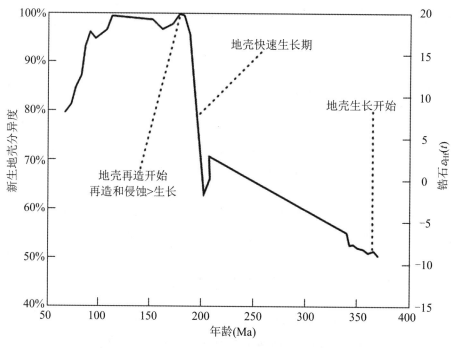

图1.4　冈底斯地区地壳分异演化曲线图（据Ma et al.（2019a）修改）

斯地区的地幔应为典型的大陆岩石圈地幔。后期,由于经历了复杂的构造演化过程,其地幔不可避免遭受了强烈的交代和改造,比如从亏损地幔到富集地幔(强烈的碳酸盐化)。根据可能的演化过程以及物质组分,冈底斯地区的地幔性质可能是三种不同端元地幔的相互作用:① 原先的大陆岩石圈地幔组分;② 新特提斯洋岩石圈地幔组分;③ 印度大陆岩石圈地幔组分。然而,Zhu等(2011a,2013)认为冈底斯带是一个拼贴在中拉萨地体上的新生地体(图1.5),所以冈底斯地区的岩石圈应该具有大洋岩石圈的地幔组分特征。而Nd同位素显示(图1.6),冈底斯带部分中酸性岩体具有比同时代基性岩浆更亏损的同位素组成,暗示了基性岩浆的源区可能有富集组分的加入(已经排除了古老壳源物质的混染)或者和基性岩浆底垫到下地壳位置时遭受了同位素富集的大陆地壳的混染。Meng等(2019a)对尼木地区的含暗色镁铁质包体的花岗岩进行研究时,也发现了花岗岩中的暗色镁铁质包体具有比寄主花岗岩稍微富集的Hf同位素组成,指示暗色镁铁质包体可能源于复杂的岩石地幔部分熔融(新特提斯洋俯冲过程中,少量富集组分交代了亏损的地幔楔),而花岗质岩石则来源于新生地壳的部分熔融,它们在空间上是解耦的。这种现象在南木林地区的辉长质杂岩体中也有显现(Meng et al.,2020)。因此,在时空上具有密切联系的基性-中性-酸性岩体同位素的差异以及同位素倒转现象也暗示了冈底斯地区地幔性质的复杂性。此外,冈底斯始新世弧下地幔性质还具有明显的分段性。比如,最新的研究结果显示(Wang et al.,2019b),冈底斯带中段和东段的地幔源区存在明显的差异。在走向上,中段基性岩浆源于受流体交代的软流圈地幔部分熔融,而东段岩石源于印度陆壳物质熔体交代的软流圈地幔熔融。另外,对于冈底斯地区新生代以来富集地幔形成的原因也存在争议:① 与中拉萨地体古老的基底混入有关(朱弟成等,2012;孟元库等,2015a,b);② 与印度大陆岩石圈陆内俯冲有关(遭受了下插印度壳源物质的混染)(Ding,Lai,2003;王睿强等,2016;Ma et al.,2017a,b);③ 与深俯冲的印度大陆岩石圈板片的断离(Tian et al.,2017)或者回转有关(Guo et al.,2015)。然而,Shen等(2020)利用大地电磁测深的方法研究得出,印度陆壳的物质向拉萨地体的深俯冲不会超过雅鲁藏布江缝合带,进一步表明同位素富集的印度陆壳也许并没有参与新生代冈底斯地区火成岩的形成与演化。因此,对冈底斯带南缘出露的不同时代的基性岩体进行系统性研究,对于理解和揭示冈底斯地区地幔性质和演化具有重要的科学意义,对于进一步了解和阐明冈底斯地区乃至整个藏南地区的构造演化也富有启示意义。

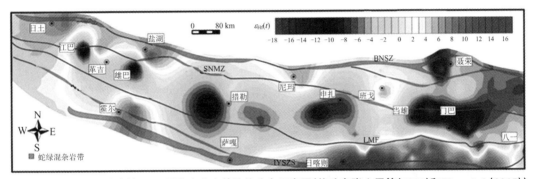

图1.5 拉萨地体火成岩锆石 **Hf** 同位素分布等值线分布示意图(修改自张立雪等(**2013**)和 **Hou et al.(2015)**)

LMF=洛巴堆-米拉山断裂带;SNMZ=狮泉河-纳木错蛇绿混杂岩带(据 Zhu et al.(2013));IYZSZ=印度河-雅鲁藏布江缝合带;BNSZ=班公湖-怒江缝合带

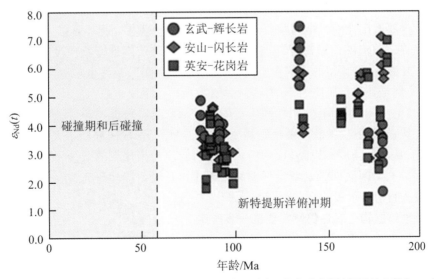

图1.6 冈底斯带(俯冲期)基性–中性–酸性火成岩 $\varepsilon_{Nd}(t)$ 同位素分布图(据孟元库等(**2022**))

5. 新特提斯洋板片断离的时间和机制有待进一步研究

部分学者认为新特提斯洋板片的断离是一个长期的过程(从撕裂到断离),而不是具体的时间节点:断离时间为 50~40 Ma;65~41 Ma(林蕾等,2018);51~46 Ma(Ma et al.,

2017b）；40～38 Ma（Gao et al.，2008）；50～45 Ma（Wen et al.，2008a）；53～50 Ma（Wang et al.，2015a）或者 50～38 Ma（丁小稀，2016）。黄丰等（2020）认为，板片的断离经历了一个较为漫长的过程，约 57 Ma 开始出现板片撕裂，最终的板片断离发生在约 50 Ma，前后持续了约 7 Ma。也有学者认为板片断离的时间为一个较为具体的时间节点：约 45 Ma（Kohn，Parkinson，2002；Chung et al.，2005；Ji et al.，2016）；约 53 Ma（Zhu et al.，2015，2018）；约 53 Ma（岳雅慧，丁林，2006；Lee et al.，2009；孟元库等，2018a）。新特提斯洋板片的断离引起软流圈地幔物质上涌，造成藏南地区岩浆事件的大爆发都很能好地记录在冈底斯带中（Zhou et al.，2018）。新生代早期的岩浆爆发和高温事件是否能真正代表板片的断离，仍然需要开展更加精细而全面的工作。此外，应该打破数据"孤岛效应"，采用大数据的方法对已经发表的数据进行梳理和重新处理，建立数据之间的内在联系，深度挖掘大数据中蕴含的关键信息，特别是面上和线上变化特征。比如，通过大数据梳理发现新生代早期某一时期的岩浆活动总是呈线性分布，这很可能代表了新特提斯洋板片已经开始撕裂并发生了断离。因为已有研究显示，板片断离所产生的岩浆活动总是呈现线性分布（Altunkaynak，2007）。

虽然对板片断离的时间存在争议，但多数学者认为断离发生在新生代早期（Ji et al.，2016；黄丰等，2020）。值得探讨的是，新特提斯洋板片如果真的发生了断离，能否引起大规模的岩浆活动。或者说藏南冈底斯地区始新世大规模的岩浆活动就是板片断离的产物吗？另外，板片断离引起的壳幔相互作用在冈底斯带中如何进行识别和判别？显然，板片断离和巨量岩浆爆发之间是否具有必然的耦合关系，至今仍然不得而知。此外，已经榴辉岩化的板片如果真的发生断离了，大规模的软流圈地幔物质如何上涌？通常，需要为大规模的软流圈幔源物质上涌和就位提供足够的空间，否则即使板片断离幔源物质也无法大规模上涌（大洋的 MORB 环境或者裂谷环境可以提供就位的空间，但是已经拼贴的大陆块体就位的空间如何提供？）。这些基础性的科学问题值得进一步商榷或者思考。通常而言，板片断离前，其上下两侧都填充满软流圈地幔物质，而非"真空"；断离后软流圈地幔物质没有足够的空间"上涌"（仅有板片断离后，预留的小规模空间），导致处处"受阻"，最终也难以突破上覆刚性的岩石圈地幔，特别是处于挤压应力下的碰撞区域（数值模拟手段也难以支持大规模的软流圈物质上涌）。与软流圈地幔相比，刚性的岩石圈地幔通常具有较低的温度，产生了良好的隔热层效应，也没法导致下伏的软流圈地幔物质上涌加热地壳形成冈底斯带大规模的火山-岩浆作用。因此，从新的角度和思路（比如板片断离后板块汇聚速率的减慢，板片断离后地热梯度显著增加等），对冈底斯带始新世早期的岩浆作用开展系统性研究，是破解特提斯洋板片发生断离最为有效的手段。

6. 拉萨地体的构造属性仍然需要进一步厘定

拉萨地体中松多榴辉岩的发现暗示拉萨地体不是一个完整的块体，而是由不同构造演化历史的微陆块拼贴而成的（杨经绥等，2006，2007；Yang et al.，2009）。根据区域性断裂和 Hf 同位素组成特征，Zhu 等（2011a，2013）认为拉萨地体从北向南可以分为三个微地体，分别为北拉萨地体、中拉萨地体和南拉萨地体。其中中拉萨地体岩体中的锆石 $\varepsilon_{Hf}(t)$ 值整体上小于 0，是以念青唐古拉群为代表的古老基底的微陆块，而北拉萨地体和南拉萨地体的岩石具有亏损的 Hf 同位素组成，其 $\varepsilon_{Hf}(t)$ 值整体上以正值为主，仅在局部地区出露有古老的微陆块，是中生代拼贴于中拉萨之上的新生地体（Zhu et al.，2011a；张立雪等，2013；Hou et al.，

2015)。而对拉萨地体的基底属性也存在争议。传统观点认为冈底斯带作为拉萨地体的一部分，是冈瓦纳大陆的印度陆块北部裂离出来的微陆块(Dewey，Burke，1973；Sengör，1987)。Zhu等(2011b，2013，2018)却认为拉萨地体的基底并非来自冈瓦纳大陆的印度北部，而是来自澳大利亚北部。Zhang等(2012a)根据拉萨地体中的晚古生代缝合带将拉萨地体进行两分，认为位于缝合带北部的北拉萨地体可能于古生代早期由非洲东部裂离而来，而缝合带南部的拉萨地体则来源于印度陆块的北部。前寒武纪的结晶基底和新生代晚期的岩浆活动，暗示了拉萨地体是一个古老而又年轻的地体。因此，解开拉萨地体神秘的面纱，需要投入更多的基础性工作。目前的大多数研究均是基于一个岩体或者一套岩石组合(或者仅限于火成岩)，获得的认识相对局限，这制约了对拉萨地体演化的全面理解。今后，需要开展横穿拉萨地体的(大比例尺)廊带科研填图工作，通过从点到线再到面的结合，将不同时代和不同类型的岩性组合起来，不是以往孤立研究单一的岩石组合而是去探讨整个地体的演化。

7. 冈底斯带精细的年代学格架仍然需要完善

早期研究认为冈底斯带的岩浆活动主要集中于晚白垩世-新生代早期，Hou等(2004)和Chung等(2009)在冈底斯带中厘定了中新世的埃达克岩，将冈底斯带的形成时限扩展至中新世。随后，早侏罗世至中晚三叠世的岩浆岩在冈底斯带中不断被厘定，这将冈底斯带的形成时限扩展到中晚三叠世(Wang et al.，2016；Meng et al.，2016a，2018)。在纪伟强等(2009)分类的基础上，根据最新的统计结果，冈底斯带最老的弧型岩浆岩形成于中三叠世晚期(245～237 Ma)(Wang et al.，2016；Ma et al.，2018a；Meng et al.，2018)，最年轻的岩浆岩可以追溯到中新世中晚期(10～8 Ma)(Zhu et al.，2018)，最新的四个阶段时限为245～152 Ma、109～80 Ma、65～38 Ma和33～8 Ma。其中109～80 Ma和65～38 Ma是冈底斯带目前公认岩浆活动最为剧烈的时期(图1.7)。然而，近些年来越来越多的证据显示，晚三叠世至早中侏罗世冈底斯带也发育有较为强烈的岩浆活动。目前的研究表明，152～109 Ma是冈底斯带岩浆活动平静期，仅有少量的年龄在冈底斯带被报道，而来自日喀则群的碎屑锆石显示，冈底斯带活动的另一个主要峰期为白垩纪中期(130～80 Ma)，另外侏罗纪(190～150 Ma)也存在剧烈的岩浆活动(Wu et al.，2010；An et al.，2014；傅焓埔等，2018)。虽然目前早白垩世的火成岩分布范围非常有限，仅在朗县和曲水-大竹卡地区有少量报道(Quidelleur et al.，1997；王莉等，2013；Wang et al.，2022b)，但是日喀则弧前盆地中的大量早白垩世碎屑锆石(亏损的锆石Hf同位素组成)暗示了早白垩世冈底斯地区发育强烈的岩浆活动。同样地，80～68 Ma起初也被认为是冈底斯带的另一个岩浆作用的静默期(Wen et al.，2008a，b)。但越来越多该时期的岩体被发现，表明了80～68 Ma并不存在所谓的岩浆-构造平静期，在这期间也发生了岩浆作用和相关的构造活动(Ji et al.，2014；Wang et al.，2015a)。这些研究结果与目前建立的年代学格架均不能很好地匹配，暗示了晚三叠世-早白垩世冈底斯地区可能并不存在所谓的岩浆-构造平静期，很可能是中新世以来，冈底斯带遭受了快速的抬升和剥蚀导致了中生代早期的岩浆岩难以保留(包括俯冲带侵蚀作用)(孟元库，2016；Ge et al.，2017，2018；Meng et al.，2019b)，仅零星地分布在藏南地区。因此，新的岩浆事件的厘定和识别对进一步丰富和完善冈底斯带年代学格架具有重要的科学意义。

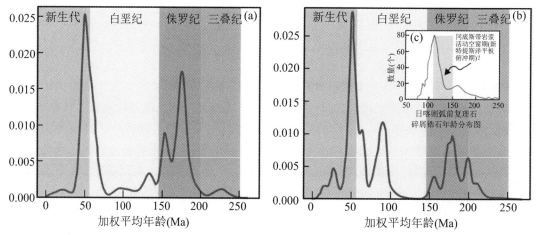

图1.7　冈底斯带岩浆岩加权平均年龄核密度统计图(据马绪宣等(2021)修改)

(a)为喷出岩,统计数量为184;(b)为侵入岩,统计数量为711

8. 冈底斯带含矿埃达克岩和钾质-超钾质火山岩岩浆源区以及地球动力学背景

埃达克岩是最早由 Defant 和 Drummond (1990)于20世纪90年代发现的一套中酸性火成岛弧岩,打破了俯冲带火成岩单一的成岩模式,即俯冲板片脱水交代上覆地幔楔形成富水富集大离子亲石元素的钙碱性岛弧岩浆,随后其在地学界引起了广泛的关注。埃达克岩一般是指年轻洋壳(<25 Ma)部分熔融的产物,通常具有较高的 SiO_2 含量(≥56%,质量分数)、高的 Al_2O_3 含量(≥15%,质量分数)和低的 MgO 含量(<3%,质量分数),并且表现出高的 Sr/Y 值(Sr≥$4.0×10^{-4}$;Y≤$1.8×10^{-5}$)和低的重稀土含量(Yb≤$1.8×10^{-6}$)的一套中酸性岩浆组合(熔体)。后来发现这种具有高 Sr/Y 值的岩石可以形成于多种类型的环境和背景中,并不局限于 Defant 和 Drummond (1990)所限定的俯冲带岛弧环境,如埃达克岩可以形成于:① 俯冲陆壳的部分熔融(Wang et al.,2008);② 拆沉陆壳的部分熔融(Xu et al.,2002;Gao et al.,2004;Chung et al.,2009);③ 增厚的新生地壳(Hou et al.,2004,2013)和古老地壳的部分熔融(Chung et al.,2003;Zeng et al.,2011);④ 玄武质岩浆在低压或者高压下的分离结晶(Castillo et al.,1999;Macpherson et al.,2006;Xu et al.,2015);⑤ 岩浆的混合作用(Guo et al.,2007;Streck et al.,2007;洪宇飞等,2020)。

根据冈底斯带的埃达克岩形成的背景,可以将其分为俯冲期(>55 Ma)和碰撞期(<55 Ma)两类。其中俯冲期的埃达克岩最早可追溯至侏罗纪,主要分布在冈底斯带的加查、泽当和谢通门地区。侏罗纪埃达克的形成主要有三种模式:① 岛弧岩浆源区发生角闪石的分离结晶,导致高 Sr/Y 值(徐倩等,2019);② 加厚初生地壳的部分熔融(Zhang et al.,2014a);③ 新特提斯洋板片的部分熔融(Wang et al.,2019c)。白垩纪埃达克岩主要形成于晚白垩世早期,少量的埃达克岩形成于早白垩世早中期(Zhu et al.,2009)。类似于侏罗纪埃达克岩,对白垩纪埃达克岩的成因目前也存在争议,主要包括:① 新特提斯洋板片的部分熔融(Zhu et al.,2009);② 镁铁质岩浆的分离结晶(Xu et al.,2015;Meng et al.,2019a);③ 加厚地壳的部分熔融(Zheng et al.,2014)。此外,还有少部分学者根据晚白垩世早期冈底斯地区存在 JTA 型(Jamaican-type)的埃达克岩,认为该类型的埃达克岩经历了两阶段的成岩作用,

首先洋壳部分熔融形成最初的埃达克质熔体,然后该熔体再经历结晶分异作用,最终形成低的MgO、Cr和Ni含量的JTA型埃达克岩(Wu et al.,2018)。碰撞期的埃达克岩主要形成于始新世、渐新世至中新世。其中中新世埃达克岩普遍含矿,并广泛分布于整个冈底斯带,是冈底斯带中的重点研究对象。始新世的埃达克岩组成较为单一(花岗闪长岩),被认为是初生加厚地壳的部分熔融(Guan et al.,2012)。与始新世埃达克岩不同的是,渐新世至中新世的埃达克岩岩石类型组成较为丰富,产出形态多样(岩株、岩脉、岩滴和岩瘤等),主要岩石类型包括闪长玢岩、石英二长斑岩、花岗斑岩、花岗闪长岩、二云母花岗岩、二长花岗岩等。

除了埃达克岩之外,冈底斯带还分布少量的钾质和超钾质火山岩。中新世含矿的埃达克质斑岩和钾质-超钾质火山岩是藏南地区后碰撞岩浆活动的记录者(Zhao et al.,2009;Liu et al.,2015,2017a)。先前的研究认为钾质火山岩和含矿的埃达克质斑岩具有相似的地球化学行为和岩浆源区,被认为是一种特殊的埃达克岩。然而,最新的研究揭示,埃达克岩和钾质火山岩具有不同的成岩机制和岩浆源区特征,而对于它们在空间上的分布特征、成因上的内在联系以及演化过程仍然缺乏深入研究(Liu et al.,2015,2017a)。与埃达克岩相比,超钾质岩石是一类低程度部分熔融的幔源岩浆(Foley et al.,1992a,b),通常具有富集的放射性同位素组成。目前,钾质-超钾质岩石主要分布在拉萨地体中部(中拉萨地体),冈底斯地体(南拉萨地体)的北部也分布有少量的钾质-超钾质岩石(刘栋,2017)。对于拉萨地体的钾质-超钾质岩石,目前的主要争论体现在:超钾质岩石在形成过程中,普遍遭受了壳源物质的混染,然而壳源混染除了印度陆壳外(赵志丹等,2006;Guo et al.,2013,2015),有没有其他壳源组分的加入。另外,藏南钾质-超钾质岩石中是否保留了新特提斯洋俯冲的记录?刘栋(2017)的研究发现,藏南的超钾质岩石普遍遭受了碳酸盐岩的混染(轻的Mg同位素组成,即$\delta^{26}Mg$远小于地幔值((−0.25±0.07)‰),并且中新世的埃达克岩和钾质-超钾质岩石具有不同的岩浆源区,来自幔源的超钾质岩石并没有参与埃达克岩的演化与形成,其同位素变化与印度物质的加入有关;而钾质岩石起源于加厚中拉萨地体的部分熔融,并与超钾质岩石具有密切的成因联系。

与钾质-超钾质岩石不同,冈底斯带中新世的含矿斑岩具有较高的研究程度,并且普遍受到岩石学家和矿床学家的关注。冈底斯带的斑岩铜矿主要成矿期为中新世,成岩时代主要为25~8 Ma(Hou et al.,2015;孟元库等,2018b),其中侵位高峰期在中新世波尔多期末期至兰盖期的早期(约16 Ma)(孟元库等,2018b)。前人对冈底斯带中新世的埃达克斑岩开展了大量的研究工作,也取得了重要的进展和突破,特别是在岩浆来源和成矿背景研究方面。然而,对冈底斯带中新世的埃达克岩石成因目前仍然存在激烈的争议。主要有如下观点:部分学者认为,冈底斯带中新世的埃达克斑岩是新特提斯洋残余洋壳部分熔融形成的熔体与上覆地幔楔发生相互作用的产物(侯增谦等,2003;Qu et al.,2004;曲晓明等,2004),或者是洋壳部分熔融的产物遭受了加厚下地壳部分熔融物质的混染(Hu et al.,2016);新生基性下地壳的部分熔融(Hou et al.,2004;Li et al.,2011;陈希节等,2014;孟元库等,2018b);来自加厚并拆沉的拉萨下地壳的部分熔融(Chung et al.,2003,2009;徐倩等,2019);来自板片的熔体交代上部地幔引起的部分熔融(Gao et al.,2010);来自深俯冲的古老印度大陆地壳物质的部分熔融(Xu et al.,2010)。经过梳理,形成藏南中新世埃达克质斑岩的构造环境主要包括:① 与印度大陆岩石圈板片的撕裂有关(Guo,Wilson,2019;Wu et al.,2019);② 是陆内裂谷作用的产物(Molnar, Tapponnier, 1978；Williams et al., 2001；赵志丹等, 2006；Guo et al., 2007)；③ 是前期藏南加厚的岩石圈拆沉(foundering)的产物(Hou et al., 2015；Hao et al., 2019；徐倩等, 2019)。以上这些学术争议的厘定,对理解中新世的大地构造背景以及中新世含矿埃达克斑岩的岩浆源区至关重要。因此,这就要求今后除了岩石学和地球化学研究之外,要更加注重中新世斑岩体的分布规律以及岩石组合,并结合氧逸度(如大量的斑岩矿床形成于高氧逸度的环境,锆石的 Ce^{4+}/Ce^{3+} 值高)以及最新的稳定同位素(Mg-O-B-C-Li)对其岩浆源区进行综合判别,特别是定量计算壳源物质和幔源物质各自的贡献量。

9. 对冈底斯带晚三叠世至早中侏罗世的岩石成因和新特提斯洋起始俯冲的时间存在较大争议

冈底斯带前白垩纪的岩浆活动最早被 Chu 等(2006)报道,并且他们认为前白垩纪的岩浆作用在冈底斯带的分布非常有限,代表了一个岩浆构造作用的平静期。如前所述,冈底斯带南缘可能广泛存在前白垩纪的岩浆活动,并且东西横跨大约 1000 km(比如冈底斯带西侧的打加错地区晚三叠的安山岩和东段早侏罗世的桑日群)(Kang et al., 2014；宋绍玮等, 2014)。关于其成因主要有两种不同的观点。部分学者认为该时期的岩浆活动和新特提斯洋板片向拉萨地体的北向俯冲有关,此时,藏南地区为典型的活动大陆边缘环境(张宏飞等, 2007a；邱检生等, 2015；Meng et al., 2016a, b；Wang et al., 2016)。Wang 等(2016)近期在拉萨地体南缘首次发现了 226 Ma 和 237 Ma 的中基性火山岩,通过对其进行全岩主微量地球化学和同位素研究后发现,此时的岩浆活动是新特提斯洋向拉萨地体俯冲的产物,并指出新特提斯洋的俯冲不会晚于 237 Ma。然而,Zhu 等(2011a, 2018)的研究认为,新特提斯洋的俯冲不会早于早白垩世早期(约 145 Ma),冈底斯带前白垩纪的岩浆活动与班公湖-怒江洋向拉萨地体的南向俯冲有关,藏南冈底斯地区为典型的弧后伸展区,而非汇聚型大陆边缘环境。此外,Sengör(1979)、耿全如等(2006)、宋绍玮等(2014)、王程等(2014)、Shui 等(2018)和 Zhang 等(2019a)也认为前白垩纪冈底斯带的岩浆活动和班公湖-怒江洋向拉萨地体的南向俯冲有关,雅鲁藏布江新特提斯洋是班公湖-怒江洋南向俯冲形成的弧后洋盆。然而,也有少数学者认为晚三叠世藏南冈底斯的岩浆作用是 Zhikong-Sumdo 洋的南向俯冲(Wang et al., 2022a)。来自古地磁的数据显示,拉萨地体从冈瓦纳大陆裂离的时间为晚三叠世(Li et al., 2016a)。因此,Zhu 等(2018)认为藏南冈底斯地区的晚三叠世-早朱罗世的岩浆活动不可能是新特提斯洋北向俯冲的结果。为了解决该问题,Wang 等(2018)对藏南桑桑地区雅鲁藏布江蛇绿岩套中的增生沉积杂岩体(sedimentary-matrix mélange)(修康群)进行了详细的年代学和物源分析,认为该增生沉积杂岩体和新特提斯洋向拉萨地体的北向俯冲有关,并提出新特提斯洋向北俯冲的起始时间不晚于早侏罗世。此外,少部分学者认为藏南冈底斯地区晚三叠世-早侏罗世的岩浆作用和古特提斯松多洋板片的俯冲(李奋其等, 2012)或者后撤、断离有关(董昕, 张泽明, 2013)。在区域地质调查和研究的基础上,Pan 等(2012)认为新特提斯洋俯冲的时间不会早于晚三叠世,这也与 Zhang 等(2010)提出的模式一致。根据蛇绿岩的地层证据和变质洋壳残片的 $^{40}Ar/^{39}Ar$ 年龄,朱占祥等(1996)和钟大赉等(1999)认为新特提斯洋的形成不早于晚三叠世,俯冲时代不早于中晚侏罗世。

综上所述,藏南冈底斯地区晚三叠世至早中侏罗世的火成岩岩石成因以及新特提斯洋早期的演化历史需要进一步探索和研究。我们认为,解决这一争议性的问题,需对冈底斯带南缘目前已经发现和厘定的中晚三叠世岩体进行精细的解剖,运用岩石构造组合(petrotectonic assemblage)的思路,对目前厘定的岩体及其围岩进行解剖,厘定它们可能形成的构造背景(比如是俯冲带构造组合还是裂谷构造组合),然后在前期研究的基础上,充分运用新的方法和手段(比如Mg-O-Li-Mo-B)来定量研究这些火成岩形成的构造环境。在岩石构造组合方法运用中,要重点体现构造环境和不同岩石类型之间的内在联系。目前,冈底斯带中晚三叠世至早中侏罗世的岩体分布相对较为零散(图1.8),对于它们之间的时空关联以及与围岩之间的接触关系等目前仍然缺乏研究。因此,今后的研究除了运用新的方法和手段外,还应加强野外的基础地质调查工作,特别是横穿目标岩体的大比例尺岩性-构造剖面的测量,这将为我们了解不同岩石之间的组合提供最为直接的证据。此外,要充分梳理已经大量发表的前白垩纪火成岩以及沉积岩数据,运用大数据手段,深度挖掘数据内部蕴含的规律,并和现今世界上典型的岛弧带做对比研究,这样也许能真正破解新特提斯洋的起始俯冲之谜。总之,冈底斯带是研究新特提斯洋起始俯冲的最佳场所!

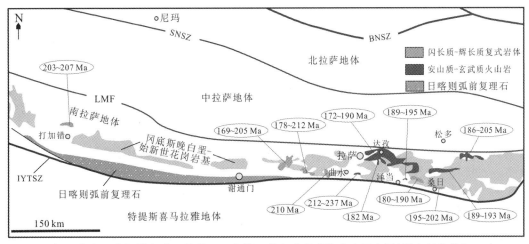

图1.8　藏南冈底斯带中晚三叠世至早中侏罗世火成岩岩体分布示意图(据水新芳等(2016)和Xu et al.(2019)修改)

LMF=洛巴堆-米拉山断裂(Zhu et al.(2013));SNSZ=狮泉河-纳木错蛇绿混杂岩带;BNSZ=班公湖-怒江缝合带

10.冈底斯带白垩纪岩浆的成因机制和大地构造背景仍然不清楚

大量研究显示,拉萨地体早白垩世的大地构造格局主要和新特提斯洋及班公湖-怒江洋的俯冲有关。根据时空分布的特征,通常认为南拉萨地体(冈底斯带)的早白垩世岩浆活动和新特提斯洋的北向俯冲有关,而中拉萨-北拉萨地体早白垩世广泛的岩浆活动和班公湖-怒江洋的南向俯冲有关(Chen et al.,2014;Zhu et al.,2016;Huang et al.,2017;Li et al.,2018a)。除此之外,还有部分学者认为中拉萨地体的岩浆活动并不是班公湖-怒江洋或新特提斯洋俯冲的产物,而是狮泉河-永珠-嘉黎小洋盆(Slainajap洋)南向俯冲的产物(康志强等,2008;袁四化,2009)。早白垩世的火成岩在冈底斯带中分布非常有限(纪伟强等,2009;Zhu et al.,2009;Wu et al.,2010;王莉等,2013;张泽明等,2019)。因此,部分学者认为此时冈底斯带岩浆作用的平静期与新特提斯洋的低角度(平板)俯冲有关(Coulon et al.,1986;Ding et al.，2003；Wen et al.，2008a，b），然而，纪伟强等（2009）和Wu等（2010）认为并不存在所谓的岩浆平静期，晚三叠世-早白垩世冈底斯地区发育连续的岩浆活动，新特提斯洋板片为稳定的斜向俯冲。晚白垩世早期（100~80 Ma）是冈底斯带另一个非常重要的岩浆爆发期（flare-up）（图1.7），大多数的证据支撑该时期的岩浆活动和新特提斯洋向拉萨地体的北向俯冲有关，然而关于新特提斯洋板片俯冲的动力学机制以及板片作用的细节仍然存在着激烈的争论。部分学者认为此时冈底斯地区的岩浆大爆发与新特提斯洋脊俯冲（mid-ocean ridge subduction）有关（管琪等，2010；孟繁一等，2010；Zhang et al.，2010，2011；Wu et al.，2018）。然而，Ma等（2013a，b，2015，2017a）、Xu等（2015）和Meng等（2020）却持有不同的观点，他们认为冈底斯带晚白垩世早期（100~80 Ma）的岩浆活动和新特提斯洋板片的后撤有关，和洋脊俯冲无关。虽然两种模型均能较好地解释晚白垩世早期的岩浆爆发事件以及地壳快速加厚的动力学机制，但是也各有局限性。Wen等（2008a，b）认为新特提斯洋板片发生回转（俯冲角度变陡）的时间应在约60 Ma，而100~85 Ma为稳定俯冲，83~80 Ma为平板俯冲。康志强等（2010）也认为100~80 Ma是新特提斯的平板俯冲期。然而，王莉等（2013）等却认为白垩纪时期新特提斯洋板片俯冲不是低角度的平板俯冲，而是以较陡的角度向拉萨地体之下俯冲。叶丽娟等（2015）认为晚白垩世早期藏南地区可能存在着洋脊俯冲、板片断离、板片后撤等多种构造-岩浆体制，而不是单一的动力学模式。高家昊等（2017）对冈底斯拉萨周缘的花岗岩中的中基性岩脉研究后认为，早白垩世-晚白垩世早期（130~85 Ma）为新特提斯洋的斜向俯冲时期，85~68 Ma冈底斯地区经历了南北向的伸展作用，可能并不存在板片后撤。因此，虽然白垩纪冈底斯带岩浆岩被认为是新特提斯洋向拉萨地体北向俯冲的产物，然而关于新特提斯洋俯冲的细节（是否存在平板俯冲、洋脊俯冲、板片后撤等）仍然存在争议。对晚白垩世藏南的地球动力学模式存在争议的主要原因可能是目前的研究仅仅局限于单一岩体或者局部地区。比如，晚白垩世是否存在洋脊俯冲就要从洋脊俯冲的特征性标志去判断。通常，洋脊具有高热流值，出现高温岩浆组合——埃达克岩、富Nb玄武岩和高Mg安山岩等组合；复杂的地球化学特征，MORB和弧型岩浆均可出现；高温低压变质作用；低的Rb/Sr、Nb/U和Ce/Pb值，高的K/Rb、La/Rb值以及与MORB型火成岩高场强元素特征相重叠的La/Nb值。因此，这就要充分利用已经发表的大量数据，从面上和区域上进行归纳总结，梳理出晚白垩世整个冈底斯带火成岩的地质地球化学指标特征，而不是仅仅依靠单一的地质地球化学特征去判别。

目前藏南地区的地壳厚度是正常地壳的两倍（60~70 km）（Molnar，1988；Zhao et al.，1993；Zhu et al.，2017），但是对于藏南地区地壳增厚的机制和时间仍然存在很大争论：① 大多数人认为藏南冈底斯地区地壳增厚发生于新生代早期，与印度-亚洲的碰撞有关（England，Houseman，1986；Powell，1986；Yin，Harrison，2000）；② Chung等（2009）、Guan等（2012）和Ji等（2012）认为新生代早期（古新世）冈底斯地区为正常的地壳厚度，地壳增厚开始于始新世-渐新世，而马林（2013）则认为增厚可能开始于始新世早期（约50 Ma）；③ Murphy等（1997）、Kapp等（2007a，b）、Wang等（2017b）和Lei等（2019）根据沉积学及岩石大地构造的证据，认为藏南地区的地壳增厚可能开始于早白垩世，其中拉萨与羌塘地体的碰撞以及新特提斯洋俯冲是藏南地区地壳增厚的主要原因。然而，Zhang等（2012b）却认为在晚白垩世早期拉萨地体的西北部仍然处于海平面,并没有显著的地壳加厚和地貌起伏。Ding等(2014)对林周盆地中沉积岩的介壳内化石开展了氧同位素的古高程研究,得出冈底斯地区在印度-亚洲碰撞前(>50 Ma)已经具有4500 m的海拔高度的结论,并进一步强调了亚洲大陆南缘在晚白垩世时可能存在一个类似于安第斯型的山脉。因此,来自古生物的同位素证据暗示了藏南地区的地壳增厚可能起始于中生代晚期,而非新生代。另外,根据晚白垩世的冈底斯地区部分岩石经历了高压-高温变质作用(压力最高可达1.5 GPa),有人认为晚白垩世时冈底斯地区经历了明显的地壳增厚。Zhu等(2017)通过对冈底斯带中性侵入岩的La/Yb值进行研究后认为,冈底斯地区地壳在印度-亚洲大陆碰撞前(约70 Ma)为正常的地壳厚度(约37 km),局部增厚开始于70~60 Ma,大规模地壳增厚开始于始新世(55~45 Ma)。此外,Zhu等(2017)认为新特提斯洋板片后撤和断离从而引起大面积基性岩浆底侵是地壳增厚的主要因素(垂向增厚)。

综上所述,冈底斯地区前新生代是否曾经存在过大面积的地壳增厚,然后又经历了后期的拆沉(Ji et al.,2014)?另外,冈底斯带前新生代地壳增厚的主要因素是什么?是和板块的碰撞有关,还是和新特提斯洋平板俯冲有关,抑或是和新特提斯洋板片后撤引起大面积基性岩浆的底侵有关(Ma et al.,2013a,b,2015;Xu et al.,2015)?

11. 对冈底斯地区是否存在老基底还存在争议

Hf同位素分布图显示,冈底斯地区为典型的新生岛弧地体,具有年轻的阶段模式年龄和亏损的Hf同位素组成(Zhu et al.,2011a;张立雪等,2013;Hou et al.,2015)。然而,近期有研究显示,冈底斯地区可能存在老的基底,并不全是一个新的增生地体。比如,马林(2013)在冈底斯达孜地区晚白垩世的辉绿玢岩中发现了老的继承性锆石(1438~861 Ma),二阶段模式年龄达2.94~4.32 Ga,并且这些继承性锆石均具有富集的Hf同位素组成($\varepsilon_{Hf}(t)=$ $-30.4 \sim -21.5$)和高的$\delta^{18}O$值(7.4‰~8.3‰),显示出古老地壳的亲缘性。同样地,在冈底斯带的代表性岩基——曲水岩基中也发现了老的继承性锆石(约1821 Ma)(Ma et al.,2016)。另外,冈底斯地区的加查-朗县-米林一带的早石炭世和寒武纪花岗岩都暗示了冈底斯地区并不完全是一个由新特提斯洋俯冲形成的新生岛弧地体,很可能也发育古老的结晶基底(Dong et al.,2010;董昕,张泽明,2013,2015;Lin et al.,2013;水新芳等,2016;水新芳,2017)。Ma等(2019)结合已经发表和最新获得的数据,认为冈底斯地区并不是一个完整的新生地块,而是作为一个微陆块参与了特提斯洋的演化以及后期的地壳增生。黄丰等(2020)根据冈底斯达居地区镁铁质岩石中富集的Hf同位素组成,认为冈底斯地区下部可能长期存在着古老岩石圈地幔物质。综上所述,冈底斯带并不是一个完整的新生岛弧,很可能存在着古老的基底物质。冈底斯带古老基底物质的分布范围有多大?古老基底的属性是什么?解决这些问题都需要开展更进一步的工作。因此,精细的大比例尺岩性剖面填图和构造解析是将来野外工作的重点。

12. 弧岩浆的属性及成因存在异议

冈底斯带是个巨型的岩浆岩带,包含了大量和新特提斯洋板片俯冲相关的弧岩浆岩(Zhu et al.,2017)。传统的观点认为弧岩浆岩是由板片来源的熔体或流体交代的地幔楔熔融形成的(图1.9(a))。而近些年来有一种新的岩石成因模型被提出来以解释弧岩浆岩的形成,即混杂岩熔融模型(Nielsen,Marschall,2017;Cruz-Uribe et al.,2018;Yan et al.,2019)。混杂岩是由大洋板片(大洋玄武岩)、大洋沉积物和地幔楔橄榄岩组成的,这些成分在俯冲板片与地幔楔接触界面发生均匀的物理混合,混合均匀的混杂岩以底辟的形式上升到浅的地幔楔区,在热的角流(corner flow)作用下熔融形成的岩浆是典型的弧岩浆(Marschall,Schumacher,2012;Nielsen,Marschall,2017)(图1.9(b))。这个模型的建立是基于地球化学和实验岩石学(Marschall,Schumacher,2012;Nielsen,Marschall,2017;Codillo et al.,2018;Cruz-Uribe et al.,2018),尤其是实验岩石学的证据证实混杂岩熔融形成的岩浆是典型的弧岩浆更能说明混杂岩熔融是能够产生弧岩浆岩的(Codillo et al.,2018;Cruz-Uribe et al.,2018)。交代地幔楔熔融和混杂岩熔融是两个完全不同的岩浆过程,交代地幔楔熔融可以简单地表述为"先熔再混",就是板片先熔融或先脱水,熔融形成的熔体或脱水形成的流体交代地幔楔,被交代的地幔楔熔融形成弧岩浆岩(Feineman et al.,2013;Rielli et al.,2018)。混杂岩熔融可以简单地表述为"先混再熔",就是大洋玄武岩、大洋沉积物和地幔楔橄榄岩先在俯冲隧道进行均匀的物理混合,然后这些均匀混合的混杂岩底辟熔融形成弧岩浆岩(Marschall,Schumacher,2012;Hao et al.,2016;Nielsen,Marschall,2017;Codillo et al.,2018;Cruz-Uribe et al.,2018;Yan et al.,2019)。这两种岩浆过程都能形成弧岩浆岩,只是遵循的元素分馏过程不一样。交代地幔楔熔融模型中元素的分馏是发生在板片熔融过程中,来自板片的活动性元素和地幔楔橄榄岩混合,交代地幔楔部分熔融形成的弧岩浆岩往往呈现出较大的元素和同位素的变化(Nielsen 和 Marschall,2017)。混杂岩熔融模型中元素的分馏过程是发生在混杂岩熔融过程,混杂岩是由三组分构成的,形成的弧岩浆岩往往具有均匀的同位素组成(Nielsen,Marschall,2017)。冈底斯带具有不同类型的弧岩浆岩,部分岩浆岩具有变化的元素和同位素组成,而部分岩浆岩具有均匀的元素和同位素组成,因此这些弧岩浆岩究竟是来自交代地幔楔熔融还是混杂岩熔融,这是一个值得探讨的科学问题,也是有必要解决的科学问题。例如,Yan 等(2019)通过详细的岩石学分析,并结合 Sr-Nd-Mo 同位素手段,提出了藏南冈底斯带林子宗典中组火山岩(62~61 Ma)为典型的混杂岩熔融模型,而非传统的交代地幔楔熔融模型(Mo et al.,2007,2008);Hao 等(2022)对秦岭地区富水镇早古生代的弧型镁铁质岩石开展了系统的岩相学和 Sr-Nd-Ba 同位素研究,成功识别出多种俯冲组分的贡献(沉积物、蚀变玄武质洋壳和蚀变橄榄岩),而且指示这些组分是以混杂岩的形式参与到地幔源区中的,为研究古俯冲带中弧岩浆岩的混杂岩熔融模型提供了一个很好的证据。另外,Li 等(2022b)最新的研究成果揭示,弧岩浆岩可能是沉积物熔体、蚀变洋壳和未蚀变洋壳熔体的共同贡献,是形成全球弧岩浆岩的重要机制。因此,Yan 等(2019)、Li 等(2022b)和 Hao 等(2022)最新的成果也启示我们,冈底斯带中晚三叠世的弧岩浆岩有没有可能也是混杂岩熔融模型(图1.9(b)),或者板片熔融模型(图1.9(c))。这进一步启示我们,运用更加新的手段(比如建立新的方法来限定俯冲板片的熔体、超临界流体和富水溶液中的微量元素含量等)和方法(比如 Sr-Nd 和 Li-B-Mg-Mo 同位素的结合),对中晚三叠世的弧岩浆开展系统性研究,厘定其精确的成因机制对理解此时的构造背景具有重要的科学意义。

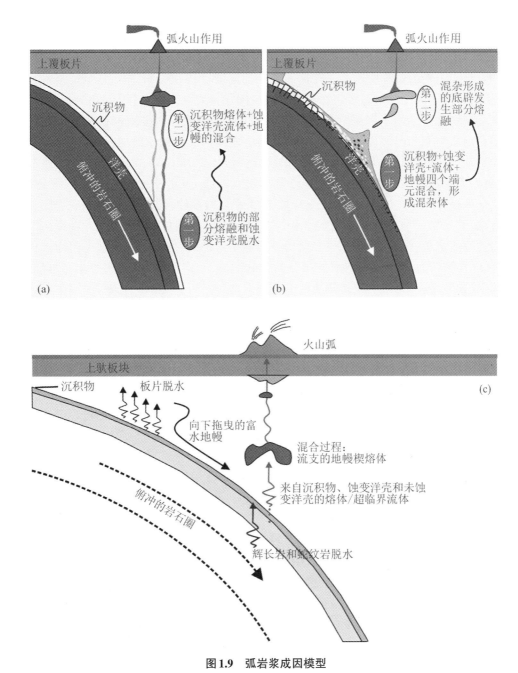

图1.9 弧岩浆成因模型

(a)经典的岛弧岩浆成因模型;(b)混杂岩熔融模型(据Nielsen,Marschall(2017)修改);(c)板片熔融模型(据Li et al.(2022b)修改)

13. 研究方法上的不均一性和局限性

目前,对冈底斯带火成岩的研究主要集中于锆石U-Pb年代学和Sr-Nd-Hf的同位素,而对稳定性同位素的研究鲜有报道(特别是基性岩)(Ma et al.,2013a,b,2015,2017c;Liu et al.,2015;舒楚天,2018)。比如,与Sr-Nd-Hf同位素相比,稳定性同位素(比如Li-Mg-O-Mo-B)

在示踪俯冲流体或熔体和幔源岩浆源区方面有独特的优势和作用(Valley et al.,1998,2005;Teng et al.,2010;李曙光,2015;Chen et al.,2016a;Teng,2017)。冈底斯带是以花岗岩类为主的岩浆岩带,而这些花岗质岩石均具有非常亏损的 Sr-Nd-Hf 同位素特征,因此,同样亏损的基性岩浆在上侵的过程中遭受了花岗质地壳的混染后,Sr-Nd-Hf 同位素特征基本没有变化,显示出一个分离结晶的过程(FC),明显缺少同化-结晶分异的过程(AFC)。然而,地球化学判别图解却显示出了岩浆混合的特征。这主要是因为 Sr-Nd-Hf 同位素难以判别同样亏损的花岗质岩浆和幔源岩浆。Li-Mg-O-B 同位素却对壳源物质的加入非常敏感,被广泛用于识别地幔中俯冲再循环的洋壳和沉积物(Li et al.,2016b;Guo et al.,2019)。通常情况下,没有遭受壳源混染的幔源岩浆的 $\delta^{18}O$ 为(5.3±0.3)‰(Valley et al.,1998,2005),而壳源岩浆通常具有高的 $\delta^{18}O$ 值(Gao et al.,2018),如果来自幔源的岩浆遭受了壳源或者俯冲沉积物的混染,其 $\delta^{18}O$ 必将偏离标准值(5.3±0.3)‰。此外,氧同位素在研究水-岩相互作用方面具有独特的优势(张少兵,郑永飞,2013)。冈底斯带的基性弧岩浆,通常是俯冲板片的流体或熔体(含沉积物)交代上覆地幔楔部分熔融的产物。因而,在交代的过程中,来自深俯冲的沉积物(如碳酸盐岩)对上覆地幔楔的交代和改造是不可避免的。比如,中国东部的巨量碳酸盐岩就参与了玄武质岩浆的形成与演化,并导致中国东部上地幔 Mg 同位素组成偏轻——中国东部的大地幔楔已经发生了明显的碳酸盐化(李曙光,2015,2017)。Liu 等(2015)对藏南拉萨地体的中新世超钾质岩石进行了 Mg 同位素研究,发现中新世的藏南岩石圈地幔遭受了明显的碳酸盐化。因此,一个科学问题是,新特提斯洋在向拉萨地体俯冲的过程中,是否也曾有巨量的碳酸盐岩参与了幔源岩浆的形成与演化(Kent,Muttoni,2008)。因为半深海-深海往往也沉积有大量的碳酸盐岩,在大洋板片向深部俯冲的过程中这些碳酸盐岩应该也会参与弧岩浆岩的形成。因此,对冈底斯带中段的基性岩体开展 Mg 同位素研究是需要且迫切的。与 Mg-O 同位素不同,B、Li 和 Mo 同位素在示踪熔体/流体参与岩浆过程和物质循环方面具有独特的意义。通常与亏损地幔相比,岛弧岩浆具有更高的 B 含量($1.3×10^{-6}$～$3.7×10^{-5}$)和 $\delta^{11}B$ 值(−5‰～+15‰)。来自大陆的表壳岩石和碎屑沉积物却具有轻的 B 同位素组成(δ^7Li<+3‰,$\delta^{11}B$<−5‰)(Teng et al.,2004;Romer et al.,2014)。而 Li 同位素在不同的熔体和流体中也具有较大的分馏,因而也是一种非常重要的岩浆源区示踪剂。比如,海水具有重的 Li 同位素组成,其 δ^7Li 可以达到+40‰(Chaussidon,Albarède,1992;Marschall et al.,2017)。因此,与海水发生水-岩反应的蚀变洋壳也会继承重的 Li 同位素特征,而没有遭受交代的地幔(通常为(+3.5±1.0)‰)以及大陆上地壳具有轻的 Li 同位素组成(通常小于0‰)(Teng et al.,2004;Romer et al.,2014;Wang et al.,2020b)。Mo 同位素是近年来兴起的非传统同位素,它具有7个稳定同位素,即 ^{92}Mo(14.84%)、^{94}Mo(9.25%)、^{95}Mo(15.92%)、^{96}Mo(16.68%)、^{97}Mo(9.56%)、^{98}Mo(24.13%)、^{100}Mo(9.63%)。Mo 元素具有的外层电子结构导致其具有多个价态(Ⅳ、Ⅴ、Ⅵ),在还原条件下往往以Ⅳ、Ⅴ存在,但是在氧化条件下往往以Ⅵ存在,在溶液中主要以 MoO_4^{2-} 形式迁移。近些年 Mo 同位素在示踪俯冲板片物质尤其是大洋沉积物和板片流体、判别岩浆演化和源区特征以及古环境鉴定等方面发挥着重要的作用(Burkhardt et al.,2014;Bezard et al.,2016;Chen et al.,2019)。比如,来自于洋的沉积物通常具有变化的 $\delta^{98/95}Mo_{NIST3134}$ 组成((−1.871±0.018)‰～(0.674±0.03)‰;Freymuth et al.,2015,2016;Gaschnig et al.,2017)和较大的 Mo 丰度变化范围

($5×10^{-8}$~$9.754×10^{-5}$；Freymuth et al.，2015，2016；Gaschnig et al.，2017)，尤其是氧化性沉积物和还原性沉积物的 $\delta^{98/95}Mo_{NIST3134}$ 组成有明显的差异。例如，还原条件下形成的黑色页岩往往具有重的 $\delta^{98/95}Mo_{NIST3134}$ 同位素组成（(0.522±0.019)‰~(0.674±0.03)‰；Freymuth et al.，2015，2016；Gaschnig et al.，2017)，而在氧化条件下形成的火山碎屑岩和黏土往往具有轻的 $\delta^{98/95}Mo_{NIST3134}$ 同位素组成（(−1.871±0.018)‰~(0.63±0.10)‰；Freymuth et al.，2015，2016；König et al.，2016)。当然在弧岩浆岩形成的过程中除了有大洋沉积物参与外，来自板片的流体也是不可忽视的因素，因为板片流体往往富集重的 Mo 同位素组成(Freymuth et al.，2015，2016)。例如，马里亚纳弧岩浆岩形成的过程中有板片流体参与导致这些岩浆岩具有比地幔重的 Mo 同位素组成($\delta^{98/95}Mo_{NIST3134}$=−0.2134弧岩；Freymuth et al.，2015，2016)。对于岩浆演化是否造成 Mo 同位素的变化，目前也有人做了一些研究工作。如 Yang 等(2015a)在研究冰岛的 Hekla 火山熔岩过程中认为岩浆分离结晶不会造成 Mo 同位素的分馏，但是 Voegelin 等(2014)认为 Kos 弧中的火山熔岩具有变化的 Mo 同位素组成是因为岩浆分馏结晶造成了 Mo 同位素的分馏。因此，岩浆演化过程是否造成 Mo 同位素的分馏目前还不清楚。在古环境示踪方面，Mo 同位素目前有良好的作用，因为 Mo 是氧化还原敏感元素，也是难溶的适度亲铁元素。这就使得 Mo 同位素往往被应用于指示古环境氧化还原条件(Dahl et al.，2011；Kurzweil et al.，2015；Kendall et al.，2015，2020；Siebert et al.，2015)。

综上所述，稳定性同位素 Mg-O-B-Li-Mo 和放射性同位素 Sr-Nd-Hf 的结合，能定量地模拟源区中沉积物(如碳酸盐岩或者远洋碎屑沉积)或者壳源岩浆的贡献量以及氧化还原条件等，这将是今后一段时间冈底斯带火成岩研究的主要内容。新型非传统稳定同位素的应用，对解决目前冈底斯带存在争议的科学问题提供了新的思路和方向！

1.2 研究展望及启示

通过中国知网和 Web of Science 搜索"藏南"或者"冈底斯和南拉萨等"关键词，发现自2000年以来，每年的发文量都在大量增长，这主要得益于近20年来国内同位素地球化学和测年技术的迅猛的发展。数千篇的文献为我们理解冈底斯带的形成和演化提供最为基础的地质资料。如前所述，虽然冈底斯带的研究取得了重大的突破和进展，然而对一些基础性的科学问题仍然存在争议。为抛砖引玉，在前人研究的基础上，这里提出两点建议，希望对冈底斯带的地学发展起到积极的促进作用。

1. 构造地质学和岩石地球化学的交叉应用是解决一些基础地质问题的钥匙

构造地质学和岩石地球化学相结合的方法是解析冈底斯带形成和演化的重要手段。目前岩石地球化学和同位素年代学研究在冈底斯带的研究中一枝独秀，而构造地质学的研究则相对薄弱。构造地质学更加注重岩石的野外分布特征和不同类型岩石之间的穿插关系以及岩石的几何学、运动学和动力学特征。通过野外和室内的构造解析(比如电子背散射衍射组构分析等)，可以厘定岩石在成岩过程中和成岩之后的构造演化的历史过程。比如，电子背散射衍射测试表明:具有复杂环带组构的岩石(比如大-小圆环带均发育)可能经历了多期的构造演化过程,每一期的演化过程很可能就代表了区域上的一次构造热或者冷事件(把区域抬升、降温或者冷板块俯冲称为冷事件,把区域上的幔源岩浆底侵或者局部剪切生热引起的事件称为热事件)。这些热事件和冷事件在岩体的演化过程中,有时很难用地球化学的手段进行示踪。另外,构造分析可以提供不同岩石之间的成因联系,为了解岩石的成因机制提供了新的视角和可能。与发生变形和变质的岩石相比,未发生明显变形或者变质的火成岩通常不是构造地质学家关注和研究的重点对象。这就导致了构造地质学在火成岩研究中的应用非常有限,从而限制了对火成岩的形成与演化的全面了解。然而,野外大量的事实已经证明,火成岩中也具有丰富的地质构造。在冈底斯带中,弧型火成岩中就发育有丰富的地质构造(熊清华,左祖发,1999;孟元库等,2016a,b,c;Feng et al.,2020)。比如,冈底斯带尼木地区的"变形花岗岩"的厘定就暗示了冈底斯带的花岗岩并非简单的以块状构造为主。野外调查显示,这种"流动"构造弥散于整个花岗岩体中,排除了该构造现象为岩浆侵入围岩时边部遭受挤压形成的"原生片麻岩状"构造。传统的观点认为,花岗岩具有高的黏度,不易流动(晶粥状),通常表现为块状构造,只有在岩体的边部可能会发育少量的流动或者定向构造。冈底斯带尼木地区面理化花岗岩的发现进一步启示我们,花岗岩也具有丰富的原生构造。这些原生的地质构造对了解花岗岩的侵位机制具有非常重要的意义。除了传统上的构造解析之外,矿物的显微构造分析也是解析火成岩成因的重要手段。比如,在显微构造分析中,暗色镁铁质包体中的针状磷灰石晶体可能暗示了岩浆混合作用的存在(江万等,1998,1999;Baxter,Feely,2002);矿物的嵌晶包含结构以及不协调的包含结构(暗色镁铁质矿物包含长-英质矿物)也是岩浆混合作用的一种体现(周珣若等,1994;董国臣等,2006)。另外,如果在岩石的暗色镁铁质包体或者基性脉体中发现细粒黑云母镶边的眼球状石英颗粒(Meng et al.,2020),也可证明不同岩石或者岩体之间存在物质的交换。这些岩浆中的原生显微构造往往比通过地球化学来判别岩浆的混合过程更加有效。因此,这就要求在今后火成岩的研究中,也要注重构造要素在火成岩中的应用,而非采用单一的岩石地球化学手段。以上论述证明,精细的构造分析和解析是了解岩石成因的第一步,也是最为直接的证据。

野外研究是构造地质学最为基础的工作。通过大比例尺的构造-岩性剖面填图,可以准确地了解每一种岩石或者岩体在剖面上的分布特征以及它们之间的接触-穿插关系。这些最为直接的野外接触关系可以较为直接地显示岩石的构造属性,即哪一种岩石可能属于原地,哪一种岩石可能属于外来推覆体。此外,不同岩石间穿插关系的厘定是初步判别不同岩石新老关系的第一手资料,同位素定年只是对野外接触关系的进一步定量性验证。对于一些缺少锆石的超基性-基性岩体和岩脉,穿插关系是确定岩石成岩次序最为重要的判别依据。要按照严格的构造-岩性剖面,进行样品的采集(包括定向样品)以及后期的加工处理。精细的构造地质学剖析为了解岩石的几何学特征、运动学和动力学特征提供了坚实的基础,在此基础上,对所采集的样品进行矿物学、岩石学和同位素地球化学分析为了解岩石的内在成因提供了有力的数据支撑。此外,近期Cao等(2020)运用角闪石的铝压力计并结合冈底斯带火成岩的锆石U-Pb年龄分布特征,厘定了冈底斯带自100 Ma以来的构造演化样式,并指出冈底斯目前东西段岩性上的差异(构造掀斜)(中西段侵位压力为1~2 kbar,东段为6~12 kbar)主要和后期的不均衡抬升有关,其中冈底斯带是研究大陆地壳构造演化的天然场所。Cao等(2020)的研究启示我们,单一的年代学和地球化学研究对于揭示和了解岛弧带的成因来说是不全面的。因此,构造是前提,岩石地球化学是根本,只有两者取长补短,相互结合,才能更好地解决地学研究中存在的一些争议性的科学问题。因此,构造地质学和岩石地球化学相结合的研究将是未来冈底斯带研究的主要方向。

对于以火成岩为主的岛弧地体,岩石地球化学和同位素年代学是其最为主要的研究方法和手段。岩石地球化学依赖于对数据的挖掘和解读,这往往也导致了地球化学数据具有多解性。比如,具有高 Sr/Y 和(La/Yb)$_N$值的中酸性火成岩(也称为埃达克岩)通常被认为形成于地壳加厚的环境或者是俯冲带环境(与年轻洋壳俯冲的部分熔融有关)。然而近些年来,越来越多的证据显示,具有这种特征的火成岩可以形成于多种环境(比如非地壳加厚或拆沉、非新生洋壳板片俯冲部分熔融的产物等)(Richards,Kerrich,2007;Moyen,2009),也可能形成于岩浆的分异过程(Macpherson et al.,2006),这些形成于不同构造环境或不同的岩浆过程使得埃达克岩具有复杂的成因。另外,形成于大陆边缘的弧型岩浆具有明显的地球化学识别特征和大地构造环境判别意义。然而,最近的研究却显示,来自雅鲁藏布江蛇绿岩套中的部分镁铁质火成岩(玄武岩、辉绿岩和辉长岩脉)却显示出和冈底斯大陆岛弧类似的地球化学特征(非 MORB 特征),即轻稀土和大离子亲石元素富集,高场强元素亏损,并具有明显亏损的 Sr-Nd-Hf 同位素特征(Meng et al.,2019c;Xiong et al.,2020)。为什么蛇绿岩中的部分镁铁质岩石具有类似于岛弧岩浆岩的地球化学特征,是一个非常值得思考和探讨的问题。冈底斯带岩浆岩成因的复杂性,导致了多方面的成因解释,这就会形成发表的论文越多,存在问题就越多的一种怪象。然而,真相只有一个!因此,这就要求在进行岩石地球化学分析时,不能盲目地进行岩石样品的采集,而忽略岩石本身的野外特征以及与其他类型岩石的接触关系,否则会得出远离事实的观点。

2. 加强冈底斯带弧后盆地中沉积岩系的研究

弧后盆地的研究,对了解冈底斯带的演化以及古地理格局具有重要的启示意义。在新特提斯洋俯冲的过程,科西斯坦(Kohistan)-拉达克(Ladakh)弧(冈底斯弧的西延部分)和冈底斯弧都形成了较为典型的弧前和弧后盆地(图1.10)(Wu et al.,2010;马元等,2017;Meng et al.,2019b)。沉积于弧后盆地的沉积岩系的物源主要来自大陆岛弧和相邻大陆块体风化剥蚀的产物。因此,通过对弧后盆地中的沉积岩系开展系统性研究,能很好地约束与之相邻的岛弧和大陆块体的构造演化。其中碎屑锆石的 U-Pb 年龄谱不但能限定沉积岩系沉积的下限时代,而且锆石的特征性年龄谱和 Hf-O 同位素在判别沉积源区及大地构造亲缘性方面具有独特的优势(Cawood et al.,2012;第五春荣等,2013)。通过对弧后沉积盆地的碎屑岩开展岩相学和碎屑矿物研究,可以很好地反演沉积成岩时的古地貌和古地理格局(Cawood et al.,2012;Meng et al.,2019b)。比如,冈底斯带是否存在早白垩世的岩浆平静期?为什么冈底斯带晚三叠世至早中侏罗世的火成岩在冈底斯带的出露较为零星?是后期强烈的风化剥蚀,导致冈底斯带早期的火成岩难以保留?如果冈底斯带在晚三叠世-早白垩世发育连续的岩浆活动,那么这些前晚白垩世的火成岩将会以风化剥蚀产物的形态很好地保存在与之相邻的弧前或者弧后盆地中。Wu等(2010)对日喀则弧前盆地的沉积岩石进行了系统的碎屑锆石 U-Pb-Hf 测试,分析结果显示碎屑锆石中含有不少早白垩世的岩浆型锆石,并且这些锆石绝大多数具有非常亏损的 Hf 同位素组成,表明了冈底斯弧是其最为主要的物源区,进一步暗示了冈底斯带早白垩世并不存在所谓的岩浆平静期。由于与弧前盆地相比，弧后盆地的分布较为零散(图1.10)，不成规模，没有得到更多的关注，对其沉积和成岩的过程也没有较好约束。目前，虽然部分学者对冈底斯带弧后盆地的碎屑岩开展了研究和相关报道(Leier et al.,2007;Meng et al.,2019b;Wei et al.,2020)，但是与研究程度较高的火成岩相比，冈底斯带碎屑岩的研究程度仍然较低。冈底斯带弧后盆地的沉积岩系从晚侏罗世-晚白垩世主要发育的沉积地层有却桑温泉组(J_3q)、多底沟组(J_3d)、林布宗组(J_3K_1l)、楚木龙组(K_1c)、塔克那组(K_1t)和设兴组(K_2s)。这些弧后盆地的沉积地层很好地记录和保留了冈底斯弧及邻区遭受剥蚀的碎屑产物(图1.10)。比如，具有较大的地形差和较小的地形地貌差将会形成不同类型的沉积体系和源汇系统。另外，气候的干湿转换记录也能很好地保存在弧后盆地的沉积记录中(Wei et al.,2020)。比如，沉积岩中化学蚀变指数CIA值通常和沉积时岩石风化的强度和环境具有密切的关系(McLennan et al.,1993)。因此，对冈底斯地区的沉积碎屑岩开展野外的基础调查和碎屑锆石的U-Pb-Hf-O分析，能从新的视角进一步深化藏南地区地质演化的研究，特别是冈底斯带的形成和演化。

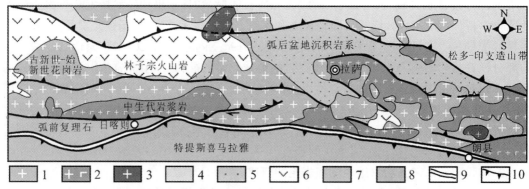

图1.10　冈底斯地区及邻区地质构造示意图(据许志琴等(2019)修改)

1=65~45 Ma花岗岩；2=中生代火成岩；3=38~6 Ma花岗岩；4=松多-印支造山带；5=冈底斯带中生代弧后盆地沉积岩系；6=林子宗火山岩；7=日喀则弧前复理石沉积岩系；8=特提斯喜马拉雅地体；9=雅鲁藏布江缝合带；10=逆冲构造

本 章 小 结

冈底斯火成岩带是新特提斯洋俯冲和印度-亚洲板块板块碰撞的产物，具有多阶段的火山-岩浆活动和复杂的成矿-构造-变质演化历史。冈底斯带以中酸性火山-侵入岩为主，另外分布了少量的镁铁质岩石以及变质-沉积岩系和古老的结晶基底。自2000年以来，随着大规模地质调查的开展以及同位素技术的迅猛发展，冈底斯带的研究取得了长足的进步，从以前的以野外调查为主，慢慢转到了以室内研究为主的阶段。通过大量的同位素年代学和岩石地球化学研究，现阶段基本上厘清了冈底斯带的岩石组合类型、岩浆活动的主要期次以及复杂的构造演化历史。通过综述前人的研究成果，不难发现，对一些基础性的科学问题仍然存在争议，特别是新特提斯洋俯冲的起始时限、板片多阶段演化的岩石学证据以及交代地幔楔产生弧型岩浆的流体或者熔体属性和来源仍然不清楚。另外，冈底斯带从东到西沿走向上表现出成分的变化,如东部的林芝地区广泛出露下地壳的弧岩浆组分(弧根,普遍经历了高角闪岩相到麻粒岩相的变质作用),而中西段主要出露中上地壳的弧岩浆组分(以花岗岩和花岗闪长岩为主,未发生变质),对这种沿走向岛弧成分变化的原因目前尚未开展详细研究。冈底斯带的岩石类型虽然以火成岩为主,但是野外地质调查显示,冈底斯带的岩石类型非常丰富,从前寒武纪变质结晶基底到未变质的火山-沉积地层均囊括其中。然而,代表上地壳组分的沉积-火山岩到代表中地壳组分的花岗闪长岩和下地壳的麻粒岩相变质岩与前寒武纪结晶基底之间的组成和时空关系仍然缺乏研究。因此,开展详细的弧剖面学研究对了解不同岩石类型和组合的关系至关重要。与世界上其他的经典岛弧岩基带相比(比如内华达岩基),冈底斯带的研究显得非常薄弱,还有许多工作需要开展,特别是要从目前的"粗而广"的研究向"精而细"的研究迈进。最后,需要强调的是,冈底斯岛弧带位于拉萨地体的南缘,经历了新特提斯洋俯冲(增生和加积)和印度-亚洲板块的碰撞(变形、变质和侵蚀),也是一个明显的构造-变质带,因此开展详细的以构造-变质动力学为主的研究(比如P-t-T轨迹和变质动力学研究)是将来揭示岩浆弧生长与再造的关键。

第2章　区域地质概况

青藏高原(或喜马拉雅-青藏高原造山带)通常被认为是三大特提斯域(始特提斯、古特提斯和新特提斯)演化的产物(许志琴等,2007,2011),由不同的地体拼贴而成,是一个造山的高原(许志琴等,2007,2011)。青藏高原也是研究板块的缝合过程和理解大陆碰撞机制最佳的野外实验室(Kapp,DeCelles,2019)。

2.1　青藏高原地质概况

青藏高原的大地构造单元可以划分为三大部分:① 青藏高原北部的"阿-祁-昆"早古生代复合地体;② 青藏高原腹地的"松潘甘孜-羌塘-拉萨"中生代复合增生地体;③ 青藏高原南部喜马拉雅新生代增生地体(许志琴等,2007,2011)。最新的古地磁研究表明(Lippert et al.,2011;Yang et al.,2015b),组成青藏高原的众多块体的古地理位置、性质和归属的"非原地性"进一步得到了很好的证明,即青藏高原在地质历史时期的拼贴、增生与特提斯洋盆(新元古代-早中泥盆世的始特提斯、中石炭世-早中三叠世的古特提斯洋以及晚三叠世-晚白垩世的新特提斯洋)的不断开启和闭合以及印度洋的最后打开(中新世至今)有密切的关系。青藏高原177幅1∶250000最新的地质填图成果揭示,青藏高原具有典型的"多洋盆、多地体、多岛弧"和"多俯冲、多碰撞、多造山"的动力学过程(潘桂棠等,2004,2006;许志琴等,2007,2011;Pan et al.,2012;Zhu et al.,2013)。

此外,青藏高原的众多块地中还记录和保留了早期演化的前震旦纪的变质结晶基底,主要出露在高原北部"阿-祁-昆"早古生代复合地体以及南拉萨地体(比如冈底斯念青唐古拉结晶基底)和喜马拉雅地体中。青藏高原变质基底的研究主要表明了以下两点:① 青藏高原北部变质基底与扬子克拉通的变质基底具有可比性,发现了罗迪尼亚大陆裂解带最为直接的蛇绿岩证据,变质基底早古生代的再活化以及孔慈岩系的形成;② 喜马拉雅地体中变质基底经历了泛非-早古生代变质活化事件。

本节将对青藏高原的各个地体进行简要的论述,为讨论藏南冈底斯带的岩浆活动和构造演化奠定基础。

1. 阿-祁-昆早古生代复合地体

阿-祁-昆早古生代复合地体位于阿拉善-敦煌-塔里木地体和松潘甘孜-羌塘-拉萨中生代复合增生地体之间。祁连地体宽240 km,长600 km,以出露大面积的前寒武纪变质基底为特征,主要分布在祁连地体北部的野马南山-疏勒南山-煌源一带,由高角闪岩相及其上覆的震旦纪绿片岩相浅变质岩系组成。祁连地体从北向南可以划分为三个亚地体,分别为北祁连、中祁连、南祁连(肖序常等,1978;冯益民等,1996)。北祁连是一个位于华北克拉通南侧的奥陶纪俯冲-增生岛弧体;中祁连为一个从华北克拉通裂离的古老微陆块,主要由前寒武纪片麻岩组成;南祁连为晚古生代增生在早期活动大陆边缘的增生杂岩体(冯益民等,1996;夏林圻等,1996;冯益民等,1997)。昆仑地体主要由东部的昆仑-柴达木地体和西边的西昆仑地体组成。昆仑-柴达木地体与祁连缝合带相连接,其北部为柴达木盆地,南部由早古生代岛弧及晚二叠世-三叠纪岛弧型的昆仑岩基组成;西昆仑地体以库底缝合带为界,分为南北两部分,北部以一套厚层的晚泥盆到早二叠世的深海相沉积为主,北部发育有两阶段的岩浆岛弧,与东部的昆仑-柴达木地体相似(Yin et al.,2000;徐旺春,2010)。

2. 松潘甘孜地体

松潘-甘孜造山带位于青藏高原东北缘,形成于古特提斯洋的闭合阶段(许志琴等,1992)。松潘甘孜地体为特殊的倒三角几何形态(地质百慕大三角),北面以东昆仑缝合带与昆仑-柴达木地体连接,南西面以西金-乌拉-金沙江缝合带与羌塘地体毗邻,东面的龙山山前逆冲断裂系构成青藏高原东侧北段边界,西面被阿尔金断裂切割。松潘甘孜地体是被南北两个古特提斯洋盆所夹持,以发育三叠纪的被动陆缘巨厚复理石沉积为特征的地块,基底为扬子板块前三叠纪的台缘-斜坡沉积及前寒武纪的变质基底。三叠纪末的造山运动使松潘甘孜地区古生代-三叠纪地层强烈褶皱,形成变质基底与盖层之间的大型滑脱构造,伴随大量三叠纪碰撞型花岗岩的侵位,形成三叠纪碰撞造山带以及东昆仑北地体和东昆仑南地体中形成晚三叠世陆缘火山岩带(许志琴等,1992,2007,2011)。

3. 羌塘地体

羌塘地体以斑公湖-怒江缝合带与冈底斯-念青唐古拉地体(拉萨地体)相隔。在大地构造上,羌塘地体被双湖缝合带分为北羌塘和南羌塘(李才,1987)。其中北羌塘地体具有华夏基底的亲缘性,而南羌塘地体具有冈瓦纳大陆的基底属性(Li,Zheng,1993)。羌塘地体以晚古生界和中生界沉积岩为主要组分,上叠新生代盆地。奥陶纪-二叠纪时期,羌塘地体基本上处于冈瓦纳大陆北部和劳亚大陆南部的碎屑陆源海域,发育了一套以滨海-浅海相碎屑岩和碳酸盐为主的沉积。三叠纪时,羌塘地体的构造演化发生巨大改变。早三叠世时为隆起状态,中上三叠世时发育浅海-滨海相碳酸盐岩和碎屑岩建造,沉积厚度达上千米。侏罗纪时羌塘地体的主要区域均属于海相沉积,并伴有以中酸性岩为主的火山喷发。羌塘地体主体经历了燕山早期的构造运动,形成早燕山造山带。白垩纪时期,羌塘地体进入构造夷平面、全面抬升和剥蚀。新生代古新世-始新世时期,山间陆相盆地沿断裂呈线形分布,在可可西里地区发育有大面积的中新世至上新世-早更新世的火山熔岩,以安山岩和安山玄武岩为主,属于碱性钾质系列。

4. 拉萨地体

拉萨地体位于青藏高原中南部,呈东西向展布,夹持于斑公湖-怒江缝合带和雅鲁藏布江缝合带之间的巨型岩浆-构造-成矿带,其东绕过南迦巴瓦大拐弯与波密-八宿-然乌-察隅中酸性岩浆岩带相连接(Zhu et al.,2013)。拉萨地体,也称广义的冈底斯造山带,长约2000 km,宽为100～300 km,以发育冈底斯中新生代岛弧及活动陆缘火山带为最主要特征,是西藏地区岩浆岩最为集中的区域,也是我国最为重要的矿产资源储备基地(潘桂棠等,2006;张泽明等,2009,2019;唐菊兴等,2017)。根据构造混杂岩带、区域性断裂以及出露的超高压岩石(松多榴辉岩),拉萨地体由北向南可以分为三个次级地体,即北拉萨地体(north Lhasa sub-terrane,NL)、中拉萨地体(central Lhasa sub-terrane,CL)和南拉萨地体(south Lhasa sub-terrane,SL)。本书研究的区域主要为拉萨地体南部,属于南拉萨地体,即冈底斯带(Zhu et al.,2011a,2013),下一节将对拉萨地体及冈底斯带地质概况进行详细的论述。

5. 喜马拉雅地体

喜马拉雅地体是印度与亚洲大陆碰撞作用形成的现今全球规模最大的陆内造山带,也被称为喜马拉雅造山带(Tapponnier et al.,1982;Yin,Harrison,2000;张泽明等,2008;许志琴等,2007;Xu et al.,2013)。喜马拉雅地体从北向南可以分为四个区域性地块,分别为特提斯喜马拉雅(Tethys Himalayan Sequences)、高喜马拉雅(Great Himalayan Sequences)、低喜马拉雅(Less Hiamalayan Sequences)和次喜马拉雅(Sub-Hiamalayan Sequences)(Burg,Chen,1984;Burchfiel,Royden,1985;Yin,Harrison,2000;许志琴等,2007,2011)。特提斯喜马拉雅呈东西走向且向南突出的弧形带,东至东构造结,西达普兰地区,主要以大面积的显生宙沉积盖层为特征;高喜马拉雅呈近东西向宽约150 km的弧形展布,以出露大范围的前震旦纪变质岩系为特征;低喜马拉雅位于高喜马拉雅南侧,主要发育有震旦系-下古生界低级变质岩,可以与特提斯喜马拉雅的沉积层系进行对比,均属于印度地台的盖层沉积;次喜马拉雅主要由中新世-第四纪西瓦里克沉积盆地组成,盆地西起巴基斯坦的白沙瓦,东到缅甸掸邦高原,长数千千米,由厚度为六千多米的前陆盆地山麓相沉积组成(许志琴等,2007;张泽明等,2008;Zhang et al.,2012c)。喜马拉雅地体中最为引人瞩目的是其中发育的四条区域性大断裂,四条区域性断裂也是控制喜马拉雅地体格架的重要构造体系。在喜马拉雅地体中,四条区域性断裂为藏南拆离系(southern Xizang detachemnt,STD)(活动时限约为20 Ma)、主中央逆冲断裂(main central thrust,MCT)(活动时限为23～3 Ma)、主边界断裂(main boundary thrust,MBT)(活动时限为12～9 Ma)、主前锋逆冲断裂(main front thrust,MFT)(活动时限为5～0 Ma)(Burg,Chen,1984;Burchfiel et al.,1985;Yin et al.,2000;尹安,2006;Yin,2006;Xu et al.,2013)。

2.2 拉萨地体地质概况

2.2.1 拉萨地体概况

如前所述,拉萨地体是一条东西长约2000 km,南北宽100～300 km的巨型岩浆构造带(莫宣学等,2009)。在大地构造上,拉萨地体位于欧亚板块最南缘,中生代时新特提斯洋板块持续向北俯冲在其南缘形成了典型的安第斯型活动大陆边缘,此外拉萨地体也是新生代欧亚板块碰撞造山的最前锋。因此,拉萨地体是青藏高原中新生代火成岩分布最为集中的区域,其中以冈底斯带分布数量最多。在冈底斯带及林子宗火山岩的北部出露有中元古代变质基底——念青唐古拉群,主要岩石组合为二长片麻岩、黑云斜长片麻岩、斜长角闪岩、石英岩、花岗片麻岩、大理岩(图2.1)等。拉萨地体中段可以划分为四个基本的构造单元:① 花岗岩和火山岩;② 以中下地壳为主的前寒武纪结晶基底;③ 沉积盖层;④ 弧前复理石沉积及蛇绿混杂岩带(Pan et al.,2012;Zhu et al.,2013)。杨经绥等(2006)在松多-工布江达一带发现一条相当规模的榴辉岩带,变质温度为650~750 ℃,压力为2.58~2.67 GPa,其原岩为大洋玄武岩,变质年龄为(267±17) Ma,结合榴辉岩带北侧出露的石炭-二叠纪火山岛弧带,认为该榴辉岩可能是古特提斯洋俯冲的产物,代表板块俯冲的边界,因此拉萨地体内部可能存在一个古大洋。

侏罗纪-白垩纪时期,由于新特提斯洋的不断扩张及向北俯冲,在其南缘形成了岛弧及活动陆缘弧的构造环境。中新生代火山岩大致分布在东西向形成的古生代褶皱带南北两侧。侏罗纪火山岩含有大量的碎屑,岩性以基性-酸性质的岩石组合为主,其中可见大套的海相安山质岩石,最大厚度可达3000 m。上侏罗统上部到下白垩统,火山岩具有以钙碱性为主的基性-酸性组合,主要岩石类型为玄武岩、安山岩、英安岩以及流纹岩,为陆相夹海相的环境。其中的玄武岩和安山岩微量元素有岛弧火山岩的特征,稀土元素具有陆缘岛弧的特征(许志琴等,2007;徐旺春,2010)。

2.2.2 拉萨地体构造格架划分及地体地质特征

拉萨地体位于欧亚板块最南缘,是青藏高原地学研究中最为重要的块体之一,它记录和保留了大量印度-亚洲板块碰撞的关键地质信息,是了解和研究板块构造最佳的天然实验室(许志琴等,2007;孟元库等,2018a,2022)。拉萨地体具有特殊的地球化学特征及构造属性,特别是松多榴辉岩的发现证明了拉萨地体不是一个完整的块体(杨经绥等,2007),而可能是一个后期的复合地体。根据区域性断裂,拉萨地体由北向南可以分为三个亚带。北拉萨地体位于班公湖-怒江缝合带以南(BNSZ),狮泉河-纳木错蛇绿混杂岩带以北;中拉萨地体位于狮泉河-纳木错蛇绿混杂岩带以南(SNMZ),洛巴堆-米拉山断裂带以北;南拉萨地体即狭义的冈底斯带(GMB),位于洛巴堆-米拉山断裂以南(LMF),雅鲁藏布江缝合带以北,是拉萨地体中岩浆岩分布最为集中的区域(莫宣学等,2009;Zhu et al.,2013)。

南拉萨地体以花岗质侵入岩、火山岩和部分同时代的火山沉积地层为主(莫宣学等,2009;Zhu et al.,2013,2015;孟元库等,2022),后面章节将进行详细论述,在此不再赘述。

中拉萨地体的基底主要为新元古代的念青唐古拉群,以发育巨厚的大理岩和混合岩为主,另外发育有少量的新元古代蛇绿岩和麻粒岩(胡道功等,2005;张泽明等,2010;张修政等,2013;胡培远等,2016;Hu et al.,2018a)。在念青唐古拉群之上,广泛发育震旦纪至寒武纪期间的石英片岩、大理岩夹流纹质火山岩(Hu et al.,2013,2018b)。下古生界总体以浅海相灰岩、页岩沉积相沉积为主,整体上连续到上志留统(程立人等,2001)。上古生界主要为一套浅海相碎屑岩和碳酸岩,其中发育一套石炭纪-二叠纪的海相砾岩(程立人等,2002;张

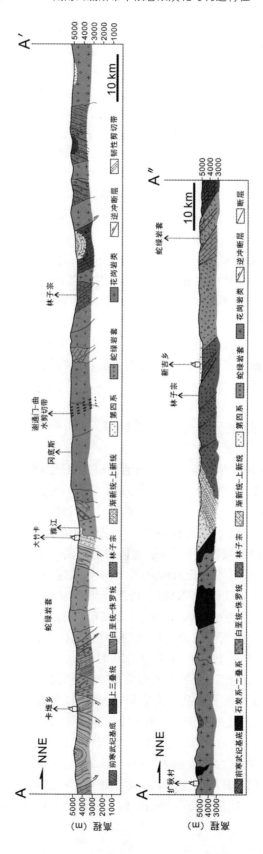

图 2.1 拉萨地体中-南段区域地质剖面示意图

予杰等,2013)。中生代地层以措勤盆地中的中上侏罗统的碳酸盐岩为主(赵兵等,2005)。到晚侏罗世至早白垩世时,中拉萨地体发育大规模的则弄群中酸性火山岩、火山碎屑岩(康志强等,2008;Chen et al.,2012;贺娟等,2020)。则弄火山作用结束后,又发育了以火山沉积地层为主的多尼组,覆盖在则弄之上(Sun et al.,2017)。到晚白垩世时,中拉萨地体以发育陆相红层沉积和中新世火山作用为主(Sun et al.,2015;Zhu et al.,2016;Lai et al.,2019a,b)。中拉萨地体主要有三期岩浆事件,分别为寒武纪双峰式岩浆岩(510~490 Ma)、晚三叠世-早侏罗世中酸性岩浆岩(230~183 Ma)和晚侏罗世-早白垩世中酸性岩浆岩(Zhu et al.,2011a,2012;曾孝文,2022)。

北拉萨地体不同于中拉萨地体,以新生地壳物质为主(潘桂棠等,2006;Zhu et al.,2011a;Hou et al.,2015)。沉积地层方面,北拉萨地体主要分布有规模较大的中上侏罗统接奴群和拉贡塘组类复理石(Lai et al.,2022)。在中上侏罗统之上,发育有早白垩世的多尼组砂岩夹灰岩沉积。至晚白垩世时,北拉萨地体沉积了巨厚的郎山组生物灰岩(潘桂棠等,2006)。海侵结束后,北拉萨地体一直处于陆相环境,直到新生代期间以陆相红层夹火山岩地层为主。岩浆作用方面,北拉萨地体的岩浆作用主要集中于白垩纪(最老的岩浆记录主要集中于139~130 Ma),约125 Ma时北拉萨地体迎来第一次岩浆爆发期(以中钾中酸性深成侵入岩和火山岩为主),到116 Ma时迎来第二次岩浆爆发期(以中酸性深成侵入岩和火山岩为主)(Zhu et al.,2011a;Li et al.,2018a)。到早白垩世晚期至晚白垩世早期,一些高Sr/Y值的埃达克岩和A型花岗岩在北拉萨地体开始广泛出现。晚白垩世90~80 Ma,北拉萨地体广泛分布有增厚下地壳成因的中酸性岩浆岩(Yi et al.,2018)。

最新的Hf同位素填图显示,拉萨地体从北向南具有不同的$\varepsilon_{Hf}(t)$值,其中拉萨地体北部和南部均以正的$\varepsilon_{Hf}(t)$值为主,显示出新生地壳的特征,中拉萨地体以负的$\varepsilon_{Hf}(t)$值为主,暗含了中拉萨地体可能为一个古老的微陆块(Hou et al.,2015;张立雪等,2013)(图1.5)。

2.2.3　拉萨地体的构造演化

根据177幅1:250000区域地质调查结果,结合前人的研究,潘桂棠等(2004,2006)和Pan等(2012)对拉萨地体晚古生代到新生代的构造演化进行了详细论述(图2.2)。

① 晚石炭世-二叠纪时,古特提斯洋向南俯冲,使冈瓦纳大陆北缘构造体制发生转变,从被动大陆边缘到活动大陆边缘,出现了洛巴堆-来姑火山作用以及双峰式火山岩浆作用。② 早中三叠世时,斑公湖-怒江洋向南俯冲,拉萨地块大部分地区已经发生隆升(潘桂棠等,2006),表现为陆缘火山活动,此时雅鲁藏布江洋开始初见规模。③ 晚三叠世时,由于受到亚洲大陆和特提斯洋的双重作用,拉萨地体开始和印度大陆分离,雅鲁藏布江洋盆开始扩张。但Ji等(2009)、Meng等(2016)和Wang等(2017)研究发现,拉萨地体南缘存在的晚三叠世花岗岩、角闪辉长岩和新特提斯洋俯冲有密切的关系,因此晚三叠世拉萨地体的构造格架需要重新修改,对于其具体的构造环境将在后面章节进行详细的论述。④ 早中侏罗世时,叶巴组火山岩(Wei et al.,2017)、桑日群火山岩(Kang et al.,2014)以及冈底斯带零星分布的I型花岗岩暗示了该期岩浆活动和新特提斯洋的北向俯冲具有密切的关系,而此时拉萨地体北部的斑公湖-怒江洋继续向南低角度俯冲于拉萨地体之下。⑤ 晚侏罗世时,新特提

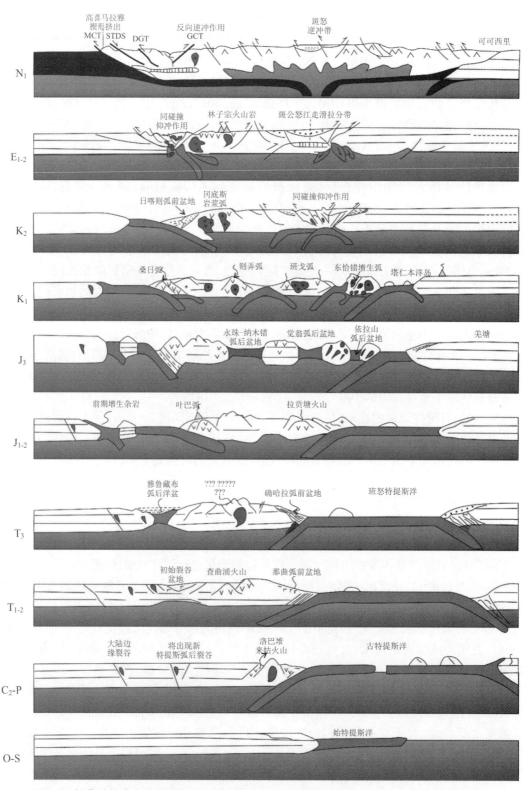

图2.2　拉萨地体晚古生代至新生代构造演化模式图（据潘桂棠等（2006）；Pan et al.（2012））

斯雅江洋的向北俯冲和斑公湖-怒江洋的向南俯冲,在拉萨地体的南缘和北缘分别形成了增生的桑日火山岩和则弄火山岩。⑥ 早白垩世时,双向俯冲作用继续,在拉萨地体中部出现了与地壳加厚有关的部分熔融形成的淡色花岗岩。⑦ 晚白垩世时,斑公湖-怒江洋俯冲消亡,羌塘和拉萨发生碰撞(张玉修,2007),此时新特提斯洋继续向北俯冲,在冈底斯火山弧后发育有设兴组海陆交互相沉积,在弧前沉积有大套的昂仁组深海浊积岩。在白垩纪末期到新生代早期,印度板块的继续北移,导致弧陆发生软碰撞,在60~55 Ma,印度大陆和亚洲大陆最后发生陆陆拼贴碰撞(硬碰撞)(Hu et al.,2015,2016),在此过程中,拉萨地体南缘发生了强烈的岩浆和火山活动,形成了同时期的花岗岩和林子宗火山岩,该期强烈的岩浆活动可能和板片的断离引起地幔物质的上涌有关(纪伟强等,2009;孟元库等,2015a,b)。⑧ 中新世时,由于拉萨地体加厚的岩石圈发生了拆沉作用,形成了该时期的埃达克质岩石,该时期也是成矿大爆发的主峰期(Hou et al.,2004;陈希节等,2014;谢富伟等,2022)。

2.2.4 冈底斯带(弧)地质概况

冈底斯带主要展布在南拉萨地体,岩性以中酸性侵入岩及火山岩为主,是新特提斯洋长期俯冲的中生代岩浆作用的产物,而且在印度-亚洲大陆碰撞过程中叠加了强烈的新生代岩浆作用,是世界上非常典型的复合型大陆岩浆弧。在大地构造上,冈底斯带紧邻雅鲁藏布江缝合带,北界为狮泉河-隆格尔-措麦断裂,主要出露大型岩基和岩珠构成的花岗岩带以及大规模同碰撞的中酸性火山岩带(林子宗火山岩)(莫宣学等,2009)(图2.1)。

晚三叠世到早中侏罗世的岩浆岩在冈底斯地区分布较为零星,特别是晚三叠世的火成岩目前仅在日喀则打加错地区、大竹卡、南木林、曲水地区、山南的昌果以及林芝等少数地区有所报道。冈底斯带晚三叠世-侏罗纪的岩石类型以花岗岩、花岗闪长岩、辉长岩和花岗-闪长杂岩体为主,地球化学特征较为相似,均为典型的富集轻稀土元素,亏损重稀土元素,富集大离子亲石元素,亏损Nb、Ta、Zr、P和Ti等高场强元素(纪伟强等,2009;徐旺春,2010)。对于其成因不同的学者持有不同的观点,部分学者认为在冈底斯地区早白垩世以前的岩浆作用和斑公湖-怒江洋的演化有关,形成于弧后伸展环境(耿全如等,2006;宋绍玮等,2014),而其他学者认为该时期岩浆作用是新特提斯洋向拉萨地体北向俯冲的产物(张宏飞等,2007a;纪伟强等,2009;邱检生等,2015)。此外,少部分学者认为藏南冈底斯地区晚三叠世-早侏罗世的岩浆作用和古特提斯松多洋板片的俯冲(李奋其等,2012)或者后撤、断离有关(董昕,张泽明,2013)。

白垩纪-古近纪花岗岩类在冈底斯带中广泛分布,为冈底斯带中的主体(纪伟强等,2009;徐旺春,2010;马林,2013)。岩体规模巨大,多呈现岩基或者大型岩珠产出,以复式岩基分布为主。在冈底斯带内最大的复式岩体为曲水岩基,该岩基展布于雅鲁藏布江缝合带北侧的南木林-尼木-曲水一带,主要侵位于中生界的火山沉积地层中。前人对曲水岩基开展了很多的研究工作,研究结果表明曲水岩基形成的时代主要为53~47 Ma(纪伟强等,2009;莫宣学等,2009;马绪宣等,2021),与冈底斯带中广泛分布的林子宗火山岩年龄相近,是印度-亚洲大陆碰撞事件的岩浆产物。曲水岩基岩性以花岗闪长岩、石英闪长岩、二长花岗岩以及正长花岗岩等为主。从谢通门到曲水岩基以西的地区,花岗岩类中普遍分布了暗色镁铁质包体,Mo等(2005)、Dong等(2005)对这些包体进行了详细的地质年代学和地球化学研究,发现岩浆底侵作用与花岗岩的成因具有密切的关系(暗色镁铁质包体和花岗岩类时代相同)。在冈底斯带东段,波密察隅地区也发育有大量的白垩纪-古近纪的花岗岩类侵入体,主要由闪长岩、石英闪长岩、英云闪长岩、花岗闪长岩、二长花岗岩、正长花岗岩等组成,此外也分布有少量的中新世侵入体,主要岩性为石英二长岩、石英二长闪长岩等(莫宣学等,2009)。

除了大规模分布的白垩纪-古近纪的岩体外,在冈底斯带谢通门-尼木-曲水-墨竹工卡一带广泛分布有规模较小的花岗岩体及花岗岩斑岩,主要侵位时期为中新世早中期,时代集中在 20~10 Ma,现已经发现的大规模铜多金属矿产资源和这些斑岩体具有密切的关系。侯增谦等(2003,2008)、Hou 等(2004)、Chung 等(2003)、陈希节等(2014)和孟元库等(2018b)对中新世的花岗岩斑体进行了岩石学、地球化学分析,研究结果显示这些中新世的斑岩体具有埃达克质岩石的特征。关于该时期岩浆的成因,Wang 等(2015a)进行了综述,认为该时期的岩浆作用和板片的断离与上地幔软流圈物质的上涌有关。通过 ^{187}Re-^{187}Os 等时线,确定了成矿年龄为 13.5~16.0 Ma,证明了冈底斯中新世的花岗岩和斑岩与成矿具有密切的关系,并且具有同时性的特点(Wang et al.,2015a)。

林子宗火山岩在冈底斯带沿巨型区域不整合面展布达 1500 km 以上。整个林子宗火山岩厚度超过 5000 m,从上而下可以分为三个组:帕那组(2200 m)、年波组(700 m)、典中组(2400 m)。林子宗火山岩形成于古近纪,根据对林周盆地林子宗火山岩从上到下进行同位素测年(^{40}Ar/^{39}Ar 测年),年龄范围为 40~65 Ma,其中典中组为 60~65 Ma,年波组为 50~60 Ma,帕那组为 40~50 Ma(莫宣学等,2009)。林子宗火山岩形成于俯冲到碰撞的转换时期。

此外冈底斯带还分布有部分钾质-超钾质火山岩类,沿狮泉河、邦巴-雄巴、扎布耶察卡、贡木潭、当日雍错-许如错、打加错、南木林的乌郁盆地、羊八井-羊应地热区、麻江一线分布,其形成时代由西向东逐渐年轻(25~10 Ma)(赵志丹等,2006;莫宣学等,2009;莫宣学,2011)。

2.3 印度-亚洲大陆碰撞时限的约束

地球上新生代以来最为壮观的事件即印度-亚洲大陆碰撞,两大陆的碰撞导致了"世界第三极"——青藏高原的快速崛起。但是对于印度-亚洲大陆的碰撞时限一直没有得到很好解决,众说纷纭,碰撞时限从 70~20 Ma 均得到不同学者的支持(Aitchison et al.,2007;Hu et al.,2015;易治宇等,2017;魏震,2020)。大陆的碰撞是板块运动的自然结果,这期间包括洋盆的打开、俯冲以及消减,也包括先前的弧陆软碰撞到后期的陆陆硬碰撞。在碰撞的过程中,岩浆活动、高温高压变质、生物的迁徙和灭绝、地体的旋转和减速以及大规模的构造变形(不整合的发育)和区域性抬升剥蚀等都和板块碰撞有密切的联系,都有可能记录和保留了最初的碰撞证据。不同的学者从不同的角度出发,进行了系统的研究,但每个证据都有其局限性,因此所获得的碰撞时限不尽相同。我们统计了近20年来发表的代表性文献(图2.3),比较这些方法的优缺点,然后获得一个比较合理的碰撞时限,为理解青藏高原大地构造背景及构造格架奠定基础。在作者团队研究的基础上,并综合前人的研究成果(图2.3),本书认为青藏高原的碰撞时限为 60~55 Ma 较为合理,这也和 Zhu 等(2015)以及 Hu 等(2015,2016)取得的最新研究结果一致。

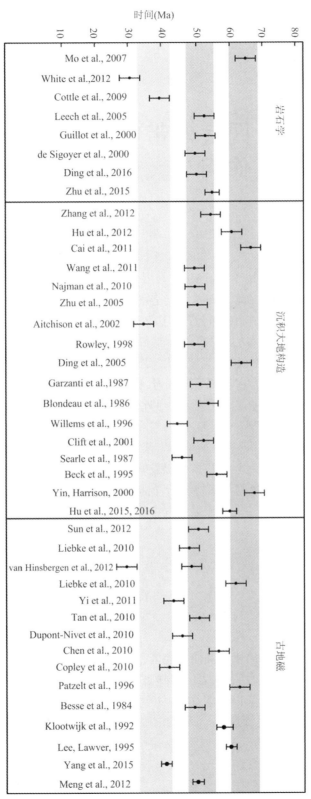

图 2.3　印度-亚洲板块碰撞时限综述（据孟元库等（2018a））

第3章 冈底斯带中段中生代岩浆作用与大地构造演化

藏南冈底斯带岩浆岩分布集中,岩石类型丰富,形成时代跨度大(245~10 Ma)。与大规模分布的新生代岩浆岩不同(55~45 Ma),其形成的动力学机制主要和新特提斯洋板片向欧亚大陆的北向俯冲有关,因此其成因研究是特提斯地球动力学研究的重要前沿。根据岩浆岩的形成时代,冈底斯带中生代岩浆作用跨度为245~65 Ma,其中185~170 Ma和90~75 Ma发生了岩浆大爆发事件,爆发事件可能和新特提斯洋板片汇聚速率的变化以及板片的回转有关。与俯冲期其他阶段的岩浆作用相比,晚三叠世的岩浆岩在冈底斯带的分布十分零星,是冈底斯带目前最为古老的弧岩浆岩,记录了新特提斯洋早期演化的关键信息(可能记载了初始俯冲后早期的弧岩浆作用)。另外,冈底斯带早白垩世的岩浆岩分布也十分有限,通常其被认为是新特提斯洋平板俯冲的产物,而日喀则弧前复理石盆地中的碎屑锆石显示,早白垩世冈底斯带可能并不存在所谓的岩浆构造平静期。在前人研究的基础上,本章对冈底斯带晚三叠世、早中侏罗世、早白垩世以及晚白垩世的代表性岩体和火山岩进行了详细的论述,进而探讨了其成因机制与新特提斯洋演化之间的时空关系。这些新的认识进一步阐明了新特提斯洋向欧亚板块北向俯冲过程中弧岩浆岩产生的动力学机制以及大陆地壳生长和再造的过程。

3.1 晚三叠世岩浆作用

在冈底斯带中段南缘的南木林和曲水地区,发现和厘定了晚三叠世卡孜岩体、其奴角岩体以及达嘎岩体,主要岩性包括花岗岩、花岗闪长岩以及角闪辉长岩。对三个侵入体分别开展了年代学、矿物学、地球化学以及锆石Lu-Hf同位素和Mg同位素研究,确定了岩体成岩时的动力学机制以及大地构造背景,为了解藏南晚三叠世时的大地构造背景和新特提斯洋的早期演化提供了新的理论依据。

3.1.1 南木林卡孜岩体

1. 岩体野外及显微构造特征

南木林卡孜岩体在大地构造上位于冈底斯带中段南缘,比邻日喀则地区南木林县卡孜乡。研究样品取自南木林县卡孜乡北东(图3.1)。

该岩体野外出露规模相对较小,围岩以新生代始新世花岗岩为主,因此前人将该岩体归属为新生代侵入体。野外露头观测和典型样品的显微组构显示,由于受到构造剪切作用,岩体普遍发生糜棱岩化,属于典型的花岗质糜棱岩(图3.2(a)~(b)),部分地段达到千糜岩。面理化的花岗岩主要由长石(钾长石和斜长石)(约60%)、石英(约25%)、白云母(5%~10%)以及其他副矿物(0~10%)组成(图3.2(c)~(f))。由于受到强烈的构造剪切,长石大多数已经蚀变为绢云母(图3.2(c)),石英已经拉长定向排列(图3.2(d)~(f)),主要表现为膨凸重结晶和核幔构造(图3.2(f))。结合EBSD组构(滑移系)以及矿物温度计分析,该岩体主要经历了中低温变形(300~400 ℃)。

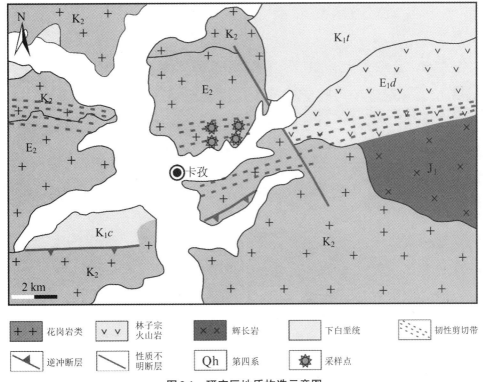

图3.1　研究区地质构造示意图

2. 锆石U-Pb年龄及Lu-Hf同位素组成

糜棱质花岗岩的锆石为半自形到自形,透明度较好,长度为70~150 μm,长宽比为1:2~1:3(图3.3)。此外,阴极发光图像显示,锆石具有良好的晶体形态,清晰的振荡环带,部分锆石发育有暗色的包体。样品高的Th/U值(均大于0.4),表明这些锆石均为典型的岩浆成因锆石,未遭受后期的热液蚀变(Hoskin,Schaltegger,2003;吴元保,郑永飞,2004)。

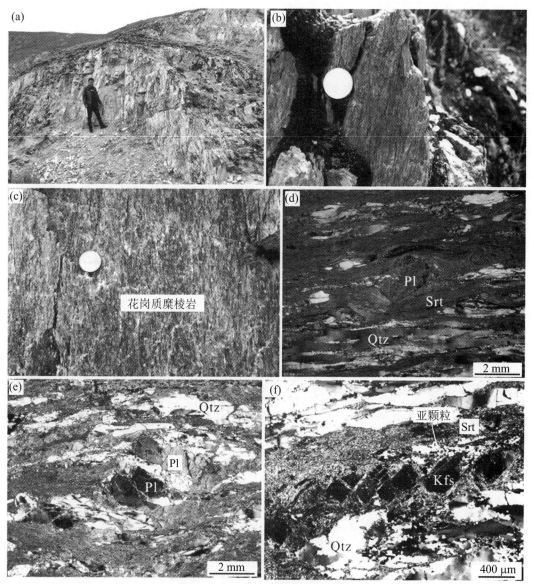

图3.2 南木林地区卡孜岩体野外及典型显微照片

图(d)为长石的碎斑结构;图(e)和图(f)为典型的长石书斜构造;
Pl=斜长石;Kfs=钾长石;Srt=绢云母;Qtz=石英

在 $^{207}Pb/^{235}U$-$^{206}Pb/^{238}U$ 谐和图上,所有的测试点均落在谐和线上或者附近,表明锆石没有发生明显的Pb丢失,所获得的年龄可靠真实。通过对所获得的年龄进行加权平均计算,3件样品的平均年龄分别为(209.4±1.1) Ma(MSWD=0.6)、(206.7±1.1) Ma(MSWD=0.084)和(212.0±0.6) Ma(MSWD=0.95)(图3.4),说明花岗质糜棱岩的结晶侵位年龄,与剪切带的形成时限无关(孟元库等,2016a)。

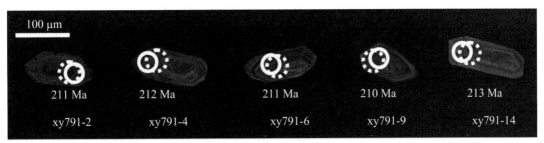

图3.3　南木林卡孜晚三叠世糜棱质花岗岩体部分代表性锆石的阴极发光图像
实线圆圈为锆石测年区域,虚线圆圈为Lu-Hf同位素分析区域

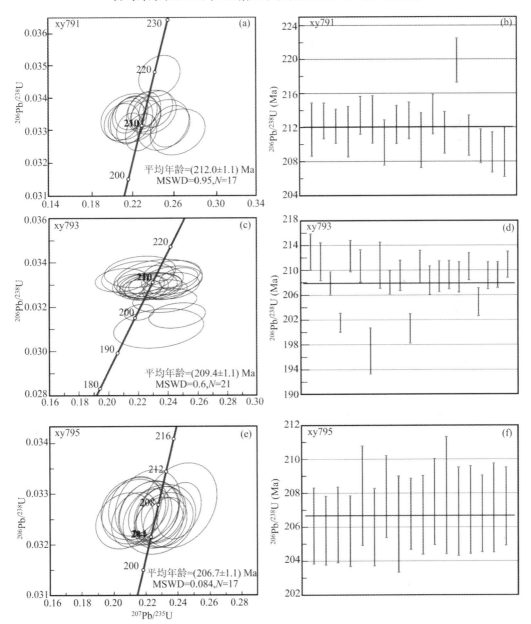

图3.4　卡孜岩体锆石U-Pb谐和年龄和加权平均年龄图

在U-Pb定年的测点附近或者原位,对样品进行了20个分析点的Lu-Hf同位素分析。测试结果显示,绝大多数测点的$^{176}Lu/^{177}Hf$值小于0.002,仅有两个测点的$^{176}Lu/^{177}Hf$值大于0.002,$^{176}Lu/^{177}Hf$的平均值为0.001465。锆石$^{176}Hf/^{177}Hf$值为0.282940~0.283024,平均值为0.282963。$\varepsilon_{Hf}(t)$值变化范围较小,为8.95~12.91,平均值为10.84,具体Hf同位素计算结果见图3.5。

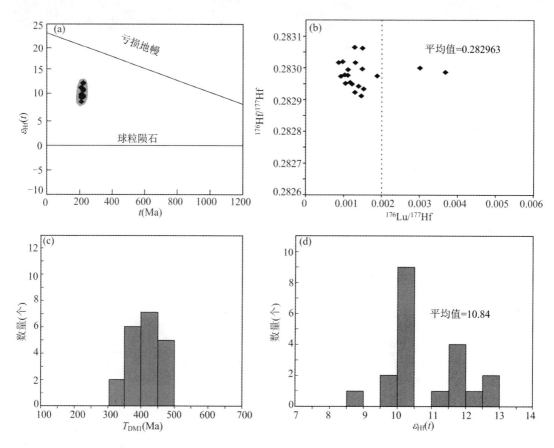

图3.5 卡孜岩体锆石Lu-Hf同位素分析结果

3. 全岩主微量元素地球化学特征

对卡孜岩体9件样品主微量元素进行测试,结果表明,所有样品都显示出较高的SiO_2含量(71.89%~74.92%),为典型的花岗岩体。在TAS图解上,所有样品落入花岗岩区域,并显示亚碱性特征(图3.6(a))。在SiO_2-K_2O图解中,该岩体为高钾钙碱性系列(图3.6(b));样品另一个特征为SiO_2和FeO^T含量之和具有较小的变化范围(73.27%~76.21%)。

样品总稀土元素含量变化不明显($\sum REE$=147.9~275.5),整体上,显示轻稀土元素相对富集,重稀土元素相对亏损(La_N/Yb_N=11.9~22.1),具有弱负Eu异常的特征。在原始地幔标准化微量元素蜘蛛网图上,所有样品表现出富集大离子亲石元素(Rb、Ba、Th和U),高场强元素Zr和Hf明显正异常,高场强元素Nb、Ta、Ti和P强烈亏损的特征(图3.7)。

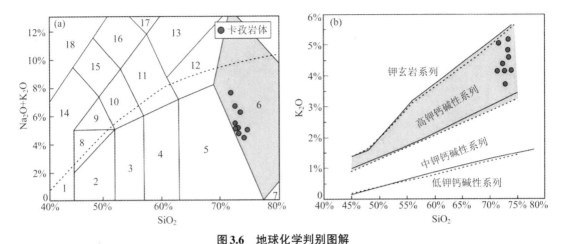

图3.6　地球化学判别图解

（a）卡孜岩体TAS图解（据Middlemost（1994）；Irvine，Baragar（1971））；（b）SiO₂-K₂O图解
（据Peccerillo，Taylor（1976））

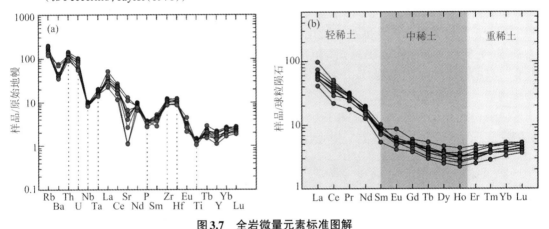

图3.7　全岩微量元素标准图解

（a）原始地幔标准化微量元素蜘蛛网图（标准化数值据Sun，McDonough（1989））；（b）卡孜岩
体稀土元素球粒陨石标准化曲线（标准化数值据Boynton et al.（1984））

4. EBSD组构分析

为了定量确定糜棱质花岗岩的变形温度，选取4件典型样品进行石英EBSD组构测试
（图3.8），结果表明，石英c轴的优选方位（LPO）相对简单，暗示该晚三叠世的岩体经历的构
造运动相对简单。

此外，EBSD结果还揭示了一个较好的运动学指向：样品xy791主要的点极密位于Y轴
附近，以柱面<a>滑移为主，伴随有少量的菱面<a>滑移；样品xy792的主极密位于Y轴
和Z轴之间，由于更靠近Y轴，该样品以柱面<a>滑移为主，其中菱面<a>滑移也起到了
重要的作用；样品xy793和样品xy794以底面<a>滑移为主。EBSD的测试结果显示，卡孜
晚三叠世花岗岩经历了中低温韧性变形（缺乏高温组构柱面<c>滑移），因为低温变形对花
岗岩的地球化学改变可忽略不计，只是对岩石的物理组分进行机械改造，所以卡孜晚三叠世
岩体的地球化学属性在本质上没有发生改变。

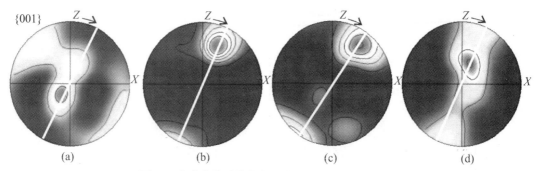

图3.8 卡孜糜棱质花岗岩石英组构EBSD分析结果

3.1.2 曲水其奴岩体

1. 岩体野外及显微构造特征

新厘定的基性岩体位于曲水县达嘎乡西侧的其奴村北(图3.9(a)),主要由角闪辉长岩和少量闪长岩组成。岩体外围主要为花岗闪长岩和闪长岩,基性岩与围岩之间呈侵入接触关系,野外未见明显的断裂构造(图3.9(b))。角闪辉长岩非常新鲜,没有遭受强烈的改造和蚀变,仅在岩体的边部和裂隙发育的地方可见明显的绿帘石化。角闪辉长岩岩体为典型的块状构造,呈中粗粒结构,未见明显的堆晶结构(图3.10(a)~(d))。镜下观测显示,角闪辉长岩主要由斜长石(40%~50%)和角闪石组成(45%~55%)。此外,角闪辉长岩中可见少量磁铁矿、单斜辉石以及其他副矿物等(约5%)(图3.10(e)~(h))。

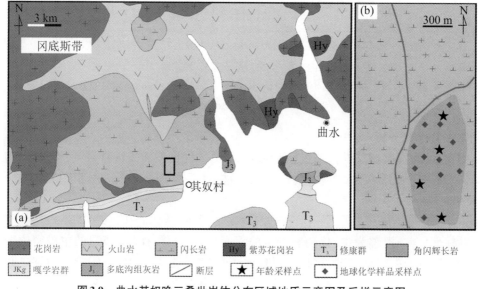

图3.9 曲水其奴晚三叠世岩体分布区域地质示意图及采样示意图

图(a)为岩体分布区域地质示意图;图(b)为采样示意图

斜长石为典型的自形聚片双晶,呈长柱状、板状;角闪石具有明显的多色性,镜下主要为绿色到灰绿色,晶形为半自形到自形。角闪石的显微构造特征显示,早期阶段岩体可能主要由单斜辉石和斜长石组成,在成岩的过程中因富水流体的作用,辉石和流体发生交代反应,形成了角闪石。此外,显微构造还暗示了矿物的结晶序列:早期阶段为单斜辉石和斜长石以及磁铁矿,晚期阶段为角闪石和斜长石(图3.10(e)~(h))。

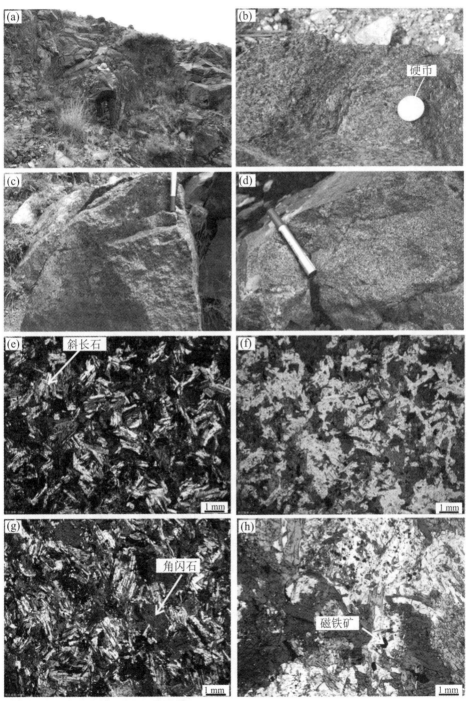

图3.10 曲水地区其奴村角闪辉长岩野外及典型显微照片

(a)~(d)为野外照片;(e)~(h)为显微照片

2 矿物学特征

对角闪辉长岩中典型矿物进行电子探针分析,结果表明,斜长石主要由拉长石和培长石组成(An 牌号为 50 到 78),为典型的基性斜长石(图 3.11(a));角闪石判别图解(图 3.11(b))显示,所分析的角闪石矿物颗粒均属于镁质角闪石,这和所有样品具有低的 SiO_2 含量一致。根据矿物学公式,斜长石中 CaO 含量为 $10.02\%\sim16.06\%$,伴有少量的 FeO($<0.4\%$)。角闪石 MgO 含量为 $11.02\%\sim15.11\%$,FeO 含量为 $12.62\%\sim16.05\%$,镁值$\left(Mg^\#, Mg^\# = \left(\dfrac{MgO}{40.3}\right) \bigg/ \left(\dfrac{MgO}{40.3} + \dfrac{FeO^T}{71.9}\right)\right)$为 $61\sim79$。因此,结合矿物的化学特征,该岩体属于辉长岩类而不是闪长岩类。

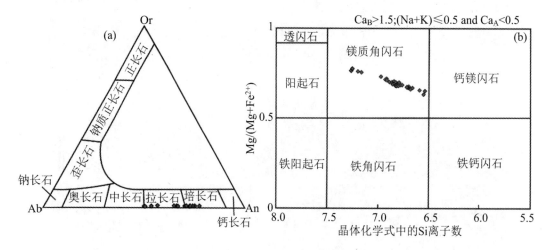

图 3.11 长石及角闪石分类图解(据 Smith, Brown(1974);Leak et al.(1997))

3. 锆石 U-Pb 和 Lu-Hf 同位素特征

角闪辉长岩锆石阴极发光图像显示,锆石大多数为自形,具有较好的透明度,长为 $12\sim60~\mu m$,长宽比为 $1:1\sim1:2$(图 3.12)。锆石具有很好的矿物学形态,显示良好的扇形环带或宽板状条带(典型的基性锆石,记录了元素高温扩散的特征),无明显的变质边和继承性的变质核。部分锆石中可见不透明的包体(图 3.12)。锆石具有较高的 Th/U 值:样品 CT8-1-1($0.65\sim1.49$)、样品 CT8-1-8($0.79\sim2.14$)、样品 CT8-1-13($0.79\sim2.23$)、样品 CT8-2-5($0.1\sim1.86$)。因此,结合 Th/U 值以及锆石形态,所测试的所有锆石均为基性岩浆锆石(Hoskin, Schaltegger, 2003;吴元保,郑永飞,2004)。

在 $^{207}Pb/^{235}U$-$^{206}Pb/^{238}U$ 谐和图上,4 件代表性测试样品的测点均在谐和曲线上或者附近,表明锆石没有发生明显的 Pb 丢失。4 件样品的加权平均年龄分别为(209.9 ± 1.9)Ma(MSWD=0.78)、(210.8 ± 2.6)Ma(MSWD=1.7)、(212.4 ± 1.6)Ma(MSWD=0.75)和(210.2 ± 2.8)Ma(MSWD=1.9)(图 3.13),表明曲水其奴角闪辉长岩的结晶年龄约为 210 Ma,即晚三叠世瑞替期。

在锆石测年的原位或者邻近区域,对 35 个分析点进行 Lu-Hf 同位素分析,结果表明,大

多数锆石的 $^{176}Lu/^{177}Hf$ 在 0.002 左右，所有测点平均值为 0.002231，$^{176}Hf/^{177}Hf$ 的比值范围为 0.282930～0.283083，平均值为 0.283011。$\varepsilon_{Hf}(t)$ 值的变化范围为 9.56～14.75，平均值为 12.44。角闪辉长岩的一阶段模式年龄 T_{DM1} 为 256～459 Ma，具体分析结果见图 3.14。

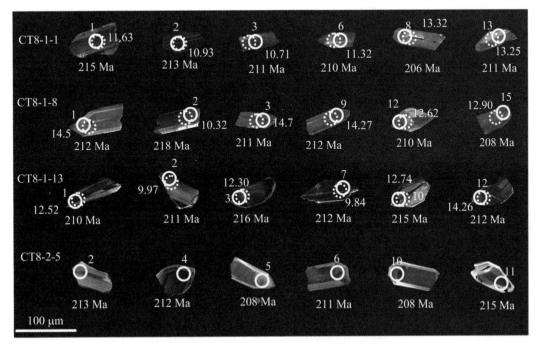

图3.12　曲水其奴角闪辉长岩锆石阴极发光图像

实线圆圈为锆石 U-Pb 测年区域，虚线圆圈为锆石 Lu-Hf 同位素分析区域

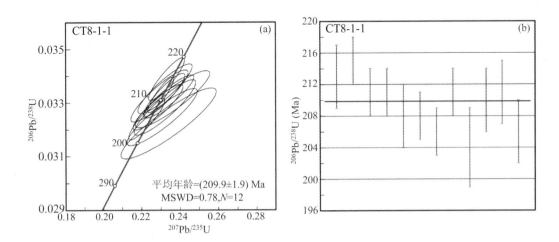

图3.13　曲水其奴角闪辉长岩谐和年龄及加权平均年龄图

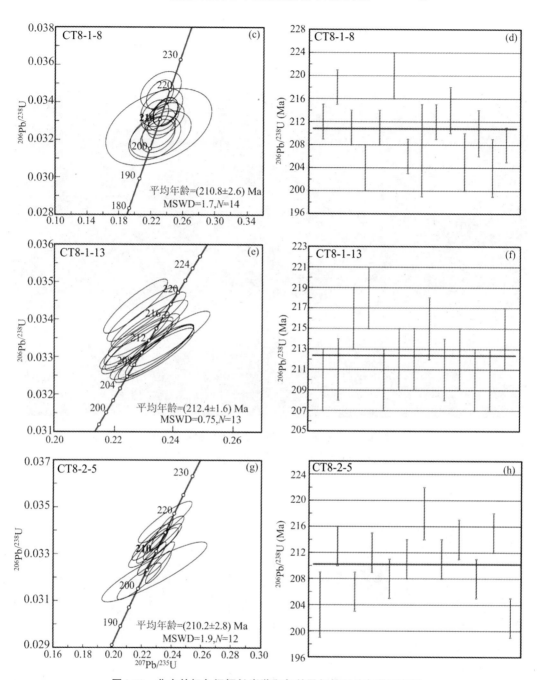

图3.13　曲水其奴角闪辉长岩谐和年龄及加权平均年龄图(续)

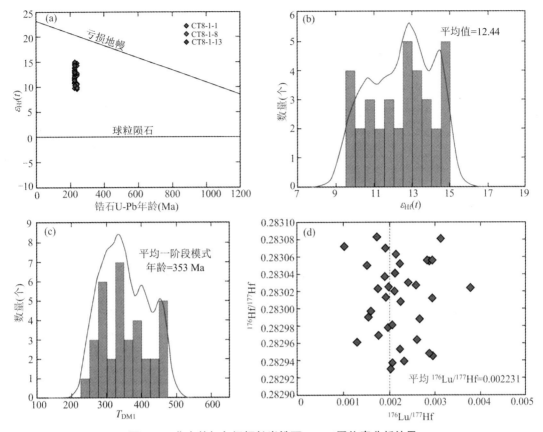

图3.14 曲水其奴角闪辉长岩锆石Lu-Hf同位素分析结果

4. 主微量元素地球化学特征

本小节对曲水其奴角闪辉长岩岩体的9件辉长岩样品和2件闪长岩样品(闪长岩样品主要来自角闪辉长岩岩体边部,代表AFC过程)进行主微量元素分析。

所有样品的SiO_2含量为45.6%~54.8%,Na_2O+K_2O含量为1.80%~4.85%,全岩$Mg^{\#}$值为42~58。在TAS图解上,所有样品均属于亚碱性系列,9件样品落入辉长岩区域,2件样品(CT8-5-2和CT8-5-3)落入闪长岩区域(图3.15(a));从SiO_2-K_2O图解上来看,样品具有中-低钾钙碱性系列特征(图3.15(b))。哈克图解显示,SiO_2和部分主量元素(TiO_2、CaO、MnO和$Fe_2O_3^T$)之间具有很好的线性关系,暗示岩浆结晶过程中,矿物的结晶分异在角闪辉长岩的演化方面起到了重要的作用(图3.16)。在岩石地球化学属性上,所有样品具有拉斑玄武质岩浆的地球化学特征(图3.17)。

稀土元素配分曲线以及微量元素蜘蛛网图中,闪长岩和辉长岩样品具有相似的特征(图3.18)。样品稀土元素含量相对较低($\sum REE$),为2.7×10^{-5}~8.2×10^{-5},$(La/Yb)_N$值为1.67~3.86,$(La/Sm)_N$值为0.96~1.78,$(Gd/Yb)_N$值为1.50~2.12,表明轻重稀土元素分异不明显,具有弱的轻稀土元素富集(图3.18(a))。此外,大多数样品具有正的Eu异常,少数样品为弱的负Eu异常(Eu/Eu*为0.86~1.48),这可能和斜长石在源区中的残留以及后期结晶分异过程有关。在微量元素蜘蛛网图中(图3.18(b)),样品显示富集大离子亲石元素(如Cs、

Ba、U、K 和 Sr)和亏损高场强元素(如 Nb、Ta、Ti、P)特征,揭示其奴角闪辉长岩可能具有弧岩浆的特征(徐夕生,邱检生,2010)。

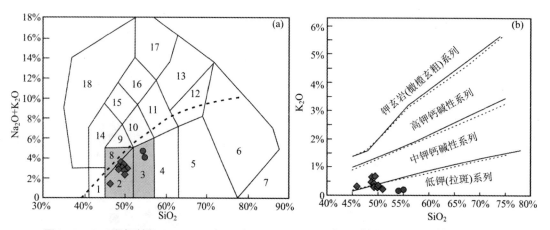

图 3.15 TAS 图解(据 Middlemost(1994);Irvine,Baragar(1971))和 SiO₂-K₂O 判别图解
(据 Peccerillo 和 Taylor,1976)

1=橄榄辉长岩;2=亚碱性辉长岩;3=辉长闪长岩;4=闪长岩;5=花岗闪长岩;6=花岗岩;7=石英岩;8=碱性辉长岩;9=二长辉长岩;10=二长闪长岩;11=二长岩;12=石英二长岩;13=正长岩;14=似长石辉长岩;15=似长石二长闪长岩;16=似长石二长正长岩;17=似长石正长岩;18=似深成岩

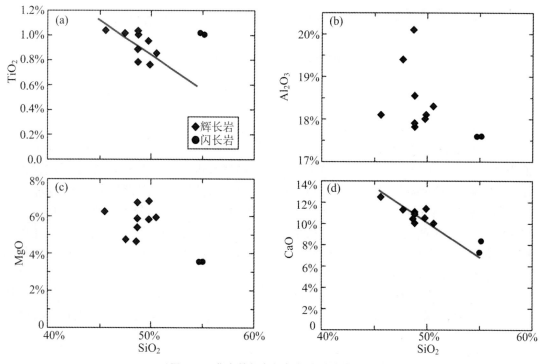

图 3.16 曲水其奴角闪辉长岩哈克图解

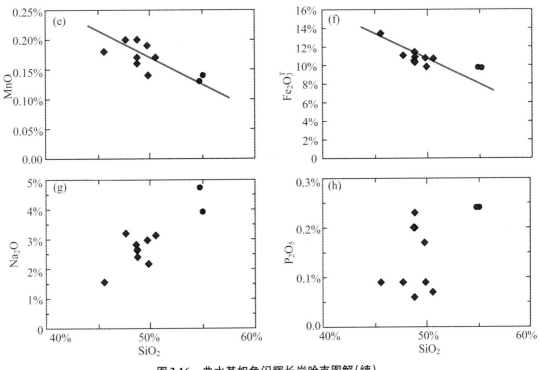

图3.16　曲水其奴角闪辉长岩哈克图解(续)

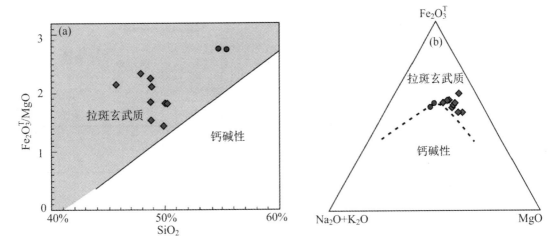

图3.17　拉斑-钙碱性玄武质(基性岩浆)岩浆判别图解(据Irvine,Baragar(1971))

049

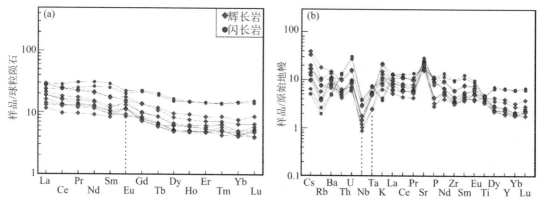

图3.18 曲水其奴岩体球粒陨石标准化稀土元素配分曲线（标准化值据 **Boynton et al.(1984)**）及原始地幔标准化微量元素蜘蛛网图（标准化值据 **Sun,McDonough(1989)**）

5. 全岩 Mg 同位素特征

7件代表性角闪辉长岩样品全岩 Mg 同位素分析结果表明，所有样品相对于正常地幔值（$\delta^{26}Mg=(-0.25\pm0.07)‰$），均具有重的 Mg 同位素组成（$\delta^{26}Mg=0.01‰\sim0.12‰$）。在 $\delta^{26}Mg$-$\delta^{25}Mg$ 图解中，所有样品均沿着斜率为0.521的大陆平衡质量分馏曲线分布，暗示了 Mg 同位素数据具有较高的可靠性（图3.19(a)）。

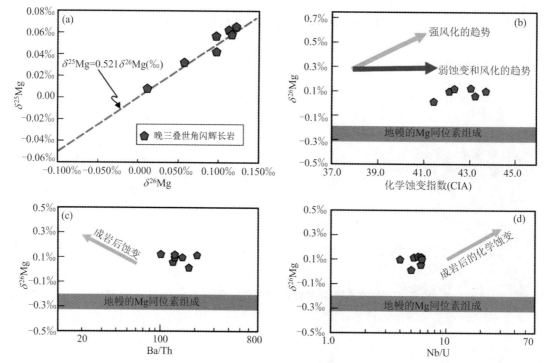

图3.19 晚三叠世曲水其奴角闪辉长岩 Mg 同位素分布特征及相关蚀变判别图解（**Mg** 同位素地幔组成据 **Teng et al.(2010)**；**Teng(2017)**）

众所周知,化学蚀变指数能较好地反映岩浆的蚀变程度(Nesbitt,Young,1982)。分析的所有样品都显示出低CIA值(<45)(图3.19(b)),与新鲜的镁铁质岩石一致(Nesbitt,Young,1982;Fedo et al.,1995),表明蚀变程度低。此外,先前研究认为,$\delta^{26}Mg$值随CIA值增加而增加(Li et al.,2020)。然而,曲水其奴岩体的CIA值和$\delta^{26}Mg$值之间缺乏相关性(图3.19(b)),同样表明角闪辉长岩在成岩后遭受的化学蚀变作用对Mg同位素组成的影响可忽略不计。除此之外,流体活动性元素(例如Ba、U)也可用于区分风化程度和岩浆后蚀变作用(post-magmatism)。在变质和化学蚀变过程中,Ba/Th和Nb/U值可用于区分岩浆后蚀变对Mg同位素组分的影响。随着化学蚀变的增加,Ba/Th呈下降趋势,Nb/U呈上升趋势。然而,曲水其奴岩体在Ba/Th-$\delta^{26}Mg$和Nb/U-$\delta^{26}Mg$图中,均未观察到这种趋势(图3.19(c)～(d))。因此,岩浆后化学蚀变和风化对角闪辉长岩样品的Mg同位素组成的影响可忽略不计。

3.1.3　曲水晚三叠世达嘎岩体

达嘎岩体位于拉萨地体南缘,曲水达嘎乡北5 km,是曲水岩基的重要组成部分(图3.20)。曲水岩基的成岩时代主要集中于53～47 Ma(莫宣学等,2009)。通过详细的野外调查,本小节首次在曲水岩基中报道了晚三叠世的花岗岩体,并将其命名为达嘎岩体。

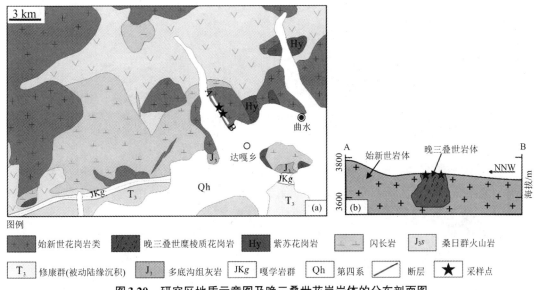

图例

始新世花岗岩类	晚三叠世糜棱质花岗岩	Hy 紫苏花岗岩	闪长岩	J₃s 桑日群火山岩
T₃ 修康群(被动陆缘沉积)	J₃ 多底沟组灰岩	JKg 嘎学群群	Qh 第四系	断层	★ 采样点

图3.20　研究区地质示意图及晚三叠世花岗岩体的分布剖面图

1. 岩体野外及显微构造特征

始新世花岗岩的侵入导致所研究的岩体野外分布有限,规模较小,呈小岩株状产出在曲水岩基中(图3.20(b))。达嘎岩体露头较好(图3.21(a)～(b)),岩石风化程度较低,由于遭受后期强烈的构造剪切,岩石已经发生明显的糜棱岩化,为典型的糜棱质花岗岩或者片麻岩状花岗岩(图3.21(c)～(f))。达嘎岩体镜下主要特征如下:石英含量约为25%,可见核幔构造和动态重结晶形成的新晶粒;长石含量约为50%,由于构造剪切和膨凸重结晶作用,大多

051

已经绢云母化和碎裂化,可见由长石构成的颗粒假象;角闪石为墨绿色-绿色,长柱状,可见
56°和124°两组解理,含量为5%～10%;其他新生矿物(绢云母、黑云母、绿泥石等)为10%～
15%,副矿物为0～5%(图3.21(c)～(f))。结合石英变形(核幔构造)和长石碎裂化(部分发
生膨凸重结晶)的显微特征(向必伟等,2007),该岩体发生糜棱岩化的变形温度为中低温。

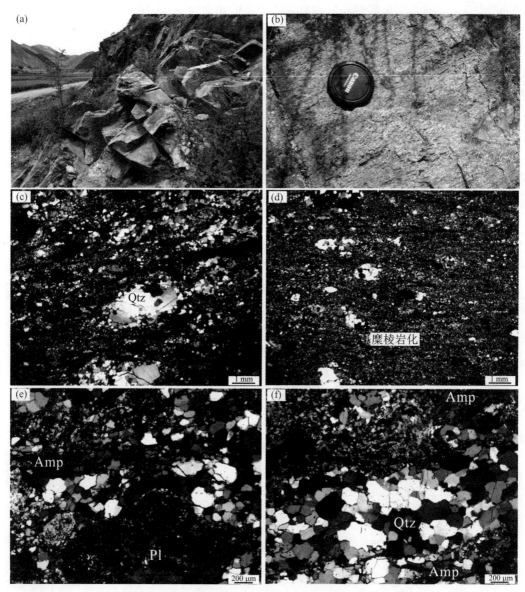

图3.21　曲水地区达嘎岩体野外分布特征及典型显微照片

(a)～(b)为野外分布照片;(c)～(f)为典型显微照片;

Amp=角闪石;Pl=斜长石;Qtz=石英

2. 锆石U-Pb年代学及Lu-Hf同位素特征

达嘎岩体锆石阴极发光图像显示,锆石大多数为自形,具有较好的透明度,长为50～

120 μm,长宽比为1:1～1:3(图3.22)。阴极发光图像还显示锆石具有很好的矿物学晶形和较为明显的韵律环带,为典型的中酸性锆石特征(吴元保,郑永飞,2004),无明显的变质边和继承性的变质核。部分锆石中可见不透明包体(图3.22)。此外,锆石具有较高的Th/U值,样品XG1284的Th/U值为1.41～2.77,样品XG1210的Th/U值为0.58～2.38。结合Th/U值(>0.40)以及锆石的形态学,所测试的所有锆石均为典型的中酸性侵入岩型锆石(Hoskin,Schaltegger,2003;吴元保,郑永飞,2004)。

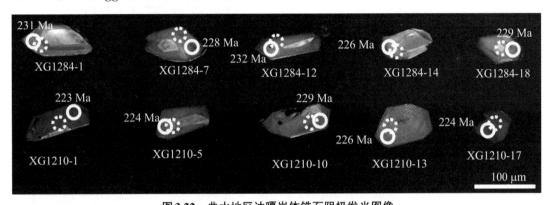

图3.22 曲水地区达嘎岩体锆石阴极发光图像

实线圆圈为锆石U-Pb测年区域,虚线圆圈为锆石Lu-Hf同位素分析区域

在$^{207}Pb/^{235}U$-$^{206}Pb/^{238}U$谐和图上(图3.23),2件测试样品的所有测点均在谐和曲线上或者附近,表明锆石没有发生明显的Pb丢失。2件样品的加权平均年龄分别为(225.3±1.8) Ma(MSWD=0.30)、(229.9±1.5) Ma(MSWD=0.51),表明曲水达嘎岩体的侵位结晶年龄为225～230 Ma,即晚三叠世早期(Carnian期)。

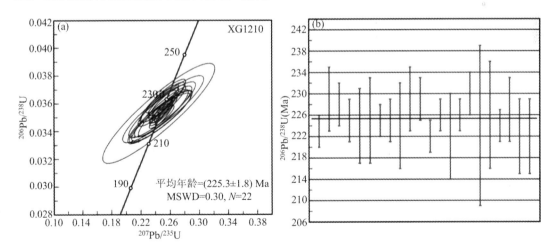

图3.23 曲水岩基达嘎岩体谐和年龄及加权平均年龄图

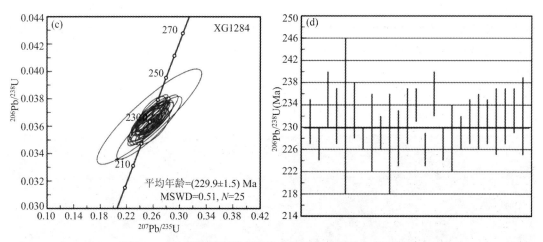

图3.23 曲水岩基达嘎岩体谐和年龄及加权平均年龄图(续)

对达嘎乡晚三叠世2件花岗岩样品分别进行Lu-Hf同位素分析,2件样品共测试的有效同位素比值共有15个,测得的$^{176}Hf/^{177}Hf$值为0.283050~0.283092,$\varepsilon_{Hf}(t)$值范围为13.91~15.54,平均值为14.79,具有相对年轻的模式年龄,平均模式年龄为291.5 Ma,$^{176}Lu/^{177}Hf$为0.00191771~0.00315110(图3.24)。

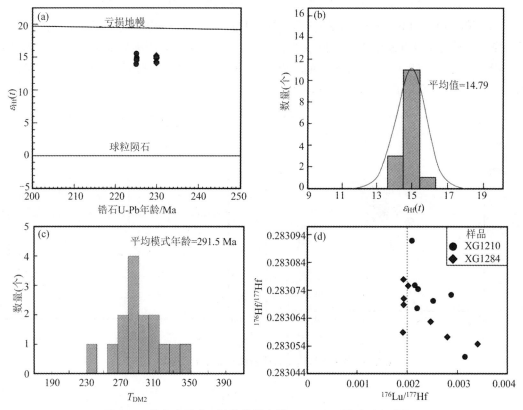

图3.24 曲水达嘎晚三叠世花岗岩锆石Lu-Hf同位素分析结果

3. 曲水达嘎岩体全岩主微量元素地球化学特征

曲水达嘎岩体具有中等的 SiO_2 含量(67.5%~71.92%),相对较低的 K_2O+Na_2O 含量(4.41%~5.86%),里特曼指数 δ 为 0.73~1.34,显示出钙碱性的地球化学特征。达嘎岩体虽然遭受了后期的韧性剪切变形,但是所分析的样品均具有较低的烧失量(LOI=0.72~1.14),表明后期的构造热事件对达嘎岩体的化学组分影响不大。

在 TAS 图解上(图 3.25(a)),所有样品均位于花岗闪长岩区域,并显示亚碱性地球化学组成。在 SiO_2-K_2O 图解上(图 3.25(b)),所分析的样品属于低钾到中钾钙碱性系列,明显不同于空间上相伴生的曲水始新世岩基(以高钾钙碱性为主);并且所有样品均具有较低的铝饱和指数,A/CNK 值为 0.88~1.05,具有 I 型花岗岩的地球化学特征(图 3.25(c))。在 SiO_2-$Mg^\#$ 图解上,达嘎岩体均具有较高的 $Mg^\#$ 值,平均 $Mg^\#$ 值达到 47.7,远高于纯地壳物质熔融形成熔体的平均 $Mg^\#$ 值(图 3.25(d)),暗示达嘎岩体在成岩过程中可能有幔源物质的参与(Rapp,Watson,1995)。

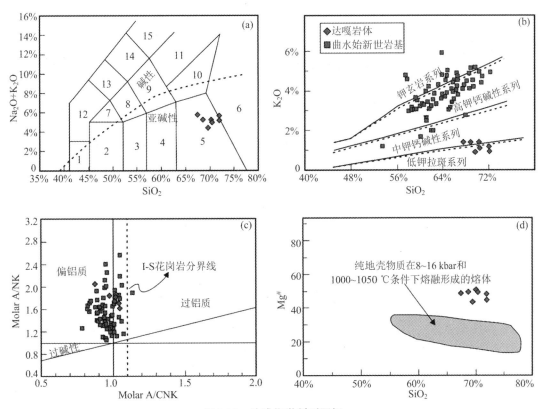

图 3.25 地球化学判别图解

(a) TAS 图解(据 Middlemost(1994));(b) SiO_2-K_2O 图解(据 Peccerillo,Taylor(1976));(c) Molar A/CNK(Al_2O_3/($CaO+Na_2O+K_2O$))-Molar A/NK(Al_2O_3/(Na_2O+K_2O))(据 Maniar,Piccoli(1989));(d) SiO_2-$Mg^\#$ 图解(据 Rapp,Watson(1995));

1=橄榄辉长岩;2=亚碱性辉长岩;3=辉长闪长岩;4=闪长岩;5=花岗闪长岩;6=花岗岩;7=石英岩;8=碱性辉长岩;9=二长辉长岩;10=二长闪长岩;11=二长岩;12=石英二长岩;13=正长岩;14=似长石辉长岩;15=似长石二长闪长岩

在球粒陨石标准化稀土元素配分曲线上(图3.26(a)),达嘎岩体样品整体上具有右倾的稀土配分模式,表现为轻稀土元素相对富集,其中LREE/HREE和(La/Yb)$_N$值分别为2.05~2.41和3.05~4.05,也暗示了轻稀土元素的相对富集。此外,样品具有负Eu异常(Eu/Eu*=0.66~0.77),暗示斜长石在岩浆源区的堆晶或者在演化过程中发生分离结晶。在微量元素蜘蛛网图上(图3.26(b)),样品显示富集不相容元素和大离子亲石元素(如Rb、Ba、Th和U),亏损高场强元素Nb、Ta、Ti、P等,显示弧岩浆岩的源区特征(Kelemen et al.,1990)。另外,我们将曲水始新世岩体和达嘎岩体的稀土和微量元素特征进行对比后发现,曲水始新世岩基具有更陡的右倾稀土配分模式(轻重稀土分馏更明显)和相对较高的微量元素含量(图3.26),明显不同于达嘎岩体。这也暗示了冈底斯带花岗质岩石从俯冲期到碰撞期,花岗岩的地球化学特征是一个逐渐成熟的过程,即从中低钙碱性到中高钙碱性。另外,与始新世岩体的对比主要说明,新厘定的岩体并不同于典型的曲水始新世岩基中的花岗岩。

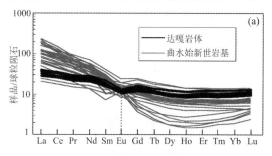
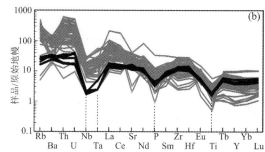

图3.26 曲水达嘎晚三叠世岩体球粒陨石标准化稀土元素配分曲线及原始地幔标准化蜘蛛网(球粒陨石标准化数据Boynton(1984);原始地幔标准化数值据Sun,McDonough(1989))

3.1.4　讨论及小结

3.1.4.1　晚三叠世花岗岩岩石成因及地壳演化

实验岩石学早已证明,在较宽的温压条件下,多种原岩的部分熔融均可以产生花岗质岩石(Rapp et al.,1991,1995;吴才来等,2014)。部分熔融过程中,物质的成分、温度、压力以及含水矿物扮演着重要的角色(Jogvan et al.,2006)。例如,泥质岩的部分熔融和富铝、富钾的花岗质熔体有关,变砂岩的部分熔融和强过铝质的花岗闪长岩或花岗质岩石有关,基性玄武质岩浆的部分熔融会产生英云闪长岩-奥长花岗质-花岗闪长岩熔体(简称TTG岩石组合)(Rapp et al.,1991,1995;Wolf,Wyllie,1994;Winther,1996)。因而,在富水矿物的参与下,不同类型原岩的部分熔融会产生不同的花岗质熔体(Patino,Beard,1996;Patino,McCarthy,1998)。

在原岩成分判别图解上(图3.27),卡孜岩体和达嘎岩体均位于角闪石岩或者变玄武岩组分区域,表明晚三叠世花岗质岩石可能来自变基性岩的部分熔融,即基性下地壳的部分熔融。邱检生等(2015)认为,在晚三叠世到早侏罗世时,冈底斯地区曾普遍经历了一次大规模的基性岩浆底侵,幔源岩浆的底侵为冈底斯地区下地壳的熔融再造提供了可能。此外,

Wang等(2016)也报道了在冈底斯带中段拉萨地区晚三叠世的基性火山岩浆事件,并认为该次基性岩浆事件是新特提斯洋向拉萨地体北向俯冲的产物。因此,晚三叠世花岗岩形成很可能和晚三叠世冈底斯地区大规模的基性岩浆底侵有关,基性岩浆底侵提供了充分的热源和流体,使得下地壳的物质发生熔融,形成了该期次的花岗质岩石。

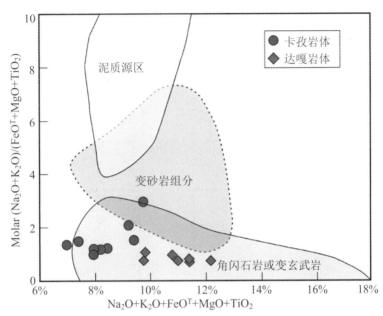

图3.27　晚三叠世花岗质岩石原岩成分判别图解(据Patiño Douce(1999))

锆石Lu-Hf同位素分析结果显示,藏南地区主要有三个重要的地壳生长和再造时期(185～170 Ma、90～75 Ma和55～45 Ma)。一般而言,正的$\varepsilon_{Hf}(t)$值和年轻的模式年龄往往和地壳的生长或者新生地壳的再造有关,而负的$\varepsilon_{Hf}(t)$值和老的模式年龄代表了古老地壳的再循环(吴福元等,2007a)。研究显示,晚三叠世卡孜和达嘎花岗岩体的$\varepsilon_{Hf}(t)$值分别为8.95～12.91(图3.5)和13.91～15.54(图3.24),表明藏南冈底斯带晚三叠世花岗岩主要来自新生地壳的部分熔融。结合岩体高的$Mg^\#$值(>40),暗示了在幔源岩浆底侵的过程中,地幔物质可能参与了花岗质岩石的形成,即幔源物质不但提供热量,而且参与了花岗岩的组成。两个岩体年轻的一阶段和二阶段模式年龄(图3.5和图3.24)也间接暗示了花岗岩体来自新生地壳的部分熔融。

3.1.4.2　晚三叠世花岗岩成岩时的构造背景

对晚三叠世时藏南地区的大地构造格架仍然存在着激烈的争议。花岗岩类的形成和大地构造环境以及地球动力学具有密切的关系,其是揭示大陆岩石圈的结构、组成和构造环境演化的重要研究对象。因此,花岗岩类在板块构造方面的应用非常成熟,为了解过去的大地构造环境提供了最为直接的岩石学证据(Barbarin,1999)。如前所述,卡孜岩体和达嘎岩体均相对富集轻稀土元素,亏损重稀土元素,并且亏损高场强元素Nb、Ta和Ti,显示出弧型岩浆岩的地球化学特征(Ringwood,1990;Ionov,Hofmann,1995;Kang et al.,2014)。另外,有效的判别图解为我们了解晚三叠世花岗岩的形成环境提供了可能。所有的判别图解均揭示晚三叠世花岗岩的形成背景为火山弧环境(volcanic arc)(图3.28(a)~(e),图3.29(a)~(b)),即典型的活动大陆边缘环境(图3.28(f),图3.29(c))。

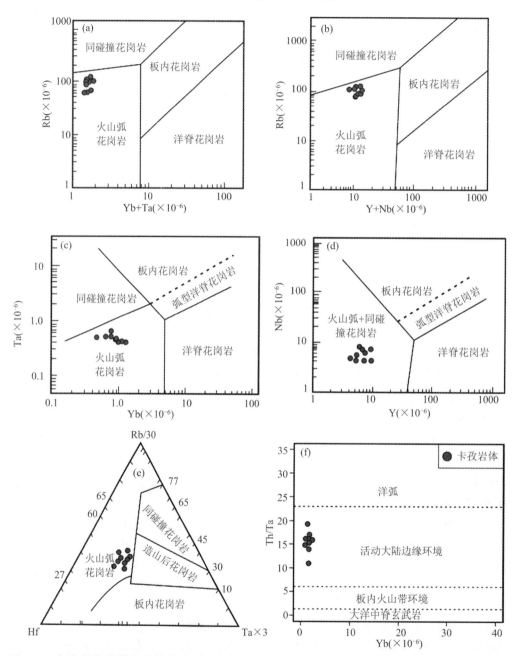

图3.28 卡孜岩体花岗岩大地构造判别图解((a)~(d)据 **Pearce et al.(1984)**;(e)据 **Harris et al.(1986)**;(f)据 **Gorton,Schandl(2000)**)

晚三叠世花岗岩的地球动力学演化和近同一时期的角闪辉长岩具有相同的动力学背景,具体的讨论见下一小节,这里不再赘述。

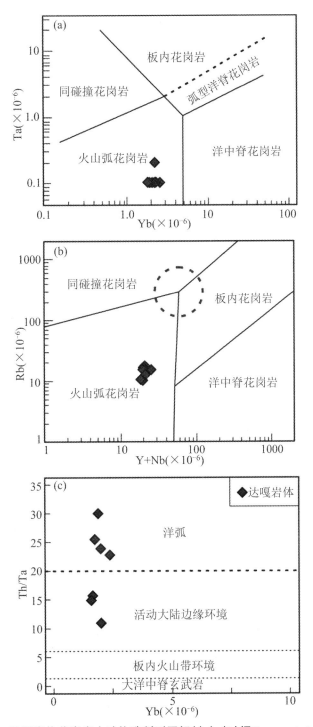

图3.29　达嘎岩体花岗岩大地构造判别图解((a)~(b)据 Pearce et al.(1984) 修改;(c)据 Gorton,Schandl(2000))

3.1.4.3 角闪辉长岩的岩石成因及构造背景

1. 形成时代的厘定

如前所述,从4件采自岩体不同位置的角闪辉长岩样品上获得的年龄在误差范围内近乎一致,均在约210 Ma,代表了角闪辉长岩的结晶或者侵位年龄,说明在藏南曲水地区曾经发生过一次该时期的基性岩浆活动。该岩浆活动可能和新特提斯洋板片向欧亚板块的北向俯冲相关,关于其具体成因将在后面章节进行论述。

2. 侵位深度分析

Hammarstrom 和 Zen 于1986年首先提出了铝在角闪石中的压力计,随后根据实验数据以及经验值对该压力计进行了修正和标定,给出了计算相应侵位深度的计算公式:

(1) HZH(Hammarstrom, Zen, 1986):

$$P(\pm 3.0 \text{ kbar}) = 5.03 \text{Al}^\text{T} - 3.92$$

(2) HH(Hollister et al., 1987):

$$P(\pm 1.0 \text{ kbar}) = 5.64 \text{Al}^\text{T} - 4.76$$

(3) JRH(Johnson et al., 1989):

$$P(\pm 0.5 \text{ kbar}) = 4.28 \text{Al}^\text{T} - 3.54$$

(4) SH(Schmidt, 1992):

$$P(\pm 0.6 \text{ kbar}) = 4.76 \text{Al}^\text{T} - 3.01$$

角闪石这4个压力计中,JRH给出的压力相对较低,其他3个压力计在计算范围内给出的压力基本相近。在压力大于2 kbar时,温度的影响基本可以忽略(Hollister et al., 1987; Zen, 1989),根据上述的压力计可以较为合理地计算角闪辉长岩最终的侵位深度。在此,我们选择SH压力计进行计算。

选取晶形较好的角闪石进行电子探针分析,探针分析点主要选取在角闪石的边部(图3.30(a)),以分析角闪石中Al含量的变化。选择角闪石边部主要是因为核部的Al含量总比边部高,在岩浆上侵过程中,角闪石的结晶生长具有一定的跨度,较早形成的角闪石核部的压力要比边部高,不能真实反映岩体最终的侵位深度。因此,角闪石边部的Al含量更能反映岩体最后结晶的侵位深度。根据角闪石边部的铝含量,假定地壳岩石密度是2750 kg/m³,依据 $P(\pm 0.6 \text{ kbar}) = 4.76 \text{Al}^\text{T} - 3.01$(Schmidit, 1992),获得角闪辉长岩平均侵位压力 $P=0.51$ GPa,对应深度为 $h=18$ km,为中下地壳(根据公式 $P=\rho g h$ 计算)(图3.30(b))。

3. 后期蚀变和地壳混染的判别

镜下薄片显示,角闪辉长岩的角闪石和斜长石总含量超过了95%,次生矿物(绿泥石、绢云母等)几乎不发育,再结合低的烧失量LOI(0.19%~1.76%),表明角闪辉长岩成岩后没有遭受明显的化学风化蚀变。因而,角闪辉长岩的地球化学特征组分反映了其成岩时的化学组分。

地壳混染对弧岩浆的形成具有重要的影响,特别是其造成大离子亲石元素和部分壳源元素的富集,使岩浆源区具有多解性。利用有效的地球化学图解可以判别基性岩浆上升过程中是否受到地壳物质混染。在判别图解上,所有样品均具有相对较高的La/Ba值,暗示壳源物质在角闪辉长岩的成岩过程中扮演了次要的作用(图3.31)。与壳源岩浆相比,幔源岩浆具有相对较低的K_2O和Th含量(Rudnick,Gao,2003)。所分析的样品具有非常低的K_2O(0.11%～0.68%)和Th含量(平均含量为0.63%,远低于地壳Th含量)以及高的Na_2O/K_2O值(钠质岩石)(3.93～43.09),也表明壳源物质几乎没有参与辉长质岩石的形成。此外,角闪辉长岩的侵位深度(>15 km)也暗含了在岩体上升侵位过程中,表壳物质没有或者很少参与岩体的形成。如果侵位深度小于10 km(上地壳),则可能会有更多表壳组分的加入。

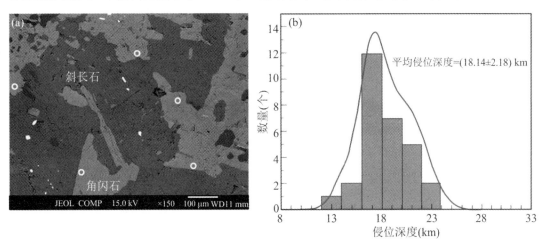

图3.30　曲水其奴村角闪辉长岩的电子背散射图像及侵位深度分布图

图(a)中白色圆圈表示电子探针的分析束点位置

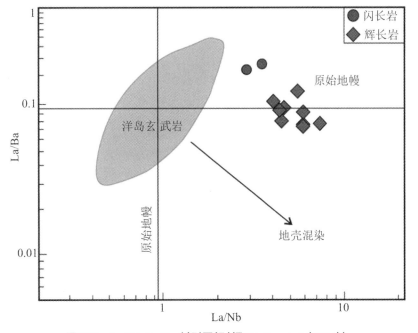

图3.31　La/Nb-La/Ba判别图解(据Kieffer et al.(2004))

4. 岩浆源区特征

在TAS图解中,角闪辉长岩的样品均位于Irvine线以下,为典型的亚碱性,具有低钾拉斑玄武质岩浆的地球化学属性(图3.15(a)～(b))。所分析的11件地球化学样品中,2件样品具有较高的SiO_2含量(55.1%和54.8%),这2件样品采自角闪辉长岩岩体的边部,代表了AFC过程,即从角闪辉长岩岩体中心向两侧SiO_2含量具有逐渐增高的趋势。所有的样品均具有较高的Al_2O_3含量(17.55%～20.1%),类似于高铝玄武质岩浆,反映火山弧的成岩环境(路凤香等,2002)。此外,曲水其奴角闪辉长岩富集大离子亲石元素(比如Sr和K)和轻稀土元素,亏损重稀土元素(图3.18),这些地球化学特征同样暗示了一个和俯冲相关的大地构造背景,即火山弧环境(Pearce,1983;Kelemen et al.,1990)。另外,近乎同一时代的花岗岩和角闪辉长岩在时空上也具有紧密的联系,花岗岩的地球化学属性也为典型的弧型花岗岩,形成于活动大陆边缘。

曲水角闪辉长岩具有相对较高的TiO_2含量(0.76%～1.04%)及高的Al_2O_3含量(>16%),和阿留申群岛-堪察加半岛的弧型高铝玄武岩(HAB-high alumina basalt)的地球化学特征相似(Ferlito,2011)。前人对高铝玄武质岩浆的研究表明(Brophy,Marsh,1986;Crawford et al.,1987),其初始的岩浆主要起源于下插板片上覆地幔楔橄榄岩的部分熔融。在La/Yb-Sm/Yb判别图解上,大多数样品分布在石榴橄榄岩部分熔融曲线的附近,表明角闪辉长岩可能为石榴橄榄岩部分熔融的结果(熔融程度为17%～24%)(图3.32)。此外,相对平坦到中等分异的轻稀土配分模式以及低的HREE和低的Y含量,也和部分熔融时源区石榴石的残留有关(Can Genç,Tüysüz,2010)。这些特征暗示了原始岩浆也许来自富含石榴石的地幔源区,一般形成深度在弧下地幔(Atherton,Ghani,2002),形成深度小于80 km。

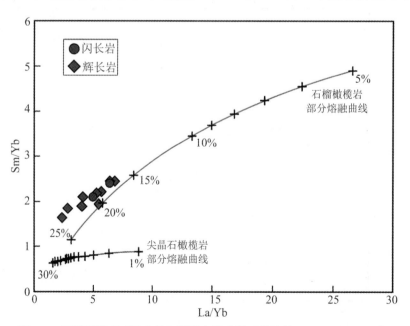

图3.32 石榴橄榄岩以及尖晶石橄榄岩部分熔融曲线的La/Yb-Sm/Yb图解
(分配系数数据 Johnson et al.(1990))

角闪辉长岩具有低的 SiO_2 含量（45%～52%），主要组成为角闪石和斜长石（基性斜长石），此外还含少量的石英、单斜辉石以及其他副矿物。一般而言，角闪辉长岩母岩浆的起源和俯冲板片具有密切的关系，特别是在弧岩浆火成岩中有较为广泛的分布（Hickeyvargas et al.，1995）。俯冲板片中含大量角闪石的辉长质岩石被认为主要和富水岩浆的结晶有关（董传万等，1997；Costa et al.，2002）。角闪辉长岩也形成于地幔矿物的相互反应，例如橄榄石和辉石以及富水熔体的相互作用。从岩相学的角度来看，前者通常发生于较小晶体颗粒的辉长质岩石中，并且钙长石出现在岩浆结晶的晚期（Ulmer et al.，1983；Sisson et al.，1996），这主要是因为富含水的基性岩浆通常不利于斜长石的分离结晶（Sisson，Layne，1993）。以钙长石和角闪石组成的基性岩浆的源区以富水岩浆为主（Sisson，Layne，1993）。大量含水矿物的存在可以促进水的压力增高，从而降低钙长石-钠长石固相线和液相线温度，导致斜长石牌号的增高（Sisson，Layne et al.，1993）。一般而言，斜长石牌号 An 大于50，是典型的基性岩石中长石的特征（图3.11）。

5. 晚三叠世角闪辉长岩 Mg 同位素特征及成因

在弧岩浆岩形成的过程中，不管是成岩前还是成岩后，海水的交代蚀变对弧岩浆岩的 Mg 同位素组成都有显著的影响（Meng et al.，2021a）。海水通常具有低的镁含量（约0.128%）和轻 Mg 同位素组成（$\delta^{26}Mg=-0.83‰$）（Teng，2017）。但晚三叠世角闪辉长岩样品显示出重 Mg 同位素组成，与明显的海水混染和蚀变不一致（图3.33）。不同于海水，细粒的泥质岩石通常富含 ^{26}Mg，并且具有重的 Mg 同位素组成（图3.33）。因此，深海泥岩在被输送到俯冲通道时不但会改变弧岩浆岩的镁同位素组成，而且对上覆地幔楔的同位素组成也有重要的影响。另外，泥岩通常具有较低的 Mg 含量（平均值=1.45%）（Rudnick，Gao，2003）。但正常地幔的 $\delta^{26}Mg$ 值为 $(-0.25\pm0.07)‰$（Teng，2017），因此地幔源区中需加入80% 以上的深海泥岩才能使得玄武质熔体 $\delta^{26}Mg$ 从 $-0.25‰$ 转变到 $0.01‰$，形成以重 Mg 同位素组成为特征的弧型岩浆岩。因而，晚三叠世辉长岩体的重 Mg 同位素不太可能是被大量深海泥岩混染的地幔楔部分熔融的结果。总体而言，藏南冈底斯带晚三叠世角闪辉长岩的岩浆源区中，化学蚀变（图3.19(b)～(d)）、海水和深海泥岩的作用微乎其微。因此，我们认为重 Mg 同位素的特征反映了其原生岩浆的固有特性。

（1）矿物分离结晶对 Mg 同位素组成的影响

幔源岩石 Mg 同位素组成相对均一，且在地幔熔融、分离结晶和变质脱水的过程中，Mg 同位素的分馏十分有限（Teng et al.，2019）。板片俯冲不能明显地改变 Mg 同位素体系（Teng，2017）。反之，Mg 同位素对碳酸盐的相关流体、流体-岩石相互作用、各类富镁岩石的脱水和表壳岩风化非常敏感（Shen et al.，2009；Teng et al.，2010；Tian et al.，2016；Huang et al.，2019）。通常认为碳酸盐交代作用在改变地幔化学成分中起重要作用，尤其与轻 Mg 同位素组成的成因有关（Teng et al.，2010；Yang et al.，2012；Tian et al.，2016）。这一模型不能解释角闪辉长岩的重 Mg 同位素特征。

此外，矿物对地幔 Mg 同位素体系的影响是显著的。Su 等（2019）的研究表明，铬铁矿尖晶石具有重的 Mg 同位素组成（图3.33），因此铬铁矿的堆晶或分异会显著影响岩浆房内 Mg 同位素的组成。然而，玄武质岩浆上升过程中铬铁矿尖晶石的分离结晶和堆积会形成轻 Mg 同位素的熔体。与尖晶石不同，石榴石中富含轻 Mg 同位素，因此石榴石在岩浆房中的分离

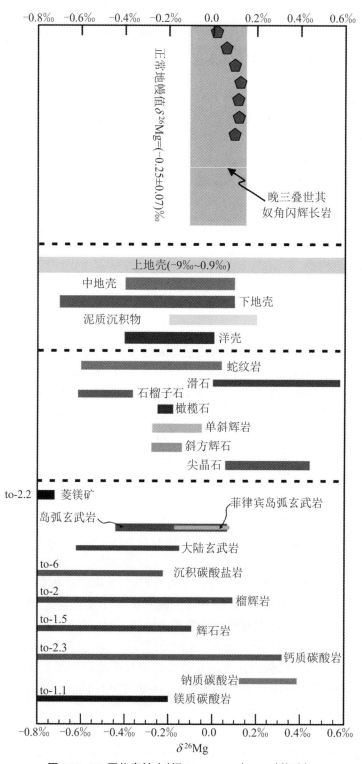

图 3.33　Mg 同位素储库（据 Meng et al.（2021a）修改）

结晶会导致残余熔体具有重的Mg同位素组成(Stracke et al.,2018)。但角闪辉长岩较为平坦的重稀土模式和较低的Dy/Yb值(1.99～2.51)表明石榴石的作用微不足道,因此可以排除岩浆房中石榴石的分离结晶(图3.18(a))。此外,角闪辉长岩全岩的δ^{26}Mg值与Dy/Yb值之间缺乏相关关系,也与石榴石分异产生的Mg同位素变化相悖(Meng et al.,2021a)。

Chen等(2018)指出,由于熔体的平衡作用和动力学分馏,钛铁矿具有较宽的Mg同位素组成。基于这一假设,钛铁矿的分异和堆晶对岩浆熔体的Mg同位素组成的影响也十分关键。因此,镁铁质弧岩浆岩的演化应充分考虑岩浆储库中钛铁矿效应。角闪辉长岩δ^{26}Mg和TiO₂之间的非协变关系排除了钛铁矿在岩浆源区或岩浆房中的堆积效应(图3.34(a))。此外,地幔源区钛铁矿的堆积和分异通常会产生轻Mg同位素的玄武岩熔体(Su et al.,2019),也与本次样品的重Mg同位素特征不吻合。

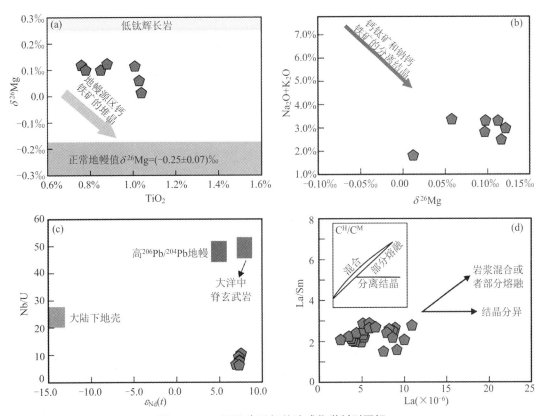

图3.34 Mg同位素及相关地球化学判别图解

(a)TiO₂-δ^{26}Mg;(b)δ^{26}Mg-Na₂O+K₂O;(c)$\varepsilon_{Nd}(t)$-Nb/U(大陆下地壳据Rudnick,Gao(2003);大洋中脊玄武岩和高²⁰⁶Pb/²⁰⁴Pb地幔据Sun,McDonough(1989));(d)La-La/Sm(C^H/C^M相容性接近的不相容元素比值)

重Mg同位素特征和有效判别图也排除了源区中存在沉积碳酸盐。与沉积碳酸盐相比,岩浆碳酸盐会导致Mg同位素组成的变化。如果碳酸盐岩交代幔源岩浆,硅酸盐岩浆Mg同位素将显著改变。钙铁矿(gregoryite)和钠钙铁矿(nyerereite)是典型的碳酸岩矿物,这两种矿物具有轻的Mg同位素组成。因此,这两种特征矿物的分离结晶可能导致钠碳酸盐岩中的重Mg同位素熔体。在δ^{26}Mg-Na₂O+K₂O关系图中(图3.34(b)),并未显示出钙铁矿和钠钙铁矿的分离结晶趋势。因此,重Mg同位素的碳酸盐岩熔体与晚三叠世的辉长岩的形成无关。

除了矿物对Mg同位素体系的影响外,下地壳麻粒岩也表现出较宽范围的δ^{26}Mg变化(图3.33)。因此,麻粒岩的再循环可以使Mg同位素体系产生明显改变。晚三叠世辉长岩样品具有低的Nb/U值,排除了下地壳麻粒岩参与的可能性(图3.34(c))。

与其他地质过程相比,同化-结晶分异是改变弧型岩浆同位素组分的过程之一(DePaolo,1981;Ducea et al.,2015)。全岩地球化学和放射性同位素判别图表明,角闪辉长岩主要的岩浆过程是分离结晶,而不是岩浆混合或AFC过程(图3.34(d))。因此,晚三叠世辉长岩的Mg同位素反映了它们的原生岩浆特征。基于Mg同位素储库(图3.33)和弧型岩浆形成构造背景,我们认为富含滑石的蛇纹岩可能是造成辉长岩具有重Mg同位素特征的主要因素。

(2)重Mg同位素形成的物理化学条件和动力学过程

俯冲的大洋岩石圈由上至下分别由沉积物、玄武岩、辉长岩和蛇纹岩化橄榄岩四个单元组成(Snow,Dick,1995)。俯冲大洋板片在靠近海沟时,将进一步发生挠曲引发张裂,进一步加剧了大洋岩石圈的水化(张裂进一步促进了水-岩反应的进行)(Ranero et al.,2003;Maruyama et al.,2009)。与其他岩石单元相比,蛇纹石化的岩石含水量可高达16%(Kodolányi et al.,2012;Deschamps et al.,2013),并且可以在相对较宽的温压条件下得到很好的保存(Peters et al.,2017)。在高温高压条件下,蛇纹岩释放出大量流体和元素,因此蛇纹岩是流体和活动元素最为理想的载体(Wunder,Schreyer,1997;Evans et al.,2013)。

蛇纹石可分为叶蛇纹石、纤蛇纹石和利蛇纹石三种类型(吴凯等,2020)。纤蛇纹石和利蛇纹石发生分解的深度一般在<20 km的浅部,而叶蛇纹石可以在俯冲带的更大深度(约120 km)保持相对稳定(Deschamps et al.,2013;Hu et al.,2019)。根据俯冲带热结构模型,在浅部(<20 km)不产生镁铁质弧岩浆岩(Xu et al.,2020)。因此,叶蛇纹石的分解可以更好地解释俯冲带镁铁质弧岩浆岩的成因(吴凯等,2020)。这与石榴橄榄岩部分熔融一致(图3.32(d))。因此,可以排除流体源自纤蛇纹石和利蛇纹石的分解。

当蛇纹石随着板片俯冲到较高的地温梯度(680~750 ℃)时,叶蛇纹石将发生分解,形成橄榄石和斜方辉石/滑石的新矿物组合,并释放大量流体(Ulmer,Trommsdorff,1995)。研究表明,由于钛橄榄石的存在,蛇纹岩中释放的流体亏损高场强元素(Garrido et al.,2005)。因此,这些亏损高场强元素的流体交代上覆地幔楔,参与了弧岩浆的形成与演化(Garrido et al.,2005;Spandler et al.,2014)。

已有研究表明,在汇聚板块边缘,蛇纹岩脱水交代上覆地幔楔是产生弧岩浆的主要因素(Hattori,Guillot,2003;Evans et al.,2013)。因此,与富含滑石的蛇纹岩相关的流体可以更好地解释镁铁质弧岩浆岩的重Mg同位素特征(Meng et al.,2021a)。这一假设得到了世界上相关例证的支持(Bebout,Penniston-Dorland,2016)。Li等(2018b)提出两种可能的反应:

$$Mg_{48}Si_{34}O_{85}(OH)_{62}(叶蛇纹石)+30\ SiO_2(流体)=16\ Mg_3Si_4O_{10}(OH)_2(滑石)+15\ H_2O$$
$$2\ Mg_{48}Si_{34}O_{85}(OH)_{62}(叶蛇纹石)=17\ Mg_3Si_4O_{10}(OH)_2(滑石)+45\ MgO(流体)+45\ H_2O$$

这些反应式表明,蛇纹岩分解可以提供大量的H_2O和富含滑石的流体,这些流体将交代上覆岩石圈地幔,形成重Mg同位素的弧型岩浆岩。Spandler等(2008)提出滑石在弧下地幔

700~800 ℃时保持稳定。因此,结合Sr-Nd-Hf-O-Mg同位素和富水矿物组合,该模型可以更好地解释藏南冈底斯带晚三叠世辉长岩侵入体的岩石成因和地球化学特征。

(3)重Mg同位素成因分析

众所周知,板片流体主要来源于沉积物、蚀变洋壳和蛇纹岩(Schmidt,Poli,1998)。基于Sr-Nd-Hf同位素特征,高^{26}Mg流体可能来源于蚀变洋壳和蛇纹岩脱水(Huang et al.,2019)。这些高^{26}Mg流体是产生重Mg同位素的弧型岩浆的关键。Huang等(2015)研究了蚀变洋壳的相关样品,发现这些岩石样品的Mg同位素组成表现出较为宽泛的范围(−0.36‰~0.01‰),这与Huang等(2018)近期获得的认识基本一致,即蚀变洋壳的Mg同位素组成范围较为宽泛(−2.82‰~0.19‰),反映Mg同位素组成上的高度不均一性。与蛇纹岩相比,蚀变洋壳的Mg含量丰度较低,因此源自蚀变洋壳流体的弧型熔体的特点是具有低的Mg含量和宽泛的δ^{26}Mg值(Huang et al.,2015,2018,2019;Chen et al.,2016a,2020)。据此,可以排除蚀变洋壳对重Mg同位素的贡献。综上,富含滑石的蛇纹岩脱水交代上覆地幔楔是产生高δ^{26}Mg同位素特征的弧岩浆最有可能的机制(图3.33)。

Mg同位素是区分蛇纹岩脱水非常有用的示踪剂,因为相对于地幔其具有独特的Mg同位素特征。Beinlich等(2014)发现蛇纹岩的δ^{26}Mg值为−0.27‰~−0.06‰,与共存的橄榄岩一致,表明蛇纹石化过程中Mg的分馏可忽略不计。通常情况下Mg在含水流体中的溶解度相对较低(Manning,2004),但最新的研究表明Mg在俯冲带和变质作用过程中具有一定的活度和溶解度(Scambelluri et al.,2015)。因此,板片俯冲过程中可能会记录到可识别的Mg同位素变化。有学者提出,一些以低CIA值为标志的新鲜弧型岩浆岩显示出与新鲜橄榄岩不一致的Mg同位素特征(Teng et al.,2010)。这表明高δ^{26}Mg流体可能参与了新鲜的弧岩浆岩的形成。新鲜橄榄岩的δ^{26}Mg值为−0.28‰~−0.21‰(图3.33),但一些弧型的岩浆熔体具有重Mg同位素组成(高达+0.06‰),表明弧型的岩浆熔体在形成过程中发生了与重Mg同位素流体有关的交代作用。

一般来说,深俯冲的大洋超镁铁质混杂岩将经历以下流体-岩石相互作用:① 橄榄岩蛇纹石化;② 滑石替代叶蛇纹石;③ 透闪石替代滑石。三种不同的流体-岩石相互作用过程可以用同位素方法区分。俯冲通道内的流体-岩石相互作用会导致混杂岩的元素和同位素组成发生变化。例如,富碳酸盐流体和沉积物中释放的流体将对Sr-Nd-Hf-O-Mg同位素体系的改变起关键作用。此外,野外和地球物理证据证明,俯冲带中,活跃的流体-岩石相互作用区域可达数千米至数十千米(Bostock et al.,2002)。因此,如此厚的区带可以提供大量的流体,这些流体交代上覆地幔楔生成弧岩浆。虽然地幔橄榄岩(−0.44‰~0.09‰)和榴辉岩(−0.44‰~0.09‰)的δ^{26}Mg值变化范围很大(图3.33),但它们的平均值很少超过δ^{26}Mg值的−0.1‰。因此,对于本研究中的晚三叠世角闪辉长岩而言,可以排除这两种可能性。此外,一些花岗岩、沉积物和矿物也显示重Mg同位素的组成(Shen et al.,2009;Teng,2017)。与云母族相似,滑石在蛇纹岩中富含^{26}Mg,因此富含滑石的流体会形成重Mg同位素的组成(Teng,2017)。通常,富含滑石的流体被用来解释汇聚边缘岩浆中的高^{26}Mg的成因(Chen et al.,2016a,2020)。图3.35展示了藏南冈底斯带重Mg弧岩浆岩的成因动力学模式图。

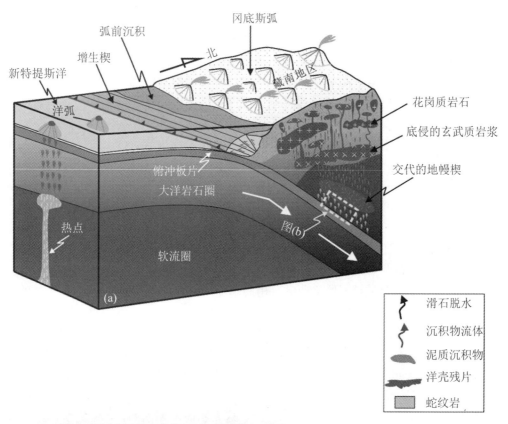

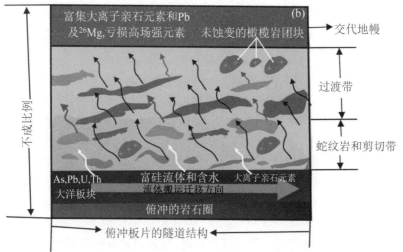

图3.35 重Mg弧岩浆岩的成因动力学模式图（据Meng et al.（2021a））

3.1.4.4 藏南地区地壳生长、再造及大地构造环境

角闪辉长岩的 $\varepsilon_{Hf}(t)$ 值为 9.56～14.75，平均值为 12.44，Hf 同位素一阶段模式年龄为 256～459 Ma，均值为 353 Ma（图3.14）。正 $\varepsilon_{Hf}(t)$ 值以及年轻的模式年龄暗示亏损地幔的部

分熔融是形成藏南地区地壳生长的重要机制。与角闪辉长岩近乎同时代形成的花岗岩是幔源岩浆底侵引起新生地壳部分熔融的产物。这些过程都和新特提斯洋向拉萨地体的北向俯冲有关。角闪辉长岩 Hf 一阶段模式年龄的平均值 353 Ma，可能和古特提斯洋盆的打开有关。虽然对古特提斯洋盆的具体演化模式和打开方式仍然存在争议，即地幔柱和俯冲板片哪一个起主要作用(侯增谦等，1996)，但可以确定的是拉萨地体和古特提斯洋的演化有关，并且地体中也保留了大量关于古特提斯洋演化的关键证据(杨经绥等，2007；李化启等，2008)。角闪辉长岩相对富集轻稀土元素，重稀土配分曲线比较平坦，而且微量元素 Nb、Ta 强烈亏损(图 3.18(a))，表明角闪辉长岩具有弧岩浆岩的地球化学属性。根据主微量元素判别图解，所有分析的样品均落入火山弧区域，显示出弧型岩浆岩的特征(图 3.36)。判别图解有力地证明了角闪辉长岩形成的大地构造环境为活动大陆边缘，和新特提斯洋壳向拉萨地体的北向俯冲有关。

二叠纪末期，基梅里陆块群的不断北漂(拉萨陆块、南羌塘陆块、阿富汗陆块、伊朗陆块和滇缅泰陆块)，导致新特提斯洋盆的逐渐裂解以及洋盆规模的逐渐扩大(Şengör，1979；朱日祥等，2022)。然而新特提斯洋向欧亚板块初始俯冲的时限却没有得到有效约束。如果新特提斯洋在晚三叠世开始俯冲，欧亚板块南缘则为典型的活动大陆边缘环境，广泛发育弧岩浆作用。然而，Zhu 等(2011a)、Li 等(2018a)和 Zhang 等(2019a)提出晚三叠世至早侏罗世，由于班公-怒江中特提斯洋板片南向的俯冲回转，此时藏南地区为伸展环境，即弧后的构造背景，而非活动大陆边缘环境。曲水其奴晚三叠世角闪辉长岩 Mg 同位素特征为解决这一争论提供了新的视角。晚三叠世的角闪辉长岩具有重 Mg 同位素的组成，俯冲隧道环境是重 Mg 同位素形成的最佳途径，这暗示了角闪辉长岩不可能是弧后伸展的产物(图 3.35)。因此，我们得出结论，晚三叠世藏南广泛的岩浆活动是新特特提斯洋岩石圈向欧亚板块北向俯冲的产物。

另外，略高且变化的全岩氧同位素(6.1‰～8.3‰)和一些晚三叠世样品略低的 Ce/Ce* 异常(<0.98)表明(图 3.37)，少量深海沉积物可能加入到新特提斯洋俯冲隧道的岩浆源区中(Class，le Roex，2008)(图 3.35)。此外，如上所述，重 Mg 同位素的形成机制也意味着俯冲隧道模型是解释流体-岩石相互作用的最佳选择。根据前人在藏南地区的研究，新特提斯洋岩石圈向欧亚板块的初始俯冲不晚于晚三叠世(约 210 Ma)。此外，根据全球构建模型和数据库，Stampfli 等(2013)也得出结论，新特提斯洋向欧亚板块的北向俯冲可能开始于三叠纪的卡尼期-诺里期，这也与 Li 等(2021)最新的研究结果一致。

Murphy 等(1997)提出拉萨地体在早白垩世经历了大规模的地壳缩短，随后的早新生代印亚板块的碰撞也导致了大量的地壳缩短和伴随的走滑逃逸构造(Tapponnier et al.，1982；Kapp et al.，2019)。考虑到地壳变形和缩短，可以推断拉萨地体最南缘到班公湖-怒江缝合带宽度超过 500 km。如果晚三叠世至早侏罗世岩浆作用与班公湖-怒江洋俯冲有关，则更可能是低角度俯冲或平俯冲。与大角度斜俯冲相比，低角度俯冲或平俯冲就像一个热障，其上的地幔楔很薄，较冷，不能产生强烈的弧岩浆作用(郑永飞，2022a,b)。此外，Gutscher 等(2000)指出，与平俯冲相关的岩浆作用形成的岩浆岩具有类似埃达克岩的特征(低 Sr 含量和 Sr/Y 值)。然而，冈底斯带普遍存在的晚三叠世至早侏罗世岩浆岩不具有埃达克岩的地球化学特征(Meng et al.，2016a；Wei et al.，2017；Ma et al.，2018a；Lang et al.，2019)。从构造缩短和岩浆特征来看,班公湖-怒江洋岩石圈的南向俯冲与拉萨南部的岩浆作用无关,因为班公湖-怒江洋的南向俯冲导致藏南冈底斯地区张裂减压也可以形成晚三叠世的岩浆作用,但伸展背景难以解释由俯冲隧道作用下形成的重 Mg 同位素的弧岩浆岩的成因机制。

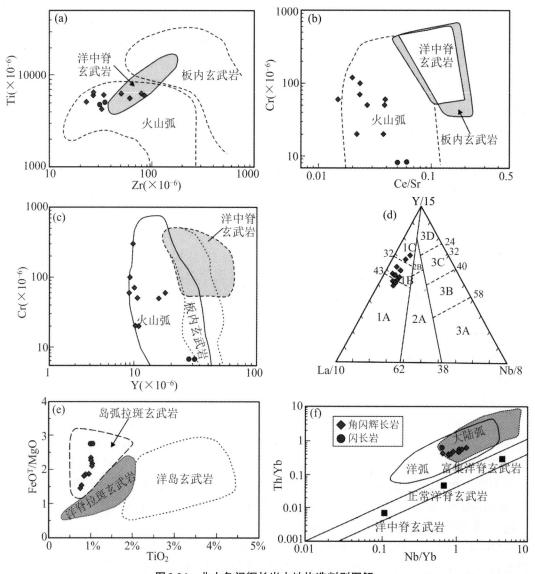

图 3.36 曲水角闪辉长岩大地构造判别图解

(a)Zr-Ti 判别图解(据 Pearce,Cann(1973));(b)~(c)Ce/Sr-Cr 和 Y-Cr 判别图解(据 Pearce,1982);(d)La/10-Y/15-Nb/8 判别图解(1=火山弧玄武岩,1A=钙碱性玄武岩,1B 为 1A 和 1C 的叠合区,1C=火山弧拉斑玄武岩;2=大陆玄武岩,2A=大陆玄武岩,2B=弧后玄武岩;3=大洋玄武岩,3A=陆内裂谷碱性玄武岩,3B=富集洋中脊玄武岩,3C=弱富集洋中脊玄武岩)(据 Cabanis,Lecolle(1989));(e)TiO₂-FeO^T/MgO 判别图解(据 Glassley(1974));(f)Nb/Yb-Th/Yb 判别图解(据 Pearce(2008))

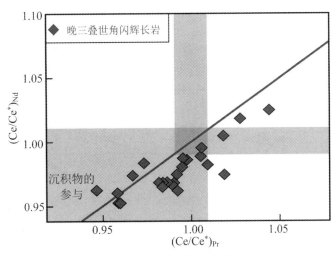

图3.37 沉积物判别的Ce异常图解

3.1.4.5 藏南冈底斯带晚三叠世岩浆岩成岩的动力学机制

越来越多的研究显示,前白垩纪的岩浆活动(>145 Ma)不断在冈底斯带被识别,这些火成岩均具有弧岩浆岩的地球化学特征,并且壳幔相互作用十分广泛(邱检生等,2015;孟元库等,2022)。这些弧型的前白垩纪火成岩暗示了新特提斯洋向欧亚板块俯冲的时间早于早白垩世(>145 Ma),此时拉萨地体南缘为典型的活动大陆边缘环境。如上所述,近些年来,晚三叠世的火成岩也不断被厘定和报道,进一步指示了新特提斯洋向欧亚板块的俯冲可能开始于晚三叠世。Meng等(2021a)运用重Mg同位素手段,结合矿物学和Sr-Nd-Hf-O同位素手段,重新建立俯冲模型,成功运用俯冲隧道模式解决了晚三叠世弧岩浆岩的成因机制问题,并对重Mg同位素的形成机制进行了详细的阐述。Li等(2021)在冈底斯带西段(鸭洼地区)发现了两套不同地球化学特征的辉长岩类,分别形成于晚二叠世(255 Ma)和晚三叠世(214 Ma)。其中晚二叠世的辉长岩具有OIB的地球化学特征,而晚三叠世的辉长岩具有弧的地球化学特征,暗示了从晚二叠世到晚三叠世,藏南拉萨地体南缘的构造环境发生了较大的转变(a switch of the tectonic environment)。Li等(2021)进一步指出,新特提斯洋的初始俯冲被限定在255 Ma到214 Ma之间。在前人研究的基础上,我们对晚三叠世冈底斯带弧岩浆岩形成的动力学机制概述如下:① 中二叠世藏南地区为典型的张裂(rift)构造背景,此时新特提斯洋属于胚胎发育期,仅仅发育少量海相沉积和具有OIB地球化学特征的镁铁质岩石;② 到晚二叠世至中三叠世时,新特提斯洋的规模继续扩大,此时藏南仍为典型的被动陆缘裂谷环境(Li et al.,2021);③ 到晚三叠世至早中侏罗世,新特提斯洋开始向欧亚板块俯冲,在拉萨地体南缘形成典型的弧火山-岩浆作用,并伴随有典型的洋内弧俯冲(Ma et al.,2018a),具体的演化过程见图3.38(a)。

在岩浆成因方面,晚三叠世时新特提斯洋板片已经开始俯冲到拉萨地体之下,俯冲板片不断脱水交代地幔楔,导致地幔楔发生部分熔融形成大量的弧岩浆岩。大量的镁铁质弧岩浆岩在地壳下部底垫就位,形成新生地壳(juvenile crust),因此板片脱水交代地幔楔形成镁铁质的弧岩浆岩是藏南地区晚三叠世时地壳生长的主要机制和方式。随后,由于板片的持续俯冲,底垫的镁铁质岩浆不断上升侵位,加热之前形成的新生地壳,导致新生地壳发生部分熔融形成壳源岩浆,壳源岩浆经过进一步分异和演化,形成冈底斯带晚三叠世的花岗岩质母岩浆。具体的成岩动力学模式如图3.38(b)所示。

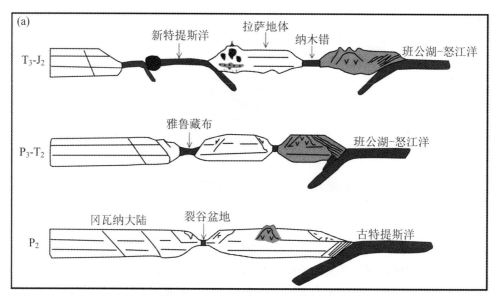

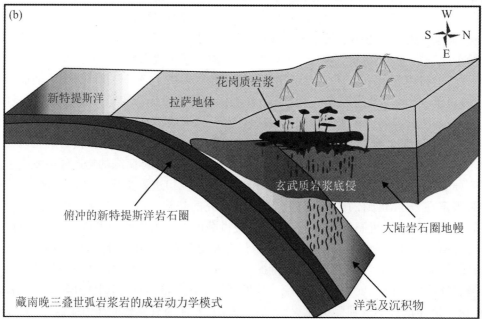

图3.38　藏南地区晚二叠世到中侏罗世大地构造演化模式图(据Pan et al.(2012)修改)及藏南晚三叠世弧岩浆岩的成岩动力学模式简图(据Meng et al.(2016a)修改)

3.2 侏罗纪岩浆作用及其大地构造意义

与晚三叠世的岩浆岩成岩环境不同的是,侏罗纪的岩浆作用在冈底斯带被普遍识别,其中185～170 Ma发生了岩浆大爆发事件,岩石类型较为丰富,除了大面积分布的叶巴组玄武岩以及花岗岩类外,还分布少量的镁铁质侵入岩。本节选取侏罗纪的叶巴组玄武岩和中酸性岩类为研究对象,展开了详细的论述。

3.2.1 侏罗纪叶巴组火山岩年代学、地球化学及构造意义

3.2.1.1 区域地质特征和样品概况

叶巴组主要出露于拉萨市达孜一带,向东经墨竹工卡、桑日至加查,东西向延伸超过250 km。地层顶部被晚侏罗世多底沟组覆盖(逆冲推覆),底部不明,多被冈底斯带花岗岩类侵没。叶巴组中发育有巨厚层火山岩,厚度变化较大,呈透镜状展布于南拉萨地体,中部宽度约30 km,向东西两侧尖灭,具有双峰式火山岩的特点。叶巴组主要为厚度约3000 m的玄武岩以及2000～7000 m的酸性熔岩和火山碎屑岩,安山岩仅在局部以夹层形式出露,体积较小。在达孜一带的叶巴组由下到上为变玄武岩、英安岩和含角砾英安质火山碎屑岩,其顶部覆盖一层片理化大理岩。岩石具有一定的劈理化。在白定村剖面,叶巴组的主要岩性为黑绿色变玄武岩夹熔结凝灰岩。在达孜北部达孜大桥-林周及巴嘎雪到色岗一带,岩石类型以灰绿色变玄武岩、英安质熔岩和凝灰岩为主。达孜东部至巴嘎雪一带,叶巴组主要为一大套英安岩和流纹岩,具有明显的玻基斑状结构和流纹构造。叶巴组火山岩大部分片理化强烈且浅变质,变质程度达到绿片岩相,发育在断层和断裂附近,片理与层理产状一致。层理间小褶皱和不对称褶皱表明叶巴组向南逆冲的构造特征(Feng et al.,2022)。沉积岩层位主要出现在叶巴组上部,由变质砂岩、粉砂岩、硅质岩、板岩和大理岩组成。这些结果显示,叶巴组火山活动或产生于海陆交替环境,且后期经喜山期的强烈挤压作用,广泛发生构造变形(Feng et al.,2022)。相较于喷发时代广泛的桑日群火山岩,锆石U-Pb年代学研究显示,叶巴组火山岩集中喷发于早侏罗世(董彦辉等,2006;耿全如等,2006;耿全如,2007;Zhu et al.,2008)。

本次研究的叶巴组火山岩样品采自拉萨市以东达孜-墨竹工卡一带。拉萨河南岸白定与达孜之间发育大规模的变玄武岩。玄武岩样品(图3.39(a))呈灰绿色,块状构造,斑状结构;基质呈间隐结构、交织结构,发育气孔、杏仁,多被碳酸盐岩填充。斑晶为橄榄石、斜长石、辉石斑晶较少(图3.39(b))。基质成分为单斜辉石、斜长石等。岩石普遍绿泥石化、碳酸盐化和强片理化,常见次生矿物有方解石、绢云母、绿泥石、绿帘石,变质程度达到绿片岩相。达孜-墨竹工卡一带出露大规模变英安-流纹岩。英安岩呈现灰绿-黄色,具变余斑状结构,基质为变余交织结构,变余霏细结构。次生矿物绿泥石、绢云母较为常见。变余基质由石英

和磁铁矿组成。流纹岩(图3.39(c)～(d))呈灰白色,具流纹结构。斑晶主要为石英,变余基质由石英、绢云母、绿泥石等组成。副矿物有磁铁矿等。

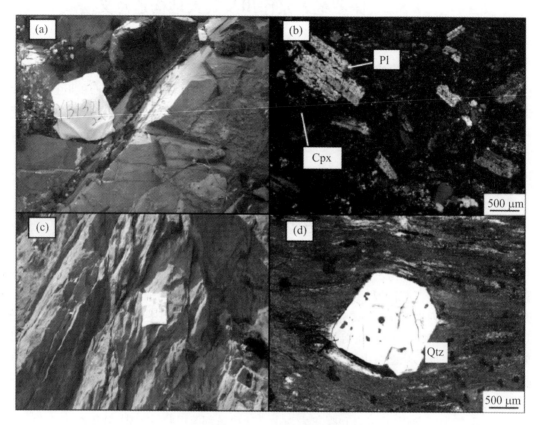

图3.39 叶巴组火山岩野外照片

(a)和(b)为叶巴组玄武岩的野外和显微偏光照片;(c)和(d)为流纹岩野外和显微偏光照片;
Pl=斜长石;Cpx=单斜辉石;Qtz=石英

3.2.1.2 叶巴组锆石U-Pb年代学和Hf同位素分析

对叶巴组6件样品(包含玄武安山岩(YB1323)、英安岩(YB1310、YB1320、YB1324与YB1326)和流纹岩(YB1318))进行锆石U-Pb定年(图3.40)。大多数所测锆石自形程度较好并具有环带结构,长宽比为2:1～5:1,显示出岩浆锆石的成因。其中玄武安山岩样品YB1323锆石多呈板状、长柱状,粒度较小,环带较不发育,获得$^{206}Pb/^{238}U$加权平均年龄为(178.0 ± 1.3) Ma。酸性火山岩的锆石粒度相对较大,自形程度较高,普遍超过100 m,环带结构发育较好。4件英安岩样品分别获得(178.3 ± 1.2) Ma、(176.4 ± 1.4) Ma、(174.6 ± 1.5) Ma、(183.0 ± 2.2) Ma的$^{206}Pb/^{238}U$加权平均年龄,流纹岩样品获得(177.9 ± 1.7) Ma的$^{206}Pb/^{238}U$加权平均年龄。年代学测试结果显示,叶巴组的基性与酸性火山岩为同时期喷发。

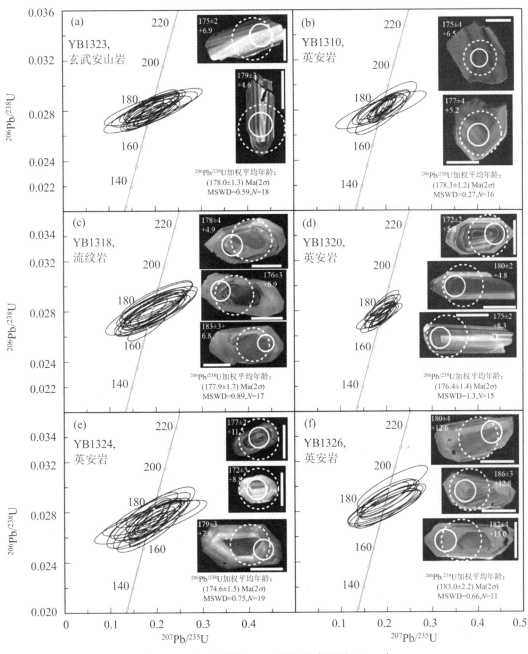

图3.40　叶巴组锆石U-Pb谐和图（标尺为50 μm）

对叶巴组样品中的85个锆石进行Hf同位素分析（图3.41）。玄武安山岩样品YB1323获得的$(^{176}Hf/^{177}Hf)_t=0.282684\sim0.282999$，对应$\varepsilon_{Hf}(t)=0.8\sim12.0$以及地幔模式年龄为$359\sim835$ Ma；4件酸性岩样品YB1310、YB1318、YB1320和YB1324具有相近的$(^{176}Hf/^{177}Hf)_t$值（$0.282728\sim0.283028$），$\varepsilon_{Hf}(t)=2.4\sim13.0$，地壳模式年龄为$392\sim1172$ Ma；相较之下英安岩样品YB1326显示出更加亏损的Hf同位素特征（$(^{176}Hf/^{177}Hf)_t=0.282974\sim$

0.283120、$\varepsilon_{Hf}(t)=11.2\sim17.6$)与更加年轻的地壳模式年龄(101~453 Ma)。

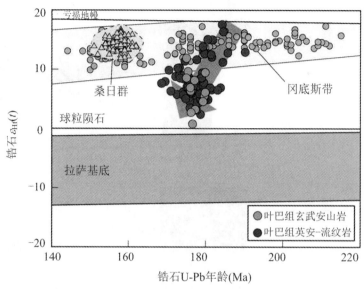

图3.41　叶巴组锆石Hf同位素特征(拉萨基底和冈底斯带参考Wu et al.(2010))

3.2.1.3　叶巴组火山岩地球化学特征

本次研究基于22套叶巴组火山岩数据。因为样品均遭受不同程度的蚀变,部分样品变质程度达到绿片岩相,部分水溶性大离子亲石元素含量可能受到蚀变影响,所以采用Nb/Y-Zr/TiO₂分类图(Winchester,Floyd,1977)代替TAS分类图(Le Bas et al.,1986),用Co-Th分类(Hastie et al.,2007)代替SiO₂-K₂O(Peccerillo,Taylor,1976)对火山岩进行分类(图3.42)。

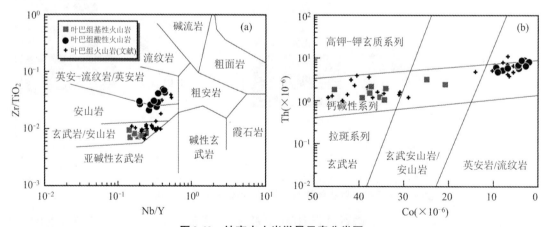

图3.42　蚀变火山岩微量元素分类图

(a) Nb/Y-Zr/TiO₂分类图(修改自Winchester,Floyd(1977));(b)Co-Th分类图(据Hastie et al.,2007)

叶巴组火山岩样品SiO₂含量变化较大(43.5%~74.0%,扣除烧失量),但缺乏SiO₂在56.0%~65.5%范围的样品,呈现出双峰式火山岩特征。虽然文献中有少量安山岩的报道(董彦辉等,2006;Zhu et al.,2008),但综合野外调研与室内观察来看,安山岩仅以夹层形式存在于叶巴组的部分层位,体积相对较小。此外,由于叶巴组火山岩大多发生后期蚀变,变质程度达到绿片岩相,很多野外被定名为安山岩的露头实际上为变玄武岩或变英安岩。因此,本研究倾向于认为叶巴组火山岩为双峰式的组合。与 SiO_2 特征类似,叶巴组火山岩样品在 $Nb/Y-Zr/TiO_2$ 与 Co-Th 分类图中亦主要呈现出双峰式特征,属于钙碱性火山岩系列。

　　叶巴组基性火山岩(包括玄武岩和玄武安山岩,下同)具有较为宽泛的 SiO_2 变化量(43.9%～56.0%),且以低钾($K_2O=0.07\%～1.04\%$,除样品 YB1304 外)、钠质($Na_2O/K_2O=1.3～34.3$)、富铁($Fe_2O_3^T=9.0\%～13.3\%$)、高铝($Al_2O_3=14.9\%～18.1\%$)和低钛($TiO_2=0.88\%～1.44\%$)为特征,烧失量普遍较高(LOI=3.5%～6.1%)。样品 YB1302 和 YB1303 具有非常低的 SiO_2 含量(分别为 43.9% 和 43.5%),可能与其后期暗色矿物(橄榄石、辉石)发生强烈的蛇纹石化导致硅流失有关。在稀土元素配分图上和微量元素蜘蛛图上(图 3.43),叶巴组基性火山岩样品呈现出富集大离子亲石元素(如 Rb、Ba、U 等)和轻稀土元素($(La/Yb)_N=3.28～4.83$),亏损高场强元素(如 Nb、Ta 和 Ti)的特征,且无明显的 Eu 异常($Eu/Eu^*=0.89～1.05$)。样品具有较为均一且亏损的全岩 Sr 和 Nd 同位素特征,$^{87}Sr/^{86}Sr(t)=0.7039～0.7049$,$\varepsilon_{Nd}(t)=1.6～4.0$,其中 $t=174$ Ma。这一系列的主微量元素特征表明叶巴组基性火山岩具有岛弧岩浆岩的亲缘性。在哈克图解(图 3.44)中,各元素与 SiO_2 呈现散乱的分布状态,缺乏良好的协变关系,表明分离结晶并非控制叶巴组玄武岩成分变化的主要因素,其成分多样性可能是由于源区的不均一。

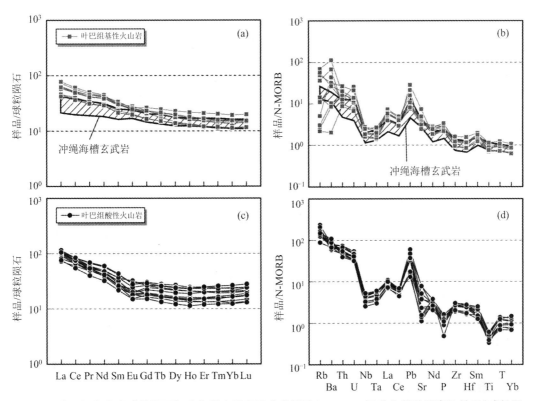

图 3.43　叶巴组火山岩球粒陨石标准化稀土元素配分曲线及 N-MORB 标准化微量元素蜘蛛图(球粒陨石和 N-MORB 数值来自 Sun,McDonough(1989);冲绳海槽玄武岩数值据 Shinjo,Kato(2000))

叶巴组酸性火山岩包括英安岩与流纹岩,并具有准铝质-过铝质(A/CNK=0.94~1.67)和低 Mg 的特点。样品具有较大的总碱含量变化(Na_2O+K_2O=3.36%~6.65%)以及 Na_2O/K_2O 的比值变化(0.2~2.89)。K_2O 与 Na_2O 呈现出较好的线性关系,且大离子亲石元素在蛛网图上接近平行排列,说明其含量并未明显受到后期蚀变的影响。

在微量元素蛛网图上(图3.43(d)),叶巴组酸性火山岩样品亦呈现出富集大离子亲石元素且亏损高场强元素的特征。稀土元素配分图显示(图3.43(c)),样品为轻重稀土元素分馏($(La/Yb)_N$=3.51~7.14)和弱的中稀土元素亏损($(Dy/Yb)_N$=0.86~1.09),且具有不明显到弱的 Eu 负异常(Eu/Eu^*=0.71~1.04)。

酸性火山岩样品同样具有亏损的 $Sr(^{87}Sr/^{86}Sr(t)$=0.7027~0.7053)和 $Nd(\varepsilon_{Nd}(t)$=0.9~3.4)同位素特征。从哈克图解中可以看出(图3.44),叶巴组酸性火山岩与基性火山岩之间并无明显过渡相关性,虽然酸性火山岩亦具有幔源的 Sr 与 Nd 同位素特征,但并不是由同源的玄武质岩浆分离结晶而来,更倾向于来自具岛弧特征的新生地壳部分熔融。

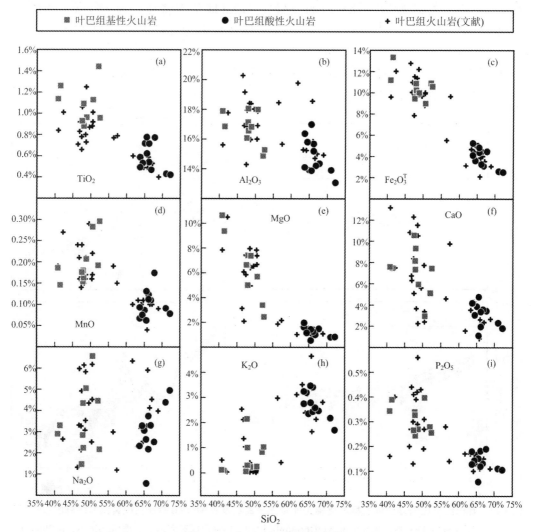

图3.44 叶巴组火山岩哈克图解

3.2.1.4　叶巴组火山岩的岩石成因及地球动力学背景

(1) 叶巴组玄武岩岩石成因

主微量地球化学测试结果显示,部分基性火山岩经历了成分上的演化。但叶巴组玄武岩并未明显受到地壳混染作用的影响,体现在以下几个方面:① 叶巴组玄武岩的Th、U、K含量较低,远低于平均地壳含量(Rudnick,Gao,2003),而这些元素的含量在同化混染过程中会显著提高,这意味着即使存在同化混染作用,其影响也是非常微弱的;② $^{87}Sr/^{86}Sr$值不随MgO含量的降低而改变。由于上地壳具有非常高的$^{87}Sr/^{86}Sr$值,与其同化混染会显著提高派生岩浆的$^{87}Sr/^{86}Sr$,而本研究中的叶巴组玄武岩$^{87}Sr/^{86}Sr$值均小于0.705,可见其并未有显著的上地壳物质参与;③ 在MgO-$\varepsilon_{Nd}(t)$的协变图解中,同样显示分离结晶的趋势而非同化混染。综上,叶巴组玄武岩并未受到明显的地壳混染作用。桑日群玄武岩在MgO-$^{87}Sr/^{86}Sr$图解中呈现出与叶巴组相似的趋势,可以基本排除上地壳混染的影响,但$\varepsilon_{Nd}(t)$随MgO的降低而降低(图3.45),暗示了桑日群玄武岩可能在岩浆房分离结晶的同时与下地壳发生了程度较轻的混染作用。

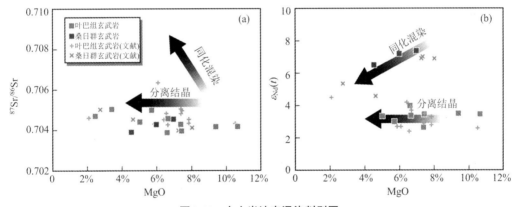

图3.45　火山岩地壳混染判别图
(a) MgO-$^{87}Sr/^{86}Sr$;(b) MgO-$\varepsilon_{Nd}(t)$

如前所述,早侏罗世的火山岩样品普遍富集大离子亲石元素和轻稀土元素,相对亏损高场强元素(图3.43),具有明显的俯冲带相关的岩浆岩的亲缘性,即弧岩浆岩的地球化学信号和特征(McCulloch,Gamble,1991;Elliott,2003)。研究认为,岛弧玄武岩中大离子亲石元素的富集是由俯冲物质加入并交代地幔楔造成的。该俯冲物质包括两种类型(Hastie et al.,2010):① 海水蚀变的洋壳玄武岩和/或大洋沉积物脱水产生的流体;② 大洋玄武岩和/或大洋沉积物熔融产生的熔体。含水流体可以将来自大洋板片的大离子亲石元素携带至地幔楔,但由于高场强元素的水溶性极低,其会被留在板片之中;而由板片熔融产生的熔体可以同时携带大离子亲石元素与高场强元素(Keppler,1996)。一种在时空分布上具有相关性的岩石组合——富铌玄武岩-高镁安山岩-埃达克岩则被认为是板片熔体与地幔楔交代反应的产物实例(Polat,Kerrich,2001)。叶巴组火山岩呈现出双峰式岩石的组合特征,安山岩极少出现,且不具高Mg安山岩特点,其成因可能为新生下地壳的高程度部分熔融(Zhu et al.,2008)。

前人已经建立起一套完善的地球化学方法体系来评价俯冲流体对岛弧玄武岩成因的贡献(Elliott,2003;Pearce,Stern,2006)。例如大离子亲石元素Ba和Th,前者更易在低温下溶于水,后者则需要相对较高的流体温度以激活其活动性。因此,Ba元素在蚀变作用中的活动性更强,容易被变质流体带入带出。本研究中的玄武岩样品普遍经历了绿片岩相变质,因此在运用Ba元素评价俯冲流体对岩石成因的贡献时应慎重。鉴于此,我们同时采用Th与Ba两种元素对俯冲流体的贡献进行评价。从图3.46可以看出,玄武岩样品的Th/Nb值高于洋中脊玄武岩序列,显示出俯冲流体加入的特点,但数值低于泽当岛弧玄武岩;Ba/Yb值同样显示出俯冲流体加入的特点,但波动较大,可能是因为Ba元素含量受到后期蚀变的影响,也可能是因为Ba/Yb值受到样品分离结晶的影响而升高。但总体来看,叶巴组玄武岩样品受到了中等程度的俯冲流体加入,程度低于其南侧的泽当岛弧玄武岩。

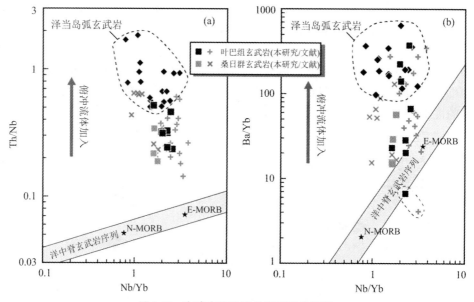

图3.46 玄武岩俯冲流体贡献评价图解

(a)Nb/Yb-Th/Nb;(b)Nb/Yb-Ba/Yb;其中N-MORB、E-MORB数据来自Sun,McDonough(1989)

拉萨地体早侏罗世玄武岩样品均具有与洋中脊玄武岩类似的高场强与重稀土元素含量,暗示它们可能为尖晶石相地幔橄榄岩部分熔融的产物。为评估玄武岩的部分熔融程度,我们采用批式熔融模型对尖晶石相二辉橄榄岩进行模拟计算,分配系数与矿物比例见表3.1。

表3.1 部分熔融模拟参数

分 配 系 数	D_{Nb}	D_{Zr}	D_{Yb}
矿物			
橄榄石	0.01	0.012	0.014
斜方辉石	0.15	0.18	0.34
单斜辉石	0.005	0.1	0.62
二辉橄榄岩(D_0)			
橄榄石(54%)+斜方辉石(30%)+单斜辉(16%)	0.051	0.076	0.209
参与熔融组分(P)			
橄榄石(0%)+斜方辉石(30%)+单斜辉石(70%)	0	0.049	0.536

注:分配系数数值参考Rollinson(1993)。

　　计算结果表明(图3.47),叶巴组玄武岩样品熔融程度主要为5%~15%,部分文献样品熔融程度小于5%。由于Zr/Yb和Nb/Zr值会随分离结晶程度的提高而升高,部分文献样品投入熔融程度小于5%的区间内,或许与分离结晶效应有关。桑日群玄武岩样品主要落入5%~20%区间内,与叶巴组玄武岩部分熔融程度相近,但也有部分样品稍高。同时,桑日群玄武岩普遍具有较低的Nb/Zr值,暗示了其源区相对叶巴组玄武岩源区亏损高场强元素。

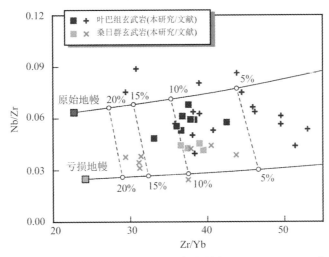

图3.47　玄武岩部分熔融程度图(原始地幔数值据Sun,McDonough(1989);亏损地幔成分据Salters,Stracke(2004);分配系数数值见表3.1)

　　高场强元素Nb和Ta不受俯冲流体组分的影响,因此其比值可用来进一步评估源区的亏损程度(图3.48)。虽然Nb与Ta元素地球化学性质相似,常被当作元素对来使用,但是研究表明,Nb元素在大洋玄武岩和橄榄岩中具有比Ta元素更低的分配系数,$D_{Nb}/D_{Ta}\approx0.5$(Niu,2012)。熔融实验证实了这一点(Forsythe et al.,1994;Green,1994)。这意味着岛弧玄武岩中低的Nb元素丰度与低Nb/Ta值可能代表了源区的亏损,即在形成岛弧玄武岩之前,地幔源区曾经发生部分熔融,形成高Nb/Ta值的熔体,残余地幔组分的Nb/Ta值降低。也有研究认为源区存在角闪石残留,或者岩浆经过角闪石的分离结晶也会导致派生岩浆的Nb/Ta值降低,但泽当地区出露的堆晶成因角闪辉长岩具有非常低的Nb/Ta值(6.6~7.1)(Zhang et al.,2014b),说明角闪石并非使该地区玄武岩Nb/Ta值降低的主要因素。叶巴组样品具有稍高于球粒陨石(约17.3)的Nb/Ta值,桑日群样品具有类似或稍低于球粒陨石的Nb/Ta值。在图3.48(a)中,这些样品显示出随着Nb丰度的下降,Nb/Ta值随之下降的趋势,体现了一个源区逐渐亏损的梯度;图3.48(b)中Zr/Yb也同样反映地幔亏损的趋势。

　　(2)英安-流纹岩成因

　　叶巴组酸性火山岩与俯冲相关的玄武岩伴生,且具有富集大离子亲石元素、亏损高场强元素的"弧"印记,故该酸性火山岩样品应形成于俯冲背景之下。在俯冲环境下,酸性岩浆的形成主要有以下两种方式:① 伴生的岛弧玄武岩的分离结晶,并可能伴随同化混染作用(Haase et al.,2006);② 成分上等同于玄武-英安岩的下地壳的深熔(Shukuno et al.,2006)。这两种方式产生的酸性岩浆在成分上类似,且如果没有古老地壳成分的加入,亦无法通过同位素方法进行识别。本研究中的酸性岩样品在 Sr-Nd 同位素特征上与叶巴组玄武岩高度相似,所以无法通过同位素来判别这两种过程。但我们认为酸性岩样品应由新生下地壳的熔融作用形成而非伴生玄武质岩浆的分离结晶,主要证据如下:① 在哈克图解(图3.44)中,叶巴组酸性火山岩与基性火山岩之间并无连续分离结晶的趋势;② 在 La-La/Sm 图(图3.49)中,酸性火山岩的轻稀土分异程度随着 La 含量的增加而上升,该趋势表明了酸性火山岩的成分多样性主要受控于部分熔融程度或者源区的不均一,而非玄武质岩浆的分离结晶;③ 酸性火山岩在区域上分布广泛,体积巨大,而玄武质岩浆通过分离结晶产生的酸性岩浆通常体积较小。因此,叶巴组酸性火山岩不太可能是由玄武质岩浆分离结晶形成的,应为地壳熔融的产物。

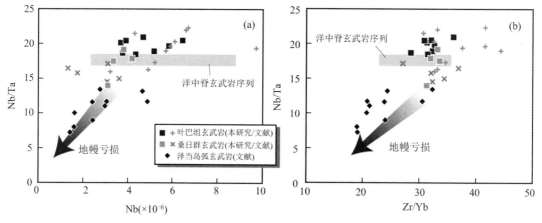

图3.48　玄武岩地幔源区亏损程度评估图解

(a)Nb-Nb/Ta;(b)Zr/Yb-Nb/Ta

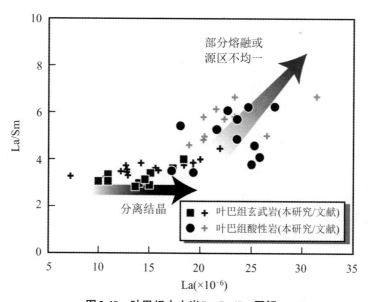

图3.49　叶巴组火山岩 La-La/Sm 图解

大量研究发现,不同类型的原岩在不同条件下产生的酸性岩浆成分具有多样性。例如,变质沉积岩部分熔融会产生S型花岗岩,而I型花岗岩通常是变质火成岩的深熔(Chappell, White,2001)。又比如,高压条件下,加厚的下地壳或者俯冲洋壳部分熔融会产生具有埃达克质的酸性岩浆,这是因为高压下石榴石作为残留相导致重稀土元素和Y的亏损,而斜长石熔融导致了岩浆Sr的富集(Defant,Drummond,1990;Drummond et al.,1996;Hou et al., 2004)。本研究中的酸性岩样品具有中稀土元素亏损型的稀土元素配分曲线以及不明显的Sr、Ba和Eu异常(图3.43),表明源区岩石的斜长石大部分参与了部分熔融,残留相富角闪石-辉石;其不亏损重稀土元素的特征表明石榴石并非残留相。这意味着叶巴组酸性火山岩源区处于一种相对低压的环境之下(Altherr et al.,2000)。

实验岩石学证明,不同原岩在不同条件下部分熔融产生的熔体可以用主量元素氧化物含量及比值进行判别(图3.50)(Patiño Douce,1999;Altherr et al.,2000)。图3.50(c)显示叶巴组酸性岩样品可能来自变玄武岩的部分熔融。然而,岩石熔融实验证明,角闪岩(成分等同于变玄武岩)脱水熔融产生的熔体具有英云闪长岩的特征(Johannes,Holtz,1996)。且该熔体具有较高的Na_2O含量(图3.50(b)),与大部分酸性火山岩不同。另外,石英角闪岩(成分等同于变安山岩和变英安岩)部分熔融产生的熔体总是过铝质的(Patiño Douce,Beard, 1995),与研究中样品偏铝质-过铝质的特征不符。而样品相对较高的$CaO/(MgO+FeO^T)$与较低的K_2O/Na_2O值,亦能排除变泥质岩部分熔融的成因,因为后者富铁、铝、钾而贫钙。这些特征与科迪勒拉钙碱性花岗岩类似,一般认为该花岗岩形成于汇聚大陆边缘环境,变玄武岩与不成熟的变硬砂岩的混合源区(Patiño Douce,1999)。

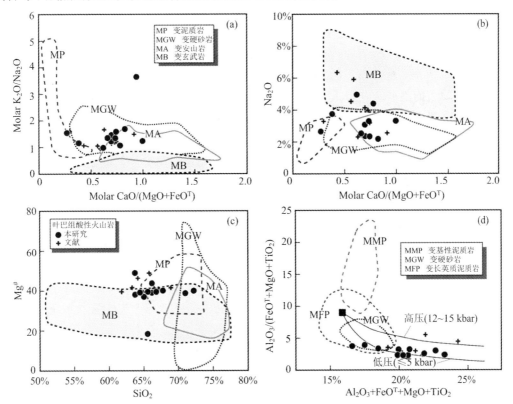

图3.50 叶巴组酸性火山岩成因主量元素判别图解(各岩性脱水熔融成分来自Patiño Douce (1999);Altherr,Siebel(2002))

Zhu等(2008)通过Sr-Nd-Pb同位素研究发现,叶巴组酸性火山岩起源于新生下地壳的部分熔融,并混入少量再循环地壳物质,锆石Hf同位素同样显示与再循环地壳组分混合的倾向。图3.50显示,除个别文献样品点外,酸性火山岩均落在变泥质岩与变玄武岩混合源区低压熔融成分演化线之上,说明熔融压力小于5 kbar。另外,我们还评估了叶巴组酸性火山岩部分熔融的温度,计算的锆饱和温度范围为762～855 ℃,高于晚白垩世拉萨地体南缘高温花岗岩类(Ji et al.,2014)。结合上述得出的低压高温的熔融环境,我们认为酸性岩浆在分离前与角闪岩达到平衡,与中稀土亏损的稀土元素配分曲线一致。

综上所述,酸性火山岩样品具有I-S过渡型花岗岩的特征,形成于新生下地壳的高温低压部分熔融,其源区成分等同于变玄武岩与变硬砂岩的混合(图3.50(a))。

(3)叶巴组火山岩形成动力学背景及构造意义

本节通过分析早侏罗世桑日群和叶巴组基性火山岩的地球化学特征,对比区域其他弧火山岩,认为该时期的火山岩反映出新特提斯洋向北俯冲的极性。这种极性主要从以下两个方面体现:

① 地幔流动方向。研究认为,俯冲带系统中玄武岩的Nb/Ta值可能代表了地幔亏损的程度(Leat et al.,2003)。大洋玄武岩和地幔橄榄岩中,Nb拥有比Ta更强的不相容性(Forsythe et al.,1994;Green,1994;Niu,2012),因此Nb/Ta值和球粒陨石相当的地幔橄榄岩(～17.5)初始部分熔融产生的熔体必然具有高于球粒陨石的Nb/Ta值,而残余地幔则Nb相对Ta亏损。在对现今地球上的弧盆系统进行研究发现,弧盆系统不同部位的Nb/Ta值呈现出一定的分布规律(Woodhead et al.,1993;Leat et al.,2003;Pearce,Stern,2006):前弧地区的岛弧玄武岩通常具有低于球粒陨石的Nb/Ta值,成熟的弧后扩张中心产出的玄武岩具有类似球粒陨石的Nb/Ta值,而在不成熟的弧后伸展区域产出的玄武岩则多具有高于球粒陨石的Nb/Ta值。总体来讲,在弧盆体系中,由弧后到前弧,地幔亏损程度变高,所产生的玄武岩的Nb/Ta值降低,因此Nb/Ta值可以用来评估地幔流动方向。通过对比本研究及文献报道的南拉萨地体侏罗纪玄武岩的Nb/Ta值发现,由北向南,Nb/Ta值降低。最北侧的叶巴组玄武岩具有最高的平均Nb/Ta值(约22.7,$n=25$),其南侧的桑日群玄武岩平均Nb/Ta值则相对较低(约16.5,$n=12$),最南侧的泽当岛弧玄武岩则具有最低的平均Nb/Ta值(约11.3,$n=18$),反映从北向南源区亏损程度变高。为了进一步评估玄武岩源区亏损程度,我们引入另一个参数Zr/Yb(Pearce et al.,1995;Leat et al.,2003)。由图3.47可以看出,Zr/Yb值同Nb/Ta值类似,呈现出由叶巴组玄武岩到泽当岛弧玄武岩的由北向南的递减梯度。以上结果反映出一个自北向南的地幔流动方向,地幔在向南流动的过程中,熔体不断被抽取,地幔亏损程度增加,而造成这种流动方向的机制必然是新特提斯洋的北向俯冲。

② 俯冲物质的贡献。如前所述,南拉萨地体早侏罗世玄武岩受到了不同程度的俯冲流体贡献。Pearce等(Pearce et al.,2005;Pearce,Stern,2006)对地球上现代弧盆系统的元素地球化学填图发现,在一个弧盆系统中,距离海沟越远,产出的玄武岩的Ba/Nb和Th/Nb值越小,即从前锋弧到弧后盆地,这两个比值呈现出递减的极性,表明俯冲流体物质贡献程度由高到低。南拉萨地体早侏罗世玄武岩亦显示出这一极性,最北侧的叶巴组玄武岩具有最低的Th/Nb值(平均约0.34,$n=25$),其南侧的桑日群玄武岩具有稍高的比值(平均约0.39,$n=$ 12),最南侧的泽当岛弧玄武岩的比值最高(平均约0.91,$n=18$)。尽管南拉萨地体早侏罗世

玄武岩均受到后期蚀变作用,可能导致Ba元素丰度不一定代表原始岩浆特征,但Ba/Nb比值总体同样呈现出与Th/Nb类似的梯度。总体来看,由南向北,俯冲物质贡献程度逐渐减小,意味着向北方向为远离海沟方向,对应的机制为新特提斯洋北向俯冲。

综上,本节论述的叶巴组玄武岩应为新特提斯洋北向俯冲的产物(图3.51)。结合最新报道的南拉萨地体中晚三叠世(237～211 Ma)岛弧玄武岩-安山岩的岩石组合(Wang et al.,2016)以及贡嘎县阿扎村245 Ma中三叠世安山岩,我们认为新特提斯洋开始俯冲的时间应至少不晚于中三叠世,其洋盆打开的时间应更早,可能早至石炭二叠纪时期(Dewey et al.,1988)。现分布在拉萨地体的侏罗纪火山岩,可能代表了新特提斯洋向北俯冲的弧盆系统的残留,其中泽当岛弧玄武岩为残留的前锋弧,桑日群和叶巴组可能代表了不成熟的弧后盆地环境,因为成熟的弧后盆地通常具有洋壳基底和发育N-MORB的扩张中心(Gribble et al.,1998);桑日群和叶巴组玄武岩在地球化学成分上,与冲绳弧后盆地玄武岩高度相似,后者代表了发育于陆壳基底之上的不成熟弧后玄武岩的典型成分特征。

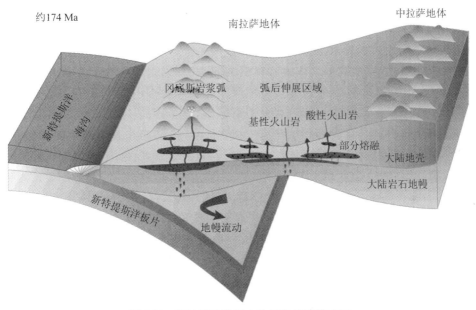

图3.51 南拉萨地体早中侏罗世构造模式图

3.2.1.5 小结

本小节对拉萨地体南缘早侏罗世叶巴组火山岩进行了全面的年代学和地球化学特征总结,为拉萨地体中生代的构造演化历史和地壳生长机制提供了新的约束。

拉萨地体南缘早侏罗世叶巴组火山岩呈现出双峰式的岩石组合,包括玄武岩、玄武安山岩、英安岩和流纹岩,喷发年龄为174～183 Ma,代表其结晶年龄为早侏罗世。其中基性火山岩单元具有富集大离子亲石元素、轻稀土元素,亏损高场强元素和亏损的Sr-Nd-Hf同位素特征,暗示岩石源于俯冲交代的地幔楔部分熔融。中酸性火山岩单元与基性火山岩之间无成因联系,为新生下地壳与变硬砂岩混合源区在高温低压条件下部分熔融的结果。综合已有资料,对比结果显示,叶巴组火山岩应是新特提斯洋北向俯冲体系构造背景的弧后岩浆作用产物。

3.2.2　侏罗纪花岗质岩石的特征和岩石成因

3.2.2.1　岩体的基本特征

1. 东嘎岩体

东嘎岩体位于东嘎乡北十余千米,交通不便,海拔在4300~4500 m范围,研究程度相对较低,前人工作主要集中在东嘎乡附近(谭陈诚,2012;邱检生等,2015)。该岩体露头较好,为典型的花岗岩,块状构造(图3.52(a)),中粒结构(图3.52(d)),主要由斜长石和石英以及少量角闪石组成(斜长石含量约为60%,石英约为25%,角闪石为5%~10%),其他副矿物为5%~10%。斜长石可见明显的聚片双晶,部分斜长石发生了轻微的绢云母化和黏土化(图3.52(d));石英镜下为典型的低突起,表面光滑,具有一级黄白干涉色等(图3.52(d))。野外共采集样品3件,2件进行地球化学测试,1件进行锆石U-Pb测年。

2. 奴玛岩体

奴玛岩体位于大竹卡北20 km,奴玛乡附近,为一个典型的复式岩体,主要由闪长岩、花岗闪长岩和花岗岩组成。奴玛岩体具有良好的露头(图3.52(b)),并且岩体中可见基性暗色镁铁质包体,暗示了岩体形成过程中可能存在岩浆混合作用(图3.52(b))。野外和镜下分析表明,奴玛岩体遭受了韧性剪切,样品具有糜棱岩化的特征(图3.52(e)~(i))。闪长岩主要由斜长石(约55%)、角闪石(约35%)、少量石英(约5%)和其他副矿物(约5%)组成(图3.52(e))。花岗闪长岩主要组成矿物为斜长石(约55%)、角闪石(10%~15%)、石英(约20%)、钾长石(5%~10%)以及黑云母(约5%)(图3.52(f)~(h))。花岗岩的组成以斜长石(约45%)和石英(约30%)为主,其次还有少量的钾长石(约10%)和黑云母(约10%)及其他副矿物(约5%)(图3.52(i))。矿物的基本特征如下:斜长石为半自形到自形,具有典型的聚片双晶,并且发生轻微的绢云母化。角闪石为半自形,具有绿色到褐绿色的干涉色(图3.52(e)~(i))。对该岩体采集典型样品14件,9件进行地球化学测试,5件进行锆石U-Pb测年。

3. 尼木岩体

尼木岩体主要包括尼木县南侧的花岗岩体和尼木县城东侧的次中酸性火山岩体(图3.52(c1)~(c2))。花岗岩体的主要特征如下:野外具有良好的天然露头(图3.52(c1)),块状构造,中粗粒结构,岩体中可见基性的暗色镁铁质包体(图3.52(c1))。共采集典型样品6件,1件用于锆石U-Pb测年,5件用于地球化学测试。镜下显微特征显示,花岗岩体由斜长石(约15%)、钾长石(约45%)、石英(约30%)和黑云母(5%~10%)以及少量副矿物(0~5%)组成(图3.52(j))。石英为它形结构,斜长石为半自形到自形,可见聚片双晶,钾长石具有明显的格子双晶(图3.52(j))。次火山岩体的特征如下:野外具有良好的露头,风化面为灰黄色,新鲜面为砖红到灰红色,流动构造,部分地段可见气孔,细粒到隐晶质结构(图3.52(c2))。镜下为斑状结构,可见石英、长石斑晶(图3.52(k)~(l))。对中酸性次火山岩共采集样品4件,3件用于地球化学测试,1件用于锆石U-Pb测年。

图3.52 冈底斯带中段侏罗纪花岗岩类样品野外分布特征及典型显微照片

Pl=斜长石;Hbl=角闪石;Qtz=石英;Bt=黑云母

3.2.2.2 锆石U-Pb年龄和Lu-Hf同位素特征

锆石阴极发光图像显示(图3.53),花岗质或花岗岩类的锆石具有半自形到自形以及半透明的形态,可见清晰的振荡环带,长度为60~180 μm,长宽比为1:1~1:3。尼木岩体中的次火山岩中的锆石没有明显的环带,锆石为它形到半自形,长宽比为1:1~1:2(图3.54(a))。根据CL特征及Th/U值(Th/U>0.4)可知,所测试的所有样品均为岩浆成因(Hoskin et al.,2003;吴元保,郑永飞,2004)。

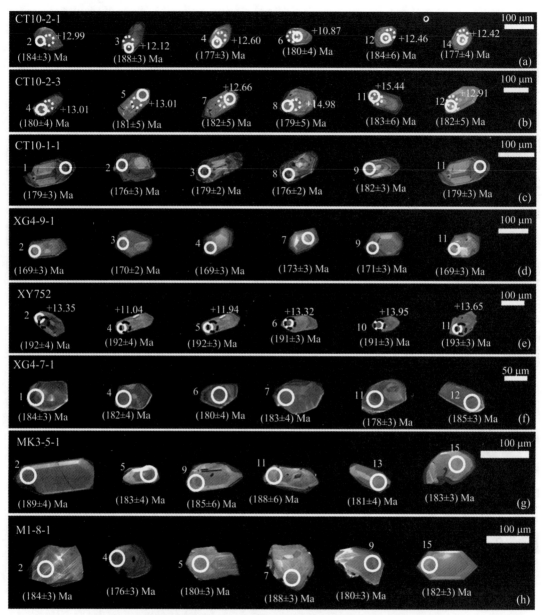

图 3.53 藏南冈底斯带中段侏罗纪花岗岩类样品锆石阴极发光图像

实线圆圈为锆石年龄测点位置, 虚线圆圈为 Lu-Hf 同位素分析区域

在 $^{207}Pb/^{235}U$-$^{206}Pb/^{238}U$ 谐和图上, 所有的测点均位于谐和线上或者谐和线附近, 没有明显的铅丢失(图 3.54)。所分析样品的加权平均年龄分别为(180.9±1.8) Ma (MSWD= 1.3)、(181.0±1.9) Ma(MSWD=1.9)、(179.9±1.3) Ma(MSWD=1.14)、(169.2±2.2) Ma (MSWD=1.9)、(191.2±1.5) Ma (MSWD=0.18)、(181.0±3.2) Ma (MSWD=1.9)、(185.8±2.3) Ma(MSWD=0.79)和(180.3±4.3) Ma(MSWD=3.8)。这些年龄分别代表了花岗岩类和次火山岩体的结晶、侵位时间。

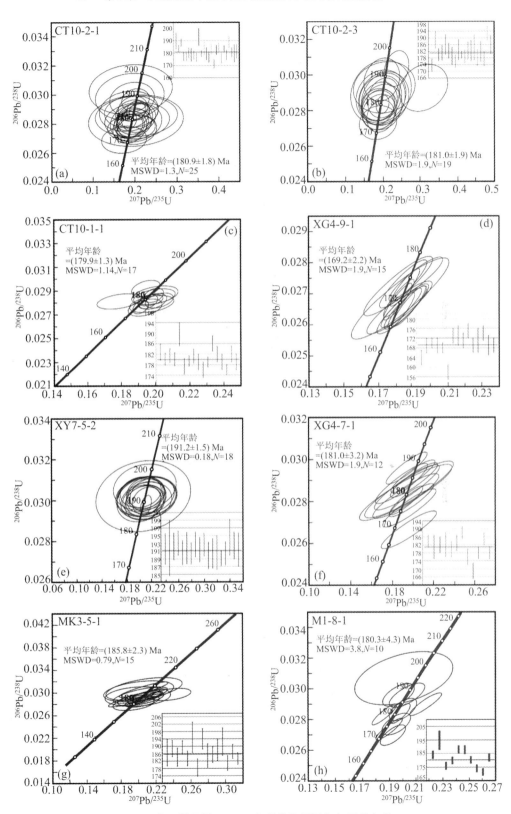

图3.54　研究区样品锆石U-Pb年龄谐和图及加权平均年龄

在锆石测年样点原位或者邻近位置,选取部分样点进行Lu-Hf同位素分析。结果表明,锆石$^{176}Lu/^{177}Hf$值绝大多数小于0.002,平均值为0.001147。锆石的$^{176}Hf/^{177}Hf$值为0.282957～0.283111,平均值为0.283030,$\varepsilon_{Hf}(t)$值相对较为集中,为10.1～15.4,平均值为12.7;二阶段模式年龄从209 Ma到557 Ma,均值为391 Ma。

3.2.2.3 全岩主微量元素地球化学特征

花岗岩类和次火山岩(样品号M1-8-1)具有相对较宽的SiO_2范围(52%～76%),全碱含量(Na_2O+K_2O)为1.44%～8.13%。在TAS图解上(图3.55(a)),样品可以分为两大类,即闪长岩和花岗岩,也可以进一步细分为辉长闪长岩、闪长岩、花岗岩闪长岩、花岗岩、二长岩和石英二长岩,还可以统称为花岗岩类或者花岗质岩石(granitoid rocks,包括样品M1-8-1的次火山岩)。除1件样品为碱性外,其余样品显示出亚碱性特征(图3.55(a))。在SiO_2-K_2O图解上(图3.55(b)),样品主要为中钾钙碱性系列,少数具有高钾钙碱性和钾玄岩的特征,这可能和岩体形成时岩石圈的伸展减薄或基性物质的底侵有关。对所有测试的样品而言,SiO_2和$Fe_2O_3^T$之和具有较窄的变化范围,花岗岩为73.7%～76.69%,闪长岩为60.4%～60.9%,花岗闪长岩为63.73%～68.8%。在哈克图解上,SiO_2和主要氧化物具有较好的协变(线性)关系(图3.56),说明这些岩体在成因上相关,同化-结晶分异过程可能起到重要作用。在Molar A/CNK-Molar A/NK图解上(图3.57),绝大多数样品表现为准铝质或者弱铝质,具有I型花岗质岩石的地球化学特征,其中2件样品显示出S型花岗岩的特性(过铝质,A/CNK>1.1),关于其具体的成因将在后面的章节进行详细分析。

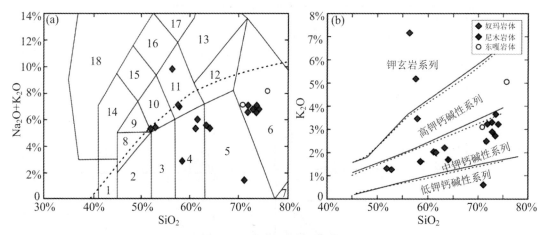

图3.55 地球化学判别图解

(a)TAS图解(虚线为亚碱性和碱性的边界线,虚线下方为亚碱性,上方为碱性系列))(据Irvine,Baragar(1971);Middlemost(1994));(b)SiO_2-K_2O协变图解(据Peccerillo,Taylor,1976);

1=橄榄辉长岩;2=亚碱性辉长岩;3=辉长闪长岩;4=闪长岩;5=花岗岩闪长岩;6=花岗岩;7=石英岩;8=碱性辉长岩;9=二长辉长岩;10=二长闪长岩;11=二长岩;12=石英二长岩;13=正长岩;14=似长石辉长岩;15=似长石二长闪长岩;16=似长石二长正长岩;17=似长石正长岩;18=似深成岩

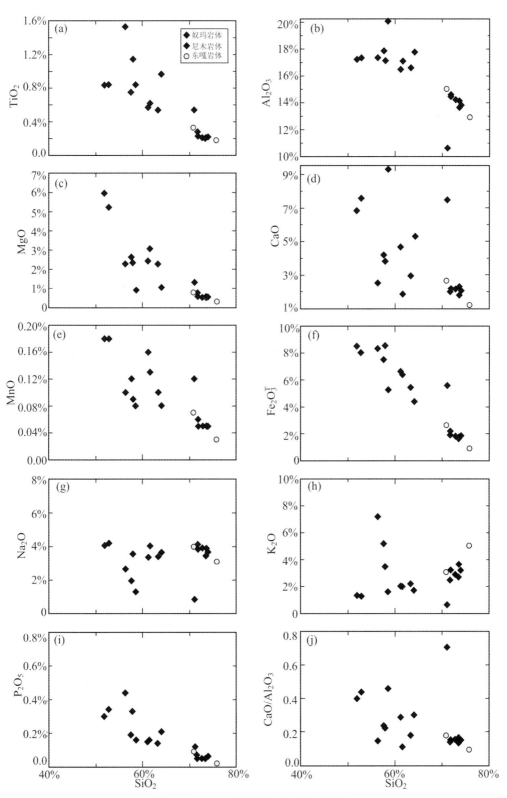

图 3.56　SiO$_2$和主要氧化物的哈克图解

091

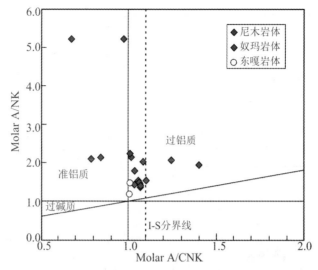

图3.57　样品的 Molar A/CNK- Molar A/NK 图解（据 Maniar，Piccoli（1989））

所有样品具有相似的稀土元素配分模式和微量元素特征，可能指示其源自相似的源区。样品的总稀土元素含量$(\sum REE)_N$为$1.09\times10^{-4}\sim5.30\times10^{-4}$，所有样品显示轻稀土元素相对富集，重稀土元素相对亏损的特征（图3.58(a)），$(La/Yb)_N$值为$2.52\sim15.2$，显示中等程度分异。样品具有弱的负 Eu 异常到正 Eu 异常的较宽的变化范围（$Eu/Eu^*=0.70\sim1.73$），可能与岩浆源区中斜长石的分离结晶或者角闪石的残留（角闪石会引起 Eu 的正异常）等有关。此外，样品相对富集大离子亲石元素，例如 Rb、Ba 和 K，亏损高场强元素 Nb、Ta 和 Ti（图3.58(b)），具有弧型花岗岩的地球化学特征。

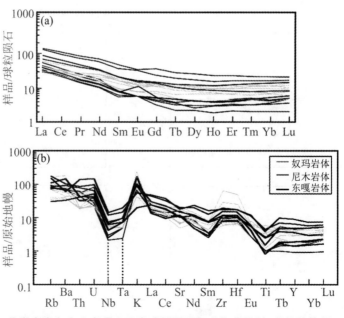

图3.58　侏罗纪花岗岩类和火山岩稀土元素球粒陨石标准化曲线（标准化数值据 Boynton et al.(1984)）及微量元素蜘蛛图（标准化数值据 Sun，McDonough(1989)）

3.2.2.4　岩浆源区及大地构造背景

(1) 岩石成因

花岗质岩石在较宽泛的条件下均可以形成,比如只要有足够的热源对地壳进行加热,导致地壳发生部分熔融都可以形成花岗岩石。因而,在花岗岩类原岩的判别方面,应该结合周围的构造环境以及岩石组合,这样才能对花岗岩类的成因进行科学的判别和解释。

花岗质岩石根据地球化学和矿物学特征可以分为A、I、S和M型(Chappell,White 1974;Chappell,1999;Bonin,2007)。一般来说,含碱性暗色矿物(比如霓石和钠闪石)的岩石一般被认为和A型花岗质岩石有关。含有大量的白云母、矽线石以及堇青石的岩石被认为和S型花岗质岩石有关。典型的I型花岗岩以含角闪石和缺乏富铝矿物为特征(Miller,1985;Whalen,Chappell,1988;Chappell,1999)。M型花岗岩在野外分布十分有限,主要是来自地幔(mantle-derived),是地幔岩浆经过长期分异演化的产物,也被称为幔源花岗岩。因此,在野外M型花岗岩通常和幔源岩浆在空间上相伴生。

有效的判别图解(大多数样品A/CNK<1.1)和镜下矿物显微构造特征(缺乏过铝质矿物)表明,侏罗纪花岗质岩石具有I型花岗质岩石特征(图3.57)。虽然其中2件样品具有高的A/CNK值(A/CNK>1.1),但这2件样品缺乏过铝质矿物,并含有大量角闪石,因此该样品也属于I型花岗质岩石,而不是S型(Chappell et al.,1974;Debon et al.,1986;纪伟强等,2009)。此外,所有样品显示轻稀土和大离子亲石元素富集,Nb和Ta等高场强元素强烈亏损以及弱的Eu负异常等特性表明样品和弧岩浆具有密切的成因关系(Kang et al.,2014;吴才来等,2014)。因此,结合大地构造背景以及矿物学特征,认为研究区侏罗纪花岗质岩石均为I型花岗质岩石,而非S型。如上所述,侏罗纪花岗质岩石稀土配分模式和微量元素特征表明其形成于俯冲相关的大地构造背景(活动大陆边缘)(Kang et al.,2014;Meng et al.,2016a,b),这与最新的研究结果认为冈底斯侏罗纪早期的岩浆活动形成于安第斯型大陆边缘相吻合(邱检生等,2015;Wei et al.,2017;孟元库等,2022)。

通常有两种模式来解释弧岩浆的成因,包括玄武质岩浆的底侵(AFC作用)和MASH(melting-assimilation-storage-homogenization)过程(Peccerillo,2003;Hildreth,Moorbath,1988)。MASH模式适用于整个岩浆谱系产生的过程,在壳-幔边界的地幔物质和地壳岩浆混合建立了熔融阶段岩浆特有的化学属性。MASH模式中,玄武质岩浆底侵会提供大量的热源,直接导致地幔物质的参与以及地壳物质的部分熔融(Collins,1996;Keay et al.,1997;Kemp et al.,2007,2009)。实验岩石学证明,1 g玄武质岩浆底侵所释放的热量(温度从1200 ℃降到775 ℃)可以形成3.5 g花岗质熔体(Wiebe et al.,2004)。所有测试样品中,CT10-2-11和CT10-2-12具有高的MgO值和$Mg^\#$值(>50),与实验岩石学取得的结果相矛盾(Rapp,Watson,1995)。Streck等(2007)认为,镁铁质包体或者超基性包体的存在会导致安山质或者花岗质岩石的$Mg^\#$值升高。野外观测表明,这2件样品的岩体中发育有大量的暗色镁铁质包体,证明了岩浆混合作用是导致其具有高MgO的可能性,并且也间接暗示了玄武质岩浆的底侵,这与前人的认识一致(谭陈诚,2012;邱检生等,2015)。因此,暗色镁铁质包体是玄武质岩浆底侵最好的证据。根据有效的判别图解可知,研究区花岗质岩石主要来自变基性到变英云闪长质岩石的部分熔融,少部分样品可能和中上地壳的部分熔融有关

（图3.59）。在岩浆形成的过程中，新生的地壳物质和亏损地幔物质扮演着十分重要的角色（Foley，Wheller，1990；Sajona et al.，1996）。

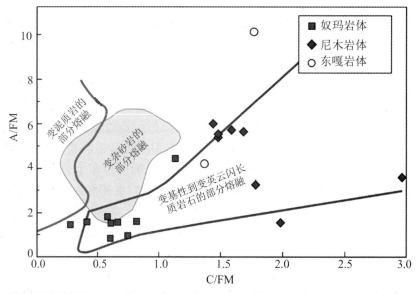

图3.59 花岗质岩浆源区 C/FM（Molar CaO/（MgO+Fe$_2$O$_3^T$））-A/FM（Molar Al$_2$O$_3$/（Fe$_2$O$_3^T$+MgO））判别图解（据 Altherr et al.，2000）

（2）冈底斯带中段侏罗纪地壳生长和再造

如前所述，锆石 Lu-Hf 同位素特征揭示藏南冈底斯地区有三次重要的地壳生长期（Zhu et al.，2011a）。本次研究中的侏罗纪花岗质岩石的 $\varepsilon_{Hf}(t)$ 值为 10.10～15.4，均值为 12.7，暗示岩浆源区以新生地壳物质的部分熔融为主（图3.60）。锆石 Hf 同位素二阶段模式年龄为 209～557 Ma，平均值为 391 Ma，相对年轻的模式年龄（相对于 U-Pb 年龄）以及较高的 $\varepsilon_{Hf}(t)$ 值可能和基性幔源物质的底侵、混染有关。基性或者铁镁质岩浆底侵，导致中下地壳物质（变基性到变英云闪长质岩石）发生熔融，形成具有较高的正 $\varepsilon_{Hf}(t)$ 值的花岗质岩石（图3.60）。

根据已发表的数据（图1.4和图1.7）以及作者最近研究取得的成果，冈底斯地区在侏罗纪时期存在广泛的玄武质岩浆底侵（邱检生等，2015），这些幔源岩浆具有高度亏损的 Nd-Hf 同位素组成，它们不仅提供了大量的热源，导致新生地壳熔融，其自身（地幔物质）还参与了整个地壳的生长和再造。野外证据也表明，普遍存在的基性包体和围岩具有相似或者一致的年龄，进一步证明该次底侵事件对花岗质岩浆的形成起到重要的作用。该时期岩浆形成的动力学过程可能和新特提斯洋壳的北向俯冲有密切关系。通常俯冲板片富含沉积物以及大量的含水矿物，在一定深度，容易脱水引起上部地幔楔的部分熔融，形成弧岩浆岩。这些持续底侵的弧岩浆可能是引起研究区新生地壳部分熔融的主要原因，新生地壳熔融形成的花岗质熔体再经过分异演化以及和底侵的幔源岩浆混合，在不同的深度侵位形成不同类型的花岗质岩石。因此，喷出地表的弧火山熔岩和底侵的玄武质岩浆导致地壳部分熔融而形成的花岗岩类是地壳生长和再造的主要方式（Muir et al.，1995）。

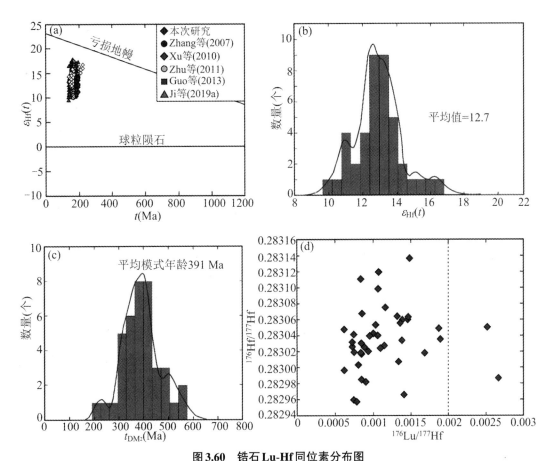

图3.60 锆石Lu-Hf同位素分布图

(a)锆石$\varepsilon_{Hf}(t)$值和U-Pb年龄分布图;(b)$\varepsilon_{Hf}(t)$值分布概率累积图;(c)和(d)为二阶段模式年龄分布图以及^{176}Lu/^{177}Hf-^{176}Hf/^{177}Hf分布图

(3)侏罗纪花岗岩成岩的大地构造背景

花岗质岩石的地球化学特征在判断构造环境和地球动力学演化方面能提供有用的信息(王涛等,2017)。Pitcher(1979)首次指出花岗岩和构造环境具有密切的成因联系,并且划分出了阿尔卑斯、海西和安第斯三种类型,为花岗岩和大地构造环境关系的研究开创了先河。侏罗纪花岗岩轻稀土元素相对富集,重稀土元素较为平坦,具有弱的Eu负异常和高场强元素Nb、Ta强烈亏损等特征(图3.58),暗示侏罗纪花岗质岩石具有弧型岩浆岩的特征(Ringwood,1990;Ionov,Hofmann,1995;Kang et al.,2014)。地球化学判别图解中(图3.61),所有样品也均落入火山弧花岗岩区域(VAG环境)(图3.61(a)~(e))。此外,在整个弧岩浆产生的过程中,Th作为高场强元素表现得较为活跃,并且Th含量的增加和Ta元素具有一定关联(Pearce et al.,1995;Hawkesworth et al.,1991,1993,1997)。因而,和俯冲带有关的弧型岩浆具有较高的Th/Ta值(Gorton et al.,2000)。因此,Th/Ta值能有效地区分板内火山带、活动大陆边缘和大洋岛弧构造环境(Gorton et al.,2000)。板内火山带Th/Ta值为1~6,活动大陆边缘环境为6~20,大洋岛弧为20~90。研究区侏罗纪花岗岩样品Th/Ta值为6~30(图3.61(f)),也表明岩浆活动的构造环境为典型的活动大陆边缘环境。

　　已有研究表明,新特提斯洋的演化经历了一个较为漫长的过程。新特提斯洋的开启和闭合对了解整个青藏高原的演化至关重要,沿冈底斯带发育的岩浆岩保留了新特提斯洋演化的关键信息。目前为止,对新特提斯洋板片俯冲的起始时间仍然存在着争议,但是越来越多的证据显示,新特提斯洋的俯冲消减可能始于晚三叠世早期。在中晚二叠世时,冈瓦纳大陆和拉萨地体之间出现裂谷盆地,此时北侧的拉萨地体开始从冈瓦纳大陆中裂离,到了晚二叠世末期和中晚三叠世时,裂谷继续扩大,形成了早期的雅鲁藏布江大洋-新特提斯洋。随着新特提斯洋的规模进一步扩大,到了晚三叠世时,新特提斯洋的演化不断成熟,在拉萨地体前缘出现海沟,新特提斯洋开始由扩张转为俯冲,这时冈底斯地体中段的岩浆作用和新特提斯洋向拉萨地体之下的俯冲密切相关。现今发现和厘定的晚三叠世-早侏罗世岩浆岩是新特提斯洋早期俯冲的产物。在新特提斯洋持续俯冲的过程中,板片析出流体/熔体不断交代地幔楔,诱发地幔楔发生部分熔融,形成幔源岩浆;幔源岩浆的不断上涌,诱发新生下地壳的部分熔融,形成花岗质岩浆,这个动力学过程一直持续到始新世早期。班公湖-怒江洋早期的向南俯冲,也可能诱发拉萨地体岩石圈地幔发生部分熔融形成俯冲期岩浆。如果冈底斯带早白垩世以前的岩浆活动和班公湖-怒江洋的向南俯冲有关,那么班公湖-怒江洋板片的俯冲应以低角度的平板俯冲为主,否则难以解释侏罗纪-白垩纪时拉萨地体180 km的地壳缩短量(Murphy et al.,1997)。通常平板俯冲具有相对较低的热流值(Gutscher,2000),很难产生冈底斯带晚三叠世-早侏罗世大规模的岩浆活动。综上所述,晚三叠世-早侏罗世时藏南冈底斯地区为典型的活动大陆边缘环境,藏南地区的岩浆活动与新特提斯洋向拉萨地体的北向俯冲有关。

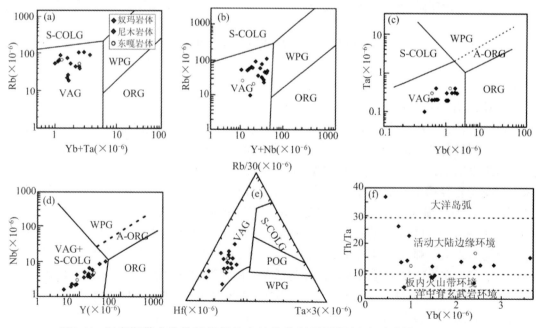

图3.61　冈底斯带中段侏罗纪样品大地构造判别图解((a)~(d)据 Pearce et al.(1984);(e)据 Harris et al.(1986))

VAG=火山弧花岗岩;ORG=洋中脊花岗岩;WPG=板内花岗岩;COLG=碰撞期花岗岩;S-COLG=同碰撞花岗岩;A-ORG=弧型洋脊花岗岩;ACM=活动大陆边缘

3.3 白垩纪岩浆作用与构造演化

白垩纪的岩浆岩在冈底斯带中分布十分广泛。白垩纪的岩浆事件是冈底斯带最先研究和厘定的岩浆事件,主要集中在早白垩世晚期到晚白垩世早中期,与新特提斯洋向欧亚板块的北向俯冲有关。本节系统地报道了早白垩世和晚白垩世的岩浆事件,探讨了其源区和性质以及白垩纪岩浆岩成岩的动力学背景。

3.3.1 早白垩世岩浆作用

3.3.1.1 早白垩世德庆岩体的野外分布及岩相学特征

研究区位于冈底斯带中段,临近拉萨市,交通便利。前期的地质填图将本次研究的花岗岩体归属于始新世花岗岩。详细的采样地点位于拉萨市西北约60 km的德庆乡却桑村附近(图3.62)。新厘定的花岗岩体侵入到晚侏罗世多底沟组灰岩中(图3.63(a)~(c))。花岗岩体经历中等程度的风化(图3.63(d))。本次研究我们采集了相对新鲜的岩石样品进行详细的岩石学、地球化学和矿物学研究。

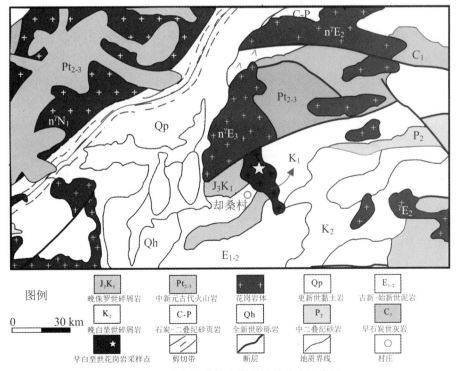

图3.62 早白垩世德庆岩体野外分布示意图

图3.63　早白垩世花岗岩野外分布特征

(a)花岗岩和多底沟组灰岩野外接触关系；(b)多底沟组灰岩；(c)~(d)早白垩世花岗岩野外露头

　　新发现的花岗岩体呈浅灰色，具有典型的块状构造，所有样品均表现出中粒结构和相似的矿物组合(图3.64)。薄片分析表明，研究的样品经历了明显的化学风化作用，与野外观察一致。该岩体主要由石英和钠长石组成。此外，板状特征表明存在长石颗粒假象(图3.64(b))。对花岗岩体进行精细的TIMA矿物面扫描(图3.65)发现了丰富的绢云母组合，根据蚀变的晶形，绢云母可能是斜长石颗粒(如钠长石)蚀变的产物。此外，弱高岭土化现象表明存在钾长石颗粒。在图3.65中还可以观察到金红石、锆石和磷灰石。详细的矿物学和岩相学研究表明，该花岗岩体主要由斜长石、钾长石、钠长石(50%~60%)、石英(20%~30%)、绢云母(10%~15%)、方解石(约5%)和少量副矿物组成(<3%)。

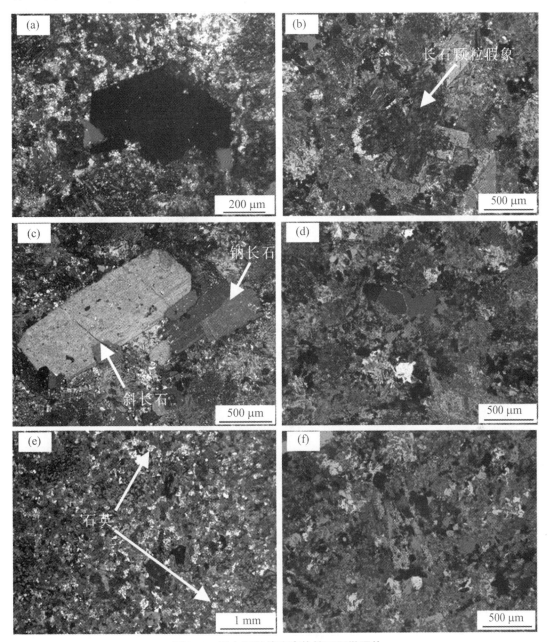

图3.64 早白垩世德庆岩体镜下显微照片

3.3.1.2 早白垩世德庆岩体锆石U-Pb定年和Lu-Hf同位素特征

代表性锆石阴极发光图像显示(图3.66),锆石的晶形主要为棱柱状。锆石颗粒长为100~400 µm,长宽比为1:1~4:1。锆石具有明显的振荡环带,高的Th/U值(>0.4),表明其是火成岩成因(Hoskin,Schaltegger,2003)。此外,部分锆石晶粒具有明显的核边结构。

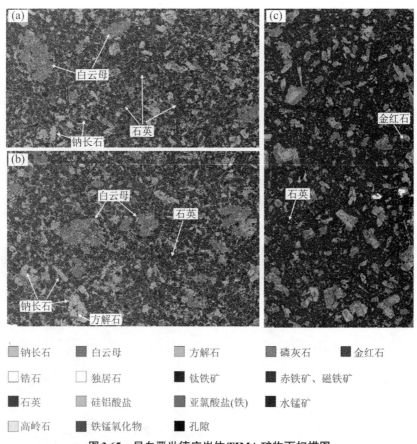

钠长石　白云母　方解石　磷灰石　金红石
锆石　独居石　钛铁矿　赤铁矿、磁铁矿
石英　硅铝酸盐　亚氯酸盐(铁)　水锰矿
高岭石　铁锰氧化物　孔隙

图3.65　早白垩世德庆岩体 TIMA 矿物面扫描图

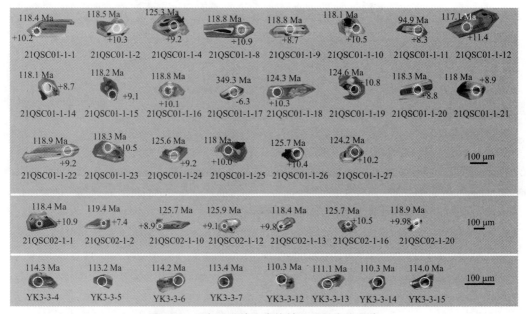

图3.66　早白垩世德庆岩体锆石阴极发光图像

虚线圆圈为 Lu-Hf 分析区域，实线圆圈为 U-Pb 测年区域对该岩体不同部位的3件样品进行了锆石U-Pb年代学研究。样品QSC01测定30个点,有效点24个(剔除6个测年点),加权平均年龄为(120±1.4) Ma(MSWD=2.8)(图3.67(a)~(b))。一颗继承性锆石年龄为349 Ma(板状,Th/U=0.4)。Th和U元素含量分别为$4.0631 \times 10^{-5} \sim 6.6806 \times 10^{-4}$和$4.449 \times 10^{-5} \sim 6.10671 \times 10^{-4}$。样品QSC02测定了20个点,有效点为17个(剔除3个测年点),加权平均年龄为(117.3±2.5) Ma(MSWD=3.0),Th和U元素含量分别为$6.585 \times 10^{-5} \sim 1.27665 \times 10^{-3}$和$7.925 \times 10^{-5} \sim 7.7676 \times 10^{-4}$(图3.67(c)~(d))。样品YK3-3的16个有效分析点给出加权平均年龄为(114.0±1.3) Ma(MSWD=2.0)(图3.67(e)~(f)),Th和U元素含量分别为$7.165 \times 10^{-5} \sim 8.4813 \times 10^{-4}$和$8.787 \times 10^{-5} \sim 1.00966 \times 10^{-3}$。

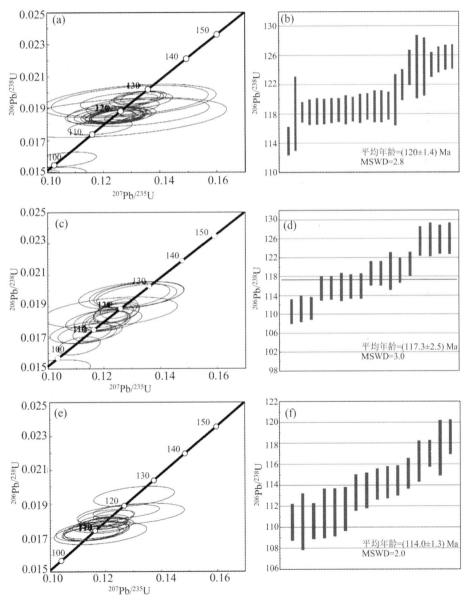

图3.67 早白垩世德庆岩体锆石LA-ICP-MS U-Pb测年结果

(a)、(c)、(e)为谐和图;(b)、(d)、(f)为加权平均年龄图对花岗质岩 30 个原位锆石进行 Lu-Hf 同位素分析(图 3.68),结果表明,$^{176}Lu/^{177}Hf$ 值在 0.00112~0.00708 范围变化(平均值＝0.003536)(图 3.68(a))(若均小于 0.002,表明锆石结晶和岩浆作用后几乎没有放射性 Hf 同位素累积)。除 1 颗继承性锆石 $\varepsilon_{Hf}(t)$ 值为负值(－6.26),模式年龄为 1743.3 Ma 外,其余样点 $\varepsilon_{Hf}(t)$ 值为 7.2~11.4,平均值为 9.7,二阶段模式年龄(T_{DM2})为 442.7~704.9 Ma,T_{DMC} 为 444.5~707.6 Ma(1 个点模式年龄为 1751.7 Ma),平均值为 557.4 Ma。

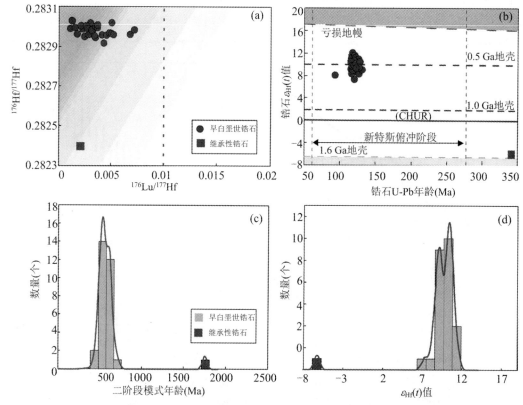

图 3.68　早白垩世德庆岩体锆石 Lu-Hf 同位素分析结果

3.3.1.3　全岩主微量元素地球化学特征

根据 Irvine 和 Baragar(1971)的主量元素组成和划分方法,早白垩世花岗岩体样品主要为亚碱性系列,落在花岗闪长岩区域(图 3.69(a))。在 A.R.($Al_2O_3+CaO+Na_2O+K_2O$)/($Al_2O_3+CaO-Na_2O-K_2O$)与 SiO_2 对比图中,样品显示钙碱性特征(图 3.69(b))。此外,根据 SiO_2-K_2O 协变图,早白垩世花岗闪长岩属于中钾钙碱性系列(图 3.69(c))。SiO_2 含量较高,但成分变化较小,为 70%~71.5%。Na_2O 和 K_2O 含量分别为 0.56%~3.75% 和 1.73%~2.78%。除 1 件样品的 Na_2O/K_2O 值较低,为 0.3,其余样品 Na_2O/K_2O 值为 1.1~2.1,平均值为 1.68,呈现富钠的特征。MgO 和 FeO 的含量分别为 0.32%~0.38% 和 2.7%~3.2%。TiO_2 和 MnO 含量分别小于 0.5% 和小于 0.1%。Al_2O_3 含量较高,为 15.4%~5.7%。A/CNK 值为 0.95~1.1。详细的岩石成因分类和描述见后面小节。

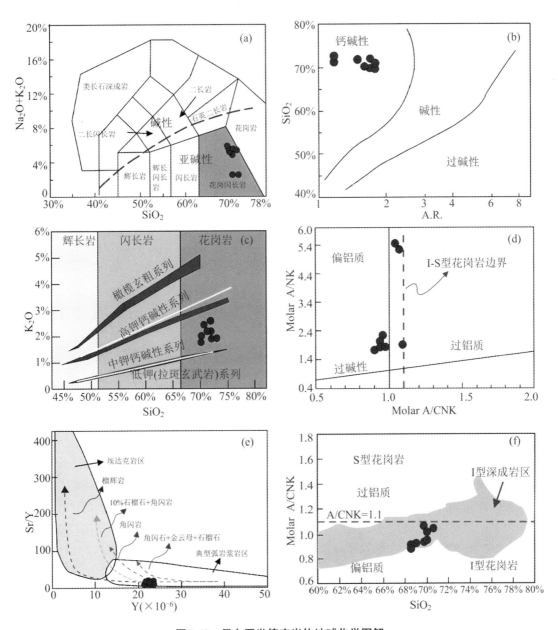

图3.69 早白垩世德庆岩体地球化学图解

(a)硅碱图(据Middlemost(1994));(b)碱度率图A.R.-SiO₂(碱度率A.R.中的AKL一般为Na₂O+K₂O的和,但当SiO₂>50%,同时2.5>K₂O/Na₂O>1时,ALK=2Na₂O)(据Wright(1969));(c)SiO₂-K₂O图解(据Peceerillo,Taylor(1976));(d)Molar A/CNK-Molar A/NK(据Maniar,Piccoli(1989));(e)Y-Sr/Y图解(据Defant,Drummond(1990));(f)SiO₂-Molar A/CNK(I型花岗岩区域据Clemens et al.(2001))

早白垩世花岗闪长岩轻重稀土分馏明显,(La/Yb)ₙ值为7.83~8.51,具有轻稀土和大离子亲石元素富集,重稀土和高场强元素亏损(图3.70)的弧型岩浆特征。Ni和Cr元素含量较低,分别为1.21×10^{-6}~1.52×10^{-6}和1.44×10^{-6}~2.36×10^{-6},表明幔源物质贡献较小。样品具有负 Sr 异常,Sr/Y 值低,为 5.3~7.0,可能与斜长石结晶分异有关。这也与样品具有弱的负 Eu 异常相吻合。

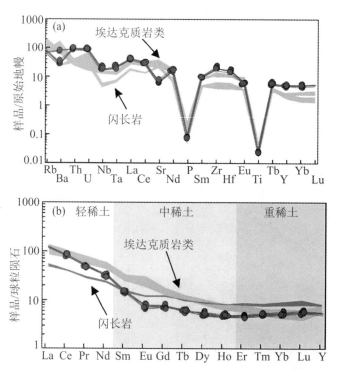

图 3.70　早白垩世德庆岩体微量元素蜘蛛图和稀土元素配分图(标准化数值据 Sun ,McDonough(1989))

3.3.1.4　早白垩世德庆岩体成因及地球动力学背景

1. 年代学

德庆花岗岩体锆石 U-Pb 年龄表明,岩体在 114 Ma 至 120 Ma 之间可能经历了一个逐渐累积聚集的过程(非以往的"大水缸成岩模式")(图 3.67(b)、(d)、(f)),但岩浆侵位高峰出现在约 120 Ma,表明侵位和结晶时间为早白垩世阿普特(Aptian)期,而不是以往认为的渐新世。

根据已发表的数据,早白垩世岩浆活动主要分布在拉萨地体的最南缘(Hoskin,Schaltegger,2003;Wen et al.,2008a;纪伟强等,2009),而且分布较分散。与侏罗纪和晚白垩世以及新生代的花岗岩相比,早白垩世岩浆岩研究相对薄弱,因此早白垩世曾被认为代表了一个岩浆活动的平静期(纪伟强等,2009)。然而,近年来的研究表明,早白垩世的岩浆活动可能广泛分布于藏南地区。王莉等(2013)报道了早白垩世朗县闪长岩体,该岩体具有亏损的锆石 Hf 同位素组成($\varepsilon_{Hf}(t)$=3.4~6.9),显示出新生地壳的特征。王海涛等(2020)报道了朗县地区早白垩世的花岗质片麻岩,它们具有弧型岩浆岩的特征和亏损的 Hf 同位素组成($\varepsilon_{Hf}(t)$=10.9~15.1)。此外,日喀则弧前盆地沉积岩和雅鲁藏布江沉积物中大量 Hf 同位素亏损的早白垩世碎屑锆石,被认为可能来源于冈底斯带(Liang et al.,2008;Wu et al.,2010),可能是因为后期的风化剥蚀,所以早白垩世的岩体在冈底斯带的分布相对零星。

2. 岩石分类及原岩判别

如前所述,花岗岩根据其成因背景和岩浆来源可分为M型、I型、A型和S型(Chappell, White,1974;吴福元等,2007b;Wu et al.,2017)。根据野外岩石分布特征、矿物学特征和矿物组合,德庆花岗岩体明显不属于A型和M型花岗岩。亏损的Hf同位素组成和年轻的模式年龄排除了S型花岗岩的可能性。此外,S型花岗岩具有高的K_2O/Na_2O值,这与德庆花岗岩具有高钠的特征不一致。样品A/CNK值小于1.1(图3.69(d)),显示I型花岗岩的特征,且在Y-Sr/Y图解上,样品落入弧岩浆岩区域(图3.69(e))。判别图解进一步表明(图3.71),德庆花岗岩体为典型的壳源岩浆部分熔融的产物,原岩成分相当于角闪岩,表明早白垩世花岗岩来自基性下地壳的部分熔融,与I型花岗岩对应的变火成岩成分一致(图3.69(f))。锆石Lu-Hf同位素组成也表明花岗岩体主要来自变火成岩的部分熔融。综上所述,德庆花岗岩体属于I型花岗岩,主要源自变火成岩的部分熔融。

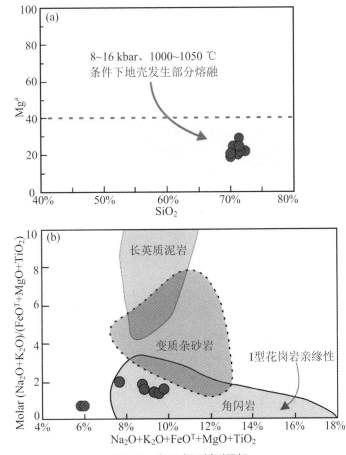

图3.71 岩石成因判别图解

(a)SiO_2-$Mg^{\#}$值图解(据Rapp,Watson(1995)修改);(b)$Na_2O+K_2O+FeO^T+MgO+TiO_2$-$Molar(Na_2O+K_2O)/(FeO^T+MgO+TiO_2)$(据Patiño Douce(1999))

3. 早白垩世德庆岩体的成因及岩浆源区特征

早白垩世岩浆岩在冈底斯带零星分布,对其成因仍有争议。Harris等(1988)提出,冈底斯带中基性的幔源岩浆来源于含石榴石残余的地幔源区。然后,基性岩浆经过分离结晶和地壳混染形成中酸性花岗岩。此外,Meng等(2021a,b)提出两阶段成岩动力学过程:第一阶段,新特提斯洋岩石圈向北俯冲,导致上覆软流圈地幔部分熔融,形成有玄武质成分的基性下地壳;第二阶段,新生基性下地壳物质部分熔融,形成冈底斯带花岗岩。认为冈底斯南部是洋内弧地体,晚二叠世时增生到亚洲大陆南缘。事实上,中新生代岩浆岩大多表现出亏损的全岩Nd和锆石Hf同位素组成,表明它们来源于雅鲁藏布新特提斯洋壳和/或新生地壳的部分熔融,或与镁铁质岩浆和长英质岩浆混合有关。Ma等(2019b)结合已发表的和最新获得的数据,认为南拉萨地体并不是一个完整的新形成地体,而是以微陆块的形式参与到特提斯洋演化和地壳增生过程。Huang等(2020)根据达居地区基性岩富集的Hf同位素组成,提出冈底斯地区下部可能长期存在古老岩石圈地幔物质。

如前所述,早白垩世德庆花岗岩具有典型的弧岩浆的地球化学特征(图3.70)。然而,具有弧型特征的岩浆岩可以在不同的构造环境中形成(孟元库等,2022)。如果岩浆源区中有金红石、钛铁矿等富含高场强元素的矿物,则熔体/岩浆将亏损高场强元素,呈弧型特征(纪伟强等,2009;Zhang et al.,2019b)。弧型岩浆岩的形成主要有三种模型:① 俯冲板片的部分熔融(Defant,Drummond,1990;Kay et al.,1993);② 基性下地壳部分熔融(Atherton,Petford,1993);③ 交代地幔楔的部分熔融(Atherton,Sanderson,1985;Rogers,Hawkesworth,1989;Sajona et al.,1996)。模型①和②常形成埃达克岩的地球化学特征。但与早白垩世的埃达克质岩石相比(Zhu et al.,2009),研究区花岗岩体具有低Sr/Y和(La/Yb)$_N$值,不具有埃达克质岩石的地球化学特征(图3.69(e))。Chen等(2021)认为角闪石是造成弧型岩浆岩高场强元素亏损的关键性矿物。根据微量元素模式和地球化学特征,我们认为早白垩世德庆花岗质岩石Nb、Ta亏损可能是角闪石分异的结果(Meng et al.,2021b)。

在SiO_2-$Mg^\#$图解中(图3.71(a)),花岗岩样品位于纯地壳部分熔融的范围内,表明样品可能来自纯地壳物质的熔融,幔源岩浆的贡献不明显。但花岗岩体具有亏损的Lu-Hf同位素组成,与已发表的冈底斯带中生代岩浆岩Hf同位素特征相似,表明花岗岩体的岩浆源区是起源于新生的下地壳。另外,锆石的$\varepsilon_{Hf}(t)$值为9~11,表明岩浆源区可能存在较小的不均一性。不均一性可能有两方面原因:一种可能是沉积物的加入,另一种可能是少量古老物质(如基底)参与了岩浆的演化。在本研究中,发现了少量老的继承性锆石,这暗示了在花岗质岩浆演化的过程中,少量古老物质(如基底)参与了岩浆的演化。

4. 早白垩世德庆岩体的氧逸度及含矿性分析

锆石Ce^{4+}/Ce^{3+}值是评价岩浆房氧逸度的有效工具(Zhang et al.,2021)。岩浆氧逸度是制约演化过程中铜、金成矿的重要因素之一。Hou等(2015)提出与新生代碰撞相关的斑岩型铜矿可能与前期俯冲相关的基性弧的重熔有关,意味着俯冲相关的岩浆可能已经富集并聚集了成矿元素(Zhang et al.,2021)。在冈底斯带南部发现了一些与晚白垩世俯冲相关的矿床,如约92 Ma的桑布加拉矽卡岩型铜金矿床(Zhao et al.,2012;Huang et al.,2020)和约为92 Ma的克鲁矿床(Jiang et al.,2012;Huang et al.,2020)。相比之下,与早白垩世俯冲相关的矿床至今尚未发现。

如图3.72所示,本次研究的锆石Ce^{4+}/Ce^{3+}值较低(<300),对应低的岩浆氧逸度。前人研究表明,Ce^{4+}/Ce^{3+}值通常具有较为宽泛的变化区间(Ballard et al.,2002),随着岩体年龄

从老到新及从镁铁质到长英质该比值逐渐增大,且与锆石Eu异常正相关。具有重要意义的是,具有斑岩型铜矿化的侵入体的Ce^{4+}/Ce^{3+}值通常大于300,$Eu/Eu^*>0.4$。相反,无矿化的花岗质侵入体的Ce^{4+}/Ce^{3+}值更低,类似于智利贫矿斑岩类(图3.72)。这一趋势是由硅酸盐岩浆房中氧逸度、形态和S(硫)溶解度的相关性决定的(Cao et al.,2019;Wei et al.,2019;吴伟哲和王金贵,2020)。低的氧逸度可能不利于早白垩世德庆岩体的成矿(难以导致Cu的沉淀)。结合前人研究,我们认为在新特提斯洋俯冲成矿元素可能从早白垩世到晚白垩世是一个逐渐富集的过程,下地壳一般为成矿元素最为理想的富集区域。

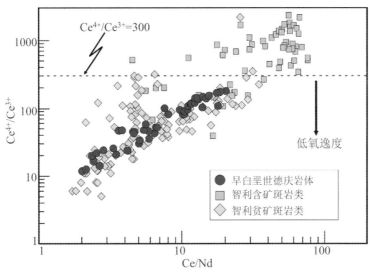

图3.72 **Ce/Nd-Ce⁴⁺/Ce³⁺ 图解(据 Ballard et al.(2002)和 Zhang et al.(2021)修改)**

5. 早白垩世德庆岩体的构造背景及意义

根据岩浆岩时空分布的特征,一般认为冈底斯带早白垩世岩浆活动和新特提斯洋板片向拉萨地体的北向俯冲有关。早白垩世岩浆岩在冈底斯带的分布和出露十分有限,仅在朗县和曲水-大竹卡地区有少量报道(Quidelleur et al.,1997;Zhu et al.,2009;王莉等,2013)。因此,早白垩世岩浆岩零星的露头和有限的数据制约了人们对藏南大地构造背景和新特提斯洋板片俯冲方式的全面理解。有学者认为早白垩世藏南冈底斯带为典型的构造-岩浆平静期(Dai et al.,2021),与新特提斯洋岩石圈向拉萨地体下的低角度或平俯冲有关(Coulon et al.,1986;Kapp et al.,2003,2005,2007a,b)。然而,日喀则弧前复理石盆地中的沉积岩包含大量早白垩世的碎屑锆石,这些碎屑锆石具有亏损的Hf同位素组成,其主要来源于南侧的冈底斯弧,这间接证明了早白垩世时冈底斯带可能发育剧烈的岩浆活动(Wu et al.,2010;Meng et al.,2019b)。此外,大量的证据已经证实冈底斯带在晚白垩世时经历了快速的隆升剥蚀,导致早白垩世冈底斯带的火成岩难以保留(Ge et al.,2018;Meng et al.,2019b;孟元库等,2022),仅有少数岩体保存至今。因此,冈底斯地区可能不存在所谓的早白垩世的岩浆平静期。一般情况下,板块俯冲停止后,岩浆活动即终止。早白垩世有持续的岩浆作用,因此平俯冲模式可能需要得到重新审视或者早白垩世的平俯冲只是短暂的,而非目前年代学格架显示的长达几千万年之久(图1.7)。另外,大量研究表明,低角度板片俯冲不能形成/生成弧型岩浆或只能在俯冲板块前缘形成埃达克岩。因此,新特提斯洋低角度的北向俯冲模型不能解释冈底斯带早白垩世现已经厘定的岩浆活动。王莉等(2013)提出早白垩世新特提斯洋俯冲角度更陡,而不是低角度的平俯冲。高家昊等(2017)通过对拉萨市附近冈底斯带花岗岩体的中基性岩脉的研究,认为早白垩世—晚白垩世早期(130～85 Ma)是新特提斯洋斜俯冲时期。此外,Wu等(2010)提出这一时期新特提斯洋处于稳定的斜俯冲状态,早白垩世中后期俯冲角度逐渐增大(曾令森等,2017)。曾令森等(2017)认为,早白垩世晚期(110～100 Ma)新特提斯洋岩石圈存在明显的后退/回转,表明早白垩世(>110 Ma)之前,新特提斯洋为正常的角度俯冲。李广旭等(2021)通过研究冈底斯带东部朗县杂岩中保存的不同类型的早白垩世花岗质岩石,认为新特提斯洋板片在早期经历了长时间的俯冲(240～144 Ma),在早白垩世(约120 Ma)时,新特提斯洋的俯冲可能经历了一次关键的调整,使更多的沉积物和流体进入俯冲系统,并改造上覆地幔楔。如上所述,德庆花岗岩体也具有弧的地球化学特征(富集LILE和LREE,亏损HFSE和HREE),表明它们形成于俯冲相关的构造环境。结合前人研究,我们认为新特提斯洋向北俯冲对早白垩世弧型岩浆的形成起到了重要作用,是引起早白垩世岩浆活动的主要动力学机制。

地壳厚度的变化对于理解构造和地球动力学过程,特别是示踪地质时期构造背景改变、岩石圈演化和发展至关重要。经验公式可以用来重建古造山带地壳厚度,示踪地壳厚度变化。根据经验公式:

$$H = 18.0505 \times \ln(3.3014 \times Ce/Y) \quad (Mantle, Collins, 2008)$$
$$H = 0.67 \times Sr/Y + 28.21 \quad (Hu\ et\ al., 2017)$$

我们计算得到研究区早白垩世地壳平均厚度约为34.7 km。此外,结合前人研究,我们还计算得到朗县早白垩世时的地壳厚度约为33.7 km。王莉等(2013)提出朗县地区早白垩世闪长岩属于正常的弧型岩浆岩,而非加厚地壳形成的埃达克岩。角闪石分离结晶导致朗县闪长岩的高Sr/Y值,类埃达克岩特征的形成与地壳增厚无关。朗县地区白垩纪地壳厚度与冈底斯带正常地壳厚度(约37 km)基本一致,表明早白垩世冈底斯地区没有明显的地壳增厚现象。我们的计算结果与Sr/Y和(La/Yb)$_N$值基本一致,反映了岩浆结晶时源区是以斜长石为主,而不是以石榴石为主。综上,新特提斯洋岩石圈正常角度北向斜俯冲的作用能更好地解释德庆地区早白垩世的岩浆活动。我们认为冈底斯带地壳增厚可能开始于早白垩世晚期到晚白垩世早期。

3.3.2 晚白垩世岩浆作用

3.3.2.1 晚白垩世尼木岩体特征及岩石成因

1. 地质背景及样品特征

研究区位于尼木县西北部,交通较为便利(图3.73),岩石天然露头好(图3.74(a)～(d))。野外观察发现,寄主花岗岩和MME都比较新鲜,未受变质作用和风化作用的影响,保留了岩浆原来的组构(图3.74)。花岗岩为中等等粒结构,由半自形到自形的斜长石(约40 vol%)、卡斯巴双晶的钾长石(约15 vol%)、它形石英(约30 vol%)、少量的半自形到自形角闪石(约5 vol%)和黑云母(<3 vol%)组成,另外含少量副矿物,主要为锆石、磷灰石和不透明矿物(图3.74(e)～(g))。

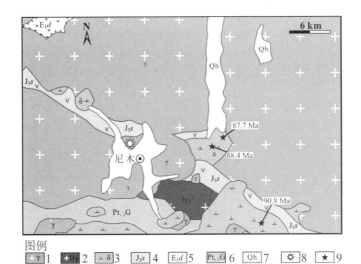

图3.73　尼木地区地质示意图及晚白垩世花岗岩采样分布示意图

图3.74　尼木岩体野外及镜下显微特征

(a)~(d)晚白垩世尼木岩体野外露头;(e)~(g)宿主花岗岩的显微构造照片;(h)~(j)暗色镁铁质包体的显微构造照片;(k)~(l)暗色镁铁质包体的针状磷灰石;
Ap=磷灰石;Bt=黑云母;Hbl=普通角闪石;Kfs=钾长石;Pl=斜长石;Qtz=石英

109

花岗岩中广泛存在近圆形的、细粒的和拉长的MME(图3.74(b)~(d)),其长度从几厘米到一米不等,后期受到韧性剪切作用,呈定向排列。MME为等粒状或斑状结构,由半自形的、棕绿色至深绿色的角闪石(约35 vol%)、半自形斜长石(约50 vol%)和粒间石英(约10 vol%)组成,还有少量的锆石、磷灰石和磁铁矿(图3.74(h)~(j))。长石斑晶显示出复杂的振荡环带和溶蚀结构,表明这些斑晶可能来自寄主花岗岩,反映了岩浆的混合作用(图3.74(i)~(j))。由于微弱的后期蚀变和退变质作用,一些角闪石变为透闪石和绿泥石(图3.74(h)~(j))。MME中的磷灰石呈自形针状(图3.74(k)~(l)),这可能和快速结晶过程中的淬火作用相关。

2. 锆石U-Pb测年及Lu-Hf同位素特征

CL图像显示,寄主花岗岩和MME中的锆石都是典型的自形晶,尺寸为50~150 m,长宽比为1:1~1:3(图3.75)。与花岗岩的锆石相比,来自MME(CT9191)的锆石晶体相对较小(图3.75)。来自寄主花岗岩的锆石在CL图像上通常显示棱柱状,具有明显的振荡环带,没有继承的核或变质边(见样品CT912、CT915和CT916)。来自MME的锆石显示出明显的板状分区,具有较宽的岩浆韵律环带,暗示基性岩浆岩来源(样品CT9191)(Hoskin,Schaltegger,2003)。所测试的锆石都具有高且变化的Th/U值,分别为0.48~0.70(CT912),0.42~0.89(CT915),0.41~0.77(CT916)和0.81~2.15(CT9191)。高的Th/U值(>0.4)和棱柱状晶形,说明来自寄主花岗岩和MME的锆石主要为岩浆成因(Hoskin,Schaltegger,2003)。

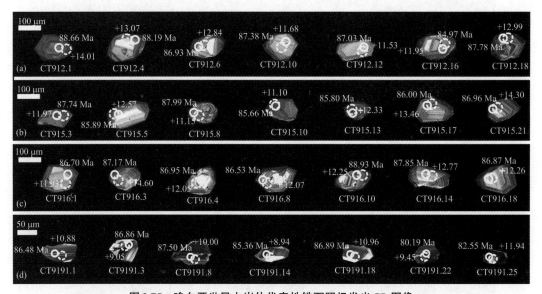

图3.75　晚白垩世尼木岩体代表性锆石阴极发光CL图像

实线圆圈为锆石U-Pb测年区域,虚线圆圈为Lu-Hf同位素分析区域

3件寄主花岗岩样品的$^{206}Pb/^{238}U$加权平均年龄为(87±1) Ma(MSWD=1.6~1.9),代表花岗岩的结晶侵位年龄(图3.76(a)~(c))。MME的25个锆石给出的$^{206}Pb/^{238}U$加权平均年龄为(84±1) Ma(MSWD=2.8),反映MME的结晶年龄(图3.76(d))。因此,寄主花岗岩和MME是在晚白垩世早期结晶侵位的,且年龄在误差范围内一致。

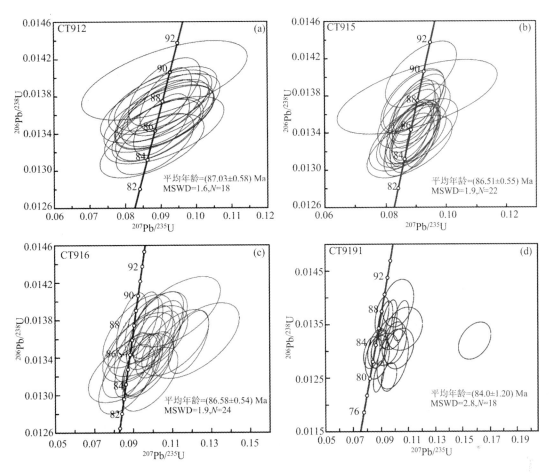

图 3.76　宿主花岗岩及暗色镁铁质包体锆石 U-Pb 年龄谐和图

(a)～(c)为宿主花岗岩；(d)为包体

对寄主花岗岩和 MME 样品的锆石原位 Lu-Hf 同位素分析显示,寄主花岗岩的 $^{176}Lu/^{177}Hf$ 值为 0.000475～0.001199,$^{176}Hf/^{177}Hf$ 值为 0.283032～0.28308;来自 MME 的锆石的 $^{176}Lu/^{177}Hf$ 值为 0.000557～0.001985,$^{176}Hf/^{177}Hf$ 值为 0.282908～0.283125。寄主花岗岩的锆石 $\varepsilon_{Hf}(t)$ 值较均一(11.04～14.6),具有亏损地幔的特征(图 3.77(a))。t_{DM1} 模式年龄为 167～311 Ma(图 3.77(b))。MME 也具有亏损的 Hf 同位素组成(图 3.77(a)),$\varepsilon_{Hf}(t)$ 值为 6.12～10.88,t_{DM1} 模式年龄在 183～498 Ma 范围。值得注意的是,寄主花岗岩比 MME 具有更亏损的同位素组成和更年轻的模式年龄,意味着同位素倒转现象的存在。

3. 全岩主微量元素特征

采自尼木岩体的所有样品都具有低的烧失量(LOI＝0.62%～1.19%),矿物学研究显示尼木岩体没有遭受明显的化学蚀变,仅在后期遭受了低温的韧性剪切。在下面的讨论中,主量元素被重新计算为 100%,即扣除挥发分物质。

花岗岩 SiO_2 含量为 67.76%～70.16%,MME 的 SiO_2 含量为 58.27%～59.51%。所有样品在 TAS 图中都落在亚碱性区域(图 3.78(a))。在图 3.78(a)中,MME 分布在二长岩区域

内,与我们的野外观察和岩石薄片研究略微不一致,可能是由于花岗岩岩浆和幔源岩浆混合导致暗色镁铁质包体的地球化学特征发生改变,这与我们的镜下观察结果较为一致。在 A.R.-SiO$_2$图中(图3.78(b)),所有样品都落在钙碱性区域,花岗岩位于高钾钙碱性系列区域,而暗色镁铁质包体具有中钾钙碱性特征(图3.78(c))。在 A/NK(Molar Al$_2$O$_3$/Na$_2$O+K$_2$O)-A/CNK(Molar Al$_2$O$_3$/CaO+Na$_2$O+K$_2$O)图中,MME 属于偏铝质,花岗岩属于弱过铝质(图3.78(d))。

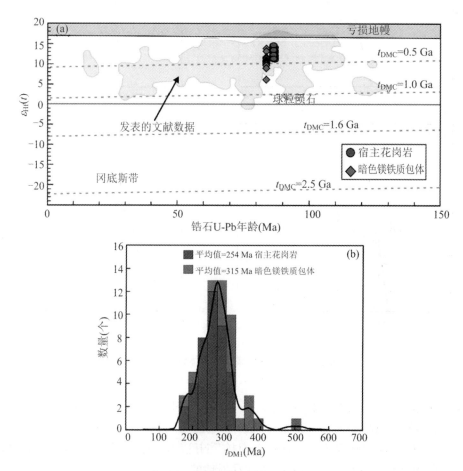

图3.77 锆石 Hf 同位素分布特征

(a)锆石 U-Pb 年龄-锆石 $\varepsilon_{Hf}(t)$ 值(发表数据据 Chu et al.(2006,2011);Meng et al.(2016a));
(b)锆石一阶段模式年龄(t_{DM1})图

此外,所有样品都具有高的 Mg$^{\#}$值,高于典型的纯地壳熔体(图3.79(a);Rapp,Watson,1995),可能和来自地幔的母岩浆或基性熔体的输入有关(Rapp,Watson,1991,1995)。寄主花岗岩的 Sr 含量(5.71×10^{-4}～6.37×10^{-4})、Y(4.3×10^{-6}～5.4×10^{-6})和 Yb 含量(3.3×10^{-7}～4.5×10^{-7})均高于 MME。

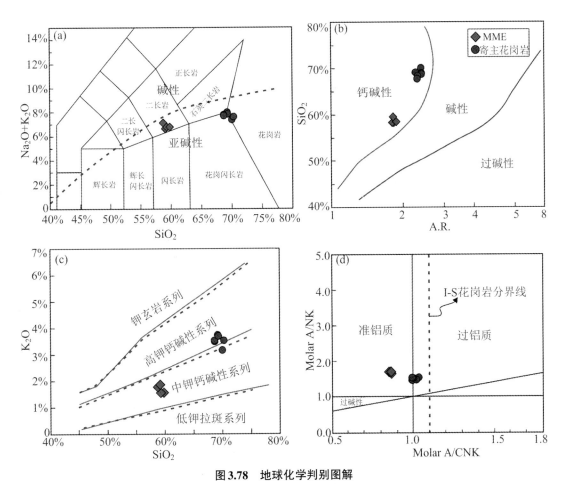

图3.78 地球化学判别图解

（a）硅碱图（据 Middlemost（1994）修改），虚线为碱性和亚碱性的分界线（据 Irvine，Baragar（1971）修改）；
（b）碱度率指数 A.R. -SiO₂ 图解（据 Wright（1969））；（c）SiO₂ - K₂O 图解（据 Peccerillo，Taylor（1976）修改）；
（d）Molar A/CNK - Molar A/NK

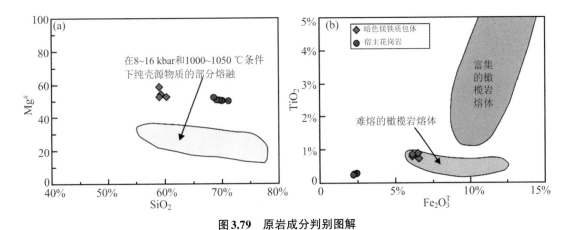

图3.79 原岩成分判别图解

（a）SiO₂-Mg# 图解（据 Rapp，Watson（1995））及（b）Fe₂O₃ᵀ-TiO₂ 图解（据 Falloon et al.（1988））

球粒陨石标准化稀土元素配分曲线模式图(图3.80(a))显示,花岗岩富集轻稀土元素,La_N/Yb_N值为23~33,轻重稀土元素分异明显,无负的Eu异常($Eu/Eu^*=1.3~0.93$),说明母岩浆形成过程中,无明显的斜长石残留或者分离结晶。MME也显示富集轻稀土元素($La_N/Yb_N=16~26$)的特征,但具有变化的重稀土元素含量和弱的Eu负异常(Eu/Eu^*值为0.83~0.87;图3.80(a))。在原始地幔标准化微量元素蛛网图上,花岗岩显著亏损高场强元素,如Nb、Ta和Ti,并富集大离子亲石元素,如Rb、Ba、K和U(图3.80(b))。总之,MME的微量元素组成与花岗岩相似。

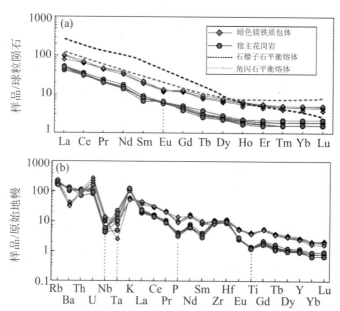

图3.80 球粒陨石标准化稀土配分曲线模式图(石榴子石和角闪石平衡熔体曲线据 Moyen(2009))(标准化数值据Boynton(1984))及原始地幔标准化微量元素蛛蛛图(标准化值据Sun,McDonough(1989))

4. 岩石成因及地球动力学背景

(1)寄主岩体成因

尼木晚白垩世岩体主要由斜长石、石英和钾长石组成,还含有少量的角闪石和黑云母(图3.74(e)~(g)),缺少白云母等富铝矿物,与I型花岗岩特征相似。此外,岩石野外组合(缺乏镁铁质岩石)以及花岗岩低的Cr含量($2.0×10^{-5}~3.0×10^{-5}$)表明,该花岗岩不属于典型的M型花岗岩。这一点在相关地球化学判别图中(图3.81)也得到了证实,判别图显示尼木晚白垩世花岗岩属于典型的未分异型花岗岩,不同于高分异花岗岩和A型花岗岩,属于典型的I型花岗岩。考虑到区域背景和岩石学特征,我们认为该花岗岩是在与俯冲有关的背景下由新生地壳部分熔融形成的。

前人研究表明,地幔的部分熔融不能直接产生大规模的花岗岩,特别是分布规模较大的岩株或者岩基,仅能通过幔源岩浆的分离结晶模式产生少量花岗质熔体,或者洋壳本身在含水条件下部分熔融也可以形成少量花岗质熔体(Leake et al.,1990)。因此,造山带中大规模分布的花岗岩通常是由地壳部分熔融形成的。然而,地幔熔体可以为地壳的部分熔融提供热源,也可以通过岩浆混合的方式影响花岗岩的成分(Meng et al.,2019a)。但尼木晚白垩世花岗岩体具有明显高的Mg#值(50~52),不同于纯地壳部分熔融的产物(图3.79(a);Rapp,Watson,1995)。实验研究表明,无论是玄武岩浆还是基性下地壳的熔融,通常都不会产生Mg#值>40的花岗岩(Rapp,Watson,1995;Patiño Douce,1999)。因此,富Mg的幔源岩浆很有可能参与了尼木花岗岩体的形成。

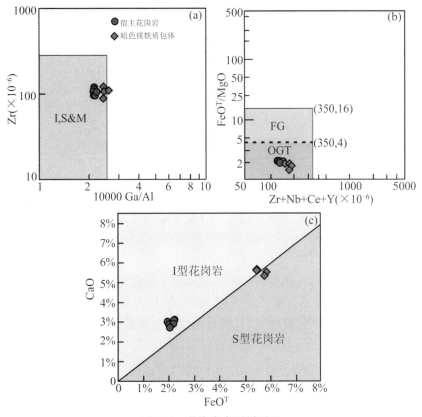

图3.81　花岗岩类型判别图

(a)10000 Ga/Al-Zr图解(据Whalen et al.(1987)修改);(b)Zr+Nb+Ce+Y-FeO^T/MgO图解(据Whalen et al.(1987));(c)FeO^T-CaO图解(据Chappell,White(2001))

微量元素比值,如Rb/Sr、Th/Ta、(La/Sm)$_N$和Nb/La,对判断岩浆的构造环境非常有用(Sun,McDonough,1989;Rudnick,Gao,2003)。数据显示,花岗岩的Rb/Sr(0.17~0.25)、Th/Ta(10.62~43.65)、(La/Sm)$_N$(5.37~7.83)和Nb/La(0.2~0.25)值与典型的地壳成分明显不同(Rudnick,Gao,2003),进一步暗示了花岗岩的母岩浆中有地幔物质的加入。因此,尼木晚白垩世岩体可能是地幔和地壳岩浆源区的混合。花岗岩中广泛分布的同时代暗色镁铁质包体也证实了这一点。

另外,本次研究的尼木地区的部分花岗岩的SiO$_2$含量≥56%,Y≤1.8×10^{-5},Yb≤1.9×10^{-6},且Sr/Y值≥20,具有与埃达克岩相似的地球化学特征(Richards,Kerrich,2007)。在判别图解中(图3.82),这些样品落在埃达克岩区域内。虽然藏南的晚白垩世岩浆岩大部分都具有埃达克岩的地球化学特征,然而一些中酸性岩体低的Sr/Y和(La/Yb)$_N$值却显示出弧岩浆岩的地球化学特征(图3.82)。在冈底斯带,高Sr/Y和La$_N$/Yb$_N$值的埃达克岩与弧岩浆岩(低的Sr/Y和La$_N$/Yb$_N$值)在时空上具有叠置性(Xu et al.,2015;Meng et al.,2019a)。重要的是,这些埃达克岩和常见的弧岩浆岩具非常相似的Sr-Nd-Hf同位素特征,暗示它们可能起源于相似的岩浆源区。

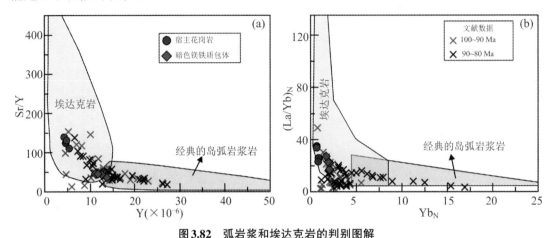

图3.82 弧岩浆和埃达克岩的判别图解

(a)Y-Sr/Y图解;(b)Yb$_N$-(La/Yb)$_N$图解(埃达克岩和弧岩浆岩的区域参考Defant et al.(2002);Petford,Atherton(1996);文献数据据Ma et al.(2013b,2017f);Ji et al.(2014);Jiang et al.(2014,2015);Chen et al.(2015a);Xu et al.(2015);叶丽娟等(2015))

与MME相比,寄主花岗岩样品具有较高的轻稀土元素,低的重稀土元素含量及较高的(La/Yb)$_N$值(17~35)(图3.82(b))。然而,所有的样品都有相对较低的(Gd/Yb)$_N$值(<3.2)。这些比值暗示在部分熔融时,石榴石和角闪石可能作为残留相。石榴石通常富含重稀土元素,如Ho、Er、Tm、Yb和Lu,而角闪石则倾向于富集中稀土元素(MREE),如Sm、Eu、Gd、Tb、Dy和Ho(Rollinson,1993)。在石榴石中,从Ho到Lu的分配系数逐渐增加。在部分熔融过程中,石榴石作为残留相时,产生的岩浆熔体通常亏损重稀土元素。反之,当角闪石作为残留相时,产生的岩浆残留熔体通常亏损中稀土元素(Rollinson,1993)。

当岩浆演化过程中存在石榴石的分馏时,产生的熔体则具有陡峭的重稀土元素配分模式及高的Yb/Lu(8~10)和Y/Yb(>10)值(Moyen et al.,2009)。研究结果显示,尼木晚白垩世岩体具有相对一致和平坦的重稀土元素模式和低的(Ho/Lu)$_N$值。这些特征与角闪石的平衡熔体特征一致(图3.80(a)),说明石榴石在源区的分馏对花岗岩演化的影响是不显著的。此外,研究样品中没有明显的Eu/Eu*和Ba/Ba*异常,说明其母岩浆没有经历显著的斜长石分馏(图3.80)。此外,随着SiO$_2$含量的增加,Al$_2$O$_3$含量变化不大,这也证实了缺乏斜长石的分馏。

岩浆演化过程中,水含量的升高可能与角闪石的分馏有关,且水会抑制斜长石分馏(Richards et al.,2001;Annen et al.,2006)。Burnham(1979)认为,在硅酸盐熔体中角闪石结晶至少需要3%体积的水。然而,花岗岩样品具有相对较低的全岩锆饱和温度(817~825℃,<850℃),这不足以使新生基性下地壳发生熔融,这意味着额外水的加入对地壳物质的部分熔融至关重要。在俯冲带,水通常来自含水矿物的脱水作用,如黑云母、金云母、磷灰石和钾质角闪石。这些矿物学组合和地球化学特征是I型花岗岩的典型特征。另外一种

可能的解释是,水是在地幔熔体的底侵过程中加入的。富水的地幔岩浆熔点降低,从而使部分熔融的温度低于800 ℃。根据野外观察以及地球化学和岩石学研究,我们认为基性岩浆的底侵是寄主花岗岩形成的一个关键步骤。一旦斜长石开始分馏并在岩浆房底部堆晶,其熔体将显著亏损Sr和Ba。因此,高的Sr/Y值表明尼木晚白垩世花岗岩体的岩浆源区为富水的。最近在研究区的邻区发现的角闪辉长岩进一步支持了藏南地区至少在晚白垩世早期存在富水的上地幔(Xu et al.,2015;叶丽娟等,2015)。

　　锆石亏损的Hf同位素组成和相对年轻的阶段模式年龄表明,花岗岩起源于新生地壳的部分熔融,同时有来自亏损地幔岩浆的贡献(图3.77)。在统计整理了整个冈底斯带从早白垩世到新生代的Hf($\varepsilon_{Hf}(t)$)同位素数据后(图3.77(a)),我们发现冈底斯带花岗岩普遍具有高度亏损的Hf同位素特征,暗示其主要起源于新生地壳的部分熔融,这意味着自早白垩世以来藏南地区一直处于地壳的熔融再造阶段。邱检生等(2015)认为,在>205~40 Ma范围的新特提斯洋俯冲过程中,发生了多次基性岩浆的底侵,形成了广泛的壳幔相互作用。因此,在侏罗纪和始新世之间,藏南地区基性岩浆的广泛底侵可能是诱发新生地壳发生部分熔融的重要方式。因此,我们认为尼木晚白垩世花岗岩经历了两个阶段的成岩演化过程:① 由于新特提斯洋的俯冲,俯冲板片脱水,引起上部地幔楔发生部分熔融,形成弧岩浆岩,随后弧岩浆岩底垫到下地壳的位置形成新生地壳;② 先前形成的镁铁质新生地壳由于后期的热构造事件再次发生部分熔融,形成花岗质岩石。花岗岩原岩判别图解显示(图3.83),尼木晚白垩世早期的花岗岩样品落在角闪岩区域,表明其主要来自基性镁铁质下地壳的部分熔融。综上所述,角闪石的分馏或在部分熔融过程中角闪石的残留可产生埃达克质岩浆,而高钾钙碱性弧岩浆则形成于大陆地壳较薄或没有角闪石分馏的地区。钙碱性的镁铁质弧岩浆的母岩浆可能是由浅部陆壳的下地幔部分熔融形成的,或者缺乏角闪石分馏,而形成埃达克质岩的母岩浆则是在大陆地壳增厚的地区形成的,同时以角闪石的分馏为主。新特提斯洋板块的回转可能导致基性岩浆的底侵,这就较好地解释了埃达克质岩石的形成和出现(Ma et al.,2015,2017b;Xu et al.,2015;叶丽娟等,2015)。

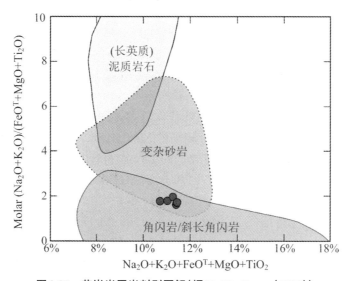

图3.83　花岗岩原岩判别图解(据 Patiño Douce(1999))

(2)基性暗色MME的成因

花岗岩中含有大量的暗色MME,是理解花岗岩成因的关键(Didier,Barbarin,1991)。一般来说,MME记录了幔源岩浆的形成过程,它们的微量元素组成反映了岩石演化的动力学过程。花岗质岩石中的包体可以分为以下几类:① 源区部分熔融后的难熔固相残留(White et al.,1999);② 同源岩浆的矿物堆晶或早期的结晶产物(Noyes et al.,1983;Shellnutt et al.,2010);③ 捕获岩浆中的围岩捕房体或碎片(Vernon,1983;Maas et al.,1997);④ 基性岩浆注入长英质熔体后在岩浆房中混合后的残留物(Barbarin,2005;Feeley et al.,2008)。

尼木晚白垩世花岗岩中的暗色MME多为拉长的椭圆形,局部显示出韧性变形的特征(图3.74(b)~(d))。锆石U-Pb测年结果表明,寄主花岗岩和MME的形成时间相近(图3.76),排除了MME是部分熔融残留或围岩捕房体的可能性。此外,MME和花岗岩有类似的稀土元素配分模式和微量元素特征(图3.80),表明两者可能在成因上具有关联。据此我们初步推断,MME可能是在岩浆房中早期结晶形成的基性矿物堆晶。然而,野外观察和岩石薄片观察结果并不支持这一假设,实验岩石学表明,在熔体早期结晶分异阶段,基性矿物的成核速度比长英质矿物更快(Barbarin,Didier,1991)。但尼木岩体中的MME的结晶粒度比花岗岩更细,表明有一个淬火过程,针状磷灰石的出现也说明了这一点(图3.74(h)~(1))。此外,MME的稀土元素总量高于寄主花岗岩(图3.80),说明花岗岩不可能是基性岩浆的简单结晶分异或部分熔融的产物(叶丽娟等,2015)。相比之下,MME和花岗岩具有不同的岩浆源区(图3.79(b))。花岗岩的Zr/Sm值(63~75)高于MME的值(24~32),但Nb/Ta值(5~16)低于MME的值(25~76)。Zr/Sm和Nb/Ta值的变化意味着暗色MME和花岗岩来自不同的岩浆源区,因为结晶分馏并不能显著改变母岩浆的Zr/Sm和Nb/Ta值。

综上,尼木岩体中的暗色MME可能是岩浆混合的产物。暗色MME的斑状构造、针状磷灰石、长石斑晶的溶蚀和长石巨晶的存在也表明暗色MME可能是岩浆混合的产物(图3.74(h)~(1))。此外,图3.84(a)~(c)显示SiO_2和其他主量元素的变化与矿物学分异演化不一致,也暗示不同来源的两个岩浆源区的混合。岩浆混合是一个复杂的多阶段过程,会形成非线性的地球化学趋势(Donaire et al.,2005)。因此,岩浆混合在暗色MME和宿主花岗岩形成方面起到了重要的作用(图3.84)。

不同端元熔体的混合是解释暗色MME形成最流行的模型(Honarmand et al.,2015)。与寄主花岗岩相比,MME具有更高的Cr含量(高达1.8×10^{-4})、更高的MgO(高达4.12%)和$Mg^\#$值(高达59)。此外,MME具有相对较高的Na_2O和较低的K_2O及高的Na_2O/K_2O值(2.56~3.4),显示出富Na的特征。这些地球化学特征明显与典型的壳源岩浆不一致(图3.79(a))。此外,MME具有较高的Nb/Ta值(>18),暗示其软流圈地幔来源的特征(Jochum et al.,1989)。MME具有较低的TiO_2含量(图3.79(b)),且位于实验熔体的难熔橄榄岩域,表明MME来自地幔岩石的部分熔融(Falloon et al.,1988)。高的La/Nb值(>3)也支持这一点。然而,MME高的Th/Ta值(23.8~76.5)和低的Ta含量被认为是比较典型的壳源岩浆的成分特征(Sun,McDonough,1989;McDonough,2003)。一般认为,地幔的Rb/Sr值为0.01~0.1,$(La/Sm)_N$值约为1,Nb/La值为1.01(McDonough,2003)。相比之下,尼木晚白垩世岩体中的MME具有较高的Rb/Sr(0.19~0.3)、$(La/Sm)_N$值(>1)和较低的Nb/La值(0.25~0.33),暗示了壳源物质的加入。

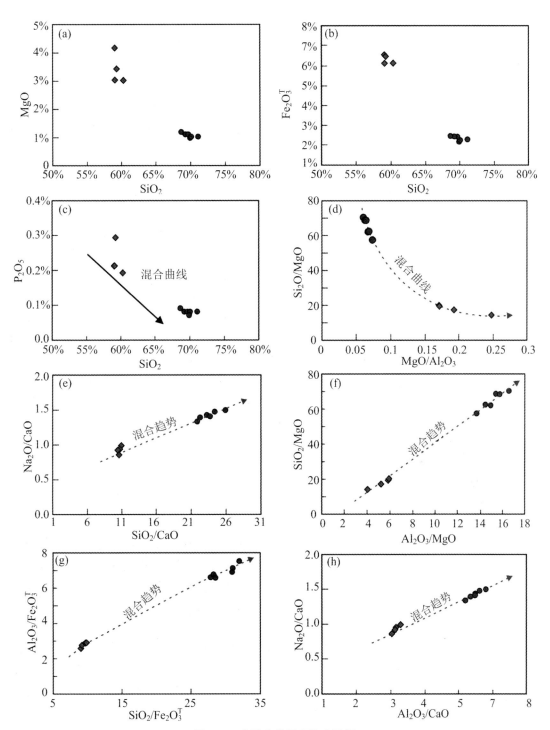

图3.84　全岩主量元素协变图解

（a）~（c）SiO_2-主要氧化物（MgO、$Fe_2O_3^T$ 和 P_2O_5）哈克图解；（d）MgO/Al_2O_3-SiO_2/MgO 图；
（e）SiO_2/CaO-Na_2O/CaO 图；（f）Al_2O_3/MgO-SiO_2/MgO 图；（g）$SiO_2/Fe_2O_3^T$-$Al_2O_3/Fe_2O_3^T$ 图；
（h）Al_2O_3/CaO-Na_2O/CaO 图

综上所述,研究区MME的地球化学性质与它们的地幔来源及地壳的加入是一致的。与寄主花岗岩相比,MME的$\varepsilon_{Hf}(t)$值变化范围大(6.12~13.79),Cr含量高且变化范围较大,这些都暗示了岩浆混合的特征(Griffin et al.,2000,2002)。

(3)构造环境及地壳的增厚机制

印度-欧亚大陆于新生代早期发生碰撞,碰撞时限被约束为(55±5) Ma(Hu et al.,2016)。因此,在前新生代时期,拉萨地体南缘被广泛认为存在一个安第斯型的大陆弧。该大陆弧是新特提斯洋俯冲的岩浆产物。尼木晚白垩世岩体富集LREE和LILE且亏损HFSE(如Nb、Tb和Ti)和HREE,显示出火山岩弧岩浆岩的地球化学特征,暗示了尼木晚白垩世岩体可能起源于俯冲带环境(Pearce et al.,1984;Müller和Groves,2019)。此外,所有样品在稀土元素配分模式图中显示正的Ce异常,这与弧相关的环境是一致的(图3.80(a)),通常在弧环境中,岩浆岩普遍具有高的氧逸度(Wang et al.,2016;Müller,Groves,2019)。

寄主花岗岩低的HREE含量(Yb为$4.4×10^{-7}$~$4.5×10^{-7}$),高的La/Yb值和显著分异的REE模式(La/Yb=32~49)可能与地壳增厚的过程有关(McMillan et al.,1993;Ji et al.,2012)。藏南地区的地壳增厚可能与三个过程有关:① 印度板块的俯冲;② 构造作用引起的地壳缩短(Kapp et al.,2005,2007);③ 基性岩浆底侵或者底垫(Chung et al.,2009;Ji et al.,2012)。显然,晚白垩世印度-亚洲板块还没有发生碰撞,因此印度大陆地壳的俯冲造成藏南地区地壳加厚是不可能的。Mo等(2007)和Chung等(2009)认为基性岩浆底侵是藏南地壳增厚最有效的过程。南美安第斯山脉的地壳增厚也被认为是与玄武质岩浆的底侵有关(Atherton,Petford,1993;Haschke et al.,2002)。结合区域地质概况以及本次获得的数据特征,我们认为在新特提斯洋俯冲过程中大规模的基性岩浆底侵可能是造成藏南地壳在垂向上增厚的主要原因。

3.3.2.2 冈底斯带晚白垩世扎囊岩体成因及构造背景

1. 地质背景及样品特征

目前,学者对藏南晚白垩世岩浆岩的研究大多集中在90 Ma左右的埃达克质岩浆作用的成因上,且普遍认为它们是由俯冲的新特提斯洋板片或南拉萨地体增厚下地壳的部分熔融形成的(Xu et al.,2015;Zheng et al.,2014)。然而,与埃达克岩共存的A型花岗岩很少被关注。本小节对扎囊地区的石英正长岩、花岗岩和暗色镁铁质包体开展系统性的研究,结合之前发表的数据,探究板块回转在西藏南部晚白垩世花岗岩形成中的关键作用,并提供了板片回转过程不同成因类型岩浆岩的形成动力学模式。

在扎囊地区采集两个深成岩体,即措杰林岩体和泽于岩体。泽于岩体侵入到桑日群的侏罗纪火山地层中,主要由石英正长岩、花岗岩和暗色镁铁质包体组成。本节中,讨论泽于岩体的寄主岩石时,主要是指泽于岩体中的石英正长岩和花岗岩(即暗色镁铁质包体的寄主岩石),而不是桑日群的火山岩。较年轻的措杰林岩体侵入桑日群火山岩和泽于岩体,主要由石英正长岩组成。

措杰林石英正长岩呈细粒火成岩结构,含有石英(10%~20%)、钾长石(60%~65%)、斜长石(20%~30%)、角闪石(约5%)、黑云母(5%~10%)和少量的副矿物(榍石、锆石、磷灰石、磁铁矿等)。泽于石英正长岩主要由石英(20%)、钾长石(45%)、斜长石(25%)、黑云母(5%)、角闪石(3%)和少量副矿物(2%)组成。泽于花岗岩主要由石英(25%～35%)、钾长石(55%～60%)、斜长石(15%～25%)和黑云母(5%～10%)组成。泽于深成岩体中富含暗色镁铁质包体。这些包体在野外显示圆形或者椭圆形。暗色镁铁质包体呈中细粒火成岩结构,主要由石英(2%～5%)、斜长石(约40%)、钾长石(约35%)、角闪石(约15%)、黑云母(约5%)和针状磷灰石组成(图3.85)。

图3.85 野外和镜下照片

(a)泽于花岗岩SK1307中的钾长石斑晶和暗色镁铁质包体;(b)措杰林石英正长岩SK1315的手标本照片;(c)泽于MME(SK1302)中的针状磷灰石;(d)泽于花岗岩SK1307的镜下显微照片;(e)措杰林石英正长岩SK1313的镜下显微照片;(f)措杰林石英正长岩SK1314的显微照片(正交光);

Qtz=石英;Pl=斜长石;Kfs=钾长石;Mc=微斜长石;Amp=角闪石;Bt=黑云母;Ttn=钛矿;Ap=磷灰石;Mt=磁铁矿

2. 锆石U-Pb测年及Hf同位素特征

(1)锆石U-Pb测年

泽于岩体中的锆石晶体呈无色透明、自形,长宽比为1:1~2:1。这些锆石在CL图像中显示出明显的振荡分带,并具有较高的Th/U值(0.73~1.14)。其中样品SK1303的$^{206}Pb/^{238}U$加权平均年龄为(95.0±0.5)Ma(MSWD=0.8,图3.86(a))。样品SK1308的$^{206}Pb/^{238}U$加权平均年龄为(96.2±0.6)Ma(MSWD=1.1,图3.86(b))。样品SK1310的$^{206}Pb/^{238}U$加权平均年龄为(98.7±1.0)Ma(MSWD=1.4,图3.86(c))。

措杰林石英正长岩中的锆石颗粒无色、自形,长宽比为1:1~3:1。这些锆石颗粒均具有明显的振荡成分环带及多变的U(118~731 μg/g)和Th(81~784 μg/g)含量。样品SK1314的$^{206}Pb/^{238}U$加权平均年龄为(92.1±1.1)Ma(MSWD=1.3,图3.86(d))。

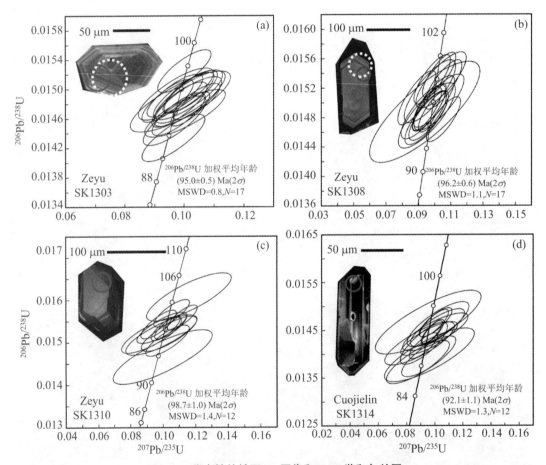

图3.86 代表性的锆石CL图像和U-Pb谐和年龄图

实线圆圈表示LA-ICP-MS U-Pb分析点的位置,虚线大的圈指示对应的Lu-Hf同位素分析的位置

(2)锆石Hf同位素组成

泽于岩体中的锆石Hf同位素组成变化范围较大,$^{176}Hf/^{177}Hf$的范围为0.282996~0.283144,$\varepsilon_{Hf}(t)$的范围为9.9~15.0。根据Mišković和Schaltegger(2009)提供的公式可得,地幔对泽于岩体的贡献可能高达94%。

（3）锆石的微量元素组成

泽于岩体中石英正长岩（样品SK1310）的锆石具有高的稀土元素总含量（327～2206 μg/g），平均为1074 μg/g，且具有较低的LREE/HREE值（0.03～0.05），表明这些锆石均为典型的岩浆成因锆石（吴元保，郑永飞，2004）。对于样品SK1310中的锆石，Ti含量为4.1～10.7 μg/g，Hf含量为6647～9765 μg/g，Eu/Eu*为0.20～0.58（平均为0.26），显示出明显的负Eu异常。在稀土元素球粒陨石标准化图解中，样品SK1310中的锆石显示LREE亏损、HREE富集、Eu负异常和Ce正异常（图3.87(a)）。

措杰林深成岩体中石英正长岩（SK1314）中锆石的总稀土含量较高，为327～2206 μg/g（平均为745 μg/g）。LREE/HREE为0.02～0.04，平均值为0.03，Ti和Hf的含量分别为7.2～74.9 μg/g和8523～11264 μg/g，Eu/Eu*为0.15～0.46（平均值为0.22）。在球粒陨石标准化REE模式中，样品SK1314中的锆石显示LREE亏损和HREE富集以及负Eu异常和正Ce异常（图3.87(b)）。锆石中的微量元素可以反映岩浆源区性质。样品SK1310和SK1314中的大多数锆石落入正长岩源区范围内（图3.87(c)）。

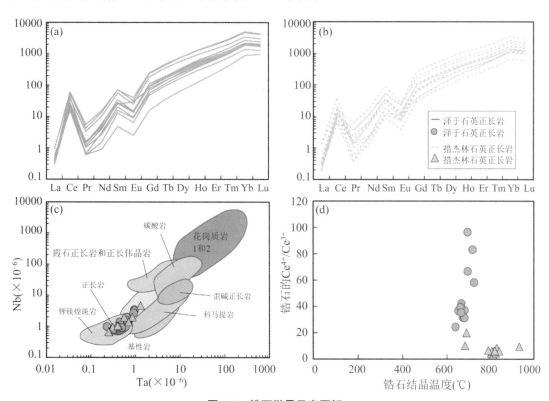

图3.87 锆石微量元素图解

（a）泽于寄主岩石中锆石的稀土元素球粒陨石标准化图解（球粒陨石标准化值来自Boynton(1984)）；（b）措杰林石英正长岩中锆石的稀土元素球粒陨石标准化模式（原始地幔标准化值来自Sun，McDonough(1989)）；（c）不同岩石类型的锆石的微量元素特征，修改自Belousova et al.(2002)；（d）泽于寄主岩石和措杰林石英正长岩的锆石结晶温度与Ce⁴⁺/Ce³⁺的关系研究表明,Ti元素在锆石中的含量取决于结晶温度,因此锆石中的Ti含量可用于估算岩浆结晶时的温度(Ferry,Watson,2007)。样品SK1310和SK1314锆石Ti含量计算温度分别为639～725 ℃(平均为680 ℃)和684～933 ℃(平均为803 ℃)(图3.87(d))。锆石的Ce^{4+}/Ce^{3+}值对岩浆形成期间的氧化状态十分敏感(Ballard et al.,2002),因此可以通过锆石的Ce^{4+}/Ce^{3+}值评估岩浆的氧逸度。样品SK1310中锆石的Ce^{4+}/Ce^{3+}值为23～96(平均为48),而样品SK1314中的锆石的Ce^{4+}/Ce^{3+}值为2.3～19(平均为6.7)。由此推断,泽于岩体形成于低温高氧逸度环境,而措杰林岩体形成于相对高温还原环境(图3.87(d))。

3. 全岩主微量元素及Sr-Nd同位素特征

(1)全岩主微量元素特征

泽于深成岩体的寄主岩石具有较高的SiO_2(65.5%～70.3%)和K_2O(3.5%～4.6%)含量,和较低的MgO(0.7%～1.4%)、$Mg^{\#}$值(43.1～46.4)、Cr(2.5×10^{-6}～4.1×10^{-6})、Ni(3.4×10^{-6}～5.4×10^{-6}),属于高钾钙碱性和偏铝质岩石(A/CNK=0.90～0.96)(图3.88(a)～(c))。泽于岩体中的MME具有较低的SiO_2(53.5%～54.8%)和K_2O(1.6%～2.0%)含量,但MgO(3.5%～3.6%)、$Mg^{\#}$值(47.7～49.6)、Cr(7.0×10^{-6}～2.62×10^{-5})、Ni(1.06×10^{-5}～1.89×10^{-5})更高,并且属于偏铝质(A/CNK=0.66～0.72)和钙碱性-高钾钙碱性系列。

在稀土元素球粒陨石标准化图解(图3.89(a))中,泽于寄主岩石均显著富集轻稀土元素,亏损重稀土元素,并显示出轻微的Eu异常(Eu/Eu^*=0.88～1.07)。MME的REE模式与其寄主岩石的REE模式大致平行,但值得注意的是,MME相对于寄主岩石具有更原始的主量元素组成,更富集的稀土元素特征。在微量元素原始地幔标准化图解(图3.89(b))中,泽于寄主岩石和MME均显示富集大离子亲石元素(如Rb、Ba、Th和U),亏损高场强元素(如Nb、Ta、P、Ti)的弧岩浆特征。

措杰林石英正长岩具有中酸性岩石的SiO_2含量(60.4%～66.2%)、低MgO(1.2%～1.8%)和低相容元素(如Cr和Ni),但K_2O(4.6%～5.3%)和Na_2O(3.9%～4.2%)含量较高。它们虽然显示偏铝质,但是在钙碱性判别图解中显示钾玄岩的特征。措杰林石英正长岩的总稀土含量高于泽于石英正长岩,轻稀土元素中度富集,且具有明显的负Eu异常(Eu/Eu^*=0.58～0.72)(图3.89(c))。在微量元素原始地幔标准化图解中(图3.89(d)),措杰林石英正长岩轻微亏损Nb、Ta、Ti元素,并相对富集Zr和Hf元素。

(2)全岩Sr-Nd同位素组成

泽于深成岩体中的寄主岩石和暗色镁铁质包体均具有相对均一的Nd同位素比值($^{143}Nd/^{144}Nd_i$=0.512720～0.512736,$\varepsilon_{Nd}(t)$=4.1～4.3)。类似地,措杰林石英正长岩同样具有较为均一的Nd同位素组成($^{143}Nd/^{144}Nd_i$=0.512717～0.512732,$\varepsilon_{Nd}(t)$=3.9～4.2)。如图3.90(a)所示,泽于和措杰林岩体的初始Sr-Nd同位素组成与叶巴组侏罗纪火山岩的Sr-Nd同位素组成相当。

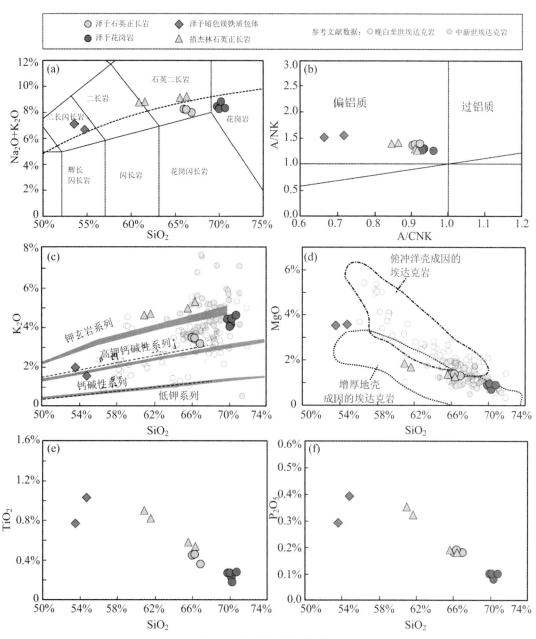

图3.88 全岩地球化学图解

(a) SiO₂-Na₂O+K₂O(据 Middlemost(1994));(b) A/CNK-A/NK 图(修改自 Maniar,Piccoli(1989));
(c) SiO₂-K₂O图解(修改自 Middlemost(1994));(d) SiO₂-MgO(增厚地壳成因的埃达克岩范围引自
Petford,Atherton(1996);俯冲大洋板片衍生的埃达克岩范围引自 Stern,Kilian(1996));(e) SiO₂-
TiO₂图解;(f) SiO₂-P₂O₅图解;

数据来源:南拉萨地体晚白垩世埃达克质岩石据 Zheng et al.(2014);Chen et al.(2015a,2015b);代
作文等(2018);Wu et al.(2018);Liu et al.(2019);唐演等(2019);Huang et al.(2020);南拉萨地体中
新世埃达克质岩据 Hou et al.(2004);Li et al.(2011,2017);Hu et al.(2017);Sun et al.(2018)

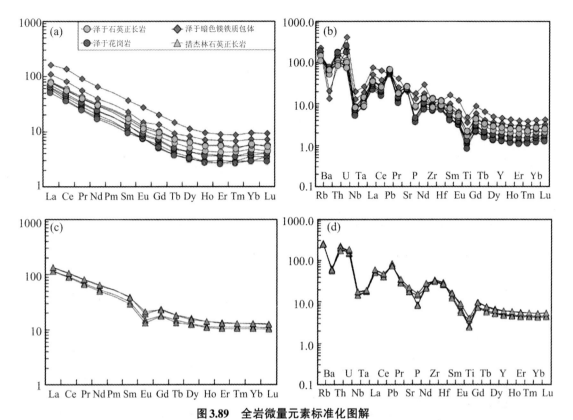

图3.89　全岩微量元素标准化图解

（a）泽于样品的稀土元素球粒陨石标准化配分模式；（b）泽于样品的原始地幔标准化微量元素模式；
（c）措杰林样品的REE模式图解；（d）措杰林样品的原始地幔标准化模式；球粒陨石标准化值来自
Boynton（1984）；原始地幔标准化来自Sun，McDonough（1989）

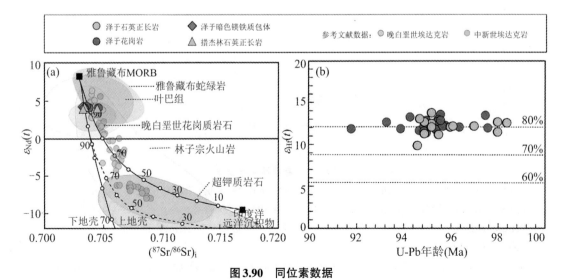

图3.90　同位素数据

（a）藏南泽于-措杰林侵入岩的Sr-Nd同位素组成，修改自Wu et al.（2018）和Wang et al.（2020a）；
（b）根据锆石年龄和锆石Hf同位素计算绘制的地幔物质对晚白垩世埃达克岩的贡献百分比，修改
自Zhu et al.（2011a）；参考文献数据来源与图3.88相同

4. 岩石成因

(1)泽于寄主岩体

泽于岩体的寄主岩石,包括石英正长岩、花岗岩,均为偏铝质和钙碱性,$\varepsilon_{Hf}(t)$和$\varepsilon_{Nd}(t)$为正值,Cr和Ni含量较低,$Mg^{\#}$值也较低,表明壳幔混源特征。在哈克图解中,泽于岩体寄主岩石的P_2O_5含量随着SiO_2含量的增加而降低,为典型的I型花岗岩的特征。此外,泽于岩体寄主岩石具有较高的SiO_2含量($\geqslant 56\%$),且显示高Sr($\geqslant 4.0\times 10^{-4}$)和低Y($\leqslant 1.8\times 10^{-5}$)的特征。在埃达克岩判别图中(Defant,Drummond,1990),落入埃达克岩区域(图3.91(a)~(b))。

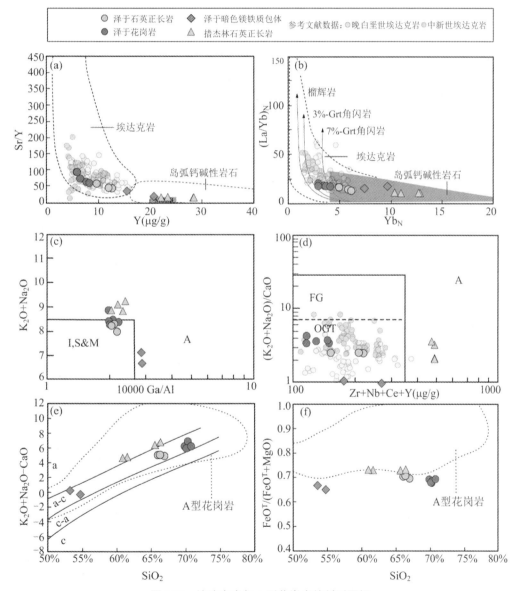

图3.91 埃达克岩与A型花岗岩的判别图解

(a) Y-Sr/Y,修改自Defant,Drummond(1990);(b) Yb_N-$(La/Yb)_N$,修改自Petford,Atherton(1996),Liu et al(2017a);(c) 10000 Ga/Al-Na_2O+K_2O,修改自Whalen et al.(1987);(d) ($Na_2O + K_2O$)/CaO与Zr+Nb+Ce+Y 的关系,修改自 Whalen et al.(1987);(e) SiO_2-(K_2O+Na_2O-CaO);(f) SiO_2-FeO^T/(FeO^T+MgO),修改自Frost et al.(2001)和Frost(2011);数据来源与图3.88相同

埃达克岩最初被认为是榴辉岩化的俯冲洋壳部分熔融,形成的高 SiO_2 含量、高 Sr/Y 和 La/Yb 值的花岗岩(Defant,Drummond,1990)。然而,后续研究陆续提出了多种多样的埃达克质岩石形成机制,包括:① 含石榴石的角闪质下地壳的部分熔融(Atherton,Petford,1993);② 镁铁质岩浆中石榴石或角闪石的分离结晶(Macpherson et al.,2006);③ 岩浆混合(Wang et al.,2020a)。如图 3.92(a)所示,泽于寄主岩石的 $(^{87}Sr/^{86}Sr)_i$ 随着 SiO_2 含量的增加而减少,表明泽于寄主岩石演化过程中地壳成分参与较少,而有相当多的幔源熔体贡献(例如类似 MME 的岩浆)。因此,泽于埃达克质岩石不是加厚下地壳直接部分熔融的产物。与拉萨地体加厚地壳部分熔融形成的中新世埃达克岩相比,泽于石英正长岩和花岗岩的 K_2O 含量相对较低,具有更亏损的 Sr-Nd 同位素特征(图 3.88(c)和图 3.90(a)),这也支持了这一观点。

如果来自拆沉下地壳或俯冲洋壳部分熔融形成的埃达克质熔体在上升过程中不可避免地与地幔楔橄榄岩发生反应,可以解释其亏损的同位素组成,但这些熔体通常具有高的 $Mg^#$ 值(>47)(Rapp et al.,1991)。而泽于石英正长岩和花岗岩的低 MgO、Cr、Ni 含量(图 3.88(d))、低的 $Mg^#$ 值和低相容元素含量和拆沉下地壳或俯冲洋壳部分熔融形成的熔体与地幔楔相互作用形成的埃达克岩的地球化学特征不一致(Wang et al.,2004)。因此,泽于石英正长岩和花岗岩可能源自新生地壳,富集地幔和/或上地壳成分贡献较小,类似于研究区晚白垩世埃达克岩。其相对低的 MgO、Cr、Ni 含量(图 3.88(d))和低 $Mg^#$ 值可能是结晶分异的结果。在岩浆源区判别图中,泽于石英正长岩和花岗岩沿着 7% 石榴石角闪岩演化趋势分布(图 3.91(b))。含水长英质熔体中矿物分配系数的实验测定结果表明,重稀土元素强烈相容于石榴石,而角闪石更富集中稀土元素(Davidson et al.,2007)。因此,源区残留石榴石或石榴石发生分离结晶产生的熔体的 $(La/Sm)_N$ 和 $(Dy/Yb)_N$ 之间显示正相关关系。相比之下,角闪石的残留或分离结晶将导致熔体的 $(La/Sm)_N$ 增加,而 $(Dy/Yb)_N$ 减少或保持不变。泽于石英正长岩和花岗岩显示出 $(Dy/Yb)_N$ 随 $(La/Sm)_N$ 的增加而减少的趋势(图 3.92(b)),与源区角闪石残留或角闪石分离结晶的特征一致。泽于石英正长岩和花岗岩稀土元素球粒陨石标准化图解明显呈 U 形(图 3.89(a)),其中稀土元素相对重稀土元素更加亏损的特征同样证明这一观点。Sm/Yb-La/Sm 判别图再次表明泽于寄主岩石源区存在辉石和含角闪石残留,缺少石榴石(图 3.92(c))。

由于 La 在部分熔融过程中比 Yb 更不相容(尤其是当源区残留角闪石或石榴石时),La/Yb 和 La 之间的相关性能够区分部分熔融和分离结晶过程(Allègre,Minster,1978)。如图 3.92(d)所示,泽于石英正长岩显示 La/Yb 值与 La 含量正相关,表明岩浆演化以部分熔融过程为主,而不是简单的分离结晶。因此,我们推断泽于石英正长岩是由富含角闪石的年轻下地壳部分熔融形成的。但泽于花岗岩 La/Yb 值相对恒定,不随 La 含量变化,可能表明分离结晶在泽于花岗岩的演化中发挥了重要作用(图 3.92(d))。由于泽于花岗岩中的 La/Sm 值和 Eu/Eu* 高于泽于石英正长岩(图 3.92(c)、(e)),我们认为,在泽于花岗岩的岩浆演化过程中,发生了角闪石分馏,而不是斜长石,导致泽于花岗岩具有高于石英正长岩的 SiO_2 含量和 Sr/Y 值。此外,泽于花岗岩具有恒定的 CaO/Na_2O 和变化的 Al_2O_3/TiO_2 值(图 3.92(f)),反映黑云母的明显分离结晶(Sylvester,1998)。

综上所述,泽于寄主岩体是以角闪石为主要残留相的年轻下地壳部分熔融的结果,花岗岩相对于石英正长岩经历了角闪石和黑云母的分离结晶。

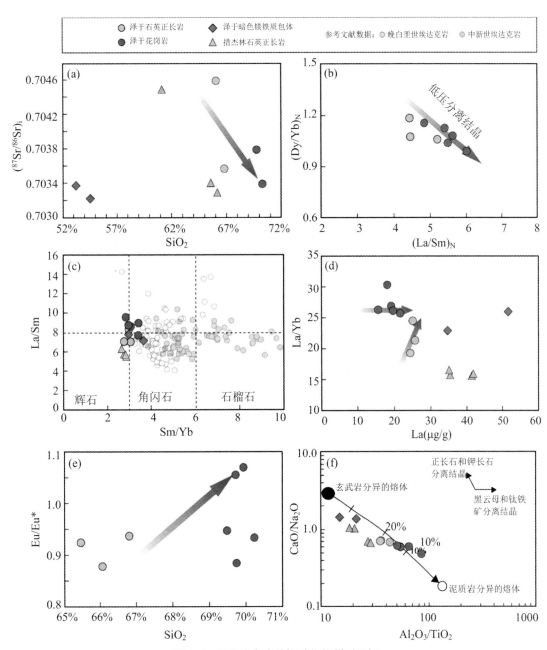

图3.92 区分残余或分馏矿物相判别图解
(a) SiO₂-(⁸⁷Sr/⁸⁶Sr)ᵢ；(b) (La/Sm)N-(Dy/Yb)N；(c) Sm/Yb-La/Sm，改编自 Kay，Mpodozis(2001)；
(d) La-La/Yb；(e) SiO₂-Eu/Eu*；(f) Al₂O₃/TiO₂-CaO/Na₂O，修改自 Sylvester(1998)；参考文献数据来源与图3.88相同

（2）泽于岩体中暗色MME的成因——岩浆混合

泽于岩体中MME既没有堆晶结构，也缺乏继承性锆石，因此我们认为泽于岩体中的MME很可能代表了不完全岩浆混合的产物。第一，泽于岩体中大多数MME呈椭圆状或球

状(图3.85(a)),与部分结晶的岩浆在对流过程中产生的塑性变形一致(Yang et al.,2015c)。第二,泽于岩体中可以观察到钾长石巨晶穿过MME与寄主岩石边界的现象,可能是岩浆混合过程中晶体交换的结果(图3.85(a))。第三,MME中含有大量的针状磷灰石,可能是少量热的镁铁质熔体遇到较冷的长英质岩浆时,通过淬火机制形成的(Vernon,1984)(图3.85(c))。第四,泽于岩体MME和寄主岩样品在SiO_2-主量元素变化图解中,沿着单一线性趋势的两个端元分布(图3.88(c)~(f)),与岩浆二元混合的结果一致。第五,泽于MME和寄主岩石具有近乎平行的球粒陨石和原始地幔标准化模式,可能反映出部分熔融状态下的熔体微量元素的有效扩散和均一化的过程(图3.89(a)~(b))。

泽于MME显示典型的岛弧火成岩的微量元素模式:富含大离子亲石元素,亏损高场强元素(图3.89(b))。岛弧岩浆中大离子亲石元素的富集通常被认为是由俯冲通过地幔楔转移到上覆板块的岛弧地壳中造成的。然而,俯冲板块包含多种岩石类型,每种岩石都可以通过熔融或脱水,为岛弧岩浆提供独特的地球化学特征。在板片衍生熔体与板片衍生流体的贡献判别图中(图3.93),泽于MME显示板片流体参与的趋势。

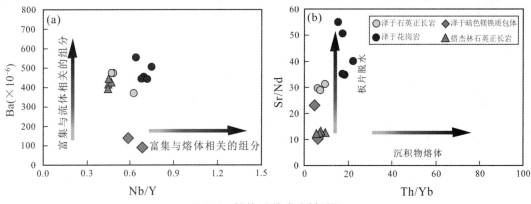

图3.93 熔体/流体成分判别图

(a) Nb/Y-Ba;(b) Th/Yb-Sr/Nd图解

泽于MME具有相当均一的Sr-Nd同位素比值。$\varepsilon_{Nd}(t)$和$(^{87}Sr/^{86}Sr)_i$的范围分别为4.1~4.2和0.703220~0.703371。$\varepsilon_{Nd}(t)$与$(^{87}Sr/^{86}Sr)_i$图解中(图3.90(a)),可以看到泽于MME与叶巴组早侏罗世火山岩的Sr-Nd同位素组成重叠。因此,类似于叶巴组玄武岩,泽于MME的母岩浆可能起源于俯冲相关流体交代的地幔楔的部分熔融。

(3)措杰林深成岩体成因

措杰林石英正长岩和泽于寄主岩相似,也具有正的$\varepsilon_{Hf}(t)$和$\varepsilon_{Nd}(t)$,低的MgO、Cr、Ni含量,且显示偏铝质和钙碱性的特征,因此可以排除措杰林石英正长岩为S型(过铝质)和M型(高Cr、Ni和$Mg^{\#}$值)花岗岩的可能性。措杰林石英正长岩具有高的K_2O、$Fe_2O_3^T$和高场强元素含量(Zr、Hf),在I-S-A花岗岩判别图中落入A型花岗岩区域(图3.91(c)~(d))(Whalen et al.,1987)。King等(1997)在研究澳大利亚拉克兰褶皱带中的A型花岗岩时,发现大多数A型花岗岩的Zr含量大于3.01×10^{-4},而分异或原始的I型花岗岩的Zr含量值分别为1.51×10^{-4}和1.16×10^{-4}。措杰林石英正长岩中的Zr含量均高于3.01×10^{-4},平均为3.73×10^{-4},进一步证明了措杰林石英正长岩为A型花岗岩。此外,措杰林样品中Zr+Nb+Ce+Y的平

均值为 4.88×10^{-4}，超过 A 型花岗岩 Zr+Nb+Ce+Y 的下限（3.50×10^{-4}）（图 3.91（d））（King et al.，2001）。

岩石微量元素含量容易受到岩浆演化过程中结晶分异作用的影响，使得高分异 I 型花岗岩与 A 型花岗岩的微量元素特征难以区分开来。但 Frost 等（2001）和 Frost（2011）提出的新的 SiO_2-FeO^T/（FeO^T+MgO）和 SiO_2-（Na_2O+K_2O-CaO）的判别图解（图 3.91（e）~（f）），进一步证实了措杰林石英正长岩 A 型花岗岩的亲缘性。综上，措杰林石英正长岩均落入 A 型花岗岩区域。此外，措杰林岩体的地球化学特征与中国南方板石岭地区的 A 型花岗岩十分相似（Li et al.，2012）。

花岗岩成因类型还可以通过锆饱和温度来区分。通常，S 型花岗岩的平均锆饱和温度为 764 ℃，I 型花岗岩的平均锆饱和温度为 781 ℃（King et al.，2001），A 型花岗岩锆石饱和温度从 882 ℃到 903 ℃变化，平均为 893 ℃（Miller et al.，2003）。措杰林样品锆石 Ti 计算温度（应低于锆饱和温度，因为锆石在岩浆演化的大部分温度范围内继续生长）大多高于 781℃（图 3.87（d）），最高为 933 ℃，平均为 803 ℃，与 A 型花岗岩的高温成因一致（Hao et al.，2019）。综上所述，措杰林石英正长岩为 A 型花岗岩。前人研究中提出了一系列 A 型花岗岩的成因模型（King et al.，1997）：① 原始碱性幔源岩浆分异产生的残余花岗岩熔体（Eby，1992）；② 拉斑玄武岩广泛分离结晶或低程度部分熔融的产物（Frost，Frost，2011）；③ 由地幔岩浆底侵提供的热量驱动的富 F 下地壳麻粒岩（Whalen et al.，1987）或中性火成岩（英云闪长岩和花岗闪长岩）的重熔作用（Frost，Frost，1997）；④ 壳幔岩浆混合（Yang et al.，2006）。

措杰林石英正长岩中低的相容元素含量和低 $Mg^{\#}$ 值表明，它们来自演化的源区，而不是地幔熔融的原始产物（Baker et al.，1995；Litvinovsky et al.，2015）。然而，正如 Litvinovsky 等（2015）所指出的，K_2O 和 Na_2O 含量高的过碱性花岗岩和正长岩实际上可能来自地幔分异的富钾玄武质或安山质岩浆的分离结晶，几乎没有地壳贡献。措杰林石英正长岩的微量元素组成范围很小，且显示随 La 含量增加 La/Yb 恒定的趋势，表明措杰林石英正长岩经历分离结晶作用造成元素含量变化。然而，考虑到措杰林岩体的演化端元和 MME 的缺失，很难进一步约束地幔分异的富钾玄武质或安山质岩浆端元的性质。一方面，通过措杰林样品的共同特征（低 Cr 和 Ni 含量、高 Rb/Sr 值、明显的负 Eu 异常以及负 P 和 Ti 异常）推断，岩浆侵位之前，经历了橄榄石、黑云母、斜长石、磷灰石以及榍石等富钛相的分离结晶；另一方面，随着 SiO_2 含量的增加，FeO^T、MgO、CaO、TiO_2 和 P_2O_5 含量降低，表明辉石或角闪石、榍石以及磷灰石持续结晶分异。

尽管措杰林岩体缺少 MME，但我们假定泽于 MME（例如样品 SK1306）代表原始富钾岩浆特征，分馏矿物相组合为 0.5 斜长石、0.15 单斜辉石、0.1 斜方辉石、0.1 黑云母和 0.15 其他副矿物，建立演化模型。模拟结果显示，原始富钾岩浆经过 30%~60% 的分离结晶，可以形成措杰林石英正长岩微量元素特征（图 3.94）。

5. 冈底斯扎囊岩体的地球动力学意义

首先，沿着俯冲带的走向，板块后撤或多或少会导致热异常。俯冲大洋板块的加速向下运动使得热软流圈物质上涌进入地幔楔，导致上覆板块熔融产生基性熔体并底侵到地壳之下。年轻的下地壳熔融后，地幔和地壳来源熔体在中下地壳混合。泽于深成岩体保存了与这一系列过程相关的证据：泽于 MME 代表富钾地幔源熔体，泽于埃达克质寄主岩代表年轻下地壳的部分熔融,并在中下地壳发生了不完全的岩浆混合。几百万年后,措杰林A型花岗岩在相对高温的环境中形成。锆石中Ti的平均温度(802 ℃)和锆石的平均饱和温度(893 ℃)均远高于正常弧环境下形成的中上地壳花岗岩的温度(I型花岗岩中Ti的平均温度为781 ℃,S型花岗岩中Ti的平均温度为764 ℃)。这表明严重的热扰动在90 Ma左右到达南拉萨地体的上地壳。在南拉萨地体发现的高温紫苏花岗岩岩浆作用和高温麻粒岩相变质作用(Wang et al.,2009;Zhang et al.,2010;Ma et al.,2013b),同样也可归因于板块后退和软流圈上涌诱发的热异常。此外,洋脊俯冲会在板块窗口上方产生高温且相对缺乏H_2O的岩浆(Xu et al.,2015),但这不符合泽于寄主岩石源区残余或分馏角闪石的要求以及含角闪石A2型岩石的存在。

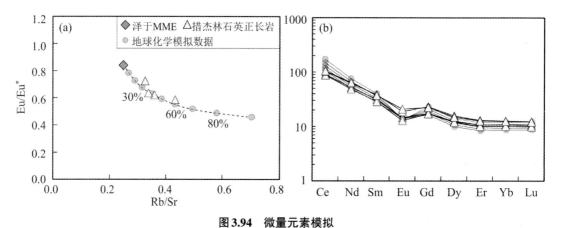

图3.94　微量元素模拟

(a) Rb/Sr-Eu/Eu*;(b) REE 的地球化学模拟趋势图(MME 的 30%~60% 分离结晶);
矿物分配系数来自 https://earthref.org/KDD/

其次,板片回转可能会导致弧后延伸(Heuret,Lallemand,2005)。在大多数情况下,A型花岗岩与伸展构造环境有关。Eby(1992)将A型花岗岩分为A1和A2亚类。A1型花岗岩与大陆裂谷或板内环境有关,通常存在于洋脊俯冲环境中。A2型花岗岩主要来源于大陆碰撞带或大陆弧环境的后造山期。措杰林石英正长岩在判别图中落入A2型花岗岩范围内,表明存在与俯冲有关的伸展环境。南拉萨地体丰富的晚白垩世基性岩脉也被解释为晚白垩世冈底斯弧后伸展时期的证据(唐演等,2019)。根据van Hinsbergen等(2011)提出的俯冲的新特提斯板块的海沟位置和倾角的变化与全球重要的板块构造事件相关,晚白垩世的回退事件可能在大约90 Ma时推动了整个印度-亚洲板块聚合碰撞速度的突然增加。

最后,板块后退和海沟后退解释了晚白垩世岩浆活动在南拉萨地体由北向南迁移的时空分布规律。之前的研究在更大的地理和时间尺度上显示了类似的趋势:晚侏罗世和早白垩世岩浆岩广泛分布在中拉萨地体和北拉萨地体中,而晚白垩世岩浆岩仅广泛分布在南拉萨地体(Zhu et al.,2013)。在剔除马氏距离>11的异常值后,我们使用Pearson相关分析验证晚白垩世岩浆岩的纬度和年龄之间的相关性。结果显示,晚白垩世岩浆岩的纬度和年龄之间存在显著的正相关(双尾显著性检验得出$P<0.01$),表明沿着整个岩浆前端,从东到西超过500 km,晚白垩世岩浆活动明显从北向南迁移(图3.95)。

综上所述,我们认为晚白垩世新特提斯洋板片回转是扎囊复式岩体中埃达克岩和A2型岩石形成的原因,其还导致藏南晚白垩世发生构造伸展和岩浆岩时空分布显示由北向南迁移的规律。

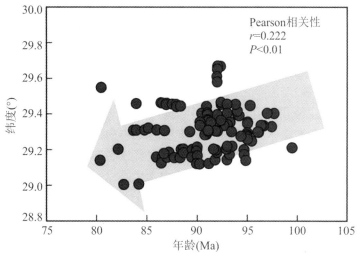

图3.95 南拉萨地体晚白垩世(100~80 Ma)岩浆岩时空分布特征

3.3.3 藏南冈底斯地区晚白垩世岩浆岩成岩的动力学过程

对于藏南晚白垩世早期(100~80 Ma)火成岩的成因和构造演化前人提出了多种动力学模型。比如,Zhang等(2010)将埃达克质岩和高钾钙碱性弧岩浆都归因于新特提斯洋的洋脊俯冲。根据藏南晚白垩世早期火成岩的分布特征,如果藏南晚白垩世早期的岩浆活动是洋脊俯冲的产物,那么扩张脊应该和海沟是近似平行的。Ma等(2013b)和Xu等(2015)研究认为,如果洋脊平行于海沟俯冲,则其通常具有较短的演化历史,其演化时间一般不超过15 Ma。此外,洋中脊俯冲会产生高温和贫水的岩浆(赵振华,2016),这与目前冈底斯带报道和发现的相对富水环境下形成的角闪辉长岩矛盾(Xu et al.,2015;叶丽娟等,2015)。虽然,在南拉萨地体发现高温紫苏花岗岩岩浆作用,暗示了一个无水的环境。然而,众所周知,紫苏花岗岩的矿物组合以及地球化学成分与下地壳(即麻粒岩相)非常相似,均具有贫水的特征(Rudnick,Gao,2003)。由于中新世期间地壳的快速抬升和剥蚀,东冈底斯带和邻近地区(如南迦巴瓦地区)的下地壳快速出露地表(Dong et al.,2016)。因此,南迦巴瓦地区的含辉石的正片麻岩具有典型的下地壳成分特征,水含量低。然而,冈底斯带中西段经历了相对较低程度的剥蚀,因此保留了上地壳的岩石组分(以花岗岩类和中酸性火山岩为主)。与下地壳成分相比,上地壳物质相对富水(Kay et al.,1981)。因此,紫苏花岗岩不能被视为洋中脊俯冲的产物。洋中脊俯冲不足以解释藏南地区晚白垩世早期岩浆岩的形成。另外,洋脊俯冲会形成板片窗效应,由于板片窗的喷灯效应(blowtorch effect),会在空间上形成成分非常复杂的岩浆岩组合(埃达克岩-富Nb玄武岩-富Mg安山岩)。洋脊俯冲还会形成同时代的拉斑玄武岩、碱性玄武岩以及具有N-MORB到OIB地球化学特征的岩浆岩。在洋脊俯冲过程中,下地壳的部分熔融也会形成A型花岗岩(Huang et al.,2007)和TTG的岩石组合

(Anma et al.,2009)。

与洋脊俯冲明显不同,板片回转通常是由地幔对流的压力梯度或负浮力的异常驱动的(Nakakuki,Mura,2013)。随着俯冲板块持续下沉,岩石圈通常会产生地幔楔上升流,以补偿地幔中的体积损失(Yin et al.,2017),而上覆的大陆板块将被动地跟随海沟后撤,转变为伸展的构造机制(Niu et al.,2014)。板块回转引起的热异常将触发软流圈地幔、大洋板块、新生地壳物质或加厚下地壳的部分熔融,以产生镁铁质岩石、I型花岗岩、A2型花岗岩、高镁或低镁埃达克质岩浆(Schlunegger,Kissling,2015;Ji et al.,2019;徐倩等,2019)。上覆陆壳的伸展通常还会形成双峰式火山岩和镁铁质岩脉(Ma et al.,2015)。此外,大洋板片回转过程中,岩浆岩的时空分布会显示形成位置随年龄减小向大洋方向迁移的规律(Jiang et al.,2018;Lipman et al.,1971)。另外,根据冈底斯带已经发表的相关数据,新特提斯洋板块的平板俯冲或正常的安第斯型俯冲无法合理解释晚白垩世藏南的岩浆大爆发(magmamtic flare-up)和弧后伸展构造(叶丽娟等,2015)。与早白垩世岩浆活动显著不同,晚白垩世早期(100~80 Ma)是冈底斯带的岩浆爆发期(图1.7)。在地球动力学机制上,平板俯冲或者正常角度的俯冲难以在较短时间内形成巨量的岩浆通量。根据冈底斯带晚白垩世岩浆岩的分布特征以及构造组合,我们提出板片回转的动力学模型来解释冈底斯带晚白垩世早期的岩浆岩成因。

综上所述,我们提出如下动力学模型:① 在早白垩世(＞100 Ma)期间,新特提斯洋板块沿着一个安第斯型大陆弧俯冲并产生典型的弧岩浆岩;② 到晚白垩世早期,新特提斯洋板片发生回转,引起软流圈物质上涌(Xu et al.,2015),造成冈底斯带晚白垩世的岩浆大爆发;③ 晚白垩世的基性岩墙群和岩株进一步表明了冈底斯地区发生了区域性的伸展,并且该区域性伸展和新特提斯洋板片的回转有关(叶丽娟等,2015;曾令森等,2017)。图3.96展示了详细的地球动力学演化过程,该模型也可以很好地解释为什么晚白垩世岩浆岩具有高Mg#值的特征,反映了基性软流圈地幔物质的加入。

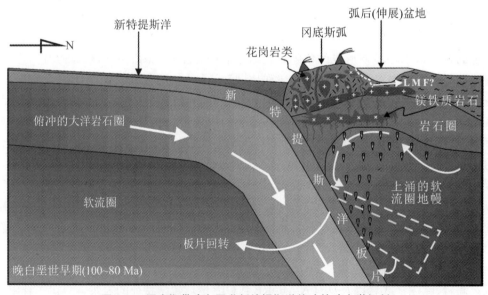

图3.96 冈底斯带晚白垩世新特提斯洋俯冲的动力学机制

第4章 冈底斯带中段新生代岩浆作用与大地构造演化

与中生代岩浆岩相比,冈底斯带新生代的岩浆岩记录了更为复杂的地球动力学过程,其中包括新特提斯洋板片的回转、撕裂、断离和印度-亚洲大陆的碰撞。在青藏高原上,冈底斯带是新生代岩浆岩分布最为集中的区域,形成时代横跨65~10 Ma,并在55~45 Ma发生了岩浆大爆发。其中火成岩的主要形成时代为新生代的早中期(>40 Ma),以花岗质岩石和中酸性火山岩(林子宗火山岩)为主。冈底斯带新生代的岩浆岩主要是在印度-亚洲大陆碰撞总的动力学背景下产生的。大量的研究已经揭示,印度-亚洲大陆的碰撞在60~55 Ma开始。其中60~40 Ma属于同碰撞阶段,约40 Ma以后属于后碰撞阶段。本章主要简要阐述冈底斯带新生代始新世以及中新世(后碰撞)火成岩的时空分布特征和主要岩石类型及其成因。

4.1 冈底斯带中段始新世岩浆作用及其大地构造意义

虽然前人对冈底斯带古新世末-早中始新世的岩浆作用开展了大量的研究,然而对其岩石成因仍然存在着激烈的争论。早期的学者认为该时期的花岗岩类是新特提斯洋板片持续俯冲的产物,具有岛弧花岗岩的地球化学特征(Searle et al.,1987)。后来部分学者通过对林子宗火山岩的系统研究后认为该时期的岩浆具有同碰撞的成因机制,认为印度-亚洲大陆碰撞,巨大的阻力使得新特提斯洋板片的俯冲速率减慢,有充分的时间与上覆热的岛弧岩石圈平衡并达到一定的温压条件后,使其发生部分熔融(莫宣学等,2003,2005;Mo et al.,2008;徐旺春,2010)。而另一种普遍观点却认为,该时期的岩浆活动和新特提斯洋板片的回转、断离等具有密切的关系(Wen et al.,2008a,b;Ji et al.,2012,2016;Wang et al.,2015a,b;Zhu et al.,2015;王青,2016;Ma et al.,2017a)。对于始新世花岗岩类的起源,部分学者认为其主要源于新生地壳的部分熔融(丛源等,2012;黄勇等,2015;孟元库等,2015a,2022),而Guan等(2012)对同时期的花岗质岩石和闪长质包体进行详细的研究后认为,花岗质岩石和闪长质包体分别来自加厚下地壳和富集岩石圈地幔的部分熔融。关于印度-亚洲大陆碰撞的时限,尽管大多数学者认为其碰撞的时间为始新世早期(约55 Ma)(Zhu et al.,2015;Hu et al.,2015,2016;王青,2016),但也有少数学者认为这一事件发生在约45 Ma(Wang,2017),其至晚到34 Ma左右(Aitchison et al.,2002,2007)。此外,对于藏南冈底斯地区地壳增厚的时间,构造地质学证据显示,拉萨地体地壳增厚开始于晚白垩世初期(约100 Ma)(Murphy et al.,1997;Kapp et al.,2005);而来自冈底斯带火成岩的地球化学和岩石学证据显示,地壳增厚开始于古新世末期-始新世初期(Mo et al.,2007;Ji et al.,2012;Jiang et al.,2014)。综上所述,冈底斯带始新世岩浆作用的厘定对理解新特提斯洋板片演化的方式、藏南冈底斯地区地壳增厚的时间和限定印度-亚洲大陆碰撞的时限具有重要的科学意义。

针对以上问题,在前人工作的基础之上,本节主要以花岗岩类为研究对象,对冈底斯带中段研究程度较弱和高海拔地区进行了样品的采集。通过对采集的岩体进行锆石U-Pb年龄和岩石地球化学分析,精确厘定了各个岩体的成岩时代和岩石成因类型、归属,据此反演成岩时的大地构造背景,探讨了壳幔相互作用的过程。

4.1.1 地质背景及样品特征

冈底斯带中段及其邻区出露的岩性以花岗岩类和林子宗火山岩为主,其次分布有少量侏罗纪-白垩纪的沉积岩系。在整个冈底斯带,古新世-始新世是冈底斯带中段岩浆活动最为剧烈的时期(莫宣学等,2003,2009;Zhu et al.,2015;Wang et al.,2015a,b),该时期的花岗岩类构成了冈底斯带的主体。曲水岩基是古新世-始新世时冈底斯带中段的代表性复式岩体,岩性以花岗闪长岩、石英闪长岩、二长花岗岩以及正长花岗岩为主。SHRIMP锆石U-Pb定年显示,曲水岩基的主体形成于53~47 Ma,是印度-亚洲碰撞的产物(莫宣学等,2009)。此外,曲水岩基的花岗岩类中普遍发育有暗色镁铁质包体,Mo等(2005)和Dong等(2005)对其进行了地质年代学和地球化学研究,结果表明基性岩浆底侵与花岗岩的成因具有密切的关系。

本节中所涉及的样品主要位于冈底斯带中段南缘,冈底斯逆冲断裂(Gangdese thrust,GT)以北,紧邻雅鲁藏布江缝合带。冈底斯带中段主要出露花岗岩类,此外还发育有少量的中新生代沉积地层。中段从西侧至东侧,可以划分为五个采样区域,分别为谢通门-仁钦则、东嘎乡北、大竹卡北、尼木北和曲水北。

4.1.1.1 谢通门-仁钦则地区样品特征

采样岩体邻近谢通门县和仁钦则乡,野外露头良好(图4.1(a)~(d))。其中采自谢通门县附近的花岗岩体为典型块状构造(图4.1(a)~(b)),可见暗色镁铁质包体,岩体的镜下主要特征为石英20%~25%,斜长石35%~40%,钾长石30%~35%,黑云母0~5%,角闪石5%。石英为无色,少数为灰黄色,正低突起,为它形粒状,断口见油脂光泽;斜长石为板状、柱状,具有典型的聚片双晶;钾长石呈板状,发育卡式双晶;角闪石主要为普通角闪石,粒度较小,长柱状,断面呈六边形,具有典型的火成岩原生角闪石特点;黑云母呈鳞片状,多色性十分清楚(图4.1(e)~(f))。岩体的副矿物主要为锆石、磁铁矿、磷灰石等。

采自仁钦则地区的花岗岩体为典型的正长花岗岩,似斑状结构(图4.1(c)~(d)),主要由石英(20%~25%)、正长石(条纹长石)(55%~60%)和斜长石(约10%)组成,还含有少量黑云母(5%~10%)以及副矿物榍石、锆石、磷灰石、磁铁矿等(约5%)(图4.1(g)~(h))。镜下矿物特征主要如下:黑云母呈浅黄绿色到暗绿色,属于富铁黑云母;石英为它形粒状,可见动态重结晶形成的亚颗粒(图4.1(g)～(h));钾长石为半自形到自形,发育明显的卡式双晶,可见变形纹以及后期构造运动形成的剪裂隙;斜长石为半自形到自形,可见弱的聚片双晶(图4.1(g)～(h))。野外观测显示,该岩体遭受过轻微的韧性剪切,为典型的糜棱岩化花岗岩。除了部分矿物机械破碎和部分长石高岭土化外,该岩体整体较为新鲜,其余矿物没有发生明显的蚀变。

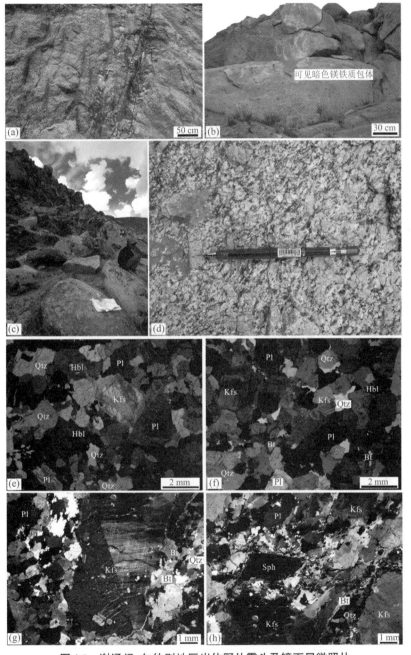

图4.1　谢通门–仁钦则地区岩体野外露头及镜下显微照片

图(a)～(b)为谢通门县附近的样品野外露头;图(c)～(d)为仁钦则附近的岩体野外露头;
Bt=黑云母;Hbl=角闪石;Kfs=钾长石;Pl=斜长石;Qtz=石英;Sph=榍石

4.1.1.2　东嘎乡地区样品特征

采样岩体位于东嘎乡北侧,岩体野外露头较好(图4.2(a)～(b)),为典型的块状构造,中粗粒结构(图4.2(c)～(d))。岩性以正长花岗岩和黑云母花岗岩为主,野外岩性呈渐变过渡关系。正长花岗岩主要由石英(约20%)、斜长石(约10%)、钾长石(约60%)和黑云母(5%～10%)组成,副矿物包括锆石、磷灰石、榍石等(0～5%)(图4.2(e))。黑云母花岗岩,似斑状结构(图4.2(f)),主要由石英(约25%)、钾长石(约50%)、黑云母(约15%)、斜长石(约5%)组成,此外,还含有少量副矿物和新生矿物(5%～10%);钾长石可见明显的卡式双晶和格子双晶(微斜长石)。镜下特征显示,长石多已黏土化和绢云母化,表面较为浑浊(图4.2(f))。

图4.2　东嘎乡北花岗岩体野外露头及镜下显微照片
Qtz=石英;Pl=斜长石;Kfs=钾长石;Bt=黑云母

4.1.1.3　大竹卡地区样品特征

采样岩体位于大竹卡北侧,主要由两个相邻的小型岩株组成。位于最北侧的小型岩株野外露头良好,块状构造,中粒结构(图4.3(a)～(b)),岩性为典型的闪长岩,其中斜长石含量约为55%,钾长石约为15%,石英约为10%,黑云母为10%～15%,角闪石为5%～10%。斜长石可见明显的聚片双晶,钾长石可见卡式双晶,此外,黑云母外围可见角闪石的反应边,表明了部分黑云母由角闪石蜕变而来(图4.3(d))。另外一个小岩体为典型的角闪辉长岩,野外为块状构造(图4.3(c)),中细粒结构(图4.3(e)),主要由角闪石(约45%)、斜长石(约45%)、石英(约5%)以及其他副矿物组成(约5%)。角闪石镜下为半自形晶体,可见典型的灰绿色到墨绿色干涉色;斜长石镜下以半自形晶为主,石英为它形粒状(图4.3(e))。

图4.3　大竹卡地区采样岩体野外露头及样品显微照片

Qtz=石英；Pl=斜长石；Kfs=钾长石；Bt=黑云母；Hbl=角闪石

4.1.1.4　尼木地区样品特征

采样岩体位于尼木县西北15 km处，交通较为便利。该岩体出露规模中等，露头较好(图4.4(a))，块状构造，中粗粒结构，岩性为黑云母花岗岩。主要组成矿物为斜长石(约45%)、钾长石(约15%)、石英(约25%)、黑云母(约10%)以及少量副矿物和新生矿物(约5%)(图4.4(b)~(c))。长石颗粒以自形到半自形为主，石英颗粒为它形粒状。单偏光下，石英颗粒表面较为干净，而长石表面较为浑浊(图4.4(b)~(c))。此外，斜长石可见明显的聚片双晶，钾长石可见卡式双晶，黑云母可见典型的棕褐色干涉色(图4.4(c))；另外，黑云母的边部可见角闪石的反应边，表明了黑云母很可能由角闪石蜕变而来(图4.4(b))。

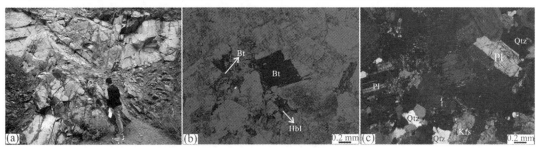

图4.4　尼木北地区采样岩体野外露头及显微照片

(a)为采样岩体野外露头；(b)~(c)为显微照片；Qtz=石英；Pl=斜长石；
Kfs=钾长石；Bt=黑云母；Hbl=角闪石

4.1.1.5 曲水地区样品特征

采样岩体位于曲水县西北二十余千米处。前人的研究主要集中在曲水岩基的南缘,而对于曲水岩基中北部岩体(即本节中的采样岩体)由于自然条件和交通等的限制,研究程度相对较低。1:250000区域地质调查时,曲水岩基北部岩体多以K-Ar法进行定年,所获得的年代多为晚白垩世,本次通过精确的锆石U-Pb法对其成岩时代进行了厘定(始新世)。采样岩体为典型的块状构造,中粗粒结构,岩性为黑云母二长花岗岩(图4.5(a)~(b))。黑云母二长花岗岩主要由斜长石(约35%)、钾长石(约25%)、石英(25%~30%)、黑云母(10%~15%)组成。斜长石可见明显的聚片双晶,钾长石可见明显的格子双晶和卡式双晶(图4.5(c)~(f))。野外及镜下显示,该岩体风化较弱,整体较为新鲜。

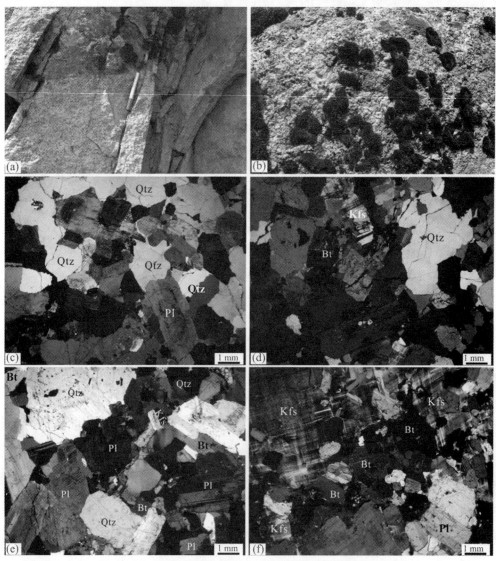

图4.5 曲水北部地区采样岩体野外露头及显微照片

(a)~(b)为采样岩体野外露头;(c)~(f)为显微照片;Qtz=石英;
Pl=斜长石;Kfs=钾长石;Bt=黑云母

4.1.2 始新世岩体样品的U-Pb年代学分析结果

4.1.2.1 谢通门-仁钦则地区采样岩体锆石U-Pb定年结果

谢通门县附近采样1件(xy911),用于锆石U-Pb测年。阴极发光图像显示,锆石大小为70~120 μm,颗粒大小相对均匀,半自形到自形,短柱状到长柱状,长宽比为1:1~3:1,锆石内部发育有暗色包体。阴极发光图中可见明显的岩浆韵律环带(图4.6(a))。此外,$^{232}Th/^{238}U>0.4$并且从边部到核部Th、U含量有减少的趋势,显示典型的岩浆锆石特点(鲍学昭等,1998;李长民,2009)。对样品进行年代学分析,去除掉年龄不和谐的测试点,对剩下的测点进行加权平均计算,获得的年龄为(43.5±0.63)Ma(95%置信度,MSWD=2.6)(图4.7(a)),代表了岩体的侵位结晶年龄。

另外,对谢通门-仁钦则地区的另一件样品也用于锆石测年(Mk441)。阴极发光图像显示,锆石颗粒大小相对均匀,半自形到自形,短柱状到长柱状,大小为80~200 μm,长宽比为1:1~3:1,部分锆石内部发育有暗色包体。阴极发光图中锆石可见明显的岩浆韵律环带(图4.6(b)),并且所测锆石的Th/U值均大于0.4,反映所有测试的锆石均为岩浆成因锆石(Hoskin,Schaltegger,2003)。在$^{207}Pb/^{235}U$-$^{206}Pb/^{238}U$谐和图上,测点均落在谐和曲线上或者谐和曲线附近(图4.7(b)),表明锆石在形成后没有明显的普通铅丢失。对$^{206}Pb/^{238}U$年龄进行加权平均计算,该岩体的形成年龄为(40.6±0.4)Ma(95%置信度,MSWD=0.56),结果精确度较高,可以准确地反映采样岩体的成岩年龄。

4.1.2.2 东嘎地区采样岩体锆石U-Pb定年结果

东嘎地区采样岩体的锆石阴极发光图像显示,大多数被测锆石为透明到半透明状,锆石颗粒大小相对均匀,半自形到自形,短柱状到长柱状,颗粒大小为50~150 μm,长宽比为1:1~3:1,部分锆石内部可见暗色包体,少量锆石发生蜕晶化(图4.6(c))。阴极发光图像中锆石可见明显的岩浆韵律环带(图4.6(c)),结合锆石形态学和Th/U值(>0.4),所测试的锆石均为岩浆结晶锆石(Hoskin,Schaltegger,2003)。在$^{207}Pb/^{235}U$-$^{206}Pb/^{238}U$谐和图上,5件样品均落在谐和曲线上或者谐和曲线附近(图4.7(c)~(g)),表明锆石在形成后没有明显的普通铅丢失。对5件样品的$^{206}Pb/^{238}U$年龄进行加权平均计算,获得的年龄分别如下:Mk961的为(46.9±0.6)Ma(95%置信度,MSWD=0.65);Mk941的为(46.6±0.6)Ma(95%置信度,MSWD=0.35);Mk934的为(49.9±0.9)Ma(95%置信度,MSWD=1.14);Mk922的为(47.6±0.9)Ma(95%置信度,MSWD=2.0);Mk321的为(46.9±0.6)Ma(95%置信度,MSWD=0.86)。5件样品的$^{206}Pb/^{238}U$年龄在误差范围内一致,代表了东嘎地区采样岩体的成岩时代。

4.1.2.3 大竹卡地区采样岩体锆石U-Pb定年结果

大竹卡地区采样岩体包括闪长岩和角闪辉长岩。阴极发光图像显示,闪长岩(Mk132)的锆石颗粒为自形到半自形,锆石具有明显的岩浆韵律环带(图4.6(d)),大小为60~

180 μm,长宽比为1:1~3:1。角闪辉长岩的锆石颗粒多为半自形(Mk252),可见较弱的岩浆韵律环带,颗粒相对较小,大小为40~100 μm,长宽比为1:1~2:1(图4.6(d))。2个岩体的锆石均具有较高的 Th/U 值(>0.4),为典型的岩浆成因锆石(Hoskin, Schaltegger, 2003)。在 $^{207}Pb/^{235}U$-$^{206}Pb/^{238}U$ 谐和图上,所有测点均位于谐和曲线上或者谐和线附近(图4.8(a)~(b)),表明了锆石没有明显的普通铅丢失。2件样品的锆石 $^{206}Pb/^{238}U$ 加权平均年龄代表了闪长岩和角闪辉长岩的成岩年龄(95%置信度,Mk132的为(48.8±0.8) Ma,MSWD=0.28;95%置信度,Mk252的为(48.2±0.6) Ma,MSWD=1.19)。

4.1.2.4 尼木地区采样岩体锆石U-Pb定年结果

采样岩体位于尼木县西北方向,为典型的中粗粒黑云母花岗岩。阴极发光图像显示,锆石以自形晶为主,可见明显的环带和扇状结构,大小为70~150 μm,长宽比为1:1~2:1(图4.6(e))。Th/U 值高(>0.4),反映了所有测试锆石均为岩浆成因锆石(Hoskin, Schaltegger, 2003)。在 $^{207}Pb/^{235}U$-$^{206}Pb/^{238}U$ 谐和图上,测试点均位于谐和线上或者谐和线附近,表明没有遭受明显的后期热事件的影响和普通铅丢失(图4.8(c))。对所获得结果进行加权平均年龄计算,获得的年龄为(55.1±0.7) Ma(95%置信度,MSWD=1.03),该年龄代表了尼木地区采样岩体的成岩年龄。

4.1.2.5 曲水地区采样岩体锆石U-Pb定年结果

阴极发光图像显示,所测试的3件样品锆石均为半透明状,半自形到自形,长度为75~300 μm,长宽比为1:1~4:1,局部可见暗色包体,阴极发光图中锆石可见岩浆韵律环带(图4.6(f))。高的 Th/U 值(>0.4)反映所有测试的锆石均为岩浆结晶锆石(Hoskin, Schaltegger, 2003)。在 $^{207}Pb/^{235}U$-$^{206}Pb/^{238}U$ 谐和图上,测试点均位于谐和线上或者谐和线附近,表明没有明显的普通铅丢失(图4.8(d)~(f))。对3件样品进行加权平均年龄计算,结果如下:M521的为(46.9±0.7) Ma(95%置信度,MSWD=0.21);M531的为(47.8±0.6) Ma(95%置信度,MSWD=0.9);M541的为(47.1±0.4) Ma(95%置信度,MSWD=0.86)。3件样品的年龄在误差范围内一致,代表了曲水地区采样岩体的成岩年龄。

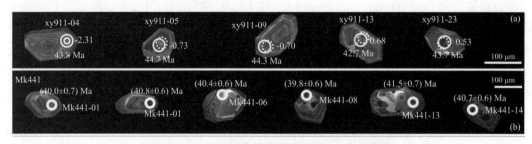

图4.6 研究区采样岩体代表性锆石阴极发光图像

图(a)中的虚线圆圈为Hf同位素分析区域,实线圆圈为锆石测年分析区域

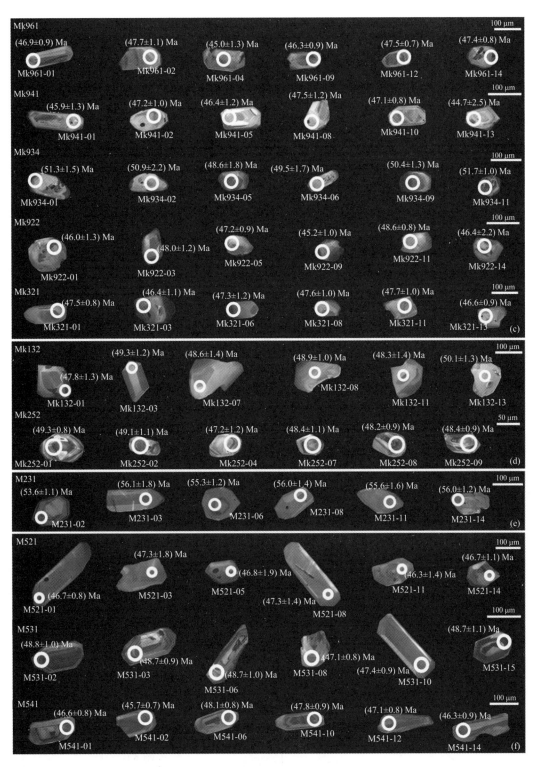

图4.6 研究区采样岩体代表性锆石阴极发光图像（续）

图(a)中的虚线圆圈为Hf同位素分析区域，实线圆圈为锆石测年分析区域

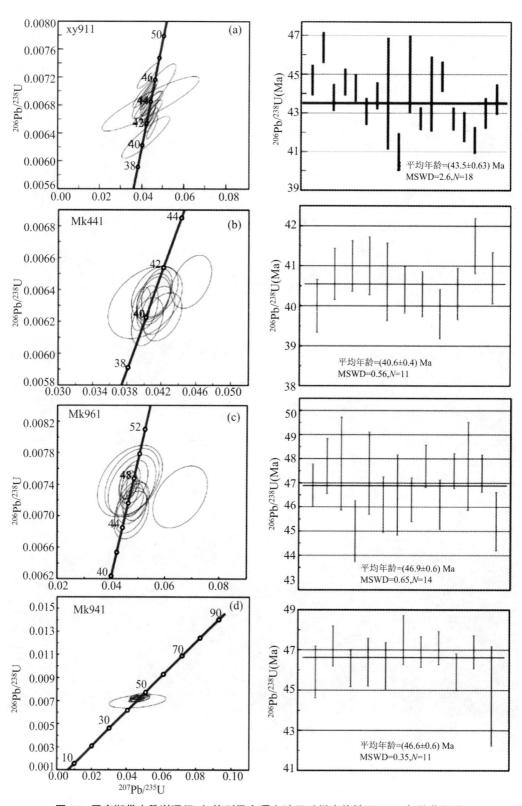

图4.7 冈底斯带中段谢通门-仁钦则及东嘎乡地区采样岩体锆石U-Pb年龄谐和图

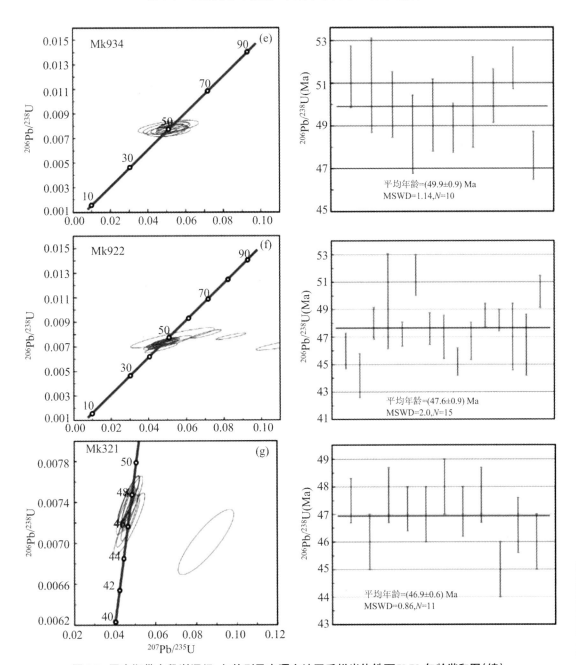

图4.7　冈底斯带中段谢通门–仁钦则及东嘎乡地区采样岩体锆石 U-Pb 年龄谐和图(续)

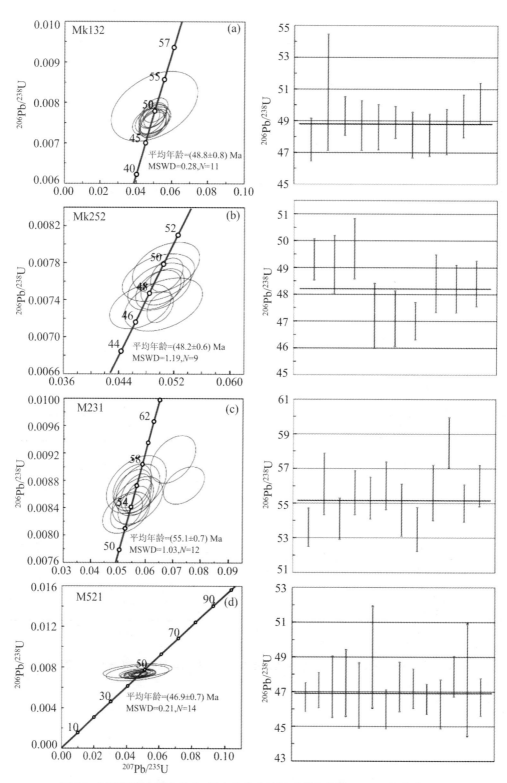

图4.8　冈底斯带中段大竹卡、尼木和曲水地区采样岩体锆石U-Pb年龄谐和图

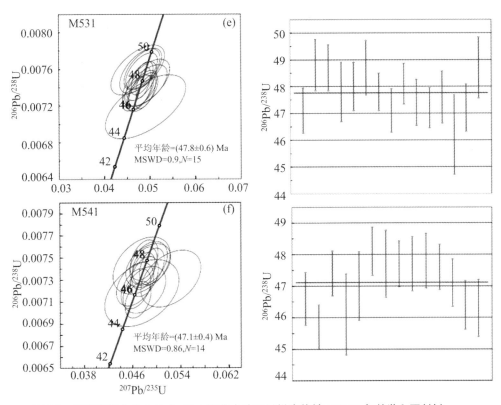

图4.8　冈底斯带中段大竹卡、尼木和曲水地区采样岩体锆石U-Pb年龄谐和图（续）

4.1.3　始新世岩体的全岩主微量

4.1.3.1　主量元素特征

除一个基性岩体外,本研究区花岗岩类的SiO_2含量为55.77%～74.77%,Al_2O_3含量相对较低,为13.22%～17.12%,全碱含量(Na_2O+K_2O)变化较大,为6.29%～9.23%。此外,部分样品相对富钠,Na_2O/K_2O值为0.58～2.72。所测样品的里特曼指数(σ)为1.82～3.12,为典型的钙碱性系列,极个别样品的σ值为1.41,位于钙性系列。此外,在A.R.-SiO_2图解上（图4.9(a)）,绝大多数样品在钙碱性区域。在TAS图解上（图4.9(b)）,所有样品均为亚碱性系列,岩性以花岗闪长岩和花岗岩为主,少部分样品落在辉长岩到闪长岩范围。在SiO_2-K_2O图解上,样品属于典型的钙碱性到高钾钙碱性系列（图4.9(c)）。图4.9(d)显示,铝饱和指数A/CNK值为0.69～1.11,属于准铝质到弱过铝质（样品Mk942的A/CNK=1.11为过铝质）。

4.1.3.2　微量及稀土元素

研究区内岩体稀土元素球粒陨石标准化配分曲线如图4.10(a)所示,图4.10(b)为微量元素原始地幔标准化蛛网图。研究区内所测样品的稀土总量变化较大,∑REE为41.35～248.25,其中辉长岩体∑REE相对较小;轻、重稀土元素之间的分馏非常明显,LREE/

147

HREE 的平均比值为18.97，(La/Yb)$_N$＝3.96～74.16。轻稀土元素相对富集，重稀土元素相对亏损，轻稀土内部的分异也非常明显，(La/Sm)$_N$＝1.90～20.30，平均比值为6.19。在稀土配分模式图上（图4.10(a)），所测试的30件样品均为典型的右倾型，铕(Eu)异常的变化范围较大(δEu＝0.63～2.19，δEu平均值为1.01)。采自大竹卡地区角闪辉长岩样品 Eu 的正异常很可能和源区角闪石的残留有关，曲水地区的样品也表现出一定 Eu 的正异常，说明了源区可能存在斜长石的堆晶作用。而其他区域采集的样品具有一定程度 Eu 的负异常，表明了源区存在斜长石的分离结晶。在原始地幔标准化微量元素蛛网图解上（图4.10(b)），大部分样品强烈富集 Rb、Ba、Th 等大离子亲石元素以及 La、Ce 等轻稀土元素，而强烈亏损 Nb、Ta、P 等高场强元素，表现出弧型或者壳源岩浆岩的地球化学属性。部分样品 Sr 的负异常可能和源区斜长石的结晶分离有关，而大多数样品 P 的负异常主要受磷灰石等矿物的制约。此外，所有花岗岩样品的 Sr/Y 值均大于1(13.94～64.4)，Rb/Sr 值均小于1(0.12～0.68)，而角闪辉长岩具有相对更小的 Rb/Sr 值(0.01)。

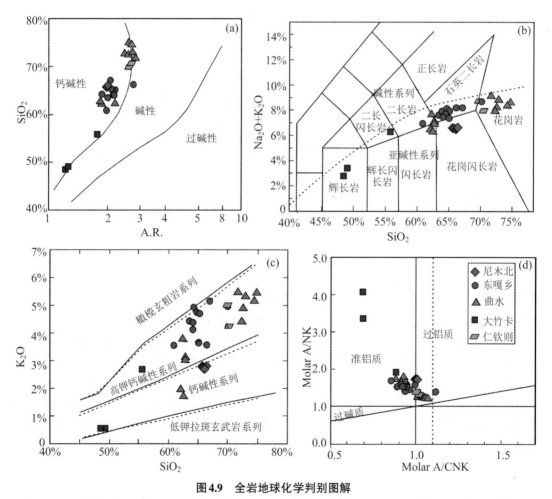

图4.9　全岩地球化学判别图解

(a) A.R. - SiO$_2$ 图解(据 Wright(1969))；(b) SiO$_2$ - Na$_2$O+K$_2$O 图解(据 Irvine，Baragar(1971)；Middlemost (1994))；(c) SiO$_2$ - K$_2$O 图解(据 Peccerillo，Taylor(1976))；(d) Molar A/CNK - MolarA/NK 图解(据 Maniar，Piccoli(1989)；虚线代表 I-S 型花岗岩的分界线)

此外,图4.10(b)显示,花岗岩类在蛛网图上呈现出明显的Ba亏损谷,而角闪辉长岩却表现为Ba正异常,暗示了它们并非同源岩浆分异演化的产物。图4.10显示,角闪辉长岩和花岗岩类具有相似的稀土元素配分曲线和微量元素蛛网图解,均富集轻稀土元素,亏损Nb、Ta等高场强元素,具有弧型岩浆岩的地球化学特征。

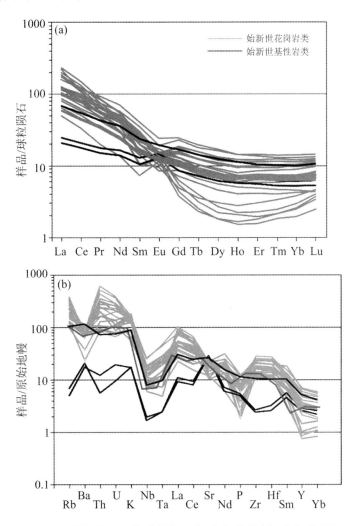

图4.10 研究区始新世岩体稀土元素球粒陨石标准化曲线(标准化数值据**Boynton**(**1984**))及微量元素蜘蛛网图解(标准化数值据**Sun,McDonough**(**1989**))

4.1.4 锆石的Lu-Hf同位素

为了进一步限定始新世花岗质岩石的成因,对冈底斯带中段谢通门地区代表性的岩体开展了原位的锆石Lu-Hf同位素分析。代表性样品测试结果如下:样品xy911中19个锆石Hf同位素值较为一致(剔除不谐和的点),其中 $^{176}Hf/^{177}Hf$ 值为 0.282628~0.282808,平均值为 0.282735; $\varepsilon_{Hf}(t)$ 值为 -5.10~0.35;二阶段模式年龄 t_{DM2} 为 978~1382 Ma,平均值为1142 Ma,

峰值年龄为 1125 Ma。样品 xy957 的 23 个锆石 Hf 同位素一致性较好，$^{176}Hf/^{177}Hf$ 值为 0.282765~0.282965，平均值为 0.282901；$\varepsilon_{Hf}(t)$ 值为 0.23~7.31，平均值为 5.1，峰值在 5.5 左右；二阶段模式年龄 t_{DM2} 为 622~1073 Ma，平均值为 764 Ma，峰值在 725 Ma 左右。样品 xy961 中锆石的 20 个锆石 Hf 同位素 $^{176}Hf/^{177}Hf$ 值为 0.282496~0.282920，平均值为 0.282867；$\varepsilon_{Hf}(t)$ 值为 2.12~5.82，平均值为 4.7，峰值在 5.0 左右；二阶段模式年龄 t_{DM2} 为 720~956 Ma，平均值为 792 Ma，峰值在 750 Ma 左右。

4.1.5　年代学格架

目前冈底斯带中段最老的花岗岩体可以追溯到晚三叠世约 225 Ma(Meng et al.，2018)。根据岩浆活动的规律和特征，冈底斯带的岩浆活动可以分为 225~152 Ma、109~80 Ma、65~41 Ma 和 33~13 Ma 四个阶段(图 4.11)。其中 65~41 Ma 是冈底斯带岩浆活动最为剧烈的时期，该时期的花岗岩带构成了冈底斯带的主体，并且在 50 Ma 左右岩浆活动达到了顶峰。测年样品共计 12 件，均分布在冈底斯带中段，年龄范围为 40.6~55.1 Ma，处于冈底斯岩浆活动的第三阶段(65~41 Ma)，统一为始新世早中期岩浆作用的产物。所测的锆石均为棱柱状，透明到半透明状，具有高的 Th/U 值(>0.4)，为典型的岩浆结晶锆石，锆石 U-Pb 年龄横跨始新世早期(55.1 Ma)和中期(40.6 Ma)，主要年龄峰期集中在 47 Ma 左右，与冈底斯带岩浆活动的峰期一致。冈底斯带该时期的岩浆活动可能是印度-亚洲板块初始碰撞的产物(许志琴等，2011；Zhu et al.，2015；Wang，2017)。

另外，分布在曲水北部和东嘎乡北部地区的花岗岩体早先被认为是晚白垩世的侵入体，而锆石 U-Pb 测年显示，这些岩体的成岩年龄均为始新世。本次测年结果进一步丰富了冈底斯带中段地区的年代学格架。

4.1.6　花岗岩成因及岩浆源区

研究区内绝大多数花岗岩体的铝饱和指数 A/CNK 值小于 1.1(图 4.9(d))，为典型的准铝质到弱过铝质，具有 I 型花岗岩的地球化学特征。在矿物组成上，样品主要由斜长石、钾长石、角闪石以及少量黑云母组成，缺乏白云母、堇青石等过铝质矿物，区别于 S 型花岗岩。在 10000 Ga/Al 判别图解上，所测样品位于 I，S 或者 M 区域中，不同于传统的 A 型花岗岩(图 4.12(a))。在 SiO_2-P_2O_5 判别图解上，花岗岩类样品的 P_2O_5 含量随着 SiO_2 含量的升高而降低，与 I 型花岗岩的演化趋势线一致(图 4.12(b))。此外，王德滋和刘昌实(1993)研究认为 Rb 元素随着壳-幔的分离和陆壳的演化倾向于在成熟的地壳中，而 Sr 元素却倾向于在成熟度低、演化不充分的地壳中，因而 Rb/Sr 值可以灵敏地记录花岗质岩浆源区的属性。一般 Rb/Sr 值>0.9 时具有 S 型花岗岩的特征，<0.9 时则为 I 型花岗岩。研究区内所有花岗岩体的 Rb/Sr 值为 0.12~0.68，平均值为 0.35，远小于 0.9，具有 I 型花岗岩的特征。以上矿物岩石学和地球化学特征均表明了研究区内的花岗岩体为典型的 I 型花岗岩。通常花岗岩类的 Rb/Sr 值>5 表明部分熔融反应和白云母的脱水熔融有关，而 Rb/Sr 值<5 表明与黑云母的

脱水熔融有关(Visonà,Lombardo,2002)。研究区内花岗岩类的Rb/Sr值为0.12～0.68,平均值为0.35,均小于5,指示了花岗岩类源区与黑云母的脱水熔融有关。

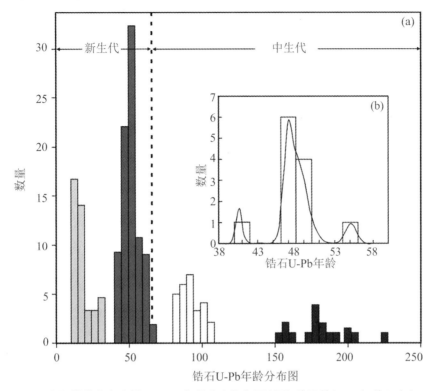

图4.11　冈底斯带花岗岩类锆石U-Pb年龄分布格架图(据纪伟强等(2009);徐旺春(2010);
Wang et al.(2015a,b);王睿强等(2016);Ma et al.(2017a,b)修改)

在Nb-Nb/Th图解中(图4.13(a)),大多数样品靠近大陆地壳,而远离原始地幔和MORB区域,与弧火山岩具有一致的地球化学属性;在Nb/Y-Th/Y图解中(图4.13(b)),绝大多数样品远离上地壳,落在Th/Nd=1和Th/Nd=10趋势线之间,接近中下地壳的平均组分。另外,样品的La/Nb值为2.59～11.35,平均值为4.49,均远大于1.0,不同于地幔来源的岩浆(DePaolo,Daley,2000);样品的Rb/Sr值为0.12～0.68,平均值为0.35,也接近大陆地壳的平均值(Taylor,McLennan,1985;Gao et al.,1998)。此外,样品低的MgO和Cr含量也暗示了研究区内花岗岩类来自壳源物质的部分熔融。

在稀土配分和蛛网图解中,研究区内的花岗岩体均富集轻稀土和大离子亲石元素Rb、Ba、K等,亏损重稀土和Nb、Ta和P等高场强元素(图4.10),具有弧型或者壳源岩浆岩的地球化学特征(Kelemen et al.,1990)。此外,样品的重稀土元素分布较为平坦,$(Ho/Yb)_N=$0.67～1.14,平均数值为0.97,Ho_N和Yb_N大体相当,暗示了源区可能有角闪石的存在。另外,所有花岗岩类样品具有低的Y和重稀土元素说明其源区残留相中可能含有石榴子石。另外,花岗岩体的Sr和Yb(以及Sr/Yb和Sr/Y)含量的高低能很好地反映岩浆源区的深度(张旗等,2006,2007,2008)。测试结果显示,研究区内的花岗岩体均具有相对较低的Sr、Yb、Y含量,暗示了花岗岩体形成于中高压环境(0.8～1.5 GPa),温-压上相当于麻粒岩相条件,残留相由石榴子石、辉石以及斜长石组成(张旗等,2006)。在图4.14中,所有被测花岗岩样品均落入石英榴辉岩、含石榴石角闪岩和角闪岩区,也暗示了研究区的花岗岩类起源于中高压环境的基性下地壳。

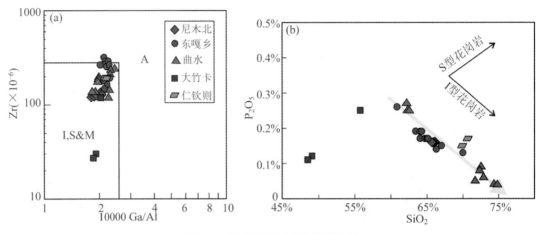

图4.12 花岗质岩石类型判别图解

(a)花岗质岩石10000 Ga/Al判别图解(据Whalen,Chappell(1988));(b)SiO_2-P_2O_5判别图解

实验岩石学证明在相对较宽的温度和压力条件下,不同组分的陆壳发生部分熔融可以产生不同类型的花岗质岩浆(Winther,1996;Skjerlie,Patino Douce,2002)。一般地壳中基性岩类的部分熔融形成化学成分偏基性的准铝质-弱过铝质的I型花岗岩(Wolf,Wyllie,1994;Sisson et al.,2005),而地壳中沉积岩系的部分熔融往往形成成分偏酸性的过铝质花岗岩类(Johannes,Holtz,1996)。在前人研究的基础之上,结合岩石矿物学特征和有效的判别图解,研究区内的花岗岩体很可能来自基性下地壳的部分熔融。

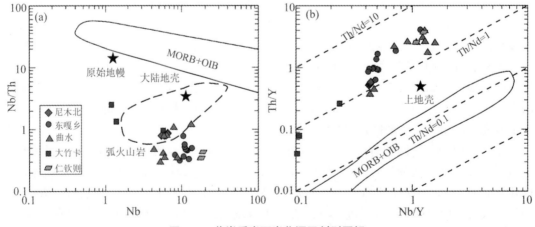

图4.13 花岗质岩石岩浆源区判别图解

(a)藏南冈底斯带中段始新世花岗质岩石Nb-Nb/Th判别图解(原始地幔数据自Hofmann(1988);大陆地壳和弧火山岩以及MORB-OIB来自Schmidlberger,Hegner(1999));(b)Nb/Y-Th/Y判别图解(据Boztug et al.(2007))

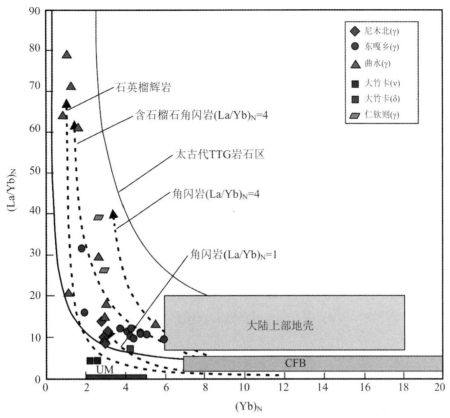

图4.14 藏南冈底斯带中段花岗岩类的Yb_N-$(La/Yb)_N$图解(虚线代表玄武质成分不同源区的熔融趋势)(据江博明,张宗清(1985))

CFB=大陆溢流玄武岩;UM=上地幔;γ=花岗岩;δ=闪长岩;ν=辉长岩

　　上述论证表明研究区内的岩体为典型的I型花岗岩。I型花岗岩是未经风化的火成岩部分熔融的产物(Chappell,White,1974),但是目前普遍的观点认为I型花岗岩的形成过程中有幔源物质的加入,是壳源岩浆和幔源岩浆不等比例混合的产物(Griffin et al.,2002;Kemp et al.,2007)。在反映岩浆演化的MgO-FeO^T(图4.15(a))和Rb/Sr-Ti/Zr(图4.15(b))图解中,所有样品呈现出远离结晶分异曲线,而趋近于岩浆混合曲线的特征,表明在花岗质岩浆形成的过程中曾经发生过岩浆混合作用(Castro et al.,1991)。此外,在La-La/Sm(图4.16(a))和Th-Th/Nd(图4.16(b))图解中,所有始新世早中期的样品均表现出正相关性且沿一条倾斜的直线分布,表明了研究区内的花岗岩体在形成的过程中经历了部分熔融和岩浆混染作用(Schiano et al.,2010)。与以上岩石近乎同时出现的岩浆混合作用在冈底斯带南缘已经得到了充分的证明(Dong et al.,2005;Mo et al.,2005,2007,2008,2009;邱检生等,2015)。

　　冈底斯带始新世早中期(53~40 Ma)的花岗岩中普遍发育有暗色镁铁质包体。Dong等(2005)和Mo等(2005)对暗色镁铁质包体和围岩进行研究后认为,基性岩浆底侵和岩浆混合作用与始新世花岗岩的形成具有密切的关系。在花岗质岩浆形成的过程中,底侵的基性岩浆扮演了重要的角色:一方面为花岗质岩石的源区发生部分熔融提供了热源;另一方面通过岩浆混合作用改变了花岗质岩石的成分(Foley,Wheller,1990;Sajona et al.,1996;莫宣学等,2009;Ma et al.,2017e)。这一过程也得到了实验岩石学的支持。一般情况下,1 g玄武质

153

岩浆的温度从1200 ℃降到775 ℃时,释放的能量可以产生3.5 g的花岗质熔体(Wiebe et al.,2004)。研究结果显示,除个别样品之外,大部分样品普遍具有较高的Mg#值(>40),这与有幔源基性物质加入时形成的岩石Mg#值一致(Rapp,Watson,1995)。在冈底斯带中段南缘的谢通门-曲水地区分布有二十余个大小不等的基性杂岩体,它们多呈岩株、岩瘤或者岩滴状分布(Dong et al.,2005;Mo et al.,2005;董国臣等,2008;邱检生等,2015)。在岩石成因上,它们和花岗岩具有密切的关系(Dong et al.,2005;Mo et al.,2005;莫宣学等,2009;邱检生等,2015)。在野外,暗色镁铁质包体相对比较发育的花岗岩体主要分布在冈底斯带的南缘,紧邻基性岩体,而研究区内个别低Mg#值(<40)的样品分布相对靠北,远离基性岩体。

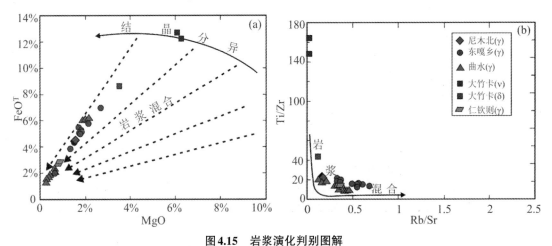

图4.15　岩浆演化判别图解

(a)MgO-FeO^T(据 Zorpi et al.(1991));(b)Rb/Sr-Ti/Zr 图解

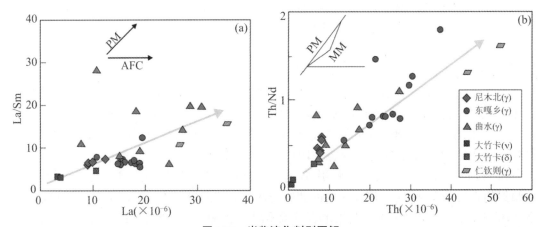

图4.16　岩浆演化判别图解

(a)藏南冈底斯带中段始新世样品 La-La/Sm 图解;(b)Th-Th/Nd 图解(据 Schiano et al.(2010));
PM=部分熔融;AFC=同化-结晶分异;MM=岩浆混合

因此,研究区内花岗岩体的形成可能和幔源基性岩浆的底侵有关。基性岩浆的底侵带来了大量的热和流体/熔体,导致了研究区内基性下地壳的部分熔融,在部分熔融的过程中,基性岩浆也参与了花岗质岩浆的演化(混合作用),最终形成了始新世早中期的花岗岩类。此外,始新世花岗岩体发育大量的同时期暗色包体,也印证了幔源物质参与了花岗质岩石的形成(Dong et al.,2005;Mo et al.,2005;莫宣学等,2009;孟元库等,2022)。因而,始新世早期冈底斯发生的大规模的基性岩浆底侵和岩浆混合作用,是这期岩浆事件的最主要成因,从而形成了巨大的冈底斯构造岩浆带。

虽然在地球化学上始新世花岗岩类具有弧的特征,但是关于该时期花岗岩类的成因目前没有争论,人们一致认为该时期的岩浆是印度-亚洲大陆碰撞的产物。研究区的3件花岗岩样品虽然以正$\varepsilon_{Hf}(t)$值为主,但还有部分花岗岩具有较低的$\varepsilon_{Hf}(t)$值或出现负值(图4.17(a))。另外,代表性的始新世花岗岩样品除了具有变化的$\varepsilon_{Hf}(t)$值之外,也具有相对较老的T_{DM2}年龄(图4.17(b)),这很可能是玄武质岩浆底侵上涌过程中混染了拉萨地体中的古老的壳源物质所导致的,这些壳源物质很可能由中拉萨地体迁移而来(Dong et al.,2010;徐旺春,2010;朱弟成等,2012;孟元库等,2015a,2022)。因此,冈底斯带中段始新世岩体的成因很可能是基性岩浆的上涌导致初生地壳物质发生部分熔融,在部分熔融的过程中,混合了拉萨地体古老的壳源物质,混合作用的不均一性,导致了冈底斯地区始新世地区火成岩Hf同位素的不均一性。

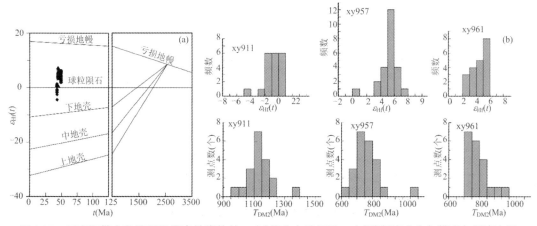

图4.17 冈底斯带中段始新世代表性岩体的$\varepsilon_{Hf}(t)$值分布特征及$\varepsilon_{Hf}(t)$值频率分布与模式年龄直方图

此外,从分离结晶模拟构筑的微量元素判别图中可以看出(图4.18),研究区内的花岗岩体在成岩过程中存在着角闪石和斜长石等矿物的分离结晶。

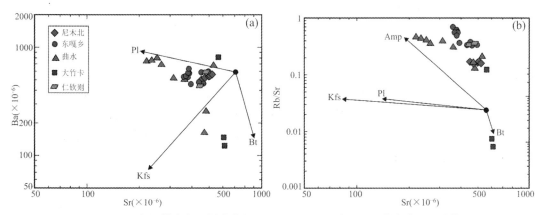

图4.18 冈底斯带中段采样岩体Sr-Ba和Sr-Rb/Sr关系图及其分离结晶趋势

Pl=斜长石;Kfs=钾长石;Bt=黑云母;Amp=角闪石

4.1.7 角闪辉长岩成因

角闪辉长岩野外呈岩滴状产出,共采集2件地球化学样品和1件年龄样品。地球化学分析显示,2件样品具有较为一致的SiO_2含量(48.48％和49.01％)。锆石阴极发光图像显示,所测的锆石为半自形到自形,粒度较小,呈现出简单的宽条状结构,Th/U值大于0.4,属于典型的岩浆结晶锆石。锆石U-Pb定年结果显示,角闪辉长岩的成岩年龄为48.2 Ma,和研究区内花岗岩类的成岩年龄相近。2件样品的$Mg^\#$值分别为53和52,接近原生玄武质岩浆的$Mg^\#$值。图4.19(a)显示,角闪辉长岩的源区可能是约20％石榴橄榄岩部分熔融的产物。此外,相对平坦的HREE和低的Y值,反映了岩浆源区可能存在石榴子石残留相,减压部分熔融深度小于50 km(Atherton,Ghani,2002),并且在后期岩浆就位的过程中遭受了壳源物质的混染(图4.19(b))。

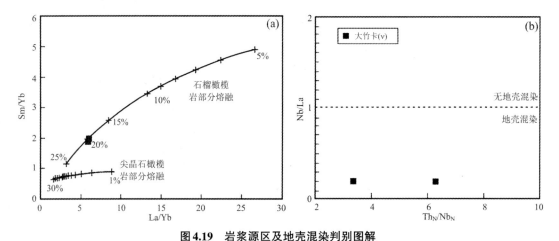

图4.19 岩浆源区及地壳混染判别图解

(a)La/Yb-Sm/Yb 判别图解(据 Johnson et al.(1990));(b)Th_N/Nb_N-Nb/La 图解
(据 Kieffer et al.(2004);标准化数值据 Sun,McDonough(1989))

4.1.8 大地构造意义

印度-亚洲板块的碰撞是地球上显生宙以来最为壮观的地质事件之一,两板块的碰撞导致了青藏高原整体的隆升,引起了气候和环境的变化。然而,关于碰撞的时限至今仍然存在着广泛的争议,碰撞时限从70 Ma到34 Ma均得到不同学者的支持。通过梳理前人的研究成果(图4.20)发现,大多数学者支持印度-亚洲板块的碰撞在古新世末期到始新世初期完成(60~55 Ma)。因此,始新世岩浆作用对限定印度-亚洲板块初始碰撞时间和对藏南冈底斯地区地壳增厚机制的理解具有重要意义。

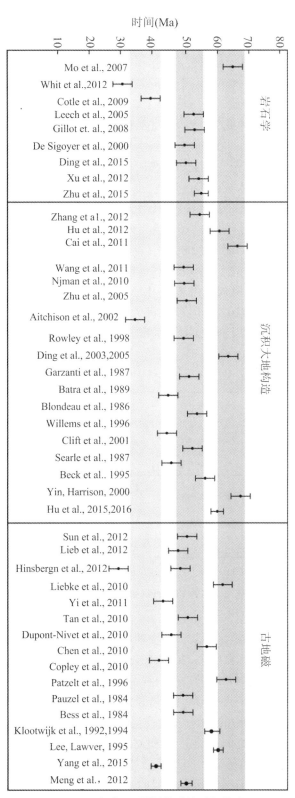

图4.20　印度-亚洲板块碰撞时限综述

157

花岗岩类的形成和大地构造环境具有密切的关系(Pitcher et al.,1979;Barbarin,1999;Winter,2001;王涛等,2017),有效的判别图解为了解花岗岩的成岩环境提供了可能。通常Pearce等(1984)与Pearce和Peat(1995)判别图解在区分火山弧花岗岩和同碰撞花岗岩方面具有较大的优势。纪伟强等(2009)对冈底斯带花岗岩类进行投图后发现几乎所有的样品全部落入火山弧花岗岩区域,因此Pearce图解(1984,1995)无法区分中生代火山弧花岗岩和新生代碰撞及后碰撞花岗岩。为此,张旗等(2008)认为Yb-Sr判别图解能较为成功地区别造山前、造山和造山后的花岗岩类。在Yb-Sr图解上(图4.21(a)),样品几乎落入了Ⅰ、Ⅱ和Ⅳ区域,说明此时地壳具有一定的厚度,应处于碰撞阶段或造山阶段。在Zr-Y图解上(图4.21(b)),研究区内的花岗质样品均落入板内构造环境,也暗示了始新世早期印度-亚洲板块已经发生碰撞,藏南地区处于碰撞环境。另外,Hu等(2016)强调,印度大陆最北缘碎屑岩物源变化(亚洲碎屑物质最早到达印度北缘)的时间和缝合带两侧沉积盆地性质变化(周缘前陆盆地启动)的时间最接近初始碰撞时间。而其他的方法(岩浆、构造、变质以及古地磁等)虽然也能为初始碰撞时间提供约束,但由于精度和约束条件的限制,不如地层记录准确,给出的"碰撞时间"滞后于真正的初始碰撞时间,其误差可达5~40 Ma。在方法学认识的基础之上,再结合缝合带两侧的地层记录,Hu等(2016)将印度-亚洲大陆初始碰撞时间精确限定为古新世中晚期((59±1) Ma),且碰撞作用沿走向无明显的穿时性。综上所述,我们认为印度-亚洲板块碰撞的初始时间不晚于55 Ma。

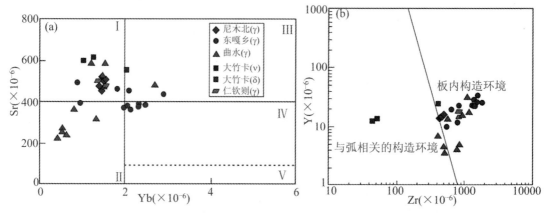

图4.21　藏南冈底斯带中段花岗岩类的Yb-Sr(据张旗等(2008))及Zr-Y相关构造背景判别图解(据Muller,Groves(1994))

古新世-始新世是冈底斯地区岩浆大爆发的时期,该时期的花岗岩类和林子宗火山岩构成了冈底斯带的主体(莫宣学等,2003,2005,2009)。本次研究所采集的样品锆石U-Pb年龄为41~55 Ma,主要形成于早中始新世。所有样品均显示出俯冲带型岩浆岩的地球化学特征(图4.10)。然而,纪伟强等(2009)认为只要岩浆源区熔融的过程中残留有金红石、钛铁矿等富集高场强元素(Nb、Ta、Ti等)的矿物,就会使得岩浆的源区亏损高场强元素,显示出俯冲带型岩浆岩的特征。在前人研究的基础上,通过对研究区内的数据进行梳理,发现在约50 Ma时,Th/Y、La/Yb和Sr/Y的值随着时间显著增加(图4.22)。通常情况下,地壳与地幔相比,Th的含量相对较高,但是它们二者却有相似的Y含量(Rudnick,Gao,2003)。Th/Y值的升高暗示了再造地壳的增加,而具有弧岩浆的La/Yb值的升高通常和地壳的加厚有关(Haschke,Günther,2003)。高的La/Yb值暗示了重稀土元素的亏损和岩浆源区石榴子石以及角闪石的残留有关(Kay et al.,1994)。通常情况下,稀土元素的分馏和角闪石在源区的残留以及低压下角闪石的分异有关,在源区没有石榴子石,角闪石单独存在时将会引起稀土配分曲线呈现出一个向上的"凹"型模式,即表现为中稀土元素的亏损,显示出较高的La/Yb值(Kay et al.,1989)。高的La/Yb值和强烈分馏的稀土配分模式(图4.10(a))暗示了花岗质样品的源区存在石榴子石和角闪石。一般而言,石榴子石能稳定地存在于地壳厚度大于40 km、压力大于1.2 GPa的镁铁质岩浆中(Rapp,Watson,1995)。因此,研究区的样品暗示了冈底斯带中段地区在始新世早中期时地壳厚度大于40 km,这也和Zhu等(2017)近期取得的认识一致。此外,王青(2016)首次在冈底斯带中报道了43 Ma的中等程度分异和高分异的花岗岩,并结合它们的重稀土元素和Y含量,认为冈底斯地区地壳在43 Ma以前已经加厚了。在Sr/Yb图解中,约50 Ma之后Sr/Yb值不断升高也暗示了地壳处于一个持续加厚的阶段。来自冈底斯带其他的证据显示,到了晚始新世时,冈底斯地区的地壳厚度已经达到50~55 km(Ji et al.,2012;Zhu et al.,2017)。以上研究表明,从始新世早期开始到始新世中期,冈底斯地区的地壳厚度处于一个持续加厚的过程。

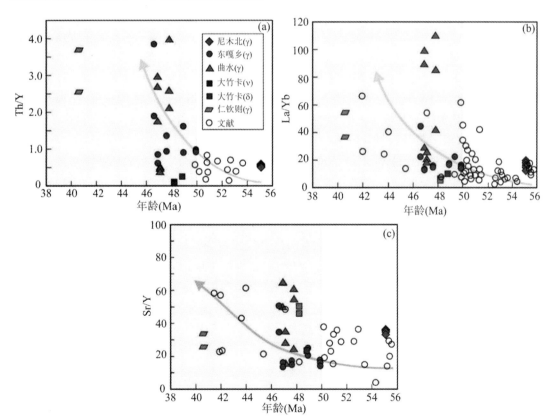

图4.22　藏南冈底斯带中段研究区始新世岩体Th/Y值、La/Yb值和Sr/Y值与年龄协变关系图解
(文献中数据来自Ji et al.(2012);Wang et al.(2015a))

冈底斯地区该时期地壳加厚可能包括三个因素：① 印度板块的下插；② 地壳缩短；③ 岩浆底侵。地壳加厚通常被认为是一个与构造相关的过程。然而,Mo 等(2007)研究认为岩浆作用在地壳加厚方面同样扮演着重要的角色。如在 Andes 地区,玄武质岩浆的底侵是地壳加厚的主要的因素(Atherton,Petford,1993;Haschke et al.,2002)。前人研究表明,晚白垩世时(90~80 Ma)冈底斯地区经历了地壳的强烈缩短和加厚(Kapp et al.,2007a),形成了晚白垩世埃达克岩(管琪等,2010;孟繁一等,2010)。然而,晚白垩世末时(约69 Ma)加厚的岩石圈地幔发生拆沉(Ji et al.,2012),进一步加速了新特提斯洋板片的回转,导致了软流圈物质的上涌,诱发了古新世时冈底斯地区强烈的岩浆活动,此时藏南冈底斯地区地壳的平均厚度为35 km,恢复到了正常的地壳厚度(Ji et al.,2012)。随后,印度-亚洲板块碰撞,巨大的阻力使得新特提斯洋板片的俯冲角度变陡,并在其结合部位应力不断积累,形成窄的裂谷,最终导致板片撕裂并发生断离(约50 Ma)(王青,2016)。这也得到了地球物理和数值模拟方面的支持(李忠海,许志琴,2015;Liang et al.,2016)。

冈底斯带中的暗色镁铁质包体和林子宗火山岩中的基性岩墙群的形成时代为53~47 Ma(Dong et al.,2005;Mo et al.,2005),与围岩花岗质岩石以及林子宗火山岩形成的时代相一致,均被认为和新特提斯洋板片的断离有关。板片的断离导致软流圈地幔减压熔融上涌,形成了始新世早期(55~47 Ma)的玄武质岩浆。随后上涌的玄武质岩浆底侵到冈底斯地区地壳下部,直接导致了冈底斯地区地壳厚度的垂向增加。此外,底侵的玄武质岩浆促使了冈底斯地区新生下地壳的部分熔融,这一新生地壳的部分熔融与底侵的玄武质岩浆经过岩浆混合形成了始新世早期的花岗岩类。冈底斯带中的暗色镁铁质包体是持续底侵的基性岩浆侵入到部分结晶的花岗质岩浆时,两者存在明显的黏度差,使得彼此不能完全混合,以机械混合为主,形成了囊状的基性体——暗色镁铁质包体(喻思斌等,2016)。始新世中期(45~40 Ma)的岩浆作用是新特提斯洋板片断离后的岩浆响应。

Replumaz 等(2010)和 van Hinsbergen 等(2012)研究认为印度克拉通和亚洲板块前缘的硬碰撞大约发生在35 Ma,后碰撞主要发生在渐新世和中新世。此外,Chu 等(2011)选择亏损地幔和印度地壳作为二元混合的端元组分,对冈底斯岩带始新世的花岗质岩石进行计算,结果表明,该时期的岩浆以拉萨地体新生地壳组分为主,印度陆壳物质的贡献不足5%。另外,冈底斯带始新世早中期的花岗岩类 Hf 同位素组成较为亏损,明显不同于 Hf 同位素富集的印度陆壳。在前人研究的基础上,我们认为始新世早中期地壳的加厚可能和岩石圈缩短及印度陆壳的下插没有直接的关系,主要和新特提斯洋板片断离导致软流圈物质上涌引起岩石地幔部分熔融形成的基性岩浆的底侵有关。综上所述,冈底斯带始新世早中期强烈的岩浆作用和地壳加厚是新特提斯洋板片断离引起软流圈物质上涌的结果。

4.1.9 小结

(1)研究区采样岩体的锆石 LA-ICP-MS U-Pb 年龄为41~55 Ma,属于始新世早中期阶段岩浆活动的产物。这些年龄代表了研究区内采样岩体的成岩年龄。

(2)在地球化学属性上,区内的花岗质样品属于准铝质到弱过铝质、钙碱性到高钾钙碱性的 I 型花岗岩。所有样品均富集轻稀土元素,相对亏损重稀土元素,富集大离子亲石元素,亏损Nb、Ta和P等高场强元素,具有弧型岩浆的地球化学属性。

(3)研究区花岗岩类起源于拉萨地体新生基性下地壳的部分熔融;角闪辉长岩源于石榴橄榄岩的部分熔融,并在后期侵位的过程中遭受了壳源物质的混染。

(4)始新世岩浆大爆发很可能和新特提斯洋板片的断离有关。板片的断离引起了软流圈物质上涌,诱发岩石圈地幔发生部分熔融形成大规模基性岩浆,而基性岩浆的底侵是藏南地区始新世早期(约50 Ma)地壳加厚的主要因素。

4.2 冈底斯带中段渐新世钾玄质岩浆的起源及其构造意义

钾玄质岩石通常富含大离子亲石元素和轻稀土元素,具有高K_2O/Na_2O值,是造山带环境中一种特殊的岩石,受到了学者的广泛关注。最近,我们在南拉萨地体尼木地区发现了由高Sr/Y深成岩体夹带的渐新世钾玄质岩石,它们以暗色镁铁质包体的形式出露于地表。由于碰撞后钾玄质岩浆作用的发生可能是构造伸展开始的信号,钾玄质岩石可以为青藏高原南部岩石圈伸展机制提供关键约束。此外,碰撞后埃达克质岩石可能为青藏高原隆升的时间和机制提供了限制。本节我们重点研究尼木渐新世钾玄质暗色镁铁质包体及对应高Sr/Y寄主岩石,以了解其成因机制,评估其岩浆源的性质,并确定相关岩浆作用和印度板块俯冲之间的关系。

4.2.1 岩相学特征

尼木渐新世石英二长岩体位于尼木县的东部偏南,同侏罗纪火山岩地层桑日组和始新世的辉长-闪长岩体均有接触。野外可见该岩体同辉长-闪长岩有明显的接触关系。采集的寄主岩石样品包括15TNM10-1、NM1714、NM1715、NM1717、NM1720、NM1721;暗色镁铁质包体的样品有15TNM10-2、NM1716、NM1718、NM1719、NM1722。具体采样位置见图4.23。

尼木渐新世石英二长岩野外结构呈似斑状,斑晶主要为钾长石巨晶、石英等,部分钾长石斑晶的粒度可达5 cm。该岩体野外露头中可见大量的暗色镁铁质包体,包体形状和大小多变,长径范围为5~80 cm,多为椭圆状、水滴状等塑变形态。其中暗色镁铁质包体中明显可见同寄主岩一样的钾长石捕虏晶,同寄主岩石跨界分布。这种现象表明暗色镁铁质包体同寄主岩石曾经塑性共存。尼木渐新世寄主岩石呈浅灰色,似斑状结构,根据QAP三角分类可定名为石英二长岩。矿物组成为石英(5%~15%;0.5~2 mm)、钾长石(35%~40%;0.5~5 mm)、斜长石(35%~40%;0.2~1 mm)、黑云母(2%~5%;0.1~1 mm)、角闪石(5%~15%;0.2~0.8 mm)。副矿物主要包括少量的针状磷灰石、榍石、锆石和磁铁矿。暗色镁铁质包体为闪长质,主要由斜长石、钾长石、角闪石、黑云母和石英组成。具体的野外分布特征和显微构造见图4.24。

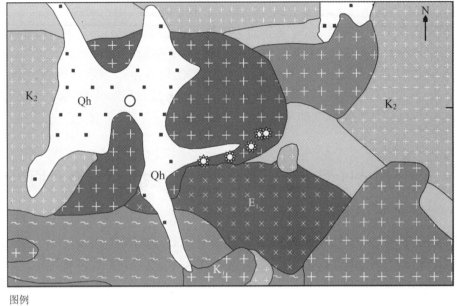

图例
:·: 第四系　晚侏罗世桑日群　∿ 元古代变质岩　+ 渐新世花岗岩　× 始新世辉长岩
+ 晚白垩世花岗岩　+ 早白垩世花岗岩　❀ 采样点

图4.23　藏南冈底斯尼木地区地质示意图及样品采样分布图

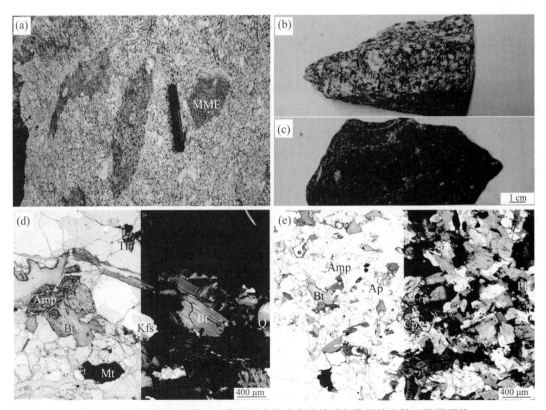

图4.24　尼木渐新世石英二长岩和其中的暗色镁铁质包体野外和镜下显微照片

162

4.2.2　锆石U-Pb年代学及Lu-Hf同位素分析

本次共对4件尼木渐新世高Sr/Y样品（15TNM10-1、15TNM10-2、NM1716、NM1717）进行了锆石LA-ICP-MS U-Pb年龄分析。锆石振荡环带发育良好,长宽比为1:1~1:3,其中有些样品结晶程度较差,所以其锆石发育形态较差,表面粗糙等。所测锆石的Th/U值均大于0.1,为典型的岩浆成因锆石(吴元保,郑永飞,2004)。已测样品的锆石U-Pb谐和图和代表性锆石的阴极发光图像见图4.25。

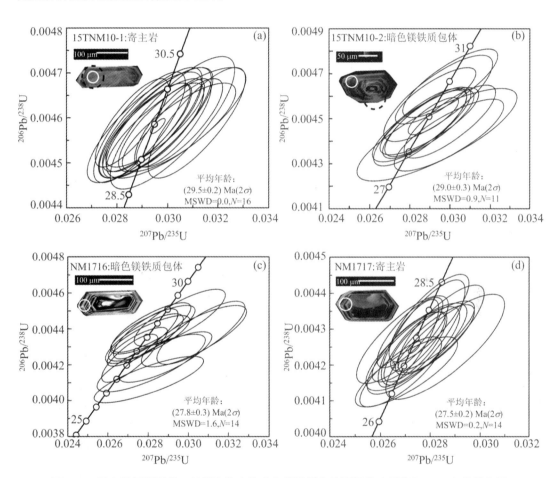

图4.25　尼木渐新世石英二长岩和其中的暗色镁铁质包体阴极发光图像和U-Pb年龄谐和图

对寄主岩石样品15TNM10-1、NM1717分别分析了18个测点,Th/U值分别为0.51~1.20 和 0.29~1.91,所获得的^{206}Pb/^{238}U 加权平均年龄为(29.5±0.2) Ma、(27.5±0.2) Ma。对暗色镁铁质包体样品15TNM10-2、NM1716分别分析了18个测点,Th/U值分别为0.32~2.02 和 0.45~2.23,所获得的^{206}Pb/^{238}U 加权平均年龄为(29.0±0.3) Ma(MSWD=0.9)以及(27.8±0.3) Ma(MSWD=1.6)。

尼木渐新世石英二长岩和暗色镁铁质包体样品的锆石Hf同位素直方图见图4.26。所有锆石Hf同位素的测试位置均在前期U-Pb定年的剥蚀坑的相同区域或者临近区域,分析结果如下:15TNM10-1样品的锆石$(^{176}Hf/^{177}Hf)_i$值为$0.282829\sim0.282986$,$\varepsilon_{Hf}(t)$值为$2.6\sim8.2$,地幔模式年龄为$373\sim588$ Ma,地壳模式年龄为$584\sim941$ Ma。15TNM10-2样品的锆石$(^{176}Hf/^{177}Hf)_i$值为$0.282801\sim0.282942$,$\varepsilon_{Hf}(t)$值为$1.6\sim6.6$,地幔模式年龄为$434\sim639$ Ma,地壳模式年龄为$684\sim1004$ Ma。

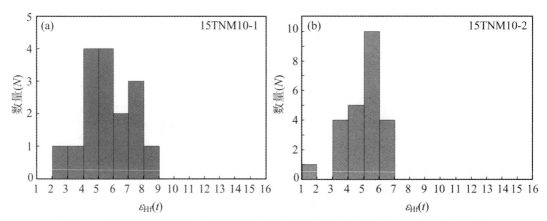

图4.26　尼木渐新世石英二长岩和其中的暗色镁铁质包体的锆石$\varepsilon_{Hf}(t)$值分布直方图

4.2.3　角闪石的含量及分类

对尼木岩体寄主岩石和MME中的角闪石进行了电子探针的分析。寄主岩石和MME中的角闪石具有相似的SiO_2、Al_2O_3、FeO、Na_2O和K_2O。然而,与寄主岩石相比,MME中的角闪石具有更高的TiO_2含量和更低的MgO和MnO含量。在$B(Ca+Na)$-$B(Na)$图中(Leake,1978),所有分析的角闪石均显示钙质角闪石的特征(图4.27(a))。在$Mg/(Mg+Fe^{2+})$与Si原子图解中(Leake,1978)中,尼木寄主岩石中的大多数角闪石落入镁角闪石区域和边缘,而来自MME的大多数角闪石落入铁角闪石范围(图4.27(b))。此外,角闪石源区的地球化学判别图(图4.27(c)~(d))表明,MME中部分角闪石为幔源成因,部分角闪石为混合成因(Jiang,An,1984)。在某些情况下,角闪石的化学成分可用于推断岩浆温度。根据与钙碱性岛弧岩浆作用有关的角闪石的温度气压计,Ridolfi等(2010)提出了一个新的公式,即

$$T(℃)=-151.487Si^*+2041$$
$$Si^*=Si+^{[4]}Al/15-2^{[4]}Ti-^{[6]}Al/2-^{[6]}Ti/1.8+Fe^{3+}/9+Fe^{2+}/3.3+Mg/26+^BCa/5+^BNa/1.3-^ANa/15+^A[]/2.3)$$

根据这个公式,尼木寄主岩石中的角闪石形成于$837\sim869$ ℃。

4.2.4　全岩地球化学及Sr-Nd-Pb同位素特征

共获得11套尼木渐新世岩石样品主微量元素地球化学数据。寄主岩石具有高的SiO_2

164

（65.9％～68.1％）和 K_2O（2.76％～4.71％），低的 MgO（1.25％～1.41％）和 $Mg^\#$ 值（38.5～42.5）。根据全碱-SiO_2 分类图解，寄主岩石主要为石英二长岩和花岗闪长岩。此外，寄主岩石属于偏铝质端元和高钾钙碱性系列。尼木渐新世岩体中暗色镁铁质包体较寄主岩石具有更低的 SiO_2（52.9％～56.6％），更高的 K_2O（3.57％～4.53％）、$Mg^\#$ 值（43.9～45.5）和 Cr（2.6×10^{-5}～4.3×10^{-5}）。包体样品属于二长闪长岩和二长岩。根据 Molar A/CNK-Molar A/NK 图解，包体样品属于偏铝质，根据 SiO_2-K_2O 图解，MME 属于钾玄岩系列（图4.28）。尼木渐新世岩体中的所有样品的 MgO、Al_2O_3、CaO 和 $Fe_2O_3^T$ 的含量随着 SiO_2 含量的增加而降低，K_2O 的含量随着 SiO_2 的含量增加呈上升趋势。

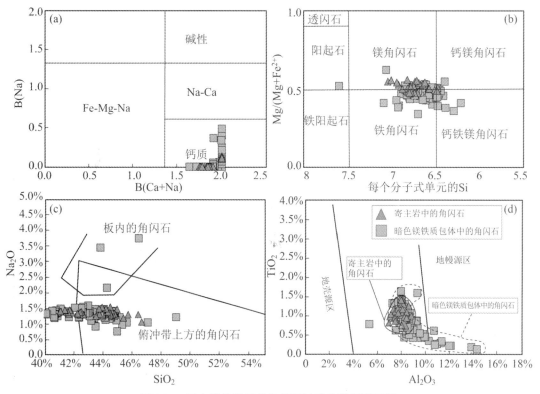

图4.27 尼木岩体样品的角闪石地球化学判别图解

（a）B(Ca+Na)-B(Na)（引自 Leake et al.(1978)）；（b）Mg/($Mg+Fe^{2+}$) 与每个分子式单元的 Si 原子（分类边界引自 Leake et al.(1978)）；（c）SiO_2-Na_2O（据 Coltorti et al.(2007)）；（d）Al_2O_3-TiO_2（Jiang,An(1984)）

在球粒陨石标准化图解中，所有的寄主岩石富集轻稀土元素，亏损重稀土元素，具有轻微的 Eu 异常（Eu/Eu*＝0.75～0.81）（图4.29(a)）。MME 岩石在球粒陨石标准化图解中的趋势同寄主岩石的趋势近乎平行，但是相对具有更富集的稀土元素，单个包体样品的稀土元素的总量大约是寄主岩石的稀土元素含量的两倍。原始地幔标准化图解中，寄主岩石和包体均显示富集大离子亲石元素 Rb、Ba、Th、U，亏损高场强元素（Nb、Ta、P、Ti），且具有显著的正的 Pb 异常（图4.29(b)）。同样地，包体比寄主岩石更加富集大多数的稀有元素（图4.29）。此外，尼木渐新世石英二长岩和其中的暗色镁铁质包体，均具有高 Sr（6.96×10^{-4}～9.15×10^{-4}）和低 Y（8.75×10^{-6}～1.86×10^{-5}）的特征（图4.29(c)）。

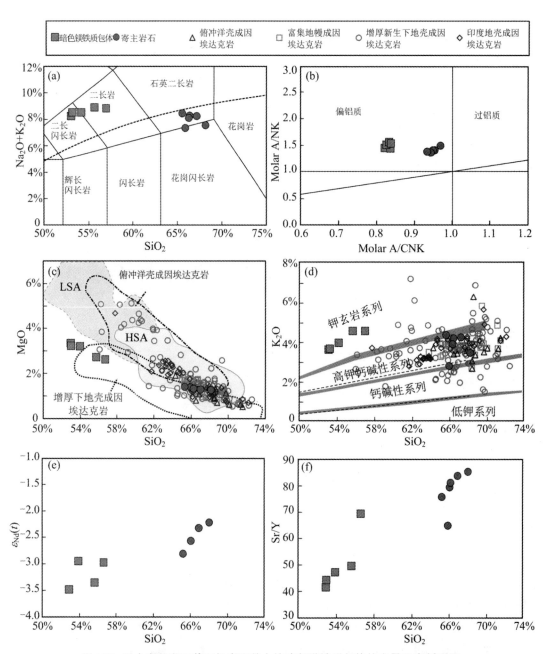

图4.28 尼木渐新世石英二长岩和其中的暗色镁铁质包体的主量元素判别图

（a）SiO$_2$-Na$_2$O+K$_2$O（Middlemost（1994））；（b）Molar A/CNK-Molar A/NK（Maniar，Piccoli（1989））；（c）SiO$_2$-MgO（据Muir（1995）和Petford，Atherton（1996）修改）；（d）SiO$_2$-K$_2$O（据Peccerillo，Taylor（1976））；（e）SiO$_2$-$\varepsilon_{Nd}(t)$；（f）SiO$_2$-Sr/Y；图中其他样品的数据来自Hou et al.（2004）；Qu et al.（2004）；Gao et al.（2007，2010）；Guo et al.（2007）；Jiang et al.（2011）；Li et al.（2011）；Guan et al.（2012）；Zheng et al.（2012b）；Yang et al.（2015d，2016）；Liu et al.（2017a）；Sun et al.（2018）

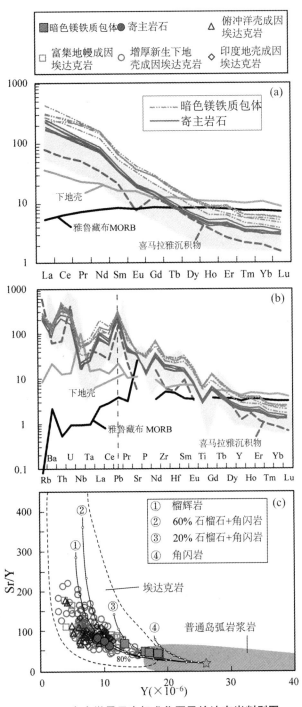

图4.29 全岩微量元素标准化图及埃达克岩判别图

（a）尼木渐新世石英二长岩和暗色镁铁质包体稀土元素球粒陨石标准化配分曲线图；（b）尼木渐新世岩体微量元素原始地幔标准化配分曲线图；（c）埃达克岩判别图Y-Sr/Y，其中球粒陨石值来自Boynton（1984）；原始地幔值来自Sun，McDonough（1989）；喜马拉雅沉积物数据来自Guo，Wilson（2012）；雅鲁藏布MORB数据来自Dai et al.（2013a）；地壳和下地壳数据来自Taylor，McLennan（1985）；（c）埃达克亲和力的区分：Y-Sr/Y修改自（Defant，Drummond（1990））；黑色曲线代表不同源区组成和不同残余矿物组合的模拟部分熔融趋势，参考数据如图4.28；分配系数来自https://earthref.org/GERM/KDD

初始的 $^{87}Sr/^{86}Sr$ 和 $\varepsilon_{Nd}(t)$ 值的计算结果均是以 28.5 Ma(平均年龄)计算。尼木岩体的寄主岩显示相对均一的 Sr 和 Nd 同位素组成,$\varepsilon_{Nd}(t)$ 范围为 $-2.2\sim-2.8$,$(^{87}Sr/^{86}Sr)_i$ 为 $0.7065\sim0.7067$。其 Pb 同位素轻微放射($^{206}Pb/^{204}Pb=18.494\sim18.510$,$^{207}Pb/^{204}Pb=15.679\sim15.682$ 和 $^{208}Pb/^{204}Pb=38.939\sim38.951$)。包体的同位素同寄主围岩具有相似的初始 $^{87}Sr/^{86}Sr$,为 $0.7066\sim0.7067$。包体 Pb 同位素组成为 $^{206}Pb/^{204}Pb=18.492\sim18.504$,$^{207}Pb/^{204}Pb=15.681\sim15.683$ 和 $^{208}Pb/^{204}Pb=38.945\sim38.967$。但是相对于寄主岩石,包体具有更具放射性的 Nd 同位素($\varepsilon_{Nd}(t)=-3.0\sim-3.5$)(图 4.30)。

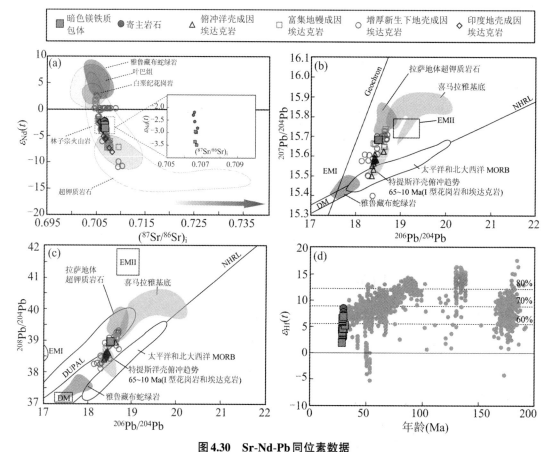

图 4.30 Sr-Nd-Pb 同位素数据

(a) 藏南尼木侵入体的 Sr-Nd 同位素比值,校正为岩浆平均年龄 28.5 Ma;(b) $^{206}Pb/^{204}Pb$-$^{207}Pb/^{204}Pb$(修改自 Zhao et al.(2009));(c) $^{206}Pb/^{204}Pb$-$^{208}Pb/^{204}Pb$ 的对比(修改自 Zhao et al.(2009));(d) 西藏埃达克质岩浆岩锆石中地幔物质贡献的百分比(根据 Zhu et al.(2011a)修改);参考文献见图 4.28

4.2.5 岩石成因及构造意义

4.2.5.1 包体成因机制

尼木渐新世高 Sr/Y 石英二长岩中的 MME 在野外呈长条或者椭圆状,并呈典型的岩浆微粒结构,而不是堆晶或者变质结构。这样的结构表明,尼木渐新世高 Sr/Y 岩石中的 MME

不是寄主岩石母岩浆分离结晶的残留，或者捕虏体。此外 MME 中缺少继承性锆石，同样反驳了 MME 是残留体或者捕虏体的来源这一可能。MME 中针状结构的磷灰石指示了 MME 是热的基性岩浆注入到较冷的岩浆中，淬冷形成的结构。跨越 MME 和寄主岩石边缘的钾长石巨晶则证明了镁铁质岩浆同中酸性岩浆曾经塑性共存过。在大多的哈克图解中，MME 和寄主岩石的主微量以线性分布，并且演化程度最高的暗色镁铁质包体和最原始的寄主围岩的成分之间仍然具有较大的差距，反映了两种截然不同的熔体不完全的化学混合（图4.28）。其中混合线性关系不明显的碱性元素的哈克图解可能是受到岩浆后期的热液活动的影响或者风化作用的影响。

在岩浆混合的判别图解中，例如 MgO-FeO^T（图 4.31(a)）和 C_i/C_c-$1/C_c$ 图解（图 4.31(b)）（其中"i"代表一种不相容元素；"c"代表一种相容元素），尼木渐新世高 Sr/Y 岩石 MME 和寄主岩石呈简单的二元混合趋势，因此再次证明了 MME 为混合成因。此外，MME 和高 Sr/Y 围岩在球粒陨石标准化图解和原始地幔标准化图解中显示近乎平行的趋势，反映了在液态和部分熔融状态下，岩浆混合过程中，元素的扩散和均一。此外，在用于区分母岩浆起源的角闪石 Al$_2$O$_3$-TiO$_2$ 图上，尼木样品中的大多数角闪石分析指向壳幔混合源（Jiang，An，1984），但 MME 中的一些角闪石数据指向地幔源（图4.27(d)）。

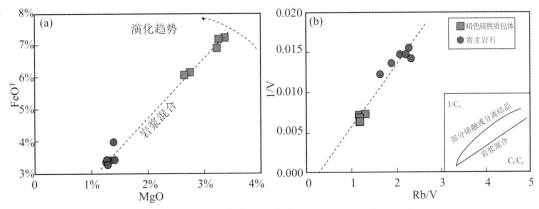

图4.31　尼木渐新世高 Sr/Y 暗色镁铁质包体的成因判别

(a) MgO-FeO^T；(b) Rb/V-1/V（据 Schiano et al.(2010)）

至于尼木渐新世寄主岩石和包体，锆石在岩浆混合过程中很难发生再平衡，岩石中锆石的 Hf 同位素比值可以代表岩浆的源区特征。即使是 MME 和寄主岩已经很大程度上扩散均一，Hf 同位素依然可以很大程度代表源区的特征（Griffin et al.，2002）。寄主围岩和 MME 中不均一的锆石 Hf 同位素组成（变化范围高达6~7个 epsilon 单位）显示了其混合岩浆源区的特征。同样地，包体和寄主高 Sr/Y 石英二长岩具有类似的(^{87}Sr/^{86}Sr)$_i$ 比值和不同的 Nd 同位素特征，可能是由 Sr 同位素在岩浆混合中扩散均一的速度大于 Nd 同位素的速度导致的。因此，我们认为尼木岩体中的包体是由岩浆混合形成的。

使用地球化学数据可以有效查明包体的岩浆源区特征。需要评估包体的岩浆源区是否有地壳组分的加入。尼木渐新世暗色镁铁质包体比平均大陆地壳（4.9×10^{-5} Rb 和 4.56×10^{-4} Ba）具有更高的 Rb（1.63×10^{-4}~1.85×10^{-4}）和 Ba（7.14×10^{-4}~1.127×10^{-3}），暗色镁铁质包体的主体地球化学特征显示其不可能经历了大陆地壳的混染（Zhao et al.，2009）。此外,无论是整体大陆地壳的混染,还是壳源熔体的混染,都会导致(^{87}Sr/^{86}Sr)$_i$的上升和$\varepsilon_{Nd}(t)$的下降,但是尼木渐新世石英二长岩中的包体$\varepsilon_{Nd}(t)$相对于寄主围岩更加富集,且同SiO_2没有明显的线性关系。这一现象表明,包体在岩浆上升及演化过程中并没有受到明显的地壳混染。此外,包体中的锆石Hf同位素具有亏损的特征,同地壳混染导致MME母岩浆Hf同位素富集的特征不一致。尼木岩体中的包体具有相对低的SiO_2,高的Al_2O_3(17.3%~18.5%)、K_2O(3.57%~4.53%)、K_2O+Na_2O(8.22%~8.91%)和K_2O/Na_2O(0.74%~1.06%)。包体全岩碱的含量和比值均落入了钾玄岩系列。此外,包体高度富集大离子轻稀土元素,微量元素分类图解中,包体同样落入了钾玄岩系列中(图4.32(a)~(b))。

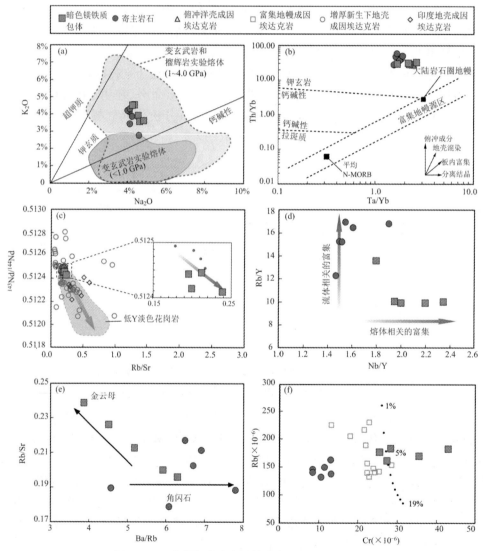

图4.32 尼木渐新世暗色镁铁质包体的成因判别图

(a) Na$_2$O-K$_2$O,修改自 Wang et al.(2012);(b) Ta/Yb-Th/Yb,修改自 Pearce(1983),N-MORB 和大陆岩石圈的平均组成来源于 Sun, McDonough(1989);(c) Rb/Sr-^{143}Nd/^{144}Nd,修改自 Liu et al.(2017b);(d) Nb/Y-Rb/Y;(e) Ba/Rb-Rb/Sr;(f) Cr-Rb,黑色的点代表不同程度的部分熔融,其中基性端元设置为 Rb(2.1×10^{-5}),Cr 设置为 5.62×10^{-4};其中矿物/熔体的分配系数来自 Jiang et al.(2006);渐新世-中新世不同成因的高 Sr/Y 岩石相关参考文献见图4.28

对钾玄岩系列的岩浆源区是有争议的。一些学者认为,钾玄岩来自地壳基底富集的变质镁铁质角闪岩的脱水熔融(Pe-Piper et al.,2009),但是更多的学者认为钾玄质的岩石主要来源于含水富集地幔的低程度的部分熔融。这一假设,同 Wyllie 和 Sekine(1982)的实验结果一致。此外,钾玄质岩石的源区也可能来源于被俯冲相关熔体或者流体交代的岩石圈地幔(Peccerillo,1992)。一些学者还认为,钾玄质的特征主要是由后期的分离结晶和地壳混染造成的(Feeley et al.,2008)。由于尼木渐新世石英二长岩中的包体比他们酸性的寄主围岩具有富集的 Nd 和 Hf 同位素,因此可以推断参与该岩体形成的地幔分异的镁铁质岩浆比壳源的酸性岩浆更加富集。

可能影响拉萨地体岩石圈地幔的富集组分有:① 循环的岩石圈地幔组分;② 拉萨地体的古老大陆基底(Liu et al.,2017a);③ 从新特提斯洋大洋沉积物中分异出来的熔体或者流体(Gao et al.,2007);④ 印度大陆地壳(Ding et al.,2003)。结合以下的讨论,我们认为,印度大陆物质是渐新世石英二长岩中镁铁质端元富集物质的主要来源。

尽管不相关的地幔富集组分往往可以简化地幔的富集机制,但是这个观点没有被充分检验,同时在拉萨的地质历史中没有展现,因此我们不再考虑这一观点。拉萨地体古老的基底很少在南拉萨地体出露,而且很难在南拉萨地体下部存在。在南拉萨地体中,从白垩纪到渐新世出露的岩石大多具有亏损的 Hf 同位素,同南拉萨地体深部具有古老基底的假设不相符(Ji et al.,2009)。考虑到大洋沉积物具有较低的 Hf 同位素含量,通过岩浆混合模拟计算,单一的大洋沉积物的熔体混合,需要 $50\%\sim60\%$ 的加入。但是这与尼木岩体中包体具有低的 SiO_2 含量是不相符的。因此,俯冲的大洋沉积物不是尼木岩体包体的主要富集物质的来源。考虑到上述所列可能的富集事件,我们认为俯冲或者下插的印度大陆地壳物质是尼木渐新世石英二长岩岩体中暗色镁铁质包体富集物质的主要来源。

尽管,Hf 同位素和 Nd 同位素总是具有相关关系,但是由于衰变母体元素总是比子体元素更加相容,包体具有正的 $\varepsilon_{Hf}(t)$ 和负的 $\varepsilon_{Nd}(t)$。这种特点可能是由于印度大陆地壳熔融过程中残留锆石中的非放射性 Hf 同位素的滞留,导致在变质事件中 Nd 同位素更加可变(Chu et al.,2011)。印度大陆陆壳的富集组分对包体源区的贡献同样可以通过全岩 Nd 同位素和微量元素的特征来判断(图4.32(c))。喜马拉雅淡色花岗岩具有比南拉萨地体高 Sr/Y 岩石更加亏损的 Y、HREE 以及更加富集不相容元素,高的 Rb/Sr 值和低的 $^{143}Nd/^{144}Nd$ 反映了印度大陆地壳物质组分的加入(Liu et al.,2017a)。渐新世岩体中包体更加富集熔体活动性元素(例如 Nb),因此印度陆壳物质主要通过熔体的形式将富集组分运移到包体的源区中(Castillo,Newhall,2004)(图4.32(d))。通过 Chu 等(2011)对 Nd 和 Hf 同位素的 AFC 的模拟,可以发现 20% 的喜马拉雅沉积物(印度陆壳物质)加入到亏损地幔中,就可以形成同渐新世 MME 一样的同位素特征。此外假设亏损地幔的 SiO_2 含量为 45%,印度陆壳物质的 SiO_2 含量为 70%,二者进行 20% 的混合,得到的混合岩浆的 SiO_2 含量为 52.4%,同暗色镁铁质包体低硅的特征相似。

因此,我们提出的源区富集模型也与其他学者对南拉萨地体 35 Ma 后碰撞镁铁质岩浆的模型一致。此外,南拉萨地体后碰撞岩浆岩的岩浆锆石的 $\varepsilon_{Hf}(t)$ 在 35 Ma 的时候急剧地下降,可能是由于印度陆壳在 35 Ma 左右开始加入到西藏的后碰撞岩浆系统中。值得注意的是，MME 不同于地幔橄榄岩分异的熔体。MME 具有低的 MgO（2.64%～3.36%）、Cr（2.56×10^{-5}～4.32×10^{-5}）和 Ni（1.85×10^{-5}～2.97×10^{-5}）（Rapp et al.，1999）。最简单的解释是，MME 的源区组成主要是交代岩石圈地幔的辉石岩而不是地幔橄榄岩。此外，MME 强烈亏损重稀土元素，表明源区矿物存在石榴石或者角闪石。但是由于角闪石更优先容纳中稀土元素，而不是重稀土元素，当源区残留角闪石或者分离角闪石时，REE 配分图中会显示 U 形的样式。而尼木渐新世暗色镁铁质包体的球粒陨石标准化图解并没有显示这一特征。所以，MME 的源区矿物组成主要是石榴石而非角闪石。

此外，MME 具有高的 Rb/Sr（>0.19）和低的 Ba/Rb（<7），显示了 MME 源区中主要的碱性矿物为金云母，而不是碱性的角闪石（图 4.32(e)）（Davidson et al.，2007）。与来自富含角闪石的地幔源区熔体（Rb/Sr<0.06，Ba/Rb>20）相比，来自含金云母地幔的熔体预计具有更高的 Rb/Sr（>0.1）和更低的 Ba/Rb（<20）（Davidson et al.，2007）（图 4.32(e)）。结合包体的主微量元素的特征，我们认为，暗色镁铁质包体的源区矿物组成为金云母、石榴石和辉石。因此，在此尝试使用含石榴石、金云母、辉石的地幔捕房体（40% 单斜辉石，55% 石榴石和 5% 金云母，源区设置为 2.1×10^{-5} Rb 和 5.62×10^{-4} Cr），大多数 MME 的全岩组成落在富集岩石圈地幔低程度部分熔融程度 5%～7% 的范围，证实了 MME 的成因为富集岩石圈地幔低程度部分熔融，且源区矿物主要为辉石、石榴石和金云母（图 4.32(f)）。

4.2.5.2　高 Sr/Y 石英二长岩成因

尼木岩体的寄主岩石，石英二长岩-花岗闪长岩具有埃达克质亲和性，表现为高 SiO₂ 和 Sr 含量以及低的 Y 和 Yb 含量。另外，尼木渐新世高 Sr/Y 寄主岩石 $\varepsilon_{Nd}(t)$ 与 SiO₂ 呈正相关，排除了上地壳显著污染岩浆源区的可能性。至于分离结晶，低压角闪石分离结晶使含水熔体形成高 Sr/Y 比值不太可能，因为主岩的 MREE 和 HREE 含量没有显示出与角闪石分离结晶一致的 U 形趋势（Davidson et al.，2007）。当岩浆演化过程中经历石榴石分离结晶时，岩浆的 Dy/Yb 值应随着 SiO₂ 的增加而增加。但尼木寄主岩石的 Dy/Yb 值与 SiO₂ 含量之间没有明显的相关性，与石榴石分馏不符。此外，寄主岩石的 La/Sm 和 La/Yb 值均随着 La 的增加而增加，进一步排除了寄主岩浆经历显著的分离结晶的可能性。最后，在拉萨地体中仅发现了少量的同时代镁铁质岩浆（Ding，Zhang，2018），这不足以支持通过分离结晶形成高 Sr/Y 岩体。值得注意的是，埃达克质寄主岩中的 Sr/Y 随着 SiO₂ 的增加而增加（图 4.28(f)），这表明分离结晶可能在形成高 Sr/Y 特征中起到一定的作用。如上所述，母岩浆没有经历明显的角闪石和石榴石分离结晶。因此，我们认为这种高 Sr/Y 的特征是锆石分离结晶的结果（锆石的 Sr 和 Y 分配系数分别为 0.034 和 50.2）（Thomas et al.，2002），SiO₂ 和 Zr 浓度之间的负相关性是对这一猜想的支持。MME 和寄主岩之间微量元素模式的相似性以及 MME 中 HREE 和 Y 的严重亏损表明，埃达克质镁铁质端元组分混合到岩体的寄主岩浆中可能导致了寄主岩石埃达克质特征。然而，尼木寄主岩石的 Sr/Y 值实际上随着 SiO₂ 的增加而增加（图 4.28(f)），否定了这一可能性。因此，我们提出尼木埃达克质寄主岩石可能是部分熔融生成的。寄主石英二长岩显示出低浓度的 MgO、Cr 和 Ni 以及低 Mg# 值（<42.5）的地球化学特征。实验岩石学表明，高压（>1 GPa）下的玄武岩形成的熔体的 Mg# 值≤44，但与橄榄岩的相互作用会使熔体的 Mg# 值增加到约 55（Rapp et al.，1999）。低的 MgO 和相容元素含量表明,除非岩浆演化后期存在高程度的分离结晶,否则寄主岩浆在上升过程中不会与地幔橄榄岩相互作用。这一特征表明,尼木寄主岩石不太可能来自俯冲的新特提斯洋壳和印度大陆地壳,因为这两种机制下埃达克质熔体在地幔楔下方形成,并在上升过程中不可避免地与地幔橄榄岩发生交代(Rapp et al.,1999)。此外,拆沉下地壳的熔体在上升过程中会与地幔橄榄岩相互作用,导致Cr、Ni和MgO的浓度显著升高,这在埃达克质寄主岩石中是观察不到的。综上所述,加厚的下地壳与石榴石残余最可能是尼木寄主岩石高Sr/Y岩浆的来源,如图4.29(c)所示。

尼木寄主岩石在主量元素源区判别图中落入了变玄武岩衍生熔体区域(图4.33(a)),同样地,藏南增厚下地壳部分熔融的埃达克岩也主要由变玄武岩熔融形成。埃达克质寄主岩石中Ba、La和Nb微量元素比值与大陆弧火山岩的重叠程度高于与平均大陆地壳的重叠也证明了这一点(图4.33(b))。

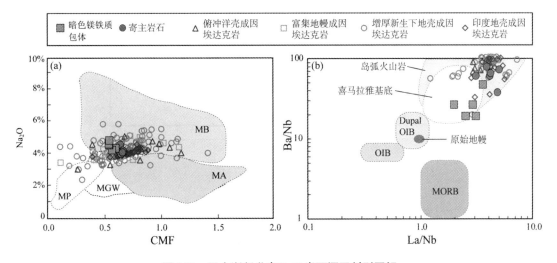

图4.33 尼木渐新世高Sr/Y岩石源区判别图解

(a) CMF(CMF=Molar CaO/(MgO+FeO^T))-Na$_2$O,修改自Atherton,Petford(1993);Patiño Douce(1999);

(b) La/Nb-Ba/Nb,修改自Wilson(2001);MB=变玄武岩;MA=变安山岩;MGW=变杂砂岩;MP=变泥岩

4.2.5.3 渐新世钾玄质岩石对南拉萨地体伸展时间的制约及其大地构造意义

前人研究强调了用大陆岩石圈地幔对流减薄,或俯冲印度板块的断裂或回转的地球动力学模型来解释西藏的造山隆起和碰撞后岩浆作用(Zhao et al.,2009;Zhang et al.,2014c)。但是,在尼木侵入期或喷发期并未发现岩浆岩显示南北迁移的趋势,这与板块后退的观点不一致。此外,俯冲的印度大陆板块的断裂会引发广泛的钾质和高Sr/Y岩浆作用。这些岩浆均具有埃达克岩的地球化学特征,且集中在25~8 Ma大量产出(Zhao et al.,2009)。因此,我们认为,大陆岩石圈地幔的对流减薄最有可能导致拉萨地体的大规模碰撞后岩浆作用,特别是尼木岩体。之前的研究表明,碰撞后钾质和高Sr/Y埃达克质岩石,具有相似的年龄范围(25~8 Ma),与拉萨地体内的一系列南北向的裂谷密切相关,表现为拉萨地体的东西向伸展(Gao et al.,2007;Hou et al.,2004)。东西向伸展的开始通常表现为加厚的藏南岩石圈的对

流减薄(Zhao et al.,2009)。当青藏高原南部达到最高海拔后,构造崩塌。因此,碰撞后钾质和高 Sr/Y 的埃达克质岩浆作用可能为青藏高原的隆起和伸展开始的时间提供了限制(Gao et al.,2007)。一般认为,碰撞后富钾岩浆作用仅发生在25～8 Ma,这可能标志着西藏南部在约25 Ma 开始伸展(Guo et al.,2013)。在此,我们识别了渐新世的钾玄质暗色镁铁质包体侵入到具有埃达克质寄主花岗岩中,这意味着南拉萨地体从约30 Ma(而非25 Ma)开始从挤压(与65～50 Ma 以来的印度-欧亚大陆碰撞有关)向构造伸展的过渡。此外,南拉萨地体渐新世(约30 Ma)冲木达-明泽侵入杂岩中的钾玄质暗色镁铁质包体的存在进一步支持了这一观点(Zheng et al.,2012a)。Chung 等(2009)提出 La/Yb 值可用于估算地壳厚度。为此,我们绘制了南拉萨地体具有埃达克质特征的碰撞后高 Sr/Y 岩石的 La/Yb 值与岩浆年龄的关系图。图4.34显示,具有埃达克质特征的碰撞后高 Sr/Y 岩石的 La/Yb 值在约30 Ma 达到峰值,表明南拉萨地体可能在渐新世晚期地壳最厚。结合钾质岩浆作用在约30 Ma 开始的事实,我们提出南拉萨地体的构造伸展始于晚渐新世30 Ma 左右。

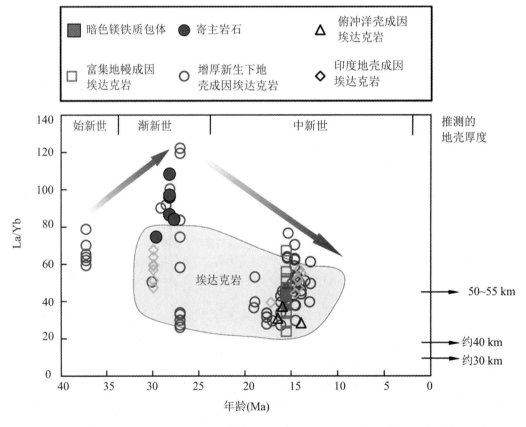

图4.34　藏南碰撞后具有埃达克质特征的高 Sr/Y 岩石的 La/Yb 值与岩浆年龄的关系图,改编自 Chung et al.(2009);参考文献数据来源见图4.28

4.3　冈底斯带中段中新世花岗质岩石成因及构造意义

冈底斯带是我国最为重要的铜多金属成矿带(侯增谦等,2008)。根据成矿时间,冈底斯带的成矿类型可以分为俯冲型(>55 Ma)和碰撞型(<55 Ma)两类斑岩型铜多金属矿床。其中俯冲型的铜矿目前仅发现雄村铜矿一处(Tang et al.,2015),而碰撞(后碰撞)型矿床在冈底斯带分布较为普遍(侯增谦等,2008)。研究表明,冈底斯带大规模的铜多金属成矿时间主要集中在16～14 Ma(马士委等,2016;杨震等,2017)。值得注意的是,该时期也是拉萨地体南缘快速隆升和东西向伸展阶段(21～8 Ma)(Williams et al.,2001;陈希节等,2014;杨震等,2017)。近十几年来,冈底斯带含矿斑岩成矿机制的研究取得了许多重要的成果。但是对于中新世斑岩体的岩石成因和大地构造背景研究则相对薄弱,目前仍然存在着广泛的争议。目前主要存在五种不同的学术观点:① 中新世的斑岩体源于新特提斯洋残留洋壳的部分熔融,在后期岩浆上升的过程中与上覆陆下岩石圈发生相互作用(Qu et al.,2004);② 来自加厚的拉萨地体下地壳的部分熔融(Hou et al.,2004;陈希节等,2014),中新世时藏南地壳厚度已达70 km(秦圣凯等,2023);③ 斑岩体来自上地幔源区的部分熔融,并受到了早期新特提斯洋俯冲流体的交代(Gao et al.,2007;Li et al.,2011);④ 来自俯冲流体交代的基性下地壳的部分熔融(Guo et al.,2007;徐旺春,2010);⑤ 来自地幔部分熔融形成的含水基性岩浆在高压下发生分离结晶作用的产物(Lu et al.,2015)。

前人对甲玛矿区进行了大量的研究工作,主要集中于成矿时代、成矿流体、矿床成因机制和富矿斑岩体上,而对甲玛矿区中弱含矿斑岩体或者不含矿斑岩体的研究则相对薄弱。在前人工作的基础上,我们对甲玛矿区钻孔及野外露头不同类型的斑岩体进行了系统的采集,通过对这些斑岩体的年代学、岩石学和全岩地球化学特征及其大地构造背景进行研究,进而探讨不同类型斑岩体的岩浆源区特征、岩石成因及其壳幔相互作用的过程,为甲玛矿集区基础地质研究和下一步寻找隐伏矿床提供重要的基础地质资料。

4.3.1　区域地质特征

研究区及邻区位于冈底斯带中东段,主要出露地层有下白垩统林布宗组(K_1l)、楚木龙组(K_1c)和塔克那组(K_1t)、上侏罗统多底沟组(J_3d)和却桑温泉组(J_3q),区内地层走向为NWW向;岩浆岩主要分布在研究区外围,俯冲期和碰撞期的花岗岩类均有分布,锆石U-Pb定年结果为152～23 Ma(Chung et al.,2009;Ji et al.,2012),是新特提斯洋俯冲和印度-亚洲板块碰撞的产物。研究区及邻区的构造整体走向近东西,次级构造线多为NWW向展布。研究区及邻区发育有NWW或者NW向的脆性断裂、韧性剪切带以及大型褶皱。研究区内火成岩以晚白垩世花岗岩类和早侏罗世叶巴组火山岩为主,其次可见少量的基性辉长-辉绿杂岩体。下白垩统林布宗组(K_1l)和上侏罗统多底沟组(J_3d)是甲玛矿区最为主要的岩性单元。林布宗组（K₁l）岩性以灰黑色板岩、泥岩、粉砂岩和石英砂岩为主，夹泥晶灰岩及薄煤层。多底沟组以灰白色、灰色块状结晶灰岩为主，夹少量薄层灰岩、大理岩和砂泥岩。多底沟组（J₃d）和林布宗组（K₁l）野外为明显的断层接触关系，之间发育大型构造滑脱带（马士委等，2016）。甲玛矿区内的岩浆岩主要呈岩滴或者岩枝状展布，主要包括花岗闪长斑岩、花岗斑岩、石英闪长斑岩、闪长玢岩、煌斑岩和辉绿玢岩等（唐菊兴等，2010；马士委等，2016）。

对甲玛矿区钻孔中不同类型的矿化岩体进行了系统性采样，并进行了锆石LA-ICP-MS U-Pb测年和全岩主微量粉末地球化学分析，测试对象如下：钻孔ZK1618和ZK2010的花岗斑岩；钻孔ZK2010的二长花岗斑岩；ZK2010、ZK809、ZK1608和ZK1526的花岗闪长斑岩；钻孔ZK1624、ZK1501和ZK3212的石英闪长玢岩和辉长闪长玢岩。虽然样品采集于钻孔，但涵盖了甲玛矿区主要的含矿斑岩体，而且与矿区野外露头岩体或岩脉相对应。因此，本次测定的锆石U-Pb年龄和全岩地球化学数据可以代表矿区岩体的侵位时代和含矿岩浆的地球化学特征。

4.3.2　岩相学特征

甲玛矿区内主要出露沉积岩系，侵入岩多为隐伏岩体，岩石类型较为复杂，主要包括辉绿玢岩、煌斑岩、辉长闪长玢岩、石英闪长玢岩、花岗斑岩、二长花岗斑岩和花岗闪长斑岩等，与成矿密切相关的岩石以石英闪长玢岩、辉长闪长玢岩、花岗斑岩、二长花岗斑岩和花岗闪长斑岩为主（唐菊兴等，2010；郑文宝，2012）。

4.3.2.1　花岗斑岩

灰白色，典型的斑状结构，块状构造。斑晶含量为25%～30%，以钾长石（Kfs）、斜长石（Pl）和石英（Qtz）为主，含少量黑云母（Bt）。钾长石，含量约为10%，粒度为1～5 mm，半自形到自形板柱状，可见卡式双晶，少量钾长石发生高岭土化；斜长石，含量约为10%，斑晶粒度为2～6 mm，半自形到自形晶，可见明显的环带结构和聚片双晶；石英，含量为2%～5%，粒度为1～5 mm，它形粒状，可见港湾状溶蚀结构，部分颗粒可见波状消光现象；黑云母，含量为3%～5%，粒度为1～4 mm，呈鳞片状，黄褐色，后期多被绿泥石和碳酸盐交代。花岗斑岩基质主要由长英质、少量黑云母和角闪石（Hbl）组成，半隐晶质结构。副矿物含量约为5%，多为锆石、磷灰石、榍石和磁铁矿等。

4.3.2.2　二长花岗斑岩

浅灰色至灰白色，斑状结构，块状构造。斑晶含量为30%～35%，主要由钾长石、斜长石和石英组成。钾长石，含量约为15%，粒度为2～5 mm，半自形到自形板状或柱状，部分晶体可见卡式双晶；斜长石，含量为10%～15%，粒度为1～4 mm，半自形到自形板状或粒状，部分颗粒溶蚀成浑圆状，可见较为明显的环带结构和聚片双晶，局部发生绢云母化；石英，含量约为5%，粒度为1～5 mm，它形粒状，发育港湾状溶蚀凹坑，波状消光现象明显；黑云母，含量约为2%，粒度为1～3 mm，呈叶片状，并发生绢云母化和碳酸盐化。二长花岗斑岩的基质为隐晶质-半隐晶质结构,主要由长英质、少量黑云母和角闪石组成。副矿物含量约为5%,可见磷灰石、锆石、榍石和磁铁矿等。二长花岗斑岩后期蚀变以钾化和黑云母化为主,伴随有部分硅化,可见大量次生热液黑云母;矿化以浸染状铜矿化和脉状辉钼矿化为主。

4.3.2.3 花岗闪长斑岩

深灰-灰白色,斑状结构,块状构造。斑晶含量为25%~30%,主要由斜长石、角闪石、黑云母组成,此外还含少量钾长石和石英,偶见硬石膏斑晶。斜长石,含量约为15%,粒度为2~5 mm,半自形到自形宽板状或粒状,聚片双晶发育,少见绿帘石化、绿泥石化,有的斜长石颗粒隐约见环带结构;角闪石,含量约为5%,粒度为1~4 mm,细粒半自形到自形长柱状或针状,半定向构造,后期多被绿泥石、碳酸盐和黑云母交代;黑云母,含量<5%,粒度为1~4 mm,呈叶片状零星分布;石英,含量<5%,粒度为1~4 mm,它形粒状或浑圆状,发育增生边,波状消光现象明显。花岗闪长斑岩基质为显晶质-细粒结构,主要由长英质、角闪石和少量黑云母组成。副矿物,含量约为3%,主要由磷灰石、锆石、榍石和不透明矿物(金属矿物)等组成。花岗闪长斑岩的蚀变以硅化、绢云母化、绿泥石化和绿帘石化为主;矿化以浸染状铜矿化和脉状辉钼矿化为主。

4.3.2.4 石英闪长玢岩

灰绿色-灰白色,斑状结构,块状构造。斑晶含量约为30%,由斜长石、角闪石和石英组成,局部区域可见斜长石聚斑晶,偶见硬石膏斑晶。斜长石,含量约为15%,粒度为1~10 mm,半自形板状,可见聚片双晶,部分长石颗粒遭受绢云母化、黝帘石化;角闪石,含量约为10%,粒度为1~3 mm,浅黄-褐色,半自形到自形长柱状或粒状,多被绿泥石和碳酸盐交代;石英,含量约为5%,粒度为1~6 mm,它形粒状,部分颗粒溶蚀成浑圆状。石英闪长玢岩基质为显晶质-细粒结构,主要由斜长石和角闪石组成。副矿物含量约为3%,为磷灰石、榍石、磁铁矿和钛铁矿等。石英闪长玢岩蚀变相对较强,以硅化为主,其次可见热液黑云母交代角闪石以及叠加发育碳酸盐化、绢云母化、绿泥石及泥化;矿化以浸染状辉钼矿化和铜矿化为主。

4.3.2.5 辉长闪长玢岩

灰绿色-灰黑色,斑状结构,块状构造。斑晶由斜长石、角闪石组成,此外可见少量石英和辉石。斜长石,含量约为10%,粒度为1~7 mm,半自形板状或它形粒状,发育聚片双晶,可见绢云母化;角闪石,含量约为5%,粒度为2~4 mm,褐色,半自形到自形长柱状或粒状,多被绿泥石、碳酸盐和黑云母交代;辉石,含量约为3%,粒度为1~2 mm,半自形粒状或短柱状;石英,含量约为2%,粒度为1~3 mm,它形粒状,部分溶蚀成浑圆状。辉长闪长玢岩基质为细粒结构,主要由斜长石和角闪石组成。副矿物含量小于5%,为榍石、磷灰石、磁铁矿和钛铁矿等,蚀变可见硅化和黑云母化,矿化相对较弱。

4.3.3 中新世花岗岩类的年代学及地球化学测试结果

4.3.3.1 锆石U-Pb测年

(1) 花岗斑岩

花岗斑岩(Zk1618-20m):所测锆石为透明-半透明状,呈典型的棱柱状,大小为50～100 μm,长宽比为1:1～2:1(图4.35)。锆石均具有明显的岩浆韵律环带,Th/U值为0.49～2.49(>0.4),为典型的岩浆成因机制(Hoskin,Schaltegger,2003)。测试点均分布在谐和线上或者附近,$^{206}Pb/^{238}U$加权平均年龄为(16.69±0.29) Ma(MSWD=1.8)(图4.36),代表了花岗斑岩的结晶成岩年龄。

ZK2010-413m样品的锆石也为典型的棱柱状、柱状,自形晶,大小为50～100 μm,长宽比为1:1～2:1(图4.35)。所测锆石均具有明显的岩浆韵律环带以及高的Th/U值(0.60～2.03,>0.4),平均值为1.0,显示了岩浆成因锆石的特征(Hoskin,Schaltegger,2003)。分析结果显示,所有测点均分布在谐和曲线上或者附近,没有明显的铅丢失,$^{206}Pb/^{238}U$加权平均年龄为(15.66±0.21) Ma(MSWD=8.8)(图4.36),该年龄代表了甲玛矿区内花岗斑岩的成岩结晶年龄。

(2) 二长花岗斑岩

二长花岗斑岩(ZK2010-483m):所测锆石为半透明状,为典型的棱柱状自形晶体,可见明显的振荡环带结构(图4.35)。所测锆石大小为60～120 μm,长宽比为1:1～2:1。测试结果显示,所测锆石的Th/U值为0.54～1.38,均值为0.81>0.4,具有岩浆结晶锆石的特征(Hoskin,Schaltegger,2003)。分析结果显示,所有测点均位于谐和曲线上,表明没有明显的普通铅丢失,$^{206}Pb/^{238}U$加权平均年龄为(15.09±0.16) Ma(MSWD=5.2)(图4.36),该年龄代表了二长花岗斑岩的成岩年龄。

(3) 花岗闪长斑岩

花岗闪长斑岩(ZK809-191m):所测锆石为典型的自形晶,棱柱状,大小为40～120 μm,长宽比为1:1～3:1(图4.35)。所测锆石可见较为明显的韵律环带结构,Th/U值为0.70～2.80,均值为1.17>0.4,为典型的岩浆成因(Hoskin,Schaltegger,2003)。分析结果显示,所有测点均位于谐和曲线上或者附近(图4.36),表明没有明显的普通铅丢失,$^{206}Pb/^{238}U$加权平均年龄为(16.26±0.20) Ma(MSWD=6.2),该年龄代表了花岗闪长斑岩的结晶成岩年龄。

另一件花岗闪长斑岩样品(ZK809-84m)的锆石为半透明状,自形晶,长宽比为1:1～2:1(图4.35)。高的Th/U值(0.48～2.22,均值1.39>0.4)和明显的岩浆韵律环带暗示了所测锆石为典型的岩浆成因机制(Hoskin,Schaltegger,2003)。测试结果显示,测试点均分布在谐和线上或谐和线附近,$^{206}Pb/^{238}U$加权平均年龄为(14.39±0.32) Ma(MSWD=1.9)(图4.36),代表了甲玛矿集区花岗斑岩的另一次岩浆侵位事件。

综合结果显示,取自钻孔的花岗斑岩、二长花岗斑岩和花岗闪长斑岩锆石的LA-ICP-MS U-Pb定年分别为15.7～16.7 Ma、15.1 Ma和14.4～16.3 Ma,与前人的研究结果在误差范围内一致(秦志鹏等,2011;郑文宝,2012)。在本次研究的基础上,通过梳理前人研究成果可知,甲玛矿集区的花岗斑岩成岩时代为14.2~16.7 Ma(集中为15.3~16.7 Ma);二长花岗斑岩成岩时代为14.8~15.6 Ma;花岗闪长斑岩的成岩时代为14.1~16.3 Ma(集中为15.7~16.3 Ma);石英闪长玢岩的成岩时代为16.0 Ma。因此,甲玛矿区内的岩浆具有脉动式、多期次活动的特征,主要集中在14.5~16.5 Ma(图4.37)。

辉钼矿主要产于甲玛铜多金属矿床矽卡岩、斑岩、角岩中,其中辉钼矿的年龄可以代表甲玛矿区的成矿时代。李光明等(2005)和应立娟等(2009,2010,2011)获得了甲玛矿区辉钼矿Re-Os同位素年龄(15.3 Ma),该年龄和角岩以及斑岩中的Re-Os同位素年龄较为接近(14.7 Ma)。因此,甲玛矿区的主要成矿时间为15.3~14.7 Ma。

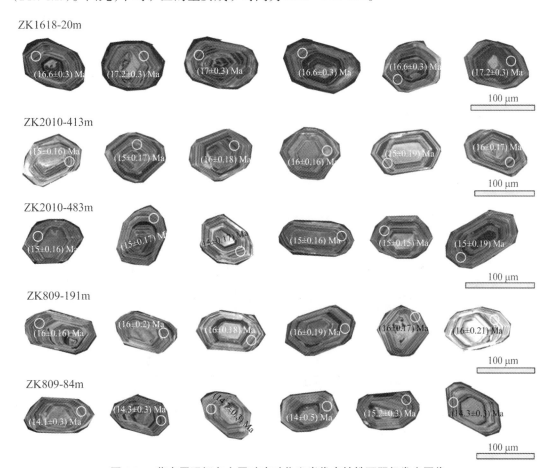

图4.35 藏南甲玛铜多金属矿床矿化斑岩代表性锆石阴极发光图像

综上所述,甲玛矿区含矿斑(玢)岩成岩年龄主要集中在14.1~16.7 Ma,而与矽卡岩-斑岩-角岩成矿密切相关的花岗斑岩和二长花岗斑岩的成岩时代为16.7~14.8 Ma,而成矿时代为15.3~14.7 Ma,成岩和成矿时代相差约1 Ma。

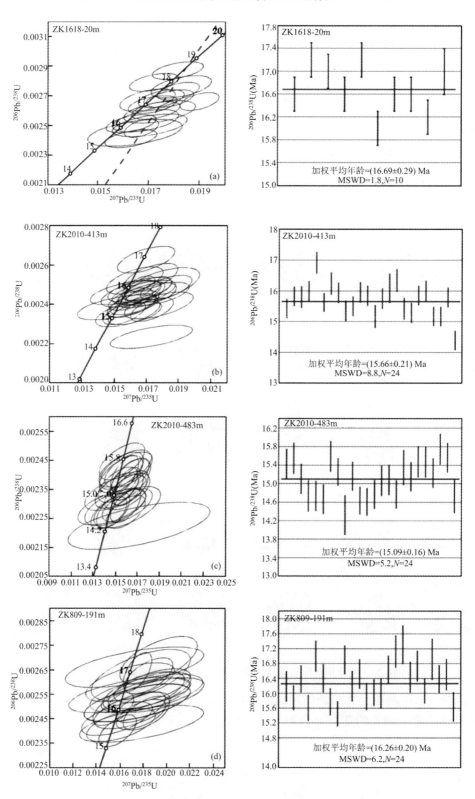

图4.36　冈底斯带甲玛铜多金属矿床矿化斑岩年龄和谐图

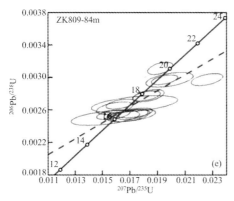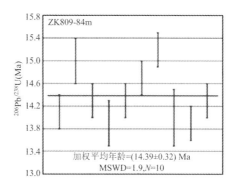

图4.36　冈底斯带甲玛铜多金属矿床矿化斑岩年龄和谐图(续)

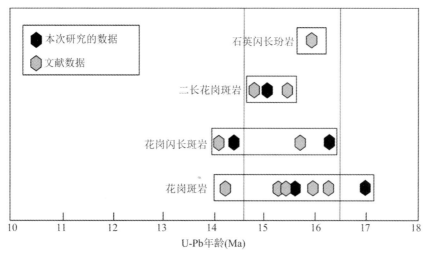

图4.37　冈底斯带甲玛铜多金属矿床矿化斑岩年龄统计图

4.3.3.2　全岩地球化学

(1) 主量元素地球化学特征

① 花岗斑岩。

花岗斑岩SiO_2含量为61.6%~69.62%(平均值为66.33%);Al_2O_3含量相对较低,为14.16%~15.45%(平均值为14.57%);CaO含量为2.43%~5.17%(平均值为3.37%);Na_2O和K_2O含量变化较大,分别为3.21%~5.18%和2.42%~4.72%;花岗斑岩的Na_2O/K_2O值变化较大,其中3件样品的比值为0.72~0.94<1,为典型的钾质岩石,其余2件样品具有较高的Na_2O/K_2O值,分别为1.6和1.83,显示钠质岩石的特征;P_2O_5和TiO_2含量较低,分别为0.13%~0.20%(平均值为0.16%)和0.31%~0.45%(平均值为0.38%)。花岗斑岩铝饱和指数A/CNK值为0.68~1.01,平均值为0.87(<1.1),属于准铝质岩石(图4.38(a))。在硅碱(TAS)图解中(图4.38(b)),5件样品均分布在亚碱性(sub-alkaline)花岗闪长岩区域,3件样品落入碱性石英二长岩区域,并且里特曼指数(σ)分别为1.66~2.83和3.45~3.81,属钙碱性和碱性岩石,这与TAS图解的结果一致。此外,在SiO_2-K_2O图解中(图4.38(c)),所测样品

落入钙碱性、高钾钙碱性和钾玄岩系列范围,在AFM图解中(图4.38(d))样品落入钙碱性系列范围。

② 二长花岗斑岩。

二长花岗斑岩的SiO_2含量为67.94%;Al_2O_3含量相对较低,为14.21%;CaO含量为2.68%;全碱含量(Na_2O+K_2O)为8.08%,为钾质岩石;TiO_2和P_2O_5含量相对较低,分别为0.43%和0.19%;铝饱和指数A/CNK值为0.89<1.1,为准铝质岩石(图4.38(a))。在TAS图解中(图4.38(b)),所测样品分布在亚碱性石英二长岩区域,并且里特曼指数(σ)为2.64,属钙碱性岩石,与TAS图解的结果一致。在SiO_2-K_2O图解中(图4.38(c)),样品落入高钾钙碱性系列范围,在AFM图解中(图4.38(d))样品落入钙碱性系列范围。

③ 花岗闪长斑岩。

花岗闪长斑岩的SiO_2含量为62.99%~73.01%(平均值为66.95%);Al_2O_3含量变化较大,为12.84%~16.16%(平均值为15.17%);CaO含量为1.64%~3.95%(平均值为3.13%);Na_2O和K_2O含量分别为2.23%~5.01%和1.88%~4.79%,大部分样品相对富钠,Na_2O/K_2O值为1.3~2.26,而其中2件样品Na_2O/K_2O值为0.47和0.83,显示出富钾的特征;TiO_2和P_2O_5含量相对较低,分别为0.29%~0.58%(平均值为0.48%)和0.12%~0.29%(平均值为0.21%);样品的铝饱和指数A/CNK值为0.95~1.04,平均值为1.01<1.1,属于弱过铝质岩石(图4.38(a))。在硅碱(TAS)图解中(图4.38(b)),有些样品落在亚碱性花岗闪长岩和花岗岩区域,1件样品落入碱性石英二长岩区域,里特曼指数(σ)为1.42~2.08,落入碱性石英二长岩区域的样品σ为3.49,属钙碱性和碱性岩石,与TAS图解结果相符。在SiO_2-K_2O图解中(图4.38(c))样品落入钙碱性、高钾钙碱性系列范围,在AFM图解中(图4.38(d))样品落入钙碱性系列范围。

④ 石英闪长玢岩。

石英闪长玢岩的SiO_2含量62.16%~64.36%(平均值为63.56%);Al_2O_3含量为16.18%~17.66%(平均值为17.09%);CaO含量为0.68%~0.84%,除1件样品的CaO含量偏高,为4.13%外;Na_2O和K_2O含量分别为4.66%~6.23%和2.34%~3.07%,Na_2O/K_2O值为1.99~2.31,为钠质岩石;TiO_2和P_2O_5含量相对较低,分别为0.65%~0.70%(平均值为0.68%)和0.28%~0.40%(平均值为0.34%);MgO含量偏低,为1.8%~2.74%,然而具有较高的$Mg^{\#}$值(71.58~78.74),除1件样品的$Mg^{\#}$值偏低(48.58)外;铝饱和指数A/CNK值为1.15~1.25,除1件样品偏低,为0.91外,显示出强过铝质岩石的地球化学特征(图4.38(a))。在硅碱(TAS)图解中(图4.38(b)),2件样品落在碱性石英二长岩区域,1件样品分布在亚碱性闪长岩区域,对应的里特曼指数σ分别为3.6~4.05和2.92,属钙碱性和碱性岩石,与TAS图解一致。在SiO_2-K_2O图解中(图4.38(c)),样品落入高钾钙碱性系列范围,在AFM图解中(图4.40(d))样品落入钙碱性系列范围。

⑤ 辉长闪长玢岩。

辉长闪长玢岩的SiO_2含量为52.2%~57.22%(平均值为54.62%);Al_2O_3含量相对较高,为16.91%~18.40%(平均含量为17.52%);CaO含量为2.58%~5.61%(平值值为4.44%);Na_2O、K_2O的含量相对较低,分别为2.95%~4.22%和2.13%~3.60%,其中大部分样品Na_2O/K_2O值为1.14~1.98,为钠质岩石,仅有1件样品的Na_2O/K_2O值为0.86,显示出钾质岩

石的特征;TiO₂和P₂O₅含量较低,分别为0.85%~0.93%(平均值为0.89%)和0.26%~0.37%(平均值为0.31%);此外,所测样品具有高的MgO含量(5.41%~7.63%)和高的Mg#值(60.21~71.89),暗示了幔源物质的地球化学特征;样品的铝饱和指数A/CNK值为0.91~1.28,2件样品为准铝质岩石,2件样品属于强过铝质岩石(图4.38(a))。其次,在硅碱(TAS)图解中(图4.38(b)),大部分样品位于亚碱性二长闪长岩区域,里特曼指数(σ)为3.17~3.67,属钙碱性岩石,与TAS图解结果相符。在SiO₂-K₂O图解中(图4.38(c)),大部分样品落入钾玄岩系列范围,在AFM图解中(图4.38(d)),样品落入钙碱性系列范围。

在哈克图解上(图4.39),SiO₂与其他主要元素之间具有很好的负相关性,而与Na₂O、K₂O的相关性不太明显,这可能和后期K、Na元素强的活动性有关。在SiO₂-K₂O图解中(图4.38(c)),大多数被测样品位于高钾钙碱性系列,少数位于钙碱性系列和钾玄岩系列,这与藏南中新世埃达克质岩石的地球化学结果一致(Chung et al.,2003;Hou et al.,2004;Gao et al.,2007;Guo et al.,2007;陈希节等,2014)。此外,图4.39还显示,辉长闪长岩玢岩与花岗质斑岩呈不同的协变关系,暗示了它们可能在岩浆成因上的不同。

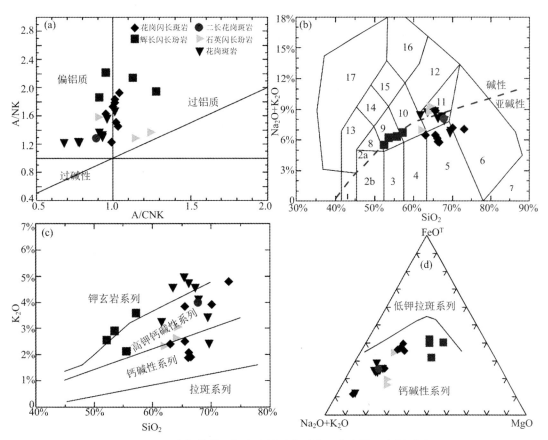

图4.38 冈底斯带甲玛铜多金属矿床矿化斑岩主量元素判别图

(a)据Maniar,Piccoli(1989);(b)据Middlemost(1994);(c)据Peccerillo,Taylor(1976);(d)据Irvine,Baragar(1971);

1=橄榄辉长岩;2=亚碱性辉长岩;3=辉长闪长岩;4=闪长岩;5=花岗闪长岩;6=花岗岩;7=石英岩;8=碱性辉长岩;9=二长辉长岩;10=二长闪长岩;11=二长岩;12=石英二长岩;13=正长岩;14=似长石辉长岩;15=似长石二长闪长岩;16=似长石二长正长岩;17=似长石正长岩;18=似深成岩

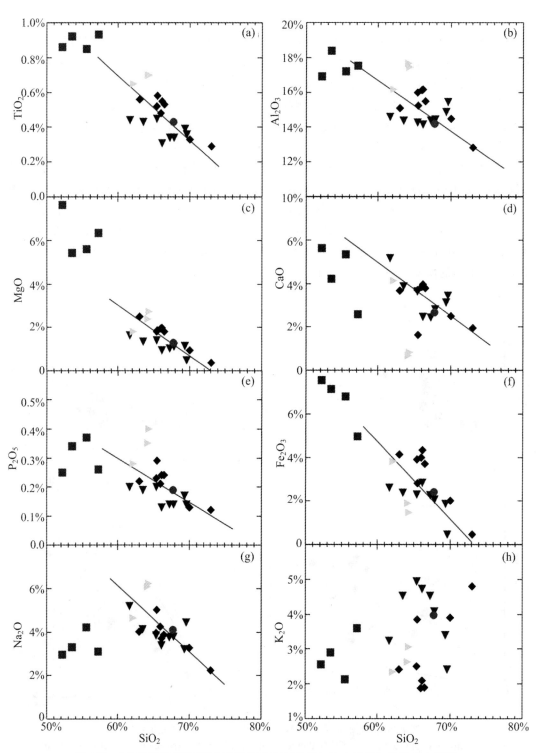

图4.39 冈底斯带甲玛铜多金属矿床矿化斑岩SiO$_2$和主要氧化物的哈克图解

（2）微量元素地球化学特征

花岗斑岩、花岗闪长斑岩、二长花岗斑岩、石英闪长玢岩和辉长闪长玢岩,在原始地幔标准化的微量元素蛛网图中(图4.40),均明显富集大离子亲石元素和Th、U元素,强烈亏损Nb、Ta、Ti、P等高场强元素。其中石英闪长玢岩和辉长闪长玢岩Ti、P负异常不明显,不同于花岗斑岩,这与前人在矿区其他岩心或露头获得的结果和认识一致(秦志鹏,2013;郑文宝,2012)。在SiO₂-微量元素哈克图解中(图4.41),不同成矿阶段的岩石的主量(SiO₂)与微量元素没有较为明显的相关性,这表明不同类型的斑岩体虽然成岩年龄相近,并且位于同一侵位中心,但是可能来自不同的母岩浆的分离、结晶。

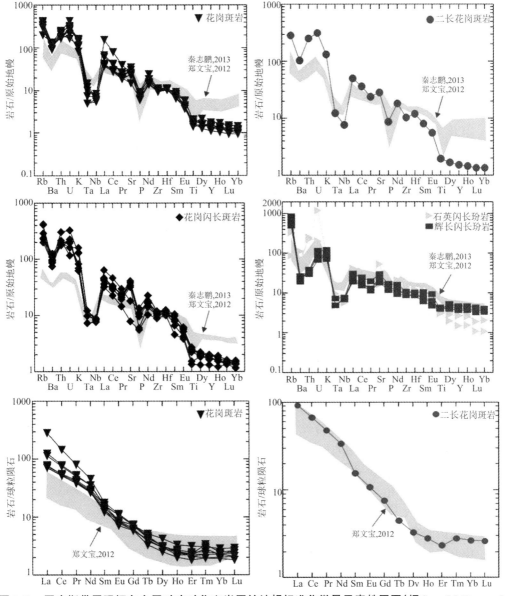

图4.40　冈底斯带甲玛铜多金属矿床矿化斑岩原始地幔标准化微量元素蛛网图(据**Sun,McDonough (1989)**)和稀土元素球粒陨石标准化曲线图(据**Boynton et al.(1984)**)

185

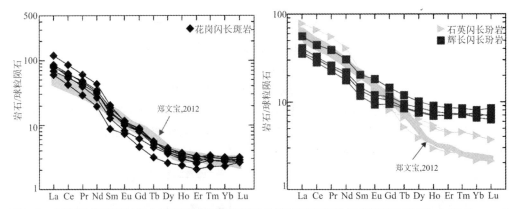

图4.40 冈底斯带甲玛铜多金属矿床矿化斑岩原始地幔标准化微量元素蛛网图(据 **Sun, McDonough** **(1989)**)和稀土元素球粒陨石标准化曲线图(据 **Boynton et al.(1984)**)(续)

(3)稀土元素特征

① 花岗斑岩。

花岗斑岩稀土总量为 $1.0676 \times 10^{-4} \sim 1.6257 \times 10^{-6}$,$(La/Yb)_N$ 值为 $25.79 \sim 54.53$,LREE/HREE 值为 $18.20 \sim 30.94$,均远大于1,显示轻稀土元素富集的特征。其中样品 L5-3-10 稀土总量偏高,为 2.9655×10^{-4},$(La/Yb)_N$ 为 141.23,LREE/HREE=56.81。花岗斑岩体的 Eu 异常不明显,Eu/Eu* 为 $0.79 \sim 1.01$,集中在 0.9 左右,显示出较弱的异常。轻稀土元素内部存在明显的分馏作用($(La/Sm)_N=4.59 \sim 15.89$),而重稀土元素内部存在相对弱的分馏作用($(Gd/Yb)_N=2.56 \sim 3.68$)。稀土元素球粒陨石标准化曲线呈 LREE 富集、HREE 亏损的右倾模式(图4.40)。

② 二长花岗斑岩。

二长花岗斑岩稀土总量为 1.4002×10^{-4},$(La/Yb)_N$ 为 35.22,LREE/HREE=24.46,均远大于1,表明了轻稀土元素相对重稀土元素富集;没有 Eu 的异常,Eu/Eu* 为 1.0。此外,轻稀土元素内部存在明显的分馏作用($(La/Sm)_N=6.08 > 1$),而重稀土元素内部存在相对弱的分馏作用($(Gd/Yb)_N=2.86$)。稀土元素球粒陨石标准化曲线呈 LREE 富集、HREE 亏损的右倾模式(图4.40)。

③ 花岗闪长斑岩。

花岗闪长斑岩稀土总量为 $8.687 \times 10^{-5} \sim 1.7571 \times 10^{-4}$,$(La/Yb)_N$ 为 $25.30 \sim 42.70$(LREE/HREE=$18.31 \sim 27.11$);Eu 异常不明显或者具有弱的异常,Eu/Eu* 为 $0.84 \sim 1.16$,多集中在 0.9 左右。此外,轻稀土元素内部存在明显的分馏作用($(La/Sm)_N=4.10 \sim 6.92$),而重稀土元素内部存在相对弱的分馏作用($(Gd/Yb)_N=2.00 \sim 3.24$)。稀土元素球粒陨石标准化曲线呈 LREE 富集、HREE 亏损的右倾模式(图4.40)。

④ 石英闪长玢岩。

石英闪长玢岩稀土总量为 $7.415 \times 10^{-5} \sim 1.4035 \times 10^{-4}$,$(La/Yb)_N$ 为 $9.61 \sim 36.34$(LREE/HREE=$8.52 \sim 21.82$);没有 Eu 异常,Eu/Eu* 为 $0.96 \sim 1.04$,多集中在 1 左右。轻稀土元素内部存在明显的分馏作用($(La/Sm)_N=3.19 \sim 3.64$),重稀土元素内部也存在一定的

186

分馏作用($(Gd/Yb)_N=1.95\sim4.22$)。稀土元素球粒陨石标准化曲线呈 LREE 富集、HREE 亏损的右倾模式(图4.40)。

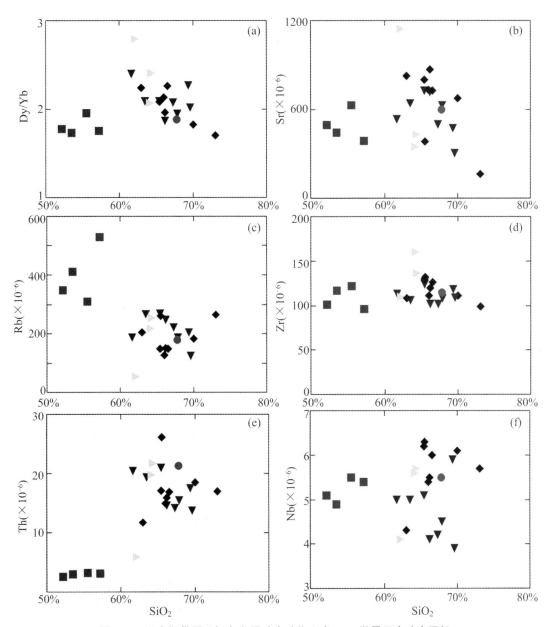

图4.41 冈底斯带甲玛铜多金属矿床矿化斑岩 SiO_2-微量元素哈克图解

⑤ 辉长闪长玢岩。

辉长闪长玢岩稀土总量为 $7.655\times10^{-5}\sim1.1256\times10^{-4}$,$(La/Yb)_N$ 为 $5.40\sim7.13$(LREE/HREE=$5.56\sim6.77$);Eu 异常不明显,Eu/Eu* 为 $0.88\sim1.06$,多集中在 0.9 左右。轻稀土元素内部存在明显的分馏作用($(La/Sm)_N=2.76\sim3.03$),重稀土元素内部存在相对弱的分馏作用($(Gd/Yb)_N=1.43\sim1.81$)。稀土元素球粒陨石标准化曲线呈 LREE 富集、HREE 亏

损的右倾模式(图4.40)。

综上所述,在稀土元素球粒陨石标准化曲线图上(图4.40),甲玛矿区花岗斑岩、二长花岗斑岩、花岗闪长斑岩、石英闪长玢岩和辉长闪长玢岩均呈现LREE富集、HREE亏损的右倾模式配分图,表现为强烈的LREE分异和相对弱的HREE分异,并没有明显的Eu异常,仅表现出弱的Eu的负异常或正异常,暗示了岩浆源区没有斜长石的残留,这与前人在甲玛矿集区取得的认识较为一致(郑文宝,2012;秦志鹏,2013)。

4.3.4 岩浆源区及岩石成因

地球化学特征显示,冈底斯带甲玛矿区与成矿密切相关的岩体均具有典型的埃达克质岩石的地球化学特征(Defant,Drummond,1990),虽然它们的侵位时间和侵位空间相近,但是在岩浆源区和组成上可能存在差异。图4.42显示,通过与世界上不同地区产出的埃达克质岩石的地球化学判断标准(Richards,Kerrich,2007)进行投图比较可知,研究区内的样品几乎落在埃达克质岩石范围内,并且与藏南中新世埃达克质岩石和驱龙矿区埃达克质岩石具有相同的地球化学特征(秦克章等,2014;孙嘉等,2017)。从图4.42中可以看出辉长闪长玢岩与其他岩石具有不同的特征,充分表明了甲玛矿区岩石来自不同的岩浆源区。秦克章等(2014)认为驱龙矿区与成矿有关的埃达克质岩石来源于加厚的基性下地壳(冈底斯中生代岩浆弧的根部)的部分熔融,而与俯冲板块的部分熔融或富集地幔无关。图4.43揭示,甲玛矿区侵入岩(除辉长闪长玢岩外)几乎落在加厚下地壳部分熔融成因的埃达克质岩石范围内或附近(Petford,Atherton,1996;秦克章等,2014)。此外,甲玛矿区岩石Sr-Nd-Pb稳定同位素特征表明,石英闪长玢岩、花岗闪长斑岩、二长花岗斑岩、花岗斑岩源于新生的下地壳(秦志鹏,2013),并且区域上同时期同类型的驱龙矿床Hf同位素特征表明驱龙矿区岩浆源于新生下地壳(秦克章等,2014;孙嘉等,2017)。在岩浆源区判别图解中(图4.44(a)),石英闪长玢岩和花岗闪长斑岩大部分落入斜长角闪岩范围内,进一步说明其岩浆源区主要为下地壳变基性岩(Patino Douce,1999),而二长花岗斑岩和花岗斑岩样品分布在斜长角闪岩与变质杂砂岩接触范围内,说明新生基性下地壳与中上地壳可能发生了岩浆混合作用,即基性与中酸性岩浆混合,这也和不均一的$Mg^\#$值一致。在图4.45中,矿区所有样品总体演化趋势平行于部分熔融趋势线,表明矿区岩石的地球化学特征主要受岩浆源区部分熔融的影响,后期演化过程中没有经历明显的分离结晶作用。矿区石英闪长玢岩、二长花岗斑岩、花岗闪长斑岩、花岗斑岩均具有较高的$Mg^\#$值(40~78),与幔源物质加入形成的岩石$Mg^\#$值一致(>40;Rapp,Watson,1995),表明矿区内该类岩石的岩浆来源于被幔源物质混染的新生下地壳,这与秦志鹏(2013)认为源区或岩浆演化过程中受到过地幔物质混染的结果一致,并且花岗斑岩、二长花岗斑岩和花岗闪长斑岩中暗色镁铁质包体、斜长石和锆石等特征均表明矿区岩浆混合作用明显(郑文宝,2012;秦志鹏,2013)。

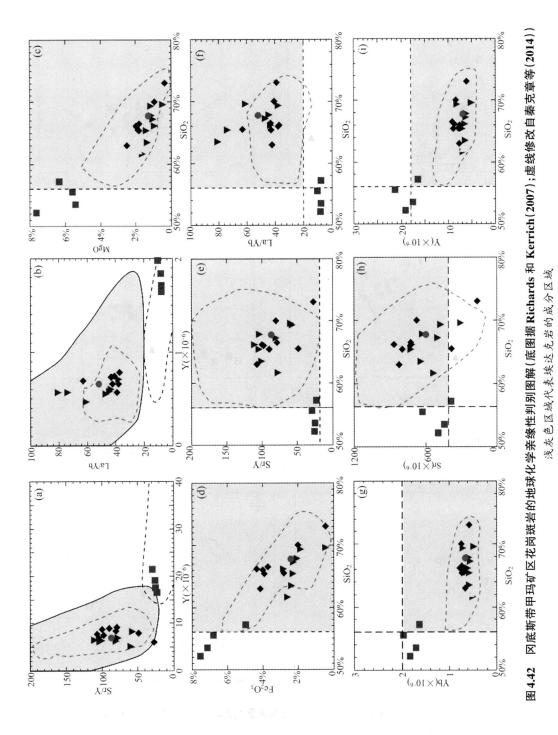

图 4.42　冈底斯带甲玛矿区花岗斑岩的地球化学亲缘性判别图解（底图据 Richards 和 Kerrich（2007）；虚线修改自秦克章等（2014））

浅灰色区域代表埃达克岩的成分区域

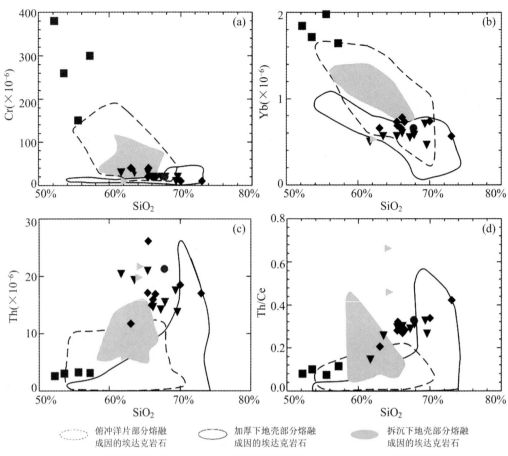

图4.43 冈底斯带甲玛铜多金属矿床矿化斑岩 SiO₂-微量元素哈克图解
（Wang et al.（2006）；据秦克章等（2014））

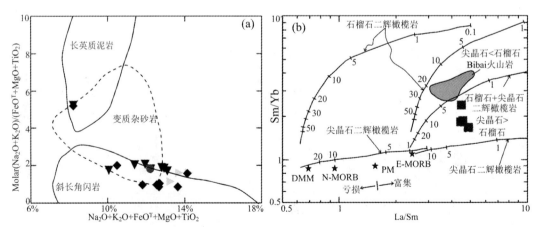

图4.44 冈底斯带甲玛铜多金属矿床矿化斑岩岩浆源区判别图解（（a）据 Patino Douce（1999）；
（b）据朱弟成等（2008））

PM=原始地幔；DMM=亏损地幔端元；N-MORB=正常洋中脊玄武岩；E-MORB=富集洋中脊玄武岩

综上所述,甲玛矿区石英闪长玢岩、二长花岗斑岩、花岗闪长斑岩、花岗斑岩系加厚基性新生下地壳部分熔融形成,源区或岩浆演化过程中受到过地幔物质的混染,并且与中上地壳发生岩浆混合作用。

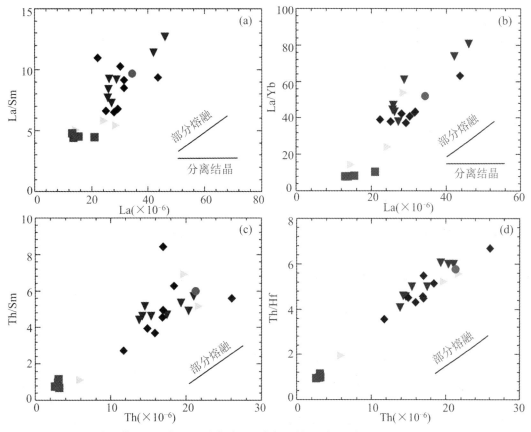

图4.45 冈底斯带甲玛铜多金属矿床矿化斑岩部分熔融判别图解(据 Schiano et al.(2010))

关于矿区辉长闪长玢岩的源区,本节也进行了详细的讨论。通常而言,源于软流圈地幔的玄武岩 La/Nb 值<1.5,La/Ta 值<22,岩石圈地幔玄武岩则与之相反(Huang et al.,2000)。矿区辉长闪长玢岩的 La/Nb 值为 2.43~3.80,La/Ta 值为 65.5~77,明显不同于软流圈地幔,说明本区岩石来源于岩石圈地幔而非软流圈地幔。一般尖晶石二辉橄榄岩发生部分熔融时,地幔残留体和熔体具有相似的 Sm/Yb 值,而 La/Sm 值将随着部分熔融程度的增高而降低,因此尖晶石二辉橄榄岩源区的部分熔融将产生相对水平的熔融趋势(接近地幔排列);而石榴石二辉橄榄岩源区(源区残留有石榴石)中低程度部分熔融产生的熔体具有显著增高的 Sm/Yb 值,导致石榴石二辉橄榄岩的熔融趋势明显偏离地幔排列(Aldanmaz et al.,2000;朱弟成等,2008)。在 La/Sm-Sm/Yb 图(图4.44(b))上,辉长闪长玢岩投点与石榴石+尖晶石二辉橄榄岩熔融趋势为代表的地幔排列趋势一致,暗示岩浆主要来源于石榴石+尖晶石二辉橄榄岩源区很小程度(5%)的部分熔融。Dy/Yb 也是判断源区性质的重要指标;如果源区是石榴石稳定区域,其熔体的 Dy/Yb>2.5;如果熔融作用在尖晶石稳定区域,则熔体的 Dy/Yb<1.5(Jiang et al.,2009)。矿区辉长闪长玢岩 Dy/Yb 为 1.73~1.95,比值介于石榴

石稳定区与尖晶石稳定区之间,也说明其岩浆为石榴石+尖晶石二辉橄榄岩部分熔融的产物。

因此,综合分析认为,甲玛矿区含矿斑岩(除辉长闪长玢岩外)成岩年龄非常接近,此外,斑岩的地球化学特征极其相似,说明它们有可能来自相同的岩浆源区,其深部应该为同一岩浆房。岩浆源区最有可能是加厚基性新生下地壳,该下地壳是新特提斯洋俯冲阶段地幔部分熔融底垫到古老下地壳下部而形成的,并且有幔源物质的加入,随后在岩浆上升过程中与中上地壳发生过岩浆混合作用。而辉长闪长玢岩来源于富集岩石圈地幔,系石榴石+尖晶石二辉橄榄岩源区部分熔融的结果。

4.3.5　岩浆成矿作用研究

通过梳理和归纳与甲玛矿区成矿有关的斑岩类的矿物岩石学、地质年代学、岩石地球化学和同位素地球化学特征和规律,并结合区域地质背景,可知冈底斯带甲玛矿集区的岩浆-成矿的地球动力学过程。大约在26 Ma,拉萨地体岩石圈发生拆沉(Chung et al.,2005),导致软流圈物质上涌,引起新生基性下地壳部分熔融,形成相对富硫、富矿的埃达克质岩浆,在此过程中,幔源物质加入了新生部分熔融岩浆的演化和形成;18~13 Ma时,青藏高原处于构造转换阶段,区域构造环境由挤压向走滑(或伸展)机制转换(侯增谦等,2008;陈希节等,2014;孟元库等,2016a,b),形成了一系列南北向断裂及近东西向的断层和地堑、地垒构造,含矿岩浆沿断裂通道上升达地壳浅部侵位,形成斑岩岩浆-热液成矿系统,并且含矿岩浆上升过程中与中上地壳发生过岩浆混合作用(图4.46)。

岩浆活动是成矿物质的重要来源(Hou et al.,2004;侯增谦等,2008;郑文宝,2012;秦志鹏,2013),其产生的大量热液流体可为成矿作用提供热驱动力。含矿热液流体在横向上可以沿着林布宗组与多底沟组层间滑脱带流动,形成甲玛矽卡岩型铜多金属主矿体;垂向上可以沿着林布宗组角岩、板岩和斑岩体中筒状裂隙流动发生广泛的热液蚀变作用,形成网脉状、细脉状和浸染状矿石。

4.3.6　小结

(1) 甲玛矿区成矿斑(玢)岩体主要由花岗斑岩、二长花岗斑岩、花岗闪长斑岩、石英闪长玢岩和辉长闪长玢岩组成。定年结果表明,侵位年龄为14.1~16.7 Ma,而与矽卡岩-斑岩-角岩成矿密切相关的岩体主要为花岗斑岩和二长花岗斑岩,侵位年龄为14.8~16.7 Ma,辉钼矿Re-Os成矿年龄为14.7~15.3 Ma,成岩和成矿的时间相差约1 Ma。地球化学分析结果表明,成矿斑(玢)岩大多属于高Al和低Ti的高钾钙碱性系列,少数为钙碱性系列和钾玄岩系列;明显富集Rb、Ba、K等大离子亲石元素和Th、U元素,亏损Nb、Ta、Ti、P等高场强元素;稀土元素总体含量中等,呈LREE富集、HREE亏损的右倾模式,具有典型的埃达克质岩石特征。虽然侵位时间和侵位中心相近,但甲玛矿区含矿斑岩(除辉长闪长玢岩外)岩浆源区主要为加厚基性新生下地壳,而辉长闪长玢岩岩浆来源于富集岩石圈地幔。

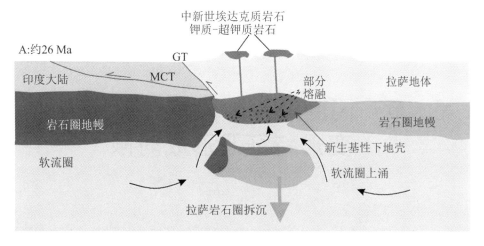

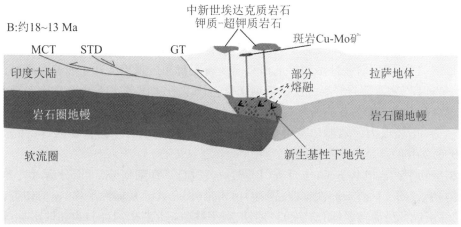

图4.46 冈底斯带甲玛铜多金属矿床岩浆成矿模式（据 Chung et al.(2005)；秦克章等(2014)；Hou et al.(2015)修改）

（2）岩浆成矿作用的地球动力学过程如下：约26 Ma，拉萨地体岩石圈发生拆离沉降，引起软流圈物质上涌，导致新生基性下地壳物质发生部分熔融，形成富硫、富矿的埃达克质岩浆，并伴有幔源物质的加入；18～13 Ma，青藏高原进入构造转换阶段，含矿埃达克质岩浆沿断裂通道上升，并与中上地壳物质发生岩浆混合作用，到达地壳浅部时发生侵位，形成花岗斑岩、二长花岗斑岩、石英闪长玢岩和花岗闪长斑岩，其中源自岩石圈地幔的岩浆则演化形成辉长闪长玢岩。在构造应力和岩浆热驱动力下，含矿热液流体充填于林布宗组砂板岩、角岩与多底沟组大理岩、灰岩的层间滑脱带或构造虚脱空间，形成甲玛矽卡岩型铜多金属主矿体。

第5章 冈底斯带中段韧性剪切带的变形特征及形成时限

韧性剪切带又称韧性断层(ductile shear zone,DSZ),是地壳深部(10~15 km)普遍存在的面状高应变带,具有强烈的塑性流变及旋转应变特征(许志琴等,1984,1996)。在变形带内,两盘的变形和位移完全由岩石的塑性流变来完成。与脆性断层相比,韧性剪切带没有明显的破裂面,但是两侧岩石却发生了明显的剪切位移。韧性剪切带内部与围岩之间呈现出递进变形的关系,因此对韧性剪切带的研究需要将宏观和微观相结合才能够取得科学的认识。自1979年巴塞罗那召开第一次韧性剪切带会议以来,韧性剪切带作为地壳深部变形的重要形式以及含矿带受到普遍的重视(何绍勋,1996),是断裂构造中研究最为详细和最为全面的构造带,已经成为大陆造山带中研究岩石圈变形构造动力学的重要内容(许志琴等,1984,1996,2016b)。

根据剪切带产出的状态,许志琴等(1996)对其进行了详细划分,可以分为六大类,即韧性平移剪切带(图5.1(a))、韧性推覆(逆冲)剪切带(图5.1(b))、韧性平移-逆剪切带(图5.1(c))、韧性正(滑覆)剪切带(图5.1(d))、韧性逆-平移剪切带(图5.1(e))和韧性正-平移剪切带(图5.1(f))。在了解韧性剪切带的产出状态后,对拉伸线理的测量和定向样品的采集是研究韧性剪切带最为关键的一步。因此,在韧性剪切带的研究中,三个要素或者对象在研究中起着关键和不可替代的作用:① 剪切面理(foliation);② 拉伸线理(stretching lineation);③ 糜棱岩(mylonite)。对这三个基本要素的把握和科学的测量,为厘定韧性剪切带的构造变形、成因机制和活动时限提供了重要的保障。

冈底斯带中段地区是岩浆、构造非常活跃的区域之一,由于新特斯洋的俯冲以及后期陆陆的碰撞,在冈底斯地区保留了丰富的地质构造资料。冈底斯带中段的花岗岩类是冈底斯带中最为重要的研究对象,因此对中段的地学研究一直以岩石学、地球化学、地质年代学为主(Ji et al.,2009;Zhu et al.,2011a,2023b;Hou et al.,2015;孟元库等,2022),而对板块俯冲以及后期相互作用过程中的构造变形的研究则相对薄弱。研究区及邻区主要发育有冈底斯逆冲大断裂、谢通门-曲水韧性剪切带、曲水色甫-鸡公韧性剪切带以及后期发育的各类脆性断裂等。其中谢通门-曲水韧性剪切带规模较大,延伸较长,曲水色甫-鸡公韧性剪切带规模较小。本章重点对这两条韧性剪切带进行详细的研究和论述。采用微观构造和宏观构造分析相结合,几何学、运动学和动力学相结合,定量与定性结合的方式展示韧性剪切带的规模、性质以及构造变形特征,为冈底斯带中段的构造演化和扩展提供基础的地质理论支撑。

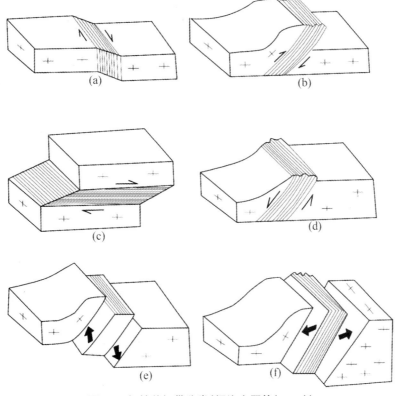

图5.1　韧性剪切带分类(据许志琴等(1996))

5.1　谢通门-曲水韧性剪切带

谢通门-曲水韧性剪切带位于拉萨地体冈底斯带南缘,紧邻印度河-雅鲁藏布江缝合带。冈底斯带是新特提斯洋俯冲到拉萨地体之下及后期印度-亚洲大陆碰撞形成的(徐旺春,2010)。在拉萨地体南缘,冈底斯带表现为新生地壳的特征,以正的$\varepsilon_{Hf}(t)$值为特征,主要由花岗岩类及火山岩组成,局部地区出露有前寒武纪结晶基底(已经解体的冈底斯-念青唐古拉基底)。花岗岩类主要为二长花岗岩、花岗闪长岩、闪长岩、黑云母花岗岩、正长花岗岩、花岗斑岩等。火山岩以桑日群、比马组以及林子宗为主,其中林子宗火山岩在冈底斯带中段分布最为广泛。

谢通门-曲水韧性剪切带,西起日喀则地区谢通门县东,东到拉萨曲水地区,剪切带整体呈东西走向,近平行于雅鲁藏布江缝合带,长度约220 km。在1:200000区域地质调查时,对该韧性剪切带进行了初步的厘定,发育为1~2 km宽的糜棱岩带,具有北北西到北陡倾的面理,由于缺乏明显的拉伸线理,对其运动学指向一直存在争议(熊清华和周良忠,1992;王根厚等,1995;熊清华和左祖发,1999;蒋光武和郭建慈,2002;宋鹏飞,2013)。经过对该韧性剪切带的野外考察可知,剪切带主要由分带不是很明显的强弱变形域间隔组成,部分地区表现为强变形域和弱变形域的交替出现,往往强变形域由千糜岩、糜棱岩以及初糜棱岩组成,弱变形域由面理化花岗岩、糜棱岩化花岗岩、构造片岩和未变形的沉积地层或火山凝灰岩组成。为了更好地限定韧性剪切带的运动学指向以及动力学机制,在前人研究的基础上,对韧性剪切带中变形强的地段进行了详细的野外观测(拍照)和样品采集(定向薄片),结合室内薄片分析、EBSD测试,为厘定剪切带的运动学指向和阐释剪切带形成的动力学机制提供了可靠保障。

由于冈底斯带中段工作条件有限,根据野外实际情况,该剪切带由西到东可以分为五段,即仁钦则段、卡孜乡段、奴玛乡段、尼木段以及曲水北段。下面将对每一段的构造变形进行详细的论述。

5.1.1　仁钦则构造变形剖面

1. 野外变形特征

仁钦则段位于谢通门-曲水韧性剪切带西段,岩性以酸性侵入岩为主,主要包括黑云碱长花岗岩、斑状角闪黑云二长花岗岩和石英闪长岩,在剪切带南侧出露有少量火山沉积地层(比马组)(图5.2)。根据野外构造变形剖面(图5.3),仁钦则段主要由片麻状花岗岩(图5.4(a))、糜棱岩化花岗岩(图5.4(b))、初糜棱岩(图5.4(c))、花岗质糜棱岩组成(图5.4(d)~(f)),表现为从剪切带核部到边部变形逐渐减弱(图5.4)。仁钦则段构造变形剖面显示,剪切带在该段宽为1~1.2 km,走向为SWW-NEE(近东西向),面理向北倾伏,在面理面(XY面,即最大压扁面上)上可见南北向的拉伸线理(图5.4(i)~(j))。对仁钦则段进行极射赤平投影,投影结果显示(图5.5),面理的优选方位为近东西向(走向),拉伸线理为近南北向。根据野外观测,该剪切带可见由长石和石英组成的残斑系(图5.4(g)~(h)),在XZ面上不对称的残斑指示了较好的运动学指向,即谢通门-曲水韧性剪切带仁钦则段的运动学特征为向北剪切(向北滑覆)。

2. 显微构造变形特征

仁钦则段韧性剪切带内的糜棱岩显微构造变形特征十分明显。糜棱岩化花岗岩以机械破碎为主,可见钾长石和斜长斑晶的破裂(碎裂流),石英可见波状消光以及矿物单晶体的颗粒定向拉长,在较低应力作用下,还可见石英颗粒边界迁移和膨凸重结晶(图5.6(a)~(b))。花岗质初糜棱岩可见由长石构成的椭圆状碎斑以及斜长石残斑机械双晶和伴随的扭折现象(图5.6(c)~(e)),石英以膨凸重结晶为主。其次,在初糜棱岩中可见榍石被拉长而构成的布丁构造。这些信息都反映了一个以中低温变形为主,机械作用占主导地位的脆-韧性剪切。花岗质糜棱岩主要变形行为:石英以膨凸重结晶为主,在核晶的周缘可见由重结晶作用形成的新生晶粒,构成典型的核幔构造(图5.6(g))。其次,由石英重结晶颗粒组成的集合体构成条带状构造分布在长石周缘;长石以脆性到韧性变形为主,在长石颗粒边缘可见由膨凸重结晶作用形成的细小颗粒以及钾长石颗粒边界出现的火焰状钠长石条纹(图5.6(h)~(i)),长石的书斜构造以及低角度的反书斜构造较为常见(图5.6(l)~(m))。上述构造特征都暗示了在韧性变形的过程中,石英已经完全表现为韧性变形,而长石的变形相对复杂,由脆性到韧性均有分布,这也最直接地表明在运动剪切的过程中,糜棱岩的变形以中低温变形为主。在运动学指向方面,云母鱼构造、榍石和长石的σ型残斑以及正反书斜构造、S-C组构(S面理主要由长石的长轴组成,C剪切面理主要由新生的云母、绿泥石以及细粒化的石英长石颗粒组成,与剪切带平行)等显示了谢通门-仁钦则段构造剪切指向为向北剪切(图5.6(i)~(o)),这和野外观测取得的认识一致。这些显微构造特征均暗示了仁钦则段剪切带的变形温度为中低温,缺乏高温组构。

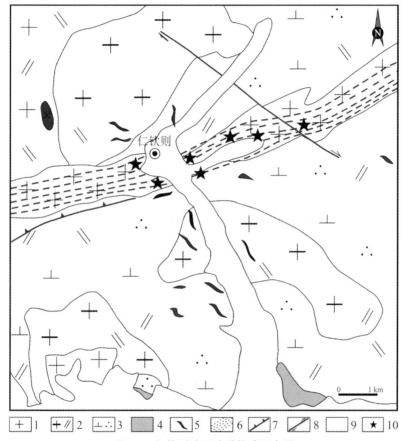

图5.2　仁钦则地区地质构造示意图

1=不等粒黑云碱长花岗岩;2=中粒斑状角闪黑云二长花岗岩;3=中细粒黑云角闪石英闪长岩;4=比马组火山沉积地层;5=岩脉;6=剪切带;7=逆断层;8=走滑断层;9=第四系沉积物;10=野外观测采样点

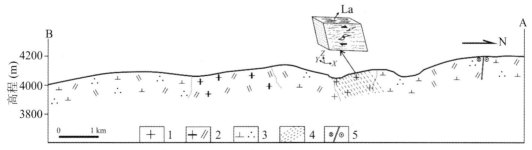

图5.3　仁钦则构造变形剖面

1=不等粒黑云碱长花岗岩;2=中粒斑状角闪黑云二长花岗岩;3=中细粒黑云角闪石英闪长岩;4=剪切带;5=走滑断层(黑圈带点为由里向外运动,黑圈带差为由外向里运动);La=拉伸线理

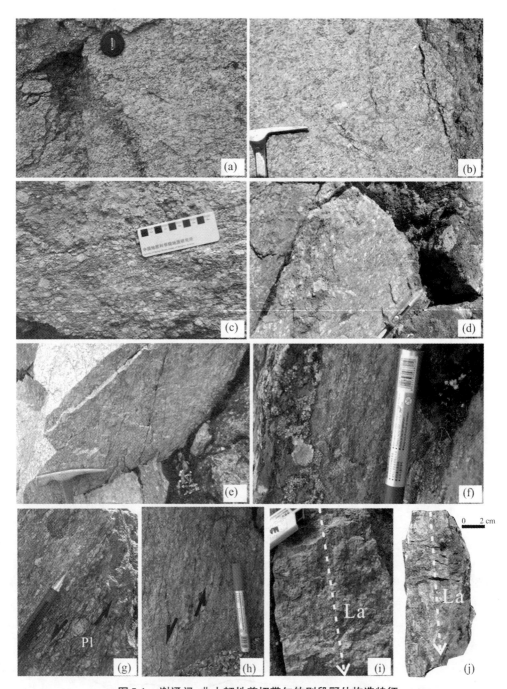

198

图5.4　谢通门-曲水韧性剪切带仁钦则段野外构造特征

（a）片麻状花岗岩；（b）糜棱岩化花岗岩；（c）初糜棱岩；（d）~（f）糜棱岩；（g）σ型斑指示下滑；（h）石英σ指示下滑；（i）~（j）拉伸线理

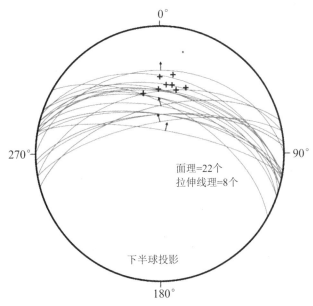

图 5.5　仁钦则段糜棱岩面理和拉伸线理赤平投影图

等面积下半球投影,大圆弧线为面理产状;十字为拉伸线理产状

5.1.2　卡孜乡构造变形剖面研究

1. 野外宏观构造特征分析

南木林卡孜段位于谢通门-曲水韧性剪切带中西段,岩性以花岗岩类为主,在研究区内还分布少量的辉长质岩石以及下白垩统沉积岩。其中林子宗火山岩主要分布在剪切带的北部。花岗岩类主要包括石英闪长岩、斑状正长花岗岩、斑状石英二长岩、花岗闪长岩以及石英二长岩(图 5.7)。这些岩体成岩时代近乎相同,为同一代的复式岩体(孟元库等,2015a,b,2018a)。在 1:200000 区域地质填图的基础上,我们对卡孜乡地区进行了较为详细的地质观测,观测点超过 16 个,样品采集总数超过 50 件(图 5.7)。通过详细的野外观测得出如下认识:

在卡孜地区,韧性剪切带主要由花岗质糜棱岩、初糜棱岩、面理化花岗岩以及构造片岩组成(图 5.8)。野外调查显示,卡孜段韧性剪切带宽为 1~1.5 km,面理向北倾伏,发育明显的南北向(或横向)拉伸线理(La)(图 5.9)。根据构造变形剖面、野外观测特征及室内显微特征,剪切带具有很强的分带性,从中心向两侧变形逐渐减弱,从糜棱岩到面理化花岗岩(图 5.9(a)~(d)),局部地段可见变形较强的构造片岩(图 5.9(b))。面理产状(倾角)变化较大(图 5.9(e)~(f)),为 40°~65°(图 5.10),拉伸线理近南北向。极射赤平投影还揭示,卡孜地区剪切带走向以 SWW-NEE 为主。拉伸线理主要由拉长的石英颗粒、长石、粒状黑云母以及长柱状角闪石等定向排列而成(图 5.9(g)~(i))。野外糜棱岩缺乏宏观的运动学特征,根据构造片岩的变形特征和拉长的石英颗粒的不对称形态,该剪切带具有向北剪切的运动学特征,这和显微分析取得的结果一致。

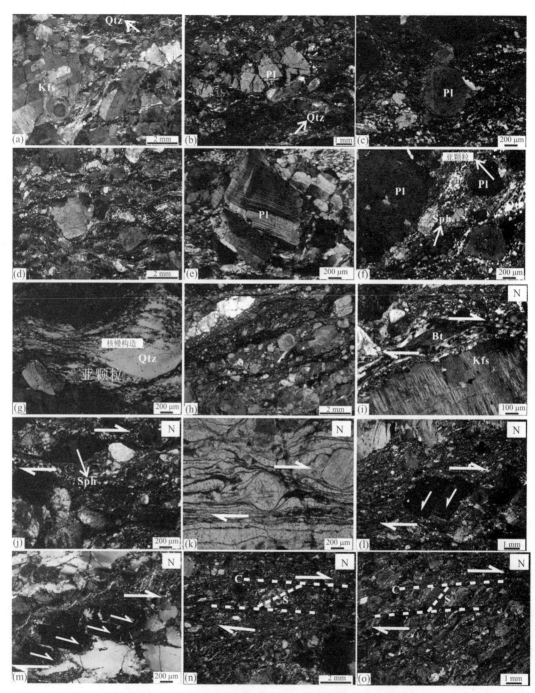

图5.6 谢通门−曲水韧性剪切带仁钦则段显微构造样式

Kfs=钾长石；Pl=斜长石；Sph=榍石；Qtz=石英；Bt=黑云母；C=C剪切面理；S=S面理

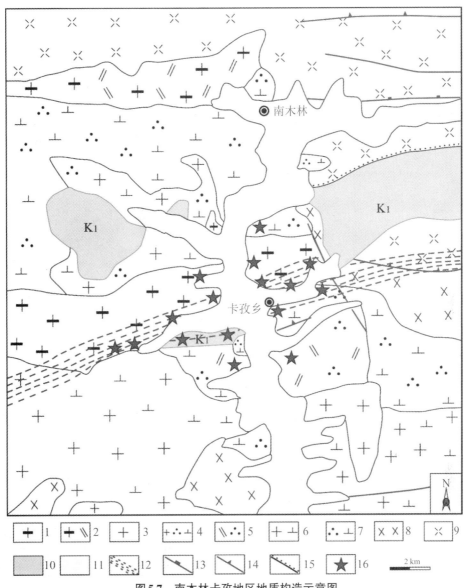

图5.7 南木林卡孜地区地质构造示意图

1=中粒斑状正长花岗岩；2=中粒斑状二长花岗岩；3=花岗岩；4=黑云角闪石英闪长岩；5=中粗粒斑状黑云角闪石英二长岩；6=花岗闪长岩；7=石英闪长岩；8=（角闪）辉长岩；9=林子宗火山岩；10=下白垩统；11=第四系；12=韧性剪切带；13=正断层；14=逆断层；15=不整合；16=野外观测点

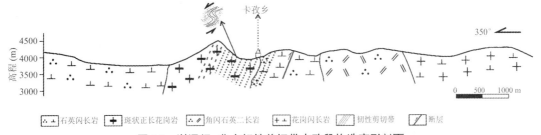

图5.8 谢通门–曲水韧性剪切带卡孜段构造变形剖面

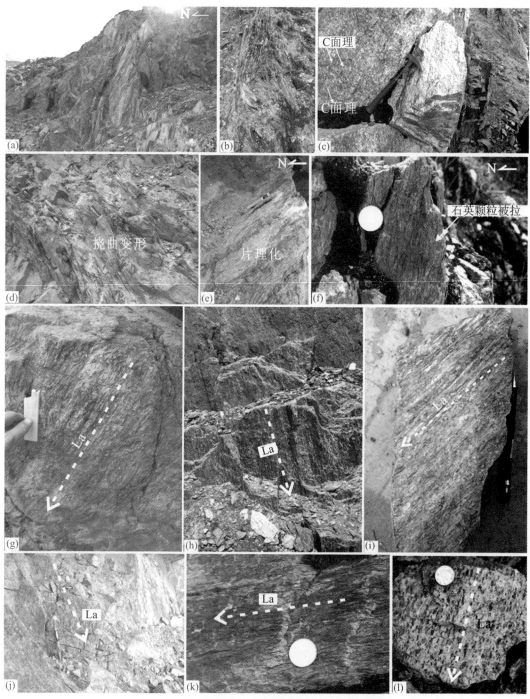

图5.9　谢通门-曲水韧性剪切带南木林卡孜地区野外露头及照片

La=拉伸线理

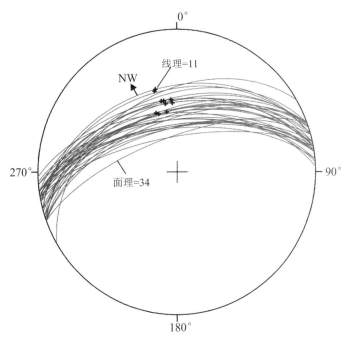

图5.10　卡孜段构造变形剖面面理和拉伸线理统计赤平投影

等面积下半球投影,大圆弧线为面理产状;黑色十字为拉伸线理产状,箭头为面理倾向

2. 显微构造特征分析

卡孜地区韧性剪切带中的糜棱岩在显微镜下构造变形特征非常明显,在构造指向上具有重要的意义。镜下分析显示,该剪切带部分地段达到了超糜棱岩(图5.11(a)),其中碎斑含量小于10%,由于构造剪切导致基质颗粒明显减小,其中碎斑也发生变形,形成了较为典型的σ型碎斑(图5.11(a))。矿物变形特征为:云母可见鱼状构造和扭折构造(图5.11(b));初糜棱岩中长石中可见剪裂隙以及明显的变形纹,糜棱岩中长石多呈不对称的碎斑系(图5.11(c)~(d)、(g)),在千糜岩中由于强烈的构造作用,长石已经完全绢云母化,只见定向拉长的石英条带和新生的矿物(图5.11(e)),显微特征还显示部分长石颗粒内部可见出溶现象(图5.11(i)),长石颗粒边缘出现膨凸重结晶(图5.11(h));石英显微变形包括膨凸重结晶、核幔构造以及拉长定向排列的条带(图5.11(e)~(f))。

此外,长石的书斜构造(或多米诺)、σ型碎斑、黑云母组成的云母鱼以及S-C组构(S面理主要由长石、石英的长轴组成;C剪切面理由新生的矿物组成)均具有一致的运动特征,即指示向北剪切(图5.11(j)~(o))。由于卡孜段糜棱岩及初糜棱岩缺乏较为典型的宏观运动学判别标志,因此定向薄片的显微分析结果对厘定剪切带的运动学属性起到了关键性的作用。

203

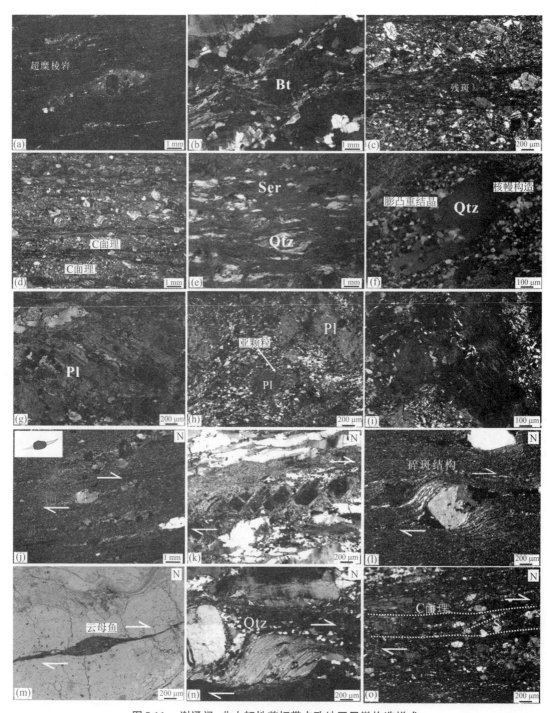

图5.11 谢通门–曲水韧性剪切带卡孜地区显微构造样式

Kfs=钾长石；Pl=斜长石；Ser=绢云母；Qtz=石英；Bt=黑云母；C=C剪切面理；S=S面理

5.1.3 奴玛乡构造变形剖面研究

1. 野外宏观构造特征分析

奴玛段位于谢通门-曲水韧性剪切带中段,岩性以花岗岩、闪长岩和比马组火山岩为主。剪切带在该段宽约2 km(图5.12),主要由面理化花岗岩、初糜棱岩和糜棱岩组成,从剪切带中心向两边变形明显减弱,具有明显的分带性。野外观测和对比表明,闪长岩为构造变形最强的区域,为一套典型的糜棱岩(图5.13),露头良好,可见拉长的基性包体(图5.14(a)~(e))。糜棱岩面理产状变化范围较大,部分地段面理近于直立,即构造变形的最强区域面理倾角陡直,向两侧逐渐变缓;部分地段可见明显的拉伸线理,线理主要由柱状角闪石以及粒状的云母颗粒排列而成,但在垂直面理平行线理的XZ面上缺乏典型的构造变形标志(图5.14(f)~(h))。对变形强的区域线状构造和面状构造进行了极射赤平投影,剪切带在该段的优选方位为向北倾伏,走向近东西,拉伸线理以近南北向为主(图5.15)。通过野外观测,剪切带中心近似直立的面理可能和后期不均衡的抬升有关,其致使面理的产状发生了较大的改变,但闪长质糜棱岩中发育的南北向线理暗示了剪切指向为向下滑覆而非走滑,走滑运动可能只是下滑的一个剪切分量而已。该剪切带野外另一个典型的特征为,在剪切带发育的核部,岩石混合岩化较为强烈,而混合岩化的区域产状过于凌乱,对面理的改变较大,改造后陡直的面理往往使人将其和走滑运动相联系,而忽视了对拉伸线理的观测。因此,在野外寻找稳定产状的区域是进行构造测量的关键。另外,应该加强剪切带不同地段的区域对比,往往同一条剪切带具有相同的构造属性。

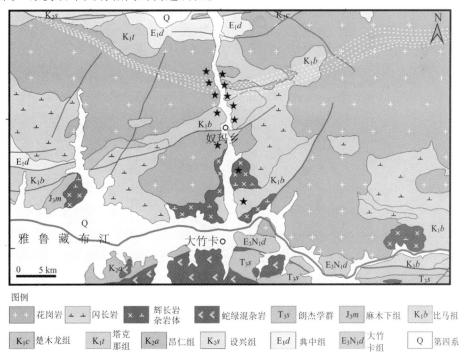

图5.12 谢通门-曲水韧性剪切带奴玛地区地质示意图

205

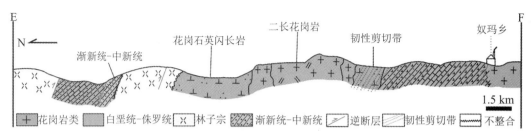

图5.13 谢通门–曲水韧性剪切带奴玛段构造变形剖面

图5.14 谢通门–曲水韧性剪切带奴玛地区野外露头及照片

La=拉伸线理

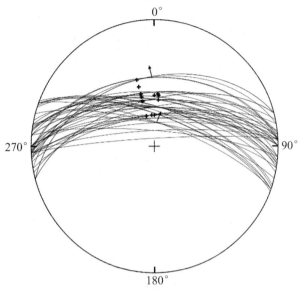

图5.15　奴玛构造变形剖面面理和拉伸线理统计赤平投影

等面积下半球投影,大圆弧线为面理产状;十字为拉伸线理产状;箭头为面理倾向

2. 显微构造特征分析

花岗质糜棱岩中长石多为残斑,可见明显密集的机械双晶(图5.16(a))。其次,长石的边部可见由细小颗粒组成的新晶粒,发育膨凸重结晶(图5.16(a))。变形强的区域,长石几乎已经碎裂化,部分长石绢云母化,可见典型的筛状结构(图5.16(b)~(f))。石英颗粒已经几乎细粒化,很难见到典型的核幔构造,石英颗粒为典型的静态重结晶,颗粒没有明显的定向拉长,部分石英颗粒聚集成石英集合体,整体为一个中低温变形,物质的分带性不是很典型(图5.16(a)~(f))。部分样品可见较为明显的分带性(图5.16(g)~(i)),浅色矿物(长石石英)以及暗色矿物(角闪石和云母)分别相对集中,形成了微弱的分层现象。此外,图中还可以明显发现,分层的角闪石已经定向排列,组成了典型的S面理,而细粒化的石英、长石颗粒以及新生的矿物组成C面理,共同构造明显的S-C组构,S-C组构指示右行剪切即向北滑覆剪切(图5.16(g)~(i))。该段的显微构造特征和野外的特征一样,由于缺乏典型的构造判别标志,野外对拉伸线理的观测和记录是十分重要的。通过在强构造变形域的观测,发现了较为明显的拉伸线理,根据野外构造运动的剪切痕迹和XZ面上的碎斑形态,得出了该剪切带在奴玛段的运动学特征以下滑为主侧向走滑为辅。野外地质调查中还发现另一个显著的特点,即在剪切带糜棱岩和糜棱岩化岩体中可见明显的混合岩化,这都表明了韧性剪切带的形成是一个复杂的过程,区域上的岩浆上涌可能也伴随了韧性剪切的形成,导致剪切带部分地段发生高温的熔融作用。在构造剪切的过程中,岩浆的混合岩化往往会相伴而生,也表现为在不同的地段物质明暗分层。在谢通门-曲水韧性剪切带奴玛段的产状起伏较大,这和韧性剪切中混合岩化以及后期不均衡的构造抬升有关。

207

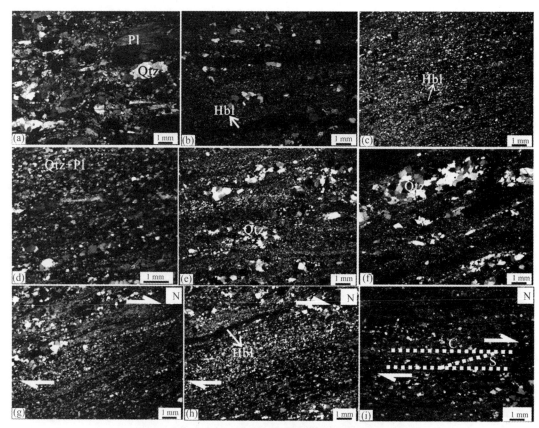

图5.16 谢通门–曲水韧性剪切带奴玛地区显微构造样式

Pl=斜长石;Qtz=石英;Hbl=角闪石;C=剪切面理;S=S面理

5.1.4 尼木县构造变形剖面研究

1. 宏观构造特征分析

谢通门–曲水韧性剪切带尼木段岩性以花岗闪长岩、花岗岩为主,此外,可见少量辉长岩,地层以桑日群火山岩和念青唐古拉群的片麻岩为主(图5.17)。韧性剪切主要发育在花岗岩、花岗闪长岩以及桑日群火山岩中。在尼木东段,糜棱岩主要为桑日群次火山岩,剪切带的出露宽度约为1 km(图5.18),野外露头良好;尼木西段,韧性剪切带宽约1.2 km,主要为糜棱质花岗岩、面理化花岗岩(图5.19)。主要构造变形特征如下:糜棱岩化的火山岩可见明显的面理,面理上发育明显的拉伸线理,在构造作用强的区域可见不对称的褶皱(图5.20(a)~(b)、(d)~(i)),不对称褶皱指示向北的滑覆。糜棱质火山岩主要的拉伸线理通过粒状的暗色矿物排列而成(暗色矿物多为粒状黑云母以及针状角闪石),而花岗质糜棱岩可见典型的碎斑,并且在XY面可见角闪石的定向拉长以及暗色包体的拉长变形(图5.20(c))。由图5.20还可以发现,花岗质岩石的变形主要通过碎裂化的作用来显现,岩石的面理化虽然较为强烈,但是缺乏典型的构造剪切标志,变形程度仅为初糜棱岩到糜棱岩化花岗岩,部分地段达到糜棱岩的程度。火山岩中可见石榴子石(图5.20(f))以及后期新生的暗色新矿物。

暗色的新生矿物组成了火山岩中明显的拉伸线理(图5.20(g))。宏观构造上可见拉长定向的基性包体以及岩体中定向排列的角闪石。通过有限的面理和线理测量,很明显尼木段剪切带的走向可以分为两组,一组走向为NEE,倾向为NNW,另一组走向为NWW,倾向为NNE,拉伸线理的倾伏向从NNW到N(图5.21)。

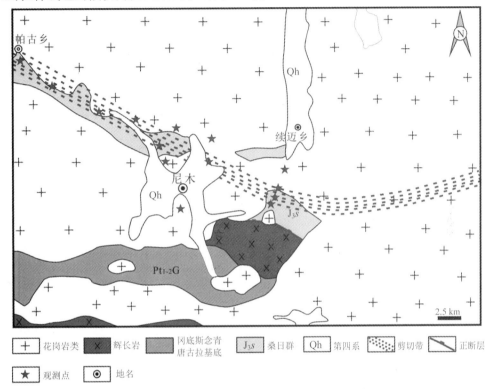

图5.17 谢通门–曲水韧性剪切带尼木段地质示意图

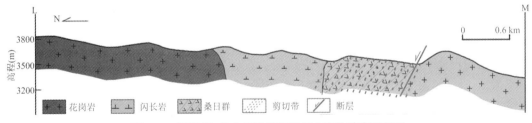

图5.18 谢通门–曲水韧性剪切带尼木东构造变形剖面

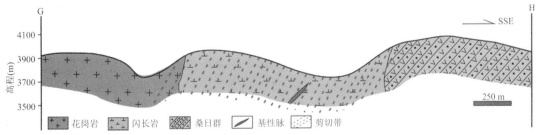

图5.19 谢通门–曲水韧性剪切带尼木西构造变形剖面

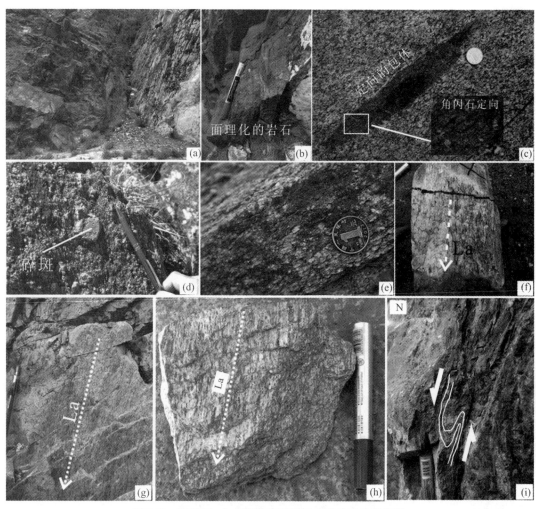

图5.20　谢通门-曲水韧性剪切带尼木野外露头及照片

此外，我们在野外地质调查中还发现，部分桑日群次火山岩也发生明显的糜棱岩化。并且发生糜棱岩化的次火山岩和花岗质糜棱岩具有近乎一致的走向和倾向，显示出相似的运动学特征。然而，次火山岩形成的深度一般较浅，而花岗质糜棱岩的形成往往较深，在构造深度上它们一般具有较大的差异。一般认为糜棱岩形成于中下地壳10～15 km，因而次火山岩和花岗质糜棱岩不可能同时发生糜棱岩化。我们根据详细的野外地质考察，并结合1:200000区域地质图以及显微构造分析，认为该剪切带形成的深度可能为上地壳尺度，并且根据区域性的变形特征以及显微构造特征，剪切带为中低温变形，因此更加说明了该剪切带形成的深度为上地壳。此外，侯泉林等(1995)通过研究认为，在小于5 km的深度内也可以形成韧性剪切带。并且进一步指出，韧性剪切带的韧性变形不单单由深度决定，即使较浅的层次，只要有足够的时间、温度和压力均可以同样形成韧性剪切带。在地温梯度高的异常区域，高的地温梯度使得地壳容易发生塑性变形，即使在埋藏较浅的部位可能也会形成浅层次的韧性剪切带。在尼木段，次火山岩中的构造变形让我们进一步看到了谢通门-曲水韧性剪切带形成的环境可能较为复杂，这也很可能与冈底斯带发育多期次的岩浆底侵活动有关。

矿物的EBSD组构分析也证实了,变形温度从低温350℃到中高温600℃,较大的温度跨度,也表明了剪切带形成的深度可能具有较大的差异。此外,从现今巨厚的林子宗火山岩中可以看出,厚度超过5000 m的火山沉积的底部很可能会发生韧性变形。可见,当初喷发沉积巨厚的桑日群火山岩的底部的深度很可能大于5 km。而现今看见的次火山岩糜棱岩可能代表了火山岩最底部的变形。因此,次火山岩型糜棱岩和花岗质糜棱岩在空间上相邻完全是有可能的。

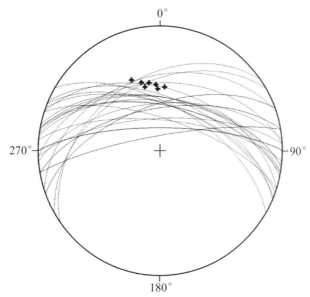

图5.21　谢通门–曲水韧性剪切带尼木段显微构造样式

大圆弧为面理产状投影,黑色十字为拉伸线理产状投影

2. 显微构造特征分析

糜棱岩化花岗岩主要显微特征为矿物颗粒的细粒化,长石多为残斑,剪裂隙较为发育,石英的变形以膨凸重结晶作用为主(图5.22(a))。糜棱质火山岩中可见后期次生的石榴子石(图5.22(b))以及后期形成的次生暗色矿物(黑云母、绿泥石等)的定向排列(图5.22(c))。由于火山岩颗粒太细,石英、长石的变形行为不是很明显。花岗质糜棱岩的矿物变形比较明显,长石可见明显的变形纹(图5.22(d))以及应力蠕英结构(图5.22(e)~(f)),其次部分长石发育有密集的机械双晶(图5.22(g))。此外,长石的碎裂化也较为明显,可见长石颗粒破裂形成书斜构造。总之,长石的变形从脆性到韧性在花岗质糜棱岩中均可以见到(图5.22(k)~(m))。石英的变形以位错蠕变变形机制为主,表现为由许多细小的颗粒组成的集合体(图5.22(f)、(k)~(l)),部分石英为典型的矩形无应变条带(图5.22(h))。长石、石英的显微构造特征揭示了变形以中温变形为主,部分地段达到了高温变形。部分样品可见明显的矿物学分带(图5.22(j)、(o))。糜棱岩中可见明显的由次生暗色矿物组成的C剪切面理以及由长石颗粒长轴组成的S面理,它们共同组成了S-C组构,并且长石的σ型碎斑和S-C组构具有相同的运动属性——向北剪切(图5.22(i)~(o))。

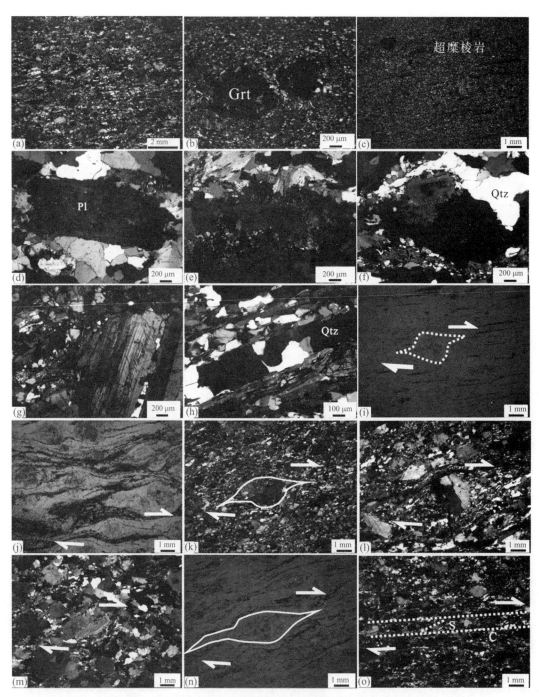

图5.22　谢通门–曲水韧性剪切带尼木地区显微构造样式

Pl=斜长石；Grt=石榴子石；Qtz=石英

5.1.5　曲水地区构造变形剖面

1. 野外宏观构造特征分析

曲水段为谢通门-曲水韧性剪切带的最东段(图5.23),该段出露的岩性以花岗岩类为主,主要包括闪长岩、黑云母花岗岩、二长花岗岩、正长花岗岩等,形成时代以53~47 Ma为主,即曲水岩基(莫宣学等,2009;孟元库等,2018a)。曲水地区出露的地层主要为桑日群火山岩。韧性剪切带主要发育在花岗岩类中,剪切带宽约为1 km,向北陡倾(图5.24),变形强的区域可见矿物拉伸线理(图5.25),面理优选产状为向北倾伏,近东西走向,拉伸线理(La)倾伏向为南北向(图5.26)。经过野外详细的地质调查(图5.23)发现,曲水段韧性剪切带以糜棱岩化花岗岩为主,缺乏宏观上的构造判别标志,整体变形较弱(图5.25)。

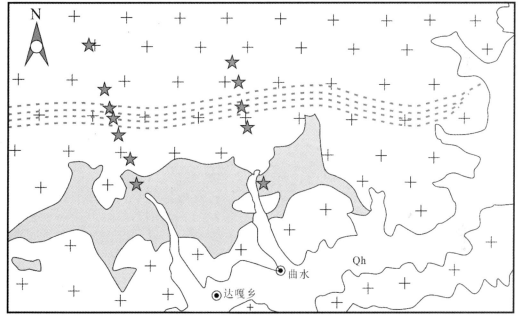

图5.23　谢通门-曲水韧性剪切带曲水段野外露头及照片

213

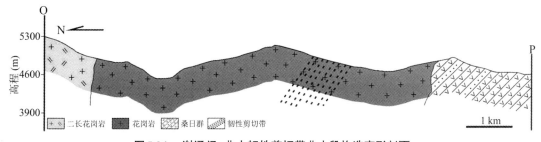

图5.24　谢通门-曲水韧性剪切带曲水段构造变形剖面

图5.25　谢通门-曲水韧性剪切带曲水段野外露头及照片

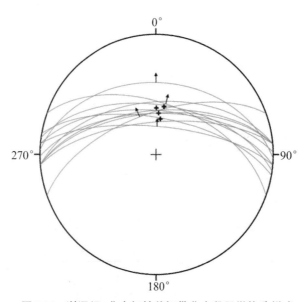

图5.26　谢通门-曲水韧性剪切带曲水段显微构造样式

2. 显微构造特征分析

显微构造特征主要表现如下:花岗质初糜棱岩中石英为多晶条带,新晶粒边界不规则,呈拉长状,指示了一个左行剪切。黑云母为重结晶的粒状集合体,斜长石的重结晶以亚晶粒旋转为主,此外,斜长石的边部出现少量由膨凸重结晶作用形成的新晶粒,并且部分长石颗粒可见明显的变形纹以及机械双晶(图5.27(a)~(h))。花岗质糜棱岩,基质含量大于50%,基质主要由长石和石英组成,新晶粒的形成主要通过膨凸重结晶作用完成。此外,薄片研究中还发现,部分样品具有明显的矿物分带性(图5.27(b))。云母鱼、长石的σ型碎斑、石英颗粒组成的δ型碎斑以及S-C组构均指示了一致的运动方向,即向北剪切(图5.27(i)~(o))。

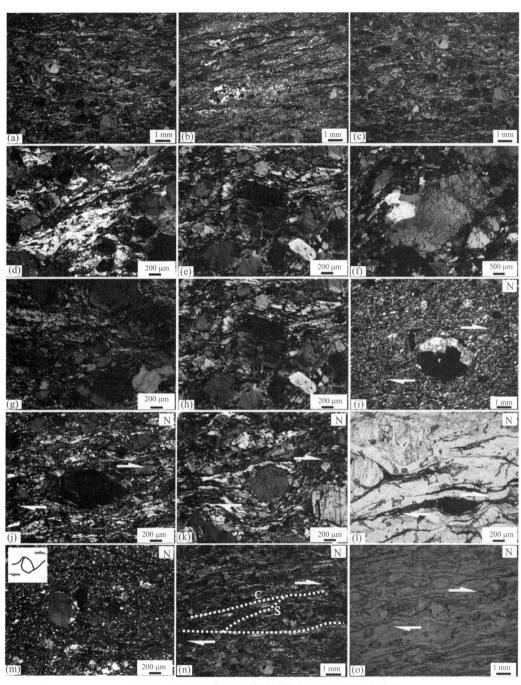

图5.27 谢通门-曲水韧性剪切带曲水段显微构造样式

5.1.6　谢通门–曲水韧性剪切带EBSD组构分析

在构造剪切变形的研究中,矿物变形、剪切滑移的方向以及滑移系的发育受到了温度、围压、应力等因素的控制,其中温度的影响最为重要(李刚等,2012)。因此,通过研究变形矿物的结晶优选方位可以确定其发育的滑移系,进而估计变形的温度。一直以来,费氏台(universal stage microscopy)在定量研究晶体结构、变形温度以及优选剪切指向方面做了重要的贡献。但是费氏台精确度有限,并且非常费时费力(又称"费事台"),极大地限制了人们对岩石组构学的研究(许志琴等,2009)。而EBSD技术具有快捷、准确和操作简便的特征,在岩石组构研究方面得到了广泛的发展和应用,也为压实超微构造分析与研究拓展了新的空间(刘俊来等,2008;胡玲等,2009)。

在薄片分析的基础上,选取了典型的薄片进行石英EBSD组构分析测试,分析结果如下(图5.28):

样品XY791的极密主要分布在第二和第四象限的基圆上,主要点极密分布在 Y 轴附近,显示了石英主要发生了柱面<a>滑移;分布在 Y 轴以外的极密可能是矿物变形时出现的底面<a>滑移。样品XY795的极密分布在第一和第三象限的基圆上,主要极密分布在 Y 轴附近,为典型的柱面<a>滑移系。样品XY793的点极密主要分布在第一和第三象限的基圆上,其中最主要的极密点分布在第三象限的基圆上,其滑移系以典型的底面<a>滑移系为主,伴有少量其他类型的滑移系。样品Xk924的点极密主要分布在 Y 轴附近,为典型的柱面<a>滑移。样品Xk551的点极密较为复杂,主要分布在大圆环带上和 Y 轴附近,主要的点极密靠近 Y 轴,滑移系为柱面<a>和菱面<a>滑移系,其他低温次级极密可能和后期叠加的低温变形有关,高温的次级极密可能和岩浆早期的结晶温度有关。样品Xk751的极密也较为复杂,主要极密分布在 Z 轴和 Y 轴之间,更靠近 Y 轴,表明滑移系为底面<a>和菱面<a>的复合型滑移系。XY794的极密比较简单,点极密主要分布在第一和第三象限的大圆上和 Y 轴附近,主要点极密靠近 Z 轴,其滑移系以底面<a>滑移系为主。样品Xk252的点极密主要分布在 Y 轴和大圆之间,滑移系以柱面<a>和菱面<a>滑移系为主。Xk421的点极密主要分布在 Y 轴和大圆之间,主要点极密更靠近 Y 轴,为典型的柱面<a>滑移系。样品Xk731的点极密分布在大圆环上以及 Z 轴和 Y 轴之间,主极密点在 Z 轴和 Y 轴的中间,滑移系为典型的菱面<a>滑移系。Xk9243的极密分布较为复杂,但主要极密点非常集中,主极密分布在 Y 轴上,为典型的柱面<a>滑移系。在运动学方面,大部分样品具有较好的运动学指向,均指向了一致的剪切方向即向北剪切,这和显微构造以及野外取得的认识一致。

EBSD分析结果表明,所分析的样品缺乏高温组构的柱面<c>滑移,因此该糜棱岩带的变形以中低温变形为主,这也和显微构造矿物变形的特征一致。

变质相	葡萄石-绿纤石相　　绿片岩相　角闪岩相　　麻粒岩相		参考文献
温　度	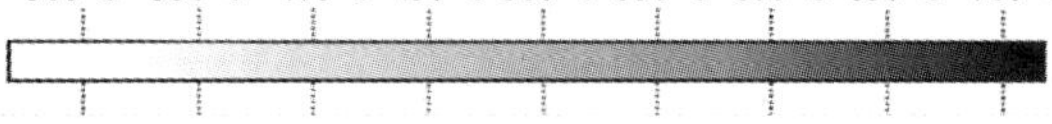 300℃　350℃　400℃　450℃　500℃　550℃　600℃　650℃　700℃		嵇少丞,1988; Stipp et al.,2002; 胡玲等,2009;Passchier, Trouw,2005;许志琴等,2009
研究区域	石英晶格优选方位	滑移系	剪切指向
冈底斯带中段谢通门-曲水韧性剪切带	XY791 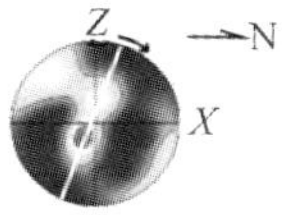	柱面<a>滑移系	向北剪切
	XY795 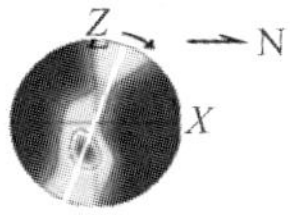	柱面<a>滑移系	向北剪切
	XY793 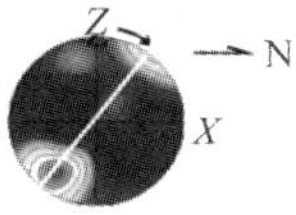	底面<a>滑移系	向北剪切
	Xk924 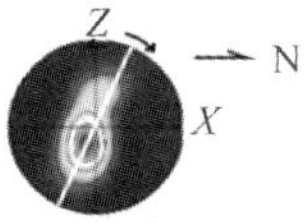	柱面<a>滑移系	向北剪切
	Xk551 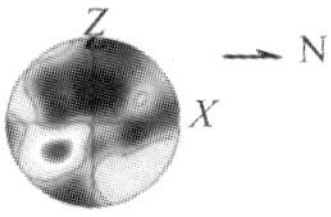	柱面<a>和菱面<a>滑移系	优选方位不明显
	Xk751 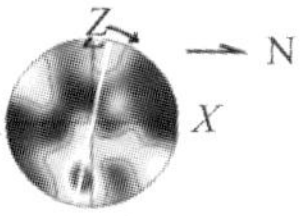	底面<a>滑移系及少量菱面<a>滑移	向北剪切
	XY794 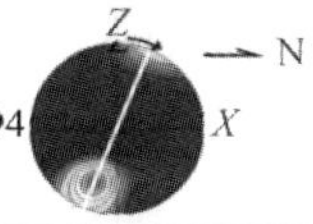	底面<a>滑移系	向北剪切
	Xk252 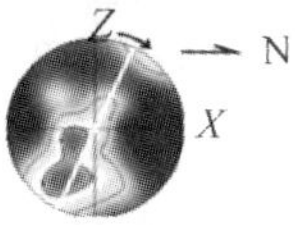	柱面<a>滑移系及菱面<a>滑移	优选方位较弱
	Xk421 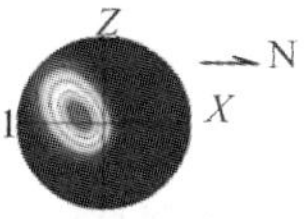	柱面<a>滑移系	优选方位不明显
	Xk731 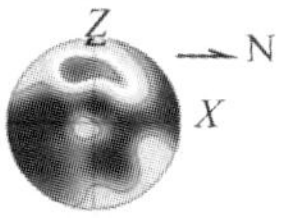	菱面<a>滑移系	优选方位不明显
	Xk9243 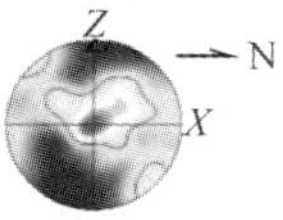	柱面<a>滑移系	优选方位不明显

图5.28　谢通门-曲水韧性剪切带典型样品石英EBSD组构分析结果

5.1.7 谢通门–曲水韧性剪切带的运动学涡度分析

在剪切带的研究中,为了简化分析,一般将韧性剪切带看作简单剪切(simple shear)并以简单剪切理论进行研究(Ramsay,Graham,1970;Passchier,1988;Xypolias,2010),这一理想化的模型长期影响并制约着构造地质学家对高应变带形成机制的思考和认识。实际上,自然界中的韧性剪切带并非如此简单,因为简单剪切只能发生在一个平直的变形带内,体积不发生变化且具有不变形的平行边界(张进江和郑亚东,1995;Xypolias,2010)。而自然界的韧性剪切带却要复杂得多,几乎无法满足上述条件(王勇生等,2006;Xypolias,2010),通常是平行于剪切带边界的简单剪切和纯剪切(pure shear)共同作用的结果,即一般剪切(general shear)(Mattews et al.,1974;郑亚东等,1999;郑亚东等,2008)。即自然界的绝大多数韧性剪切带是由简单剪切和纯剪切共同作用的结果,至于两者在剪切作用中如何分配或哪一个占主导位置则又涉及另外一个构造地质学问题——运动学涡度(vorticity analysis)。运动学涡度(W_k)是变形旋转分量的度量,是韧性剪切带定量分析的手段,因此求解运动学涡度为韧性剪切带的定量化研究提供了可行的方法。

1. 运动学涡度的概念

涡度(W)是对物质递进变形中非共轴性的一种度量,$W=2\omega_{sm}$,其中ω_{sm}为物质线相对于瞬时主应变轴的角速度(Means et al.,1980)。而运动学涡度(W_k)由 Truesdell 于1953年首次提出,并给出了其定义和计算公式:

$$W_k = \frac{w}{\sqrt{2(S_1{}^2 + S_2{}^2 + S_3{}^2)}} \tag{1}$$

式中,w表示涡度矢量的大小,S_i表示主应变率的大小(Means et al.,1980;Wallis et al.,1995)。其中,$w=2\omega$,ω为角速度,可以通过以下几种方法进行确定(Passchier,1987a,b;Tikoff et al.,1995;郑亚东等,2008;Xypolias,2010):① 垂直于涡度平面上所有物质线角速度的平均值;② 韧性基质内刚性碎斑的旋转角速度;③ 涡度平面上两条互相垂直的物质线的平均角速度;④ 平行于瞬时拉伸轴(ISA)的物质线相对于ISA的旋转速率。

从(1)式可以看出,纯剪切 $W_k=0$,简单剪切 $W_k=1$,一般剪切(纯剪和单剪共同作用)$0 < W_k < 1$。W_k越小,纯剪切占比越大;反之,简单剪切占比越大。W_k在0和1之间为非线性变化,因此简单剪切和纯剪切各占一半时,$W_k=0.71$,而不是0.5(郑亚东等,2008)。

2. 运动学涡度的地质应用

在很多地质情况下,涡度矢量近似平行于有限应变 Y 轴(图5.29)。因此,在多数情况下,有限应变的 XZ 面(平行于拉伸线理La,垂直于面理S)为有效进行分析变形的理想面(Xypolias et al.,2001)。在研究韧性剪切带时,由于剪切带理面(XY)与 XZ 面垂直,Y 轴平行于剪切带边界或面理。因此,XZ 面为计算运动学涡度 W_k 最为理想应变面。

涡度的大小与参考系的选择有关(郑亚东等,2008;Tikoff et al.,1995)。若所选参考系与瞬时拉伸轴相对固定,这时测得的涡度称为内部涡度;有时为了方便,把参考系固定于剪切带边界,这时的涡度称为外部涡度(Wallis,1995)。只有当变形过程中瞬时拉伸轴未发生旋转时,内部涡度与外部涡度才相等。由于外部涡度的确定难度很大,加之剪切带内岩石组构的几何学特征是内部涡度的产物,反映的是物质的流动形式(Xypolias,2010),本节中涉及的涡度只考虑由剪切作用引起的内部涡度。

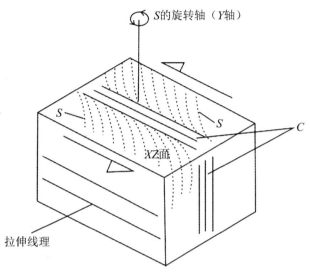

图 5.29   韧性剪切带模型略图(Xypolias et al.(2001))
S=平行于拉伸矿物长轴方向;C=剪切面理方向

剪切作用过程中,有两个特殊方向的物质线并不发生旋转,这两个方向称为流脊(Passchier,1987a,b)。显然,纯剪切时,流脊相互垂直;简单剪切时,两流脊重合于剪切方向;一般剪切中,流脊斜交成锐角ν(图5.30)。

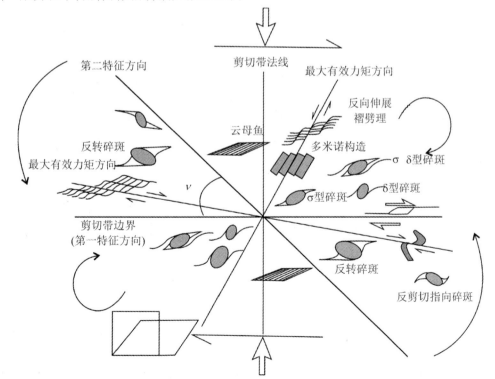

图 5.30   一般韧性剪切带中的主要构造类型及其取向(粗黑线为特征方向)(据 Xypolias(2010))

一般认为有一个流脊方向与剪切带边界平行,ISA与流脊的方向是相对固定的(Tikoff et al.,1995)。所以测量运动学涡度时,可以使参考系相对于ISA或流脊固定。考虑二维稳态流变情况下的一般剪切带中,流脊和ISA相对于外部参考系均未发生旋转(Passchier,1990a,b)。另外,虽然流脊方向是物质未发生旋转的方向,但是两条流脊的性质是不同的。其中一条流脊方向向上,物质处于纯拉长状态;另一条流脊则为纯压缩状态。前者称为拉伸流脊,后者称为压缩流脊。自然界存在两种类型剪切带,即加厚型和减薄型。对于加厚型剪切带,剪切带边界之间的距离随剪切作用而加宽,亦即变形过程中剪切带不断变厚。因此,在加厚型剪切带中,物质沿剪切方向始终处于压缩状态。可见,对于加厚型剪切带而言,与剪切带边界平行的流脊属于压缩流脊;另一条流脊则是拉伸流脊。减薄型剪切带的情况与加厚型剪切带刚好相反(图5.31)。

根据运动学涡度的定义和计算公式,构造地质学家们得出了一致的结论:流脊间的夹角记为 ν,则有 $W_k = \cos \nu$(张进江等,1995;Passchier,1987a,b;Passchier,1988;王勇生,朱光,2004)。郑亚东等进一步得出 $\nu = \tan^{-1}(2\varepsilon/\gamma)$,$\varepsilon/\gamma$ 即为纯剪切速率相对于简单剪切速率的比值(郑亚东,1999)。

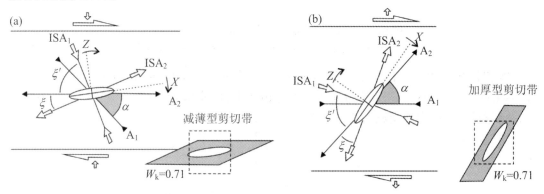

图5.31 不同类型剪切带 XZ 面上流脊与应变轴的关系($W_k = 0.71$)

(a)为减薄型;(b)为加厚型;ISA$_1$、ISA$_2$分别代表瞬时压缩轴和瞬时伸长轴;A$_1$、A$_2$分别为伸展流脊和压缩流脊;X 与 Z 为主应力轴(Xypolias(2010))

另外,若能确定任意一个ISA(包括瞬时压缩轴ISA$_1$和瞬时伸长轴ISA$_2$)与伸展流脊的夹角 ξ 或 ξ',亦可估算 W_k,$W_k = \sin 2\xi = \sin 2\xi'$(郑亚东,2008;Tikoff et al.,1995)(图5.31)。

3. 谢通门–曲水韧性剪切带的运动学涡度

通过对谢通门–曲水韧性剪切带内变形岩石宏观和微观等变形特征进行分析后,选用了两种方法,即极莫尔圆法和有限应变轴率 R_{XZ}/石英 c 轴组法进行了运动学涡度计算。

(1)极莫尔圆法

极莫尔圆法最早是由Simpson和De Paor两位学者提出来的(Simpson,De Paor,1993),国内的张进江等(1995)对其进行了改进,提出了三种可行的极莫尔圆构建方法。另外,国内刘江等(2012)还通过构建极莫尔圆,得出了另一种计算运动学涡度的方法。本研究中采用张进江等(1995)构建的应力莫尔圆法,具体做法是通过剪切带长度轴比 R_s 和最大拉伸方向与剪切方向的夹角 θ 两个参数建立相应的极莫尔圆来计算运动学涡度 W_k。其中 R_s 为 XZ 面上的有限应变椭圆的长短轴比 R_{XZ},使用Fry法测取;θ 为线理和面理之间的夹角即S-C面的夹角,可通过显微薄片测取。最后利用以上两个参数构建极莫尔圆,得到流脊间的夹角ν,即可求得运动学涡度$W_k = \cos \nu$。

采用极莫尔圆对谢通门-曲水韧性剪切带中的典型糜棱岩样品进行了运动学涡度计算,计算结果见表5.1和图5.32。

表5.1 冈底斯带中段谢通门-曲水韧性剪切带糜棱岩极莫尔圆法运动学涡度

样品号	$S^\wedge C$夹角(°)	R_{XZ}	W_k	S
XK552-4	20	2.08	0.82	0.20
XK552-2	21	1.85	0.79	0.21
XY791-11	14	3.03	0.78	0.35
XY792-1	20	2.02	0.85	0.10
XY9243-1	33	1.66	0.96	0.09
XK451-1	29	1.82	0.94	0.10
XK927-2	22	1.83	0.73	0.20
CT1125	16	2.78	0.77	0.31
XY793-2	15	2.49	0.83	0.25

极莫尔圆是求解运动学涡度最佳的一种方式,与其他方法相比其定量化和成熟度高(张进江等,1995)。根据极莫尔圆法获得的9组数据具有较高的运动学涡度值,均大于0.71(郑亚东等,2008)(表5.1),反映该剪切带具有以简单剪切为主的力学特征。以上的运动学涡度代表了韧性剪切带面理和线理形成阶段的变形特征,也就是S-C组构发育过程中的平均运动学涡度。此外,研究表明谢通门-曲水韧性剪切带在面理和线理发育的过程中,以简单剪切作用为主形成了S-C组构。虽然整体以简单剪切为主,但是整个剪切带明显具有不同的运动学涡度(0.73~0.96),阐明了拉萨地体在变形过程中受到了不均一的应力作用,但整体仍然以简单剪切的方式为主,局部地区可能存在纯剪切作用(可能和岩浆的上涌有关,其导致垂直组分增加,使W_k变小),这也和EBSD取得的结果一致,即拉萨地体的变形是不均衡的。在野外地质调查中,我们也发现谢通门-曲水韧性剪切带呈现出多阶段的特征,不同的区段剪切带的变形特征、产状以及温度均有所差异,这也暗示了在该条剪切带形成的过程中,差异化的因素是存在的。结合剪切带中绢云母和黑云母的^{39}Ar/^{40}Ar年龄(21~23 Ma),该剪切带形成的动力学机制可能和新生代中新世时印度大陆向欧亚大陆持续的斜向俯冲有关,俯冲所形成的应力场具有不均衡性,导致了拉萨地体不同地段具有不同的动力学特征,即从简单剪切略占优势(0.73)到最后几乎以简单剪切为主(0.96)。

此外,根据极莫尔圆中的特征向量值的大小($\xi_1 > \xi_2$)(张进江等,1995;Xypolias,2010),可以判断出整个韧性剪切带为纯剪切最大主拉伸轴平行于剪切方向,该韧性剪切带处于减薄状态。其次,通过极莫尔圆图解可以定量地计算其减薄率。假定减薄量为ΔH,剪切带原始厚度为H_0,现今厚度为H,极莫尔圆中圆心在极轴上的投影点与原点间的距离为L,则有$H_0/H = L/\xi_2$;减薄率为$S = \Delta H/H_0 = 1 - \xi_2/L$(表5.1)。

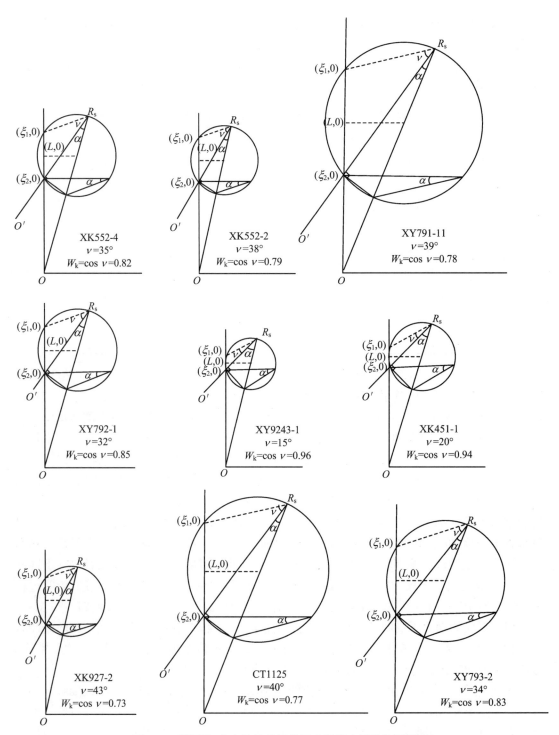

图5.32　谢通门–曲水韧性剪切带运动学涡度极莫尔圆图解

　　由极莫尔圆获得的9组运动学涡度数据可以看出，W_k的范围为0.73～0.96，以简单剪切为主（W_k＞0.71），具有一定的空间分布。部分地段 W_k 远远大于0.71，简单剪切占绝对优势，部分地段简单剪切和纯剪切所占比重相当,在剪切过程中,韧性剪切带所受的剪切应力分布具有不均一性,这一方面可能和应力分布的均衡性有关,另一方面和剪切带剪切不同岩石的能干性也具有一定的关联。但是从整体上可以得出,谢通门-曲水韧性剪切带是以简单剪切为主,伴有部分的纯剪切,为一般剪切。根据减薄量,可以看出,该韧性剪切带减薄量为9%~35%,分布具有明显的不均一性,这也反映了整条剪切带在形成过程中所处的应力场具有较大的差异性。

这种差异性可能是由于花岗岩体在形成拆离型断裂的过程,受到了多方面因素的作用,例如岩性、地壳的翘倾、去顶(unroofing)、区域性断裂以及地表径流等作用,使得岩体在抬升的过程中处于局部不均衡的应力场中,即使同一个岩体出露不同的地段也往往获得不同的运动学涡度和EBSD组构。所有样品的结果表明:早中新世时期印度-亚洲板块的南北向挤压应力仍在持续,但是导致冈底斯地区地壳的南北向水平的缩短和垂向构造的增厚有所减缓,而水平的伸展作用逐渐加强。而位于冈底斯造山带下伏的谢通门-曲水韧性剪切带因上覆载荷的去顶而经历了近简单剪切作用,所记录的运动学涡度平均值为0.83。运动学涡度的数值也暗示了中新世以来冈底斯大规模的岩浆已经减弱或者停止,仅仅局部存在小规模的岩浆活动(小型岩珠),这种大地构造格局直接导致了冈底斯带中段地区垂向纯剪切组分的减小,使得简单剪切组分增大。小型岩珠活动的区域,可能使得局部地区垂向剪切组分有所增大,但仍然以简单剪切组分为主。整体岩浆作用的过程对冈底斯带的构造应力起着关键性的作用。

(2)有限应变轴率R_{XZ}/石英c轴组构法

石英c轴组构中,大圆环带的法向与糜棱叶理的夹角(β)相当于流面与有限应变主平面XY的夹角(郑亚东等,2008;Zhang et al.,2009)(图5.33)。测出有限应变椭圆的长短轴比R_s,即可利用下式计算运动学涡度(Wallis et al.,1995):

$$W_k = \sin\left\{\arctan\left[\frac{\sin(2B)}{\dfrac{(R_{XZ}+1)}{(R_{XZ}-1)}-\cos(2B)}\right]\right\} \times \frac{(R_{XZ}+1)}{(R_{XZ}-1)} \qquad (2)$$

在本次研究中,石英c轴组构运用先进的电子背散射技术来测定,样品薄片XZ面的有限应变用Fry法进行测量。分别分析了剪切带中的4个糜棱岩样品的运动学涡度,结果见表5.2和图5.33。

表5.2 谢通门-曲水韧性剪切带糜棱岩R_{XZ}/石英c轴组构法运动学涡度结果

样品号	β	R_{XZ}	W_k
XY7-10-4	23°	1.73	0.89
XY7-9-1	29°	2.81	0.93
XY7-9-2-2	20°	2.20	0.85
XY7-9-4	21°	2.23	0.86

有限应变轴率 R_{xz}/石英 c 轴组构运动学涡度结果显示,谢通门-曲水韧性剪切带的运动学涡度为 0.85~0.93,明显大于 0.71,代表了以简单剪切为主的一般剪切模式。两个方法所获得的结果都表明了简单剪切组分具有更大的优势,在地质学意义上具有一致性,都表明了早中新世以来冈底斯带中段地区伸展作用大于挤压作用(伸展组分优于垂向组分),但整个青藏高原仍然以挤压为主。

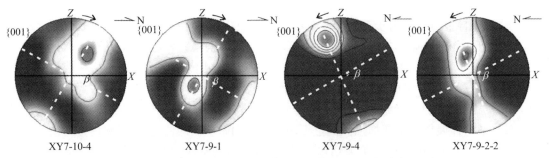

| XY7-10-4 | XY7-9-1 | XY7-9-4 | XY7-9-2-2 |

图5.33 谢通门-曲水韧性剪切带糜棱岩石英 EBSD 组构确定 β 图解

4. 运动学涡度的大地构造意义

孟元库等(2016a)通过对谢通门-曲水韧性剪切带中的黑云母、绢云母进行 ^{40}Ar/^{39}Ar 定年,获得了谢通门-曲水韧性剪切带的活动时限。研究结果表明,谢通门-曲水韧性剪切带形成于中新世早期 21.10~23.74 Ma。此外,Li 等(2016c)通过低温热年代学研究,发现冈底斯带中段地区自中新世早期以来(23 Ma)便进入了一个快速抬升的冷却时期。年轻的 AFT 和云母 ^{40}Ar/^{39}Ar 年龄都暗示了构造运动的活跃期,此时冈底斯逆冲大断裂也开始活动,加速了冈底斯南缘地区的构造剥蚀(孟元库等,2016a;Li et al.,2016c)。由于大反向逆冲断裂的活动,印度板块大量的沉积载荷仰冲到冈底斯带之上,使得岩基前缘的刚性地壳发生翘倾,引起了岩基的变形和加速抬升,并在岩基的后侧形成了拆离型断裂带(Wang et al.,2015c)。中新世以来冈底斯地区的快速抬升引起了侧向地壳增厚变化不均,导致拉萨地体东西向的崩塌,造成南北向的后碰撞伸展与东西向垮塌伸展的构造叠加(Hou et al.,2004;陈希节等,2014)。对比该韧性剪切带的绢云母和黑云母的 ^{40}Ar/^{39}Ar 年龄(21.10~23.74 Ma)(孟元库等,2016a),认为谢通门-曲水韧性剪切带可能形成于拉萨地体从挤压到侧向的转换时期(Hou et al.,2004;陈希节等,2014;孟元库等,2016b),即形成于伸展阶段。极莫尔圆图解获得的运动学涡度(平均值为 0.83)和有限应变轴率 R_{xz}/石英 c 轴组图解获得的结果(平均值为 0.88)具有较好的一致性,其值均大于 0.71,表明谢通门-曲水韧性剪切带是以简单剪切为主伴有部分纯剪切的一般剪切。运动学涡度也很好地表明冈底斯带中段地区在中新世以来,地壳伸展组分处于主要地位,而地壳挤压加厚的垂向组分相对较小,这也暗含了冈底斯地区在中新世早期以来岩浆大规模活动减弱或停止,仅仅在局部地区发育有小规模的活动。冈底斯地区简单剪切组分相对于纯剪切组分占据有绝对的优势,这一递进变形的过程体现了伸展构造和动力学、运动学有着本质的联系。造山带挤压作用的减弱,导致了垂向组分的减弱,使得地壳在增厚的过程中伸展组分不断增加,当达到了一定时间后,会造成整个造山带的伸展垮塌。本研究所取得的认识也得到了冈底斯岩浆事件的佐证。在冈底斯带中段地区,岩体以晚白垩世、古新世到始新世岩体为主,而中新世以来的岩体分布范围非常有限,仅仅以小型的岩珠或者岩脉分布。这些地质事实充分表明和印证了冈底斯带中段地区在中新世以来岩浆活动的急剧减弱。强烈的岩浆活动和纯剪切的垂向组分(类似于横弯褶皱作用的力学性质)具有很好的相关性。研究结果还表明,在剪切的过程中,整个拉萨地体所受到的应力作用是不均衡的,不同地方具有不同的动力学机制和运动学涡度,这也启示了即使同一条韧性剪切带形成的力学机制也是不均衡的,在今后的研究中应当加以重视,而不能一概而论。

5.2　曲水色甫-鸡公韧性剪切带

5.2.1　曲水区域地质背景

曲水色甫-鸡公韧性剪切带在大地构造上位于雅鲁藏布江缝合带北部,拉萨地体南缘的曲水岩基(图5.34)。曲水岩基位于冈底斯带中段的核心位置,是印度-亚洲大陆主碰撞期的岩浆产物。另外,曲水岩基也是新生代以来岩浆、构造变形的记录者。在冈底斯带中,与其他复式岩基相比,曲水岩基分布范围最广、规模最大,不但记录了印度-亚洲碰撞,还是研究壳幔相互作用最为理想的区域(Mo et al.,2005;Dong et al.,2005;莫宣学等,2009)。因此,曲水岩基在冈底斯带的研究中占有非常重要的地位。曲水岩基是典型的杂岩体(复式岩体),主要展布于雅鲁藏布江结合岩带北侧的南木林-尼木-曲水一带,侵入于中生代地层中,主要包括二长花岗岩、正长花岗岩、花岗闪长岩、石英闪长岩及黑云母花岗岩等,主要年龄跨度为47.5~52.5 Ma,形成时代和林子宗火山岩相近(莫宣学等,2009)。曲水色甫-鸡公韧性剪切带为研究区内最为主要的地质构造,走向近东西向,长约24 km,宽约1 km,主要由糜棱质花岗岩、花岗质糜棱岩、同构造的长英质脉体、构造片岩以及重结晶变火山凝灰岩等组成。

5.2.2　色甫-鸡公韧性剪切带的宏观构造特征

曲水色甫-鸡公韧性剪切带呈现出强应变域和弱应变域分带明显的变形特征,主要由花岗质糜棱岩、糜棱岩化花岗岩、构造片岩及变火山凝灰岩等组成。以野外露头较好、变形强烈的鸡公村、色甫村作为研究重点,进行了详细的野外观测和记录(图5.35(a)~(b))。剪切带走向为东西向,面理向北陡倾,局部地段近于直立(图5.35(c)),其中面理S发育程度远大于拉伸线理La,为典型的S型构造岩(图5.35(b)~(c))。该韧性剪切带以花岗质糜棱岩为主,中间夹有强烈挤压、拉长变形的长英质岩脉和重结晶的中基性变火山凝灰岩及少量片岩(图5.35(b)~(j))。与糜棱岩面理平行的长英质脉体均已经发生糜棱岩化,表明它们是剪切应变的产物,又在继续剪切的过程中变形,其年龄可能近似代表剪切带的活动时间。糜棱岩中的长英质脉体发育明显的不对称褶皱、透镜状、眼球状或者石香肠等构造变形特征。根据长英质脉体的褶皱形态以及透镜体两侧的拖尾形态特征,可以判断剪切指向为右行剪切(向

225

东剪切)(图5.35(d)～(j))。糜棱岩面理较为发育,倾角较陡(为55°～80°,图5.35(c)和图5.36),总体向北倾伏(图5.36)。拉伸线理相对于面理发育较差,在剪切带的强变形域中可以观测到东西向的拉伸线理(La)(图5.35(k)～(l)、图5.36)。韧性剪切带的拉伸线理主要由石英、长石以及角闪石等定向拉伸排列而成(图5.35(k)～(l)),拉伸线理倾伏向近E-W,倾伏角近水平(图5.36)。在野外对剪切带的面理和拉伸线理进行了统计,在室内进行了极射赤平投影,剪切带面理的优选产状约为355°∠70°(倾向∠倾角),拉伸线理产状约为95°∠8°(倾伏向∠倾伏角)(图5.36)。

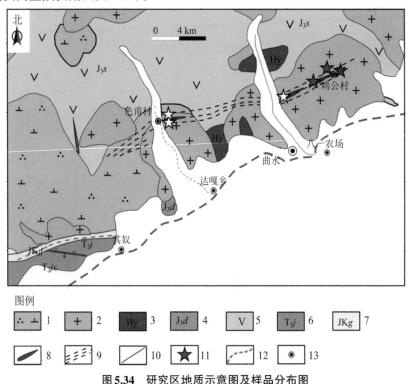

图5.34　研究区地质示意图及样品分布图

1=石英闪长岩;2=花岗岩;3=紫苏花岗岩;4=晚侏罗世多底沟组;5=桑日群火山岩;6=修康岩群;
7=嘎学岩群;8=长英质脉体;9=韧性剪切带;10=断层;11=采样点;12=G318国道;13=地名

5.2.3　剪切带显微构造特征

显微镜下,糜棱岩主要由斜长石(约55%)、石英(约20%)、黑云母(约10%)、钾长石(约10%)及其他副矿物(约5%)组成(图5.37(a)～(d))。剪切带镜下显微构造特征主要表现为旋转碎斑系、云母鱼、S-C组构、长石的脆-韧性形变及石英的动态重结晶(图5.37)。斜长石可见聚片双晶,部分斜长石还发育有密集的机械双晶(图5.37(b)),钾长石可见卡式双晶(图5.37(c))。此外,在长石颗粒周围可见动态重结晶形成的新颗粒(图5.37(d));石英显微特征如下:具有波状消光,大部分颗粒已经细粒化,并且颗粒边界多呈港湾状或者锯齿状,为典型的动态重结晶的结果(图5.37(a));黑云母多呈片状或者细小的粒状,分布在长石、石英颗粒的边缘(图5.37(c))。

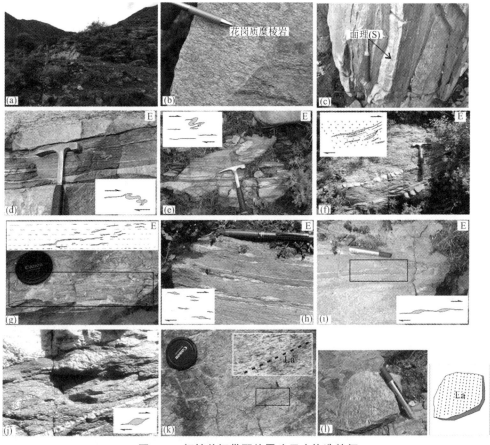

图5.35 韧性剪切带野外露头尺度构造特征

(a)研究区野外露头(鸡公村观测点);(b)剪切带中的花岗质糜棱岩;(c)向北陡倾的糜棱面理;
(d)~(e)剪切带中的非对称褶皱;(f)同构造的剪切脉体;(g)构造片岩中褶皱和布丁化的脉体;
(h)~(j)σ型碎斑;(k)~(l)糜棱岩XY面上的拉伸线理

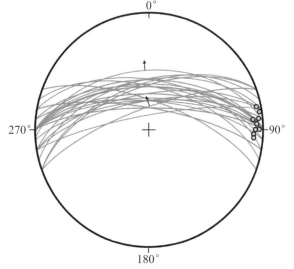

图5.36 韧性剪切带极射赤平投影图

实线圆圈为拉伸线理投影,箭头为面理的倾向

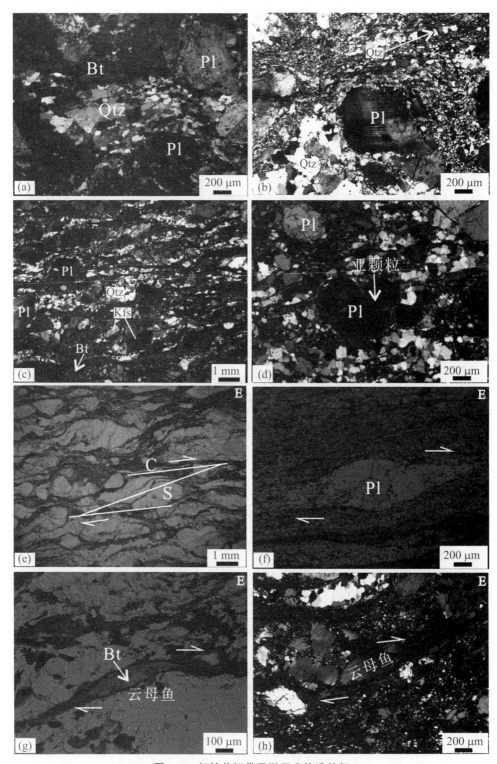

图5.37 韧性剪切带显微尺度构造特征

Pl=斜长石;Kfs=钾长石;Qtz=石英;Bt=黑云母;S=糜棱面理;C=剪切面理

发生形变的云母、石英、长石等矿物往往可以作为很好的运动学指向标志,例如云母鱼、不对称的压力影构造、不对称拖尾的变余残斑等(Passchier,Simpson,1986;Hanmer,1990)。在薄片中,长石残斑大多数呈眼球状、透镜状定向排列,其长轴可以很好地代表S面理,黑云母、细粒的石英、绿泥石等矿物呈现出不规则的条带状定向分布,分布在碎斑周缘(图5.37(e)),往往形成了剪切面理C,构成了典型的S-C组构,指示右行剪切(向东剪切)。其次,长石的非对称残斑(σ型碎斑)(图5.37(f))和云母鱼构造也指示了右行剪切(图5.37(g)~(h))。由此可见,显微构造分析和野外观测具有一致的结果,即曲水剪切带为右行走滑剪切。

5.2.4 变形温度估算

1. 石英EBSD分析

EBSD组构的分析通常在XZ面上进行(即平行线理,垂直面理),2件测试样品(XQ1-1-1-3和XQ1-4-1)的石英c轴组构特征如图5.38所示。

样品XQ1-1-1-3的石英c轴组构图在第三象限靠近Y轴附近具有非常好的点极密,表现为菱面<a>滑移和部分柱面<a>滑移的特点,显示出中温变形的特征(约500 ℃)(Passchier,Trouw,2005;Virginia,et al.,2008;许志琴等,2009)。样品XQ1-4-1组构图上显示主要极密点处于X轴和Z轴之间,以柱面<c>滑移和部分底面<a>滑移为主,变形温度为550 ℃左右(Passchier,Trouw,2005;Virginia et al.,2008)。

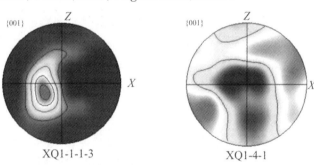

图5.38 石英c轴组构图

2. 矿物对分析

在糜棱岩的研究中,确定糜棱岩变形温度是研究断裂构造一个重要的方面。较为准确掌握糜棱岩变形的温度对糜棱岩形成的深度、与围岩的关系、变质演化以及抬升-剥蚀历史、矿物变形机制及同位素测年等有一定的指示意义(向必伟等,2007)。在变形温度估算中,长石、石英往往是十分重要的地质温度计(geothermometer):一方面由于长石、石英是最主要的造岩矿物,占地壳含量的60%以上(Mancktelow,Pennacchion,2004);另一方面,长石和石英对于不同温度具有不同的变形行为,是区分中高温到中低温较为理想的地质温度计(向必伟等,2007)。在温度小于250 ℃时,石英以脆性破裂为主(Passchier,Trouw,2005);250~300 ℃时,石英开始出现位错滑移,由脆性转为韧性变形,此时脆韧性共存,石英波状消光十分明显;300~700 ℃时,石英开始重结晶:300~380 ℃时以膨凸重结晶(bulging recrystallization,BLG)为主,380~420 ℃时为亚颗粒旋转重结晶(sub-grain rotation,SR)(420~480 ℃时SR独立存在),变形温度大于480℃时开始出现颗粒边界迁移重结晶(grain boundary migration,GBM)(在530~630℃时GBM独立存在);GBM为高温重结晶边界相互迁移时,石英残斑几乎消失(White et al.,1977;Drury et al.,1990;Hirth,Tullis,1992;Neil,Giorgio,2004;向必伟等,2007)。长石的变形行为主要表现如下:在温度小于300℃时,长石主要表现为碎裂流动,往往碎斑内可见裂隙(胡玲等,2009);400~500℃时,位错滑移占主要地位,塑性变形和脆性变形共存,并出现亚颗粒;500~650℃时,长石表现为边界的膨凸重结晶(500~580℃时,核部和边部具有明显的差异化,580~650℃时,光轴优选方位减弱,新颗粒与老颗粒之间的成分差异减小);在温度高于650℃时,由BLG向SR转变,到达700℃时转变基本结束;700~800℃时,长石往往以独立的SR重结晶为主;800~850℃时,SR向GBM快速转变;高于850℃时,GBM独立存在(Borges,White,1980;Tullis,Yund,1991)。

可见在不同温度下,长石、石英的变形程度为理解当时的剪切环境提供了依据。由于研究区糜棱岩以长英质为主,长石-石英变形温度计是分析上述剪切环境的最佳选择。通过对研究区糜棱岩薄片进行仔细的镜下显微分析,可以看出长石以中温变形为主(500~550℃),以亚晶粒旋转重结晶作用为主,核幔边界不是很明显,但是应力导致蠕英结构却较为发育(图5.39(a)~(c))。此外,长石中的膨凸重结晶、扭折带、波状消光(图5.39(a)~(c))、微裂隙(脆韧性共存)(图5.39(d))等特征代表了一种中温、高应力作用的结果(胡玲

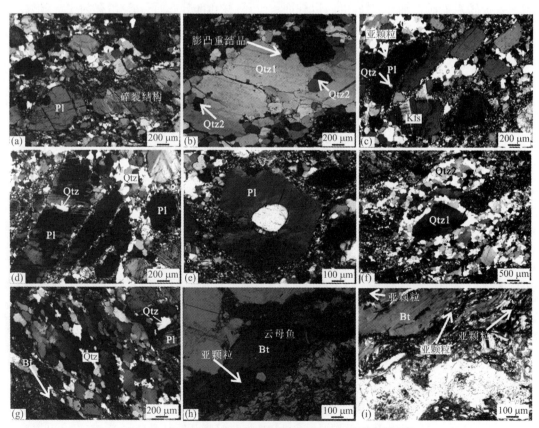

图5.39 曲水色甫-鸡公韧性剪切带中矿物变形的显微照片

Bt=黑云母;Kfs=钾长石;Pl=斜长石;Qtz1=石英新晶粒;Qtz2=石英老晶粒

等,2009)。石英变形行为主要表现如下:① 存在颗粒边界重结晶现象,即石英新生的颗粒(Qtz1)内包含有老颗粒的残晶(Qtz2),指示了一个中高温变形的过程(高绿片岩相到角闪岩相)(图5.39(e));② 石英的亚颗粒旋转重结晶显示:残斑颗粒与重结晶颗粒总体上以核幔构造存在,即Ⅱ型位移蠕变(Regime Ⅱ)(嵇少丞,1988;Hirth,Tullis,1992),其变形温度约为500 ℃(图5.39(f))(Stipp et al.,2002);③ 由亚颗粒旋转重结晶形成的多晶石英条带(边界不规则,略呈拉长状),显示中温条件的变形(高绿片岩相到低角闪岩相)(图5.39(g))。

其次,黑云母的显微构造特征也可以很好地反映剪切带的变质变形温度(向必伟等,2007;胡玲等,2009)。显微镜下,黑云母出现了明显的亚晶粒动态重结晶现象(图5.39(h)~(i)),指示了该剪切带的变质变形温度为高绿片岩相(胡玲等,2009)。

根据长石、石英、黑云母矿物温度计可以看出,曲水剪切带形成的温度以中温(500~550 ℃)变形为主,局部地段可能遭受了高温剪切作用。EBSD测试和矿物地质温度计取得了较为一致的认识,即曲水剪切带变形温度以中温(500~550 ℃)为主,局部地区伴有高温剪切。EBSD分析结果还显示,在中温变形的基础上可能叠加了少量低温变形,说明剪切带在抬升过程中叠加了后期的脆性变形(图5.39)。

小　　结

1. 谢通门-曲水韧性剪切带构造特征及形成环境

由野外详细的地质调查以及室内研究分析可知,谢通门-曲水韧性剪切带主要由分带不是很明显的强弱变形域组成,包括面理化花岗岩、糜棱岩化花岗岩、初糜棱岩和糜棱岩,局部地区可见超糜棱岩。野外不对称的褶皱、碎斑以及显微构造特征、EBSD组构分析结果组合表明,谢通门-曲水韧性剪切带为典型的正滑覆型剪切带,野外可见向北倾伏的面理和南北向拉伸线理。此外,选择典型样品进行了运动学涡度分析,结果表明谢通门-曲水韧性剪切带为典型的以简单剪切为主,纯剪切为辅的一般剪切,并且所有样品的运动学 W_k 均大于0.71。糜棱岩中石英的EBSD表明,谢通门-曲水韧性剪切带主要滑移系以柱面<a>、菱面<a>和底面<a>滑移系为主,变形以中低温作用为主(550~300 ℃),缺乏高温组构柱面<c>。

2. 曲水鸡公-色甫韧性剪切带变形特征及形成环境

通过对曲水鸡公-色甫韧性剪切带进行野外调查以及室内研究可以发现,该剪切带主要发育在曲水岩基中,以花岗质糜棱岩为主,构造变形较为强烈。野外特征和镜下特征均显示曲水鸡公-色甫韧性剪切带为典型的右行走滑。典型样品的石英EBSD组构分析以及长石-变形矿物对显示,该剪切带变形温度为中温,形成环境为500~550 ℃(高绿片相到低角闪岩相)。

5.3　谢通门–曲水韧性剪切带活动时限

众所周知,韧性剪切带往往形成在最年轻的糜棱岩化岩体之后,在剪切带内未变形岩体或者脉体形成之前,因此根据剪切带中最年轻的花岗质糜棱岩的锆石U-Pb年龄可以确定剪切带形成的上限,而对发育在剪切带中的未变形脉体的测年可以很好地限定下限。此外,再结合云母$^{40}Ar/^{39}Ar$年代学可以较为准确地厘定剪切带活动的时限。

5.3.1　锆石U-Pb测年

1. 未变形脉体的锆石U-Pb定年

在谢通门-曲水韧性剪切带内,广泛发育有中酸性岩脉,这些岩脉未遭受任何构造变形,为典型的岩浆构造(图5.40)。在谢通门-曲水韧性剪切带的南木林卡孜乡地区,我们对发育在糜棱岩中的中性脉体——闪长玢岩脉进行了锆石U-Pb年代学分析。闪长玢岩脉体为浅灰白色,斜切韧性剪切带,并且与糜棱岩面理相交,为典型的后期侵入体。野外观测还发现,闪长玢岩脉体没有发生任何构造变形,为典型的岩浆组构,其形成时代在糜棱岩化之后(图5.40),因此对其进行锆石U-Pb测年可以限定该剪切带形成的下限。

图5.40　花岗质糜棱岩及未变形的闪长玢岩脉野外及镜下显微照片

对糜棱岩带中未变形的闪长玢岩进行了地质采样,选取样品1~2 kg,通过物理筛选的方法,选出晶形较好的锆石,进行U-Pb年代学测试。从阴极发光图像上可以看出,闪长玢岩脉的锆石以半自形到自形为主,长柱状,长宽比为1:1~1:3,可见明显的韵律环带,具有典型的岩浆成因锆石的特征(Hoskin et al.,2003)。剔除掉不谐和的测点,对剩下的测点进行加权平均计算,得出 $^{206}Pb/^{238}U$ 的加权平均年龄为(12.82±0.22)Ma(MSWD=1.2)。在 $^{207}Pb/^{235}U$-$^{206}Pb/^{238}U$ 谐和曲线上,所分析的测点均位于曲线上,表明了锆石没有发生明显的普通 Pb 丢失,获得的年龄值真实有效,可以代表闪长玢岩脉侵位、结晶的年龄,即12.82 Ma左右(图5.41)。因此,该韧性剪切形成的下限年龄为12.82 Ma,即12.82 Ma时剪切带早已停止运动,活动的时限应该早于12.82 Ma。

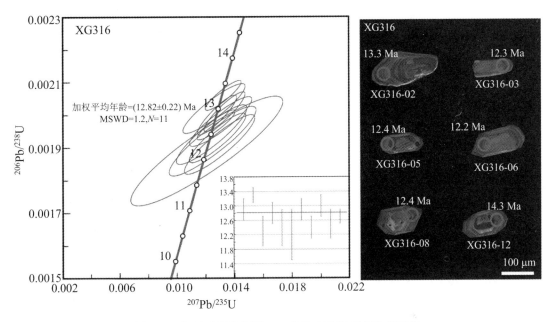

图5.41　闪长玢岩脉锆石U-Pb谐和曲线及阴极发光图像

2. 花岗质糜棱岩的锆石U-Pb定年

剪切带形成的上限即花岗质糜棱岩的结晶年龄。谢通门-曲水韧性剪切带主要发育在侏罗纪岩体、白垩纪岩体以及古新世和少量始新世岩体。为了更好地限定韧性剪切带形成的时间上限,对已经明显发生糜棱岩化的始新世岩体进行了锆石U-Pb定年。首先,将花岗质糜棱岩进行物理粉碎和挑选,选出晶形好的锆石进行U-Pb定年。锆石的阴极发光图像显示,锆石为自形,长柱状,长宽比为1:1~1:3,发育明显的韵律环带,没有明显的变质增生边(图5.42)。结合 Th/U 值(>0.4)可知,其为典型的岩浆锆石成因,因此其年龄与剪切带形成的时代无关,锆石的U-Pb定年获得的年代学仅仅代表了花岗质糜棱岩岩体的结晶、侵位年龄。研究区内2件始新世的花岗质糜棱岩样品获得了较为一致的年代学信息,其中XY7101样品采自南木林卡孜乡,加权平均年龄为(42.83±0.37)Ma,谢通门仁钦则花岗质糜棱岩的加权平均年龄为(40.02±0.39)Ma。2件样品的测试结果充分说明了韧性剪切带形成的时间应该在40 Ma之后,即剪切带起始活动的时间应该在两个岩体侵位之后。

233

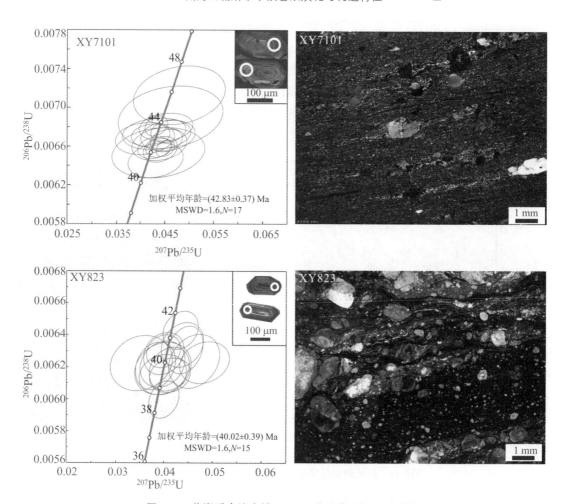

图5.42　花岗质糜棱岩锆石U-Pb谐和曲线及显微照片

5.3.2　云母⁴⁰Ar/³⁹Ar年代学分析

结合未变形的闪长玢岩脉和始新世花岗质糜棱岩的锆石U-Pb年代学,谢通门-曲水韧性剪切带形成的时限被限定为40~13 Ma范围。为了更加精确地厘定剪切带形成的时限,对糜棱岩中的云母,特别是由于构造作用形成的新生绢云母和黑云母进行了⁴⁰Ar/³⁹Ar年代学分析,为剪切带的形成时限提供了进一步的约束。

1. 采样位置

所有云母样品均来自谢通门-曲水韧性剪切带中的糜棱岩。具体的采样位置和采样信息见表5.3。

表5.3　采样位置

岩　性	样品编号	矿物	方法	GPS　坐　标
花岗质糜棱岩	Xg171	黑云母	⁴⁰Ar/³⁹Ar	N29°28′32.15″;E88°32′12.04″

岩　性	样品编号	矿物	方法	GPS　坐　标
花岗质糜棱岩	Xy832	黑云母	$^{40}Ar/^{39}Ar$	N29°28′32″;E88°32′13″
花岗质糜棱岩	Xg341	黑云母	$^{40}Ar/^{39}Ar$	N29°35′35.96″;E89°02′38.67″
千糜岩	Xy791	绢云母	$^{40}Ar/^{39}Ar$	N29°35′37″;E89°04′16″
花岗质糜棱岩	Ct911	黑云母	$^{40}Ar/^{39}Ar$	N29°27′19.51″;E90°08′16.36″
花岗质糜棱岩	Xq111	黑云母	$^{40}Ar/^{39}Ar$	N29°27′37.05″;E90°33′02.07″

2. 岩相学特征

样品 Xg171 为典型的花岗质糜棱岩,主要矿物为石英、长石、黑云母等。用于测年的黑云母为粒状集合体,组成了新生的剪切面理 C,含量约为 30%。石英可见膨凸重结晶,长石以脆性变形为主,叠加有韧性变形。样品 Xy832 为典型的花岗质初糜棱岩,主要由长石、石英和黑云母组成;长石以碎裂流动为主,石英可见核幔构造,其动态重结晶以膨凸重结晶作用为主,变形温度为低绿片岩相。样品 Xg341 为面理化花岗岩,主要由石英、长石以及黑云母组成,黑云母发生明显的扭折构造,长石可见碎裂以及变形带,石英颗粒边缘出现由动态重结晶形成的新晶粒。样品 Xy791 为典型的千糜岩,镜下特征主要如下:可见的矿物主要是石英、绢云母、长石,长石多已绢云母化,多呈现长石颗粒的假象;石英具有很强烈的拉长及定向排列,局部可见石英重结晶形成的亚颗粒。样品 Ct911 为花岗质初糜棱岩,基质含量小于 50%,主要矿物为长石、石英以及云母和角闪石,石英以膨凸重结晶作用为主,长石变形以碎裂流动为主,可见由长石组成的低角度书斜构造等。Xq111 为典型的花岗质糜棱岩,石英可见不均匀消光、片状消光,在剪切应力作用下,表现为单晶体颗粒的定向拉长,其拉长的石英颗粒构成了单晶石英条带,此外,还可见到石英颗粒的膨凸重结晶作用;长石表现为脆韧性变形共存,可见晶内破裂以及典型的波状消光等(图 5.43)。

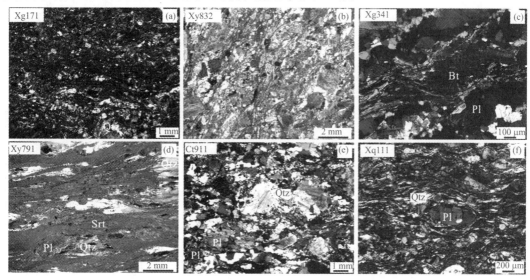

图 5.43　谢通门-曲水韧性剪切带云母 $^{40}Ar/^{39}Ar$ 测年样品的镜下显微照片

Bt=黑云母;Qtz=石英;Srt=绢云母

3. 年代学结果

样品Xg171的分析结果见表5.4。12个温度阶段组成了一个受扰动的年龄谱(图5.44),总的气体平均年龄为22.1 Ma。740~1120 ℃的10个温度阶段组成了一个有效的坪年龄,坪年龄t_p=(22.91±0.31) Ma,对应了90%以上的^{39}Ar释放量。相应的^{39}Ar/^{36}Ar-^{40}Ar/^{36}Ar等时限年龄 t_i=(23.71±0.79) Ma,^{40}Ar/^{36}Ar 的初始比值为 285.0±6.9(MSWD=12)。t_p=(22.91±0.31) Ma的黑云母^{40}Ar/^{39}Ar坪年龄可以近似地表示韧性剪切带中黑云母的形成年龄。

表5.4　样品Xg171(黑云母)^{40}Ar/^{39}Ar阶段升温加热分析数据

T(℃)	$(^{40}Ar/^{39}Ar)_m$	$(^{36}Ar/^{39}Ar)_m$	$(^{37}Ar_0/^{39}Ar)_m$	$(^{38}Ar/^{39}Ar)_m$	^{40}Ar	F	^{39}Ar($\times10^{-14}$ mol)	^{39}Ar(Cum.)	Age(Ma)	±1σ(Ma)
700	76.1253	0.2552	0.0520	0.0669	0.94%	0.7141	1.24	4.53%	6.57	0.59
740	11.2236	0.0301	0.0174	0.0243	20.70%	2.3239	2.62	14.11%	21.29	0.28
770	5.9623	0.0119	0.0306	0.0211	40.90%	2.4385	2.24	22.29%	22.33	0.33
800	4.0916	0.0049	0.0067	0.0193	64.36%	2.6335	2.94	33.04%	24.11	0.30
830	3.4641	0.0028	0.0103	0.0192	76.29%	2.6427	3.34	45.26%	24.19	0.28
860	3.6180	0.0036	0.0315	0.0193	70.37%	2.5460	1.83	51.93%	23.31	0.48
900	4.4242	0.0065	0.0658	0.0199	56.55%	2.5020	1.54	57.58%	22.91	0.44
950	5.4889	0.0102	0.0256	0.0204	45.11%	2.4761	1.84	64.31%	22.67	0.31
1000	5.5281	0.0106	0.0191	0.0205	43.30%	2.3938	3.47	77.00%	21.92	0.25
1060	3.8940	0.0046	0.0193	0.0196	65.24%	2.5404	3.72	90.59%	23.25	0.27
1120	3.7182	0.0042	0.0857	0.0200	66.67%	2.4793	2.07	98.17%	22.70	0.35
1400	13.8371	0.0401	0.5098	0.0274	14.60%	2.0207	0.50	100.00%	18.52	0.87

注:表中下标m代表质谱测定的同位素比值;F=^{40}Ar*/^{39}Ar是放射性成因^{40}Ar和^{39}Ar的比值;^{37}Ar$_0$指经过放射性衰变校正的^{37}Ar;t_T=总气体年龄;t_p=坪年龄;Ar-Ar同位素测定在中国地质科学院地质研究所同位素重点实验室Ar-Ar实验室完成。

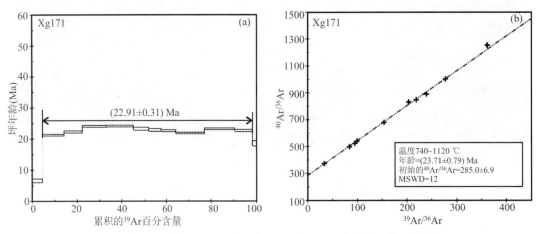

图5.44　剪切带中样品Xg171的黑云母^{40}Ar/^{39}Ar坪年龄及等时线图

样品Xy832的分析结果见表5.5。12个温度阶段组成了一个受扰动的年龄谱(图5.45)，总的气体平均年龄为22.7 Ma。800~920 ℃的4个温度阶段组成了一个有效的坪年龄，坪年龄 t_p＝(23.74±0.32) Ma，对应了42.8％的 ^{39}Ar 有效释放量。相应的 $^{39}Ar/^{36}Ar$-$^{40}Ar/^{36}Ar$ 等时限年龄 t_i＝(24.06±0.62) Ma，$^{40}Ar/^{36}Ar$ 的初始比值为290.7±8.6(MSWD＝0.5)(图5.45)。t_p＝(23.74±0.32) Ma的Ar-Ar坪年龄可以近似地表示韧性剪切带中绢云母的形成年龄。

表5.5　样品Xy832(黑云母) $^{40}Ar/^{39}Ar$ 阶段升温加热分析数据

$T(℃)$	$(^{40}Ar/^{39}Ar)_m$	$(^{36}Ar/^{39}Ar)_m$	$(^{37}Ar_0/^{39}Ar)_m$	$(^{38}Ar/^{39}Ar)_m$	^{40}Ar	F	^{39}Ar (×10⁻¹⁴ mol)	^{39}Ar (Cum.)	Age (Ma)	±1σ (Ma)
			Xy832　黑云母　Step=12　W=35.43 mg　J=0.004602							
700	963.5618	3.2322	0.0000	0.5798	0.87%	8.4305	0.01	0.05%	69	34
770	83.2646	0.2744	0.0169	0.0738	2.63%	2.1873	3.55	14.49%	18.07	0.40
800	6.7595	0.0132	0.0177	0.0236	42.38%	2.8647	2.43	24.35%	23.63	0.34
840	4.2853	0.0047	0.0172	0.0220	67.79%	2.9052	3.88	40.13%	23.96	0.29
880	4.9951	0.0072	0.0205	0.0227	57.52%	2.8730	2.43	50.02%	23.70	0.34
920	5.0641	0.0074	0.0271	0.0225	56.58%	2.8655	1.78	57.27%	23.63	0.30
970	5.6298	0.0102	0.0284	0.0229	46.39%	2.6116	1.79	64.56%	21.55	0.51
1030	4.5496	0.0064	0.0174	0.0221	58.42%	2.6578	3.38	78.30%	21.93	0.31
1080	3.6918	0.0029	0.0159	0.0215	76.94%	2.8406	2.83	89.80%	23.43	0.40
1140	3.5705	0.0024	0.0390	0.0213	79.77%	2.8481	2.04	98.09%	23.49	0.39
1200	4.3765	0.0036	0.1025	0.0220	75.98%	3.3255	0.37	99.58%	27.4	3.1
1400	18.8285	0.0414	0.0818	0.0242	35.05%	6.6006	0.10	100.00%	54.0	7.8

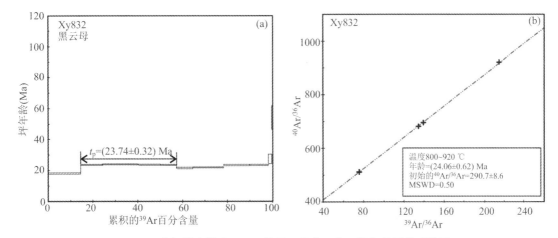

图5.45　剪切带中样品Xy832的黑云母 $^{40}Ar/^{39}Ar$ 坪年龄及等时线图

样品Xg341和样品Xq111的分析结果见表5.6。每件样品的12个温度阶段组成了受扰动的年龄谱(图5.46)，获得了坪年龄分别为 t_p＝(27.18±0.18) Ma 和 t_p＝(27.75±0.51) Ma。

此外,2件样品的总气体年龄分别为 $t_T = 23.8$ Ma 和 $t_T = 23.9$ Ma。该年龄值代表了剪切带中样品 Xg341 和样品 Xq111 的冷却年龄。

表 5.6 样品 Xg341(黑云母)和样品 Xq111 $^{40}Ar/^{39}Ar$ 阶段升温加热分析数据

| 样品 Xg341 | | | | | | | | | | |
T (℃)	$(^{40}Ar/^{39}Ar)_m$	$(^{36}Ar/^{39}Ar)_m$	$(^{37}Ar_0/^{39}Ar)_m$	$(^{38}Ar/^{39}Ar)_m$	^{40}Ar	F	^{39}Ar ($\times10^{-14}$ mol)	^{39}Ar (Cum.)	Age (Ma)	$\pm1\sigma$ (Ma)
760	88.9451	0.2956	0.0371	0.0700	1.80%	1.6002	5.07	26.19%	14.35	0.32
790	13.9901	0.0365	0.0227	0.0209	22.78%	3.1869	2.02	36.62%	28.47	0.35
820	6.3447	0.0105	0.0045	0.0159	51.10%	3.2420	1.87	46.30%	28.96	0.35
860	5.6119	0.0086	0.0498	0.0156	54.94%	3.0833	1.45	53.79%	27.55	0.35
900	6.2481	0.0109	0.0776	0.0163	48.52%	3.0317	1.11	59.50%	27.09	0.47
940	6.1863	0.0111	0.0548	0.0161	47.02%	2.9090	0.98	64.54%	26.00	0.64
970	5.8136	0.0103	0.0706	0.0160	47.50%	2.7615	1.42	71.86%	24.69	0.46
1000	5.3838	0.0089	0.0703	0.0159	51.08%	2.7504	2.14	82.88%	24.60	0.34
1030	5.2703	0.0077	0.0152	0.0155	56.67%	2.9865	1.17	88.92%	26.69	0.55
1060	5.1253	0.0067	0.0000	0.0147	61.48%	3.1510	0.69	92.50%	28.15	0.93
1160	5.1378	0.0060	0.0718	0.0148	65.51%	3.3659	0.99	97.61%	30.05	0.54
1400	9.7232	0.0228	0.1990	0.0176	30.77%	2.9919	0.46	100.00%	26.74	1.14
样品 Xq111										
760	38.6193	0.1240	0.0195	0.0405	5.11%	1.9725	3.53	14.58%	18.37	0.26
790	16.1953	0.0454	0.0000	0.0255	17.09%	2.7673	2.06	23.09%	25.72	0.34
820	7.6016	0.0161	0.0090	0.0203	37.31%	2.8361	3.24	36.46%	26.35	0.35
850	6.5729	0.0132	0.0200	0.0197	40.76%	2.6791	1.57	42.95%	24.90	0.48
890	8.5116	0.0197	0.0068	0.0210	31.45%	2.6768	1.35	48.51%	24.88	0.56
920	7.3762	0.0164	0.0495	0.0203	34.39%	2.5365	0.96	52.48%	23.59	0.74
950	6.6214	0.0142	0.0169	0.0197	36.54%	2.4194	1.37	58.12%	22.50	0.48
980	5.6690	0.0112	0.0366	0.0192	41.34%	2.3438	2.36	67.85%	21.80	0.48
1010	5.0389	0.0084	0.0610	0.0187	50.51%	2.5454	2.09	76.49%	23.67	0.39
1040	4.6970	0.0063	0.0000	0.0178	59.97%	2.8170	1.50	82.68%	26.17	0.56
1120	4.4173	0.0054	0.0000	0.0182	64.04%	2.8289	3.48	97.05%	26.28	0.34
1400	7.3392	0.0152	0.0745	0.0206	38.83%	2.8501	0.71	100.00%	26.48	0.87

238

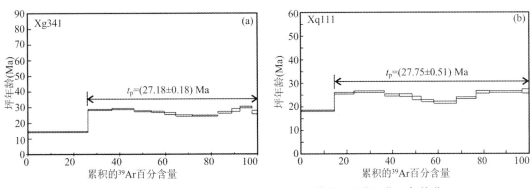

图5.46 剪切带中样品Xg341和样品Xq111的黑云母^{40}Ar/^{39}Ar年龄谱

样品Xy791为典型的千糜岩(图5.43),测试数据见表5.7。12个温度阶段组成了一个受扰动的年龄谱(图5.47),总的气体平均年龄为22.0 Ma。910~980 ℃的3个温度阶段组成了一个有效的坪年龄,坪年龄t_p=(21.81±0.28) Ma,对应了51.3%的^{39}Ar释放量。相应的^{39}Ar/^{36}Ar-^{40}Ar/^{36}Ar等时限年龄t_i=(21.1±2.1) Ma,^{40}Ar/^{36}Ar的初始比值为491±590(MSWD=1.5)(图5.47)。t_p=(21.81±0.28) Ma的Ar-Ar坪年龄可以近似地表示韧性剪切带中黑云母形成后冷却到300 ℃时的年龄,也近似为黑云母的形成年龄。

表5.7 韧性剪切带千糜岩样品Xy791样品的绢云母^{40}Ar/^{39}Ar阶段升温加热分析数据

T (℃)	$(^{40}Ar/^{39}Ar)_m$	$(^{36}Ar/^{39}Ar)_m$	$(^{37}Ar_0/^{39}Ar)_m$	$(^{38}Ar/^{39}Ar)_m$	^{40}Ar	F	^{39}Ar (×10^{-14} mol)	^{39}Ar (Cum.)	Age (Ma)	±1σ (Ma)
			Xy791 绢云母 Step=12 W=32.32 mg J=0.004564							
700	7.8746	0.0215	0.3425	0.0193	19.75%	1.5555	0.19	0.84%	12.8	2.7
760	4.6694	0.0081	0.0660	0.0155	48.50%	2.2648	0.49	2.94%	18.6	1.1
800	2.9847	0.0023	0.0258	0.0130	76.94%	2.2967	0.95	7.06%	18.81	0.59
840	2.7909	0.0010	0.0169	0.0127	88.82%	2.4788	1.83	14.97%	20.29	0.34
880	2.7616	0.0006	0.0112	0.0126	93.15%	2.5724	2.88	27.41%	21.06	0.29
910	2.7662	0.0004	0.0148	0.0125	95.34%	2.6374	3.42	42.15%	21.59	0.26
940	2.7844	0.0003	0.0000	0.0124	96.12%	2.6763	3.89	58.92%	21.90	0.24
980	2.8316	0.0005	0.010	0.0127	94.60%	2.6789	4.60	78.75%	21.92	0.24
1020	2.9636	0.0004	0.0145	0.0128	96.23%	2.8519	2.98	91.59%	23.33	0.31
1080	3.3939	0.0014	0.0456	0.0130	87.35%	2.9645	1.43	97.77%	24.24	0.50
1200	5.0854	0.0056	0.1053	0.0139	67.56%	3.4360	0.43	99.63%	28.1	1.1
1400	19.3542	0.0279	0.0000	0.0191	57.43%	11.1150	0.08	100.00%	89.3	5.3

t_T=22.0 Ma, t_p=(21.81±0.28) Ma,MSWD=0.53

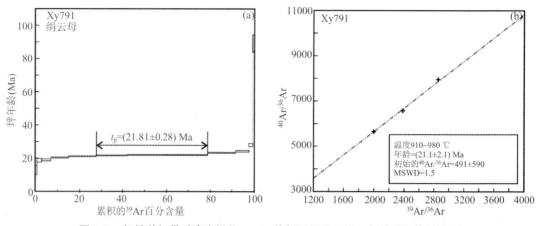

图5.47 韧性剪切带千糜岩样品Xy791的绢云母^{40}Ar/^{39}Ar年龄谱及等时线图

样品Ct911为剪切带糜棱岩中黑云母的Ar-Ar测试结果见表5.8。12个温度阶段组成了一个受扰动的年龄谱(图5.48),总的气体平均年龄为20.6 Ma。930~1400 ℃的6个温度阶段组成了一个有效的坪年龄,坪年龄t_p=(21.10±0.24) Ma,对应了90%以上的^{39}Ar释放量。相应的^{39}Ar/^{36}Ar-^{40}Ar/^{36}Ar等时线年龄t_i=(21.29±0.57) Ma,^{40}Ar/^{36}Ar的初始比值为289±17(MSWD=3.8)。t_p=(21.10±0.24) Ma的黑云母Ar-Ar坪年龄可以近似地表示韧性剪切带中黑云母的形成年龄,代表一期构造事件。

表5.8 样品Ct911(黑云母)^{40}Ar/^{39}Ar阶段升温加热分析数据

T (℃)	$(^{40}Ar/^{39}Ar)_m$	$(^{36}Ar/^{39}Ar)_m$	$(^{37}Ar_0/^{39}Ar)_m$	$(^{38}Ar/^{39}Ar)_m$	^{40}Ar	F	^{39}Ar (×10^{-14} mol)	^{39}Ar (Cum.)	Age (Ma)	±1σ (Ma)
700	312.4043	1.0368	1.2980	0.2196	1.96%	6.1142	0.02	0.09%	55	25
760	25.7402	0.0815	0.0130	0.0286	6.47%	1.6658	2.44	9.26%	15.04	0.31
790	5.1469	0.0098	0.0131	0.0151	43.63%	2.2458	2.01	16.81%	20.25	0.28
820	3.6574	0.0046	0.0225	0.0141	62.95%	2.3024	2.13	24.82%	20.76	0.33
850	3.6816	0.0043	0.0048	0.0138	65.13%	2.3977	1.76	31.44%	21.61	0.30
890	3.9710	0.0053	0.0063	0.0144	60.71%	2.4108	1.82	38.29%	21.73	0.32
930	3.7965	0.0047	0.0293	0.0141	63.33%	2.4045	1.61	44.33%	21.68	0.49
970	3.7402	0.0050	0.0254	0.0143	60.64%	2.2682	2.36	53.18%	20.45	0.29
1010	3.1218	0.0027	0.0080	0.0136	74.26%	2.3182	3.16	65.04%	20.90	0.29
1060	2.8427	0.0016	0.0088	0.0133	82.70%	2.3511	3.72	78.99%	21.20	0.24
1140	2.7688	0.0013	0.0110	0.0133	85.96%	2.3801	5.01	97.81%	21.46	0.23
1400	11.2811	0.0305	0.0705	0.0252	20.22%	2.2816	0.58	100.00%	20.57	0.75

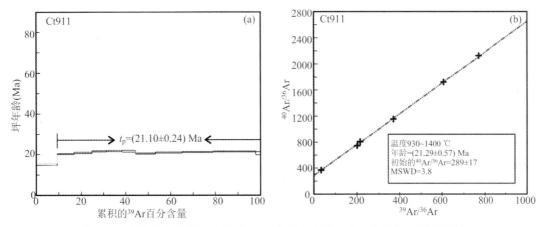

图5.48 韧性剪切带糜棱岩样品Ct911的黑云母$^{40}Ar/^{39}Ar$年龄谱及等时线图

剪切带中未变形的闪长玢岩脉体给出了剪切带形成的下限年龄12.82 Ma,而最年轻的花岗质糜棱岩指出了剪切带活动的时限应该小于40 Ma,因此谢通门–曲水韧性剪切带的活动范围应该在始新世中期以后,中新世中期之前。此外,根据详细的显微构造分析,对花岗质初糜棱岩、花岗质糜棱岩和千糜岩中的黑云母、绢云母进行了$^{40}Ar/^{39}Ar$年代学分析,获得了六组数据,即21.10 Ma(样品Ct911)、21.81 Ma(样品Xy791)、27.18 Ma(样品Xg341)、27.75 Ma(样品Xq111)、23.74 Ma(样品Xy832)和22.91 Ma(样品Xg171)。由于样品Xg341和样品Xq111的数据可靠性较差,无等时限年龄,剪切带形成的具体时限应以次生的绢云母为主。由于绢云母为构造运动过程中形成的,其年代学可以很好地代表剪切带活动的时限。而其他三组可靠性很好的黑云母年龄给出了和绢云母相似的年代学数据,更加全面地限定了谢通门–曲水韧性剪切带形成的时限应该为23.74～21.10 Ma,即剪切带形成于中新世早期阶段。

4. 谢通门–曲水韧性剪切带形成的动力学过程及大地构造意义

印度–欧亚板块在60～55 Ma发生了强烈的碰撞,碰撞导致了地壳大规模的缩短、变形以及强烈的岩浆爆发和形成了区域上的角度不整合(莫宣学等,2009;Li et al.,2015a)。研究区位于拉萨地体南缘,紧邻雅鲁藏布江缝合带,是构造作用的重点区域,因此在拉萨地体中广泛发育的逆冲断裂和大型走滑断裂都和印度–亚洲的碰撞密切相关(许志琴等,2007,2016b;孟元库等,2016a,b,c)。而地壳的不断加厚以及后期的挤压作用不断积累,导致在拉萨地体的中上地壳中派生了以伸展构造为主的次级构造,这些次级构造以裂谷和正断层的形式产出,是挤压应力背景下伸展松弛的产物。Li等(2015a)对青藏高原的新生代的构造演化进行了详细总结,认为南北向的裂谷形成的时代均为20～8 Ma,裂谷的形成原因可能是新特提斯洋板片在雅鲁藏布江缝合带附近发生断离,由此引起的拉萨地体东西向伸展活动而产生裂谷地堑(陈建林等,2010);也有学者认为可能和岩石圈地幔的拆沉有关,其导致了中上地壳的伸展拉张(陈希节等,2014)。而20 Ma以来,拉萨地体的伸展构造除了以裂谷的形式展现外,其他构造系统在南北向挤压导致的伸展背景下以什么样的方式来展现? 本次研究中的谢通门–曲水韧性剪切带长达二百多千米,活动时限为中新世早期(23.74～21.10 Ma),正好是处于印度–亚洲大陆碰撞由挤压到侧向伸展的转换时期,侧向地壳增厚不均匀导致了拉萨地体在新生代中期东西向的崩塌(失稳),造成了南北向的后碰撞伸展。此外,大反向逆冲断裂GCT仰冲所产生的重力载荷导致冈底斯山脉南部地区地壳发生挠曲沉降,使得在其南缘容易产生正滑型断裂(Wang et al.,2015c)。因此,两种应力的共同作用导致了谢通门-曲水韧性剪切带的形成(图5.49);另外,23 Ma以来,一方面,其是冈底斯带中段地区快速隆升的时期,岩体的快速隆升往往导致释压和重力失稳,会派生出次级的拆离构造;另一方面,这个时期也是青藏高原成矿的重要时期,伸展的大背景为冈底斯中新世早中期的成矿提供了空间,其中厅宫(18 Ma)、驱龙(14 Ma)、甲玛(16~15 Ma)等均形成于拉萨地体伸展背景之下(侯增谦等,2006a,b;孟元库等,2018c),此时,剪切带也应运而生(图5.49)。

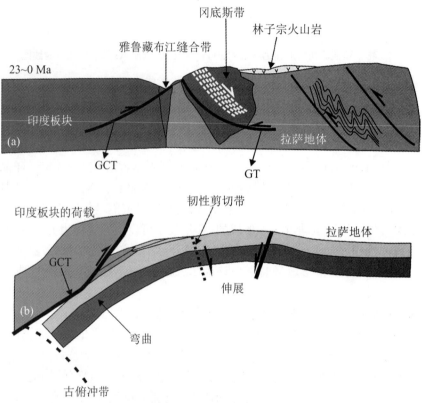

图5.49 冈底斯带中段构造演化模式简图(据Wang et al.(2015c)修改)
GT=冈底斯逆冲断裂;GCT=大反向逆冲断裂

谢通门-曲水韧性剪切带的厘定为了解拉萨地体南缘的构造变形和动力学过程提供了可靠的依据,特别是年代学研究显示了新生代中新世以来冈底斯地区的构造变形往往和构造抬升以及大型区域断裂的活动有关。谢通门-曲水韧性剪切带横亘于冈底斯地体中,长期以来人们对它的研究十分有限,因此对该剪切带的研究不但加深了对花岗质岩石中地质构造成因的理解,而且也启示我们由弧岩浆作用形成的岩浆带不单单只发育岩浆构造,而其中的韧性变形对理解造山带的形成和演化也至关重要。谢通门-曲水韧性剪切带两侧的小型岩珠往往具有不同的年代学信息,它们的形成可能和韧性剪切带的活动有关。主要因为韧性剪切带可以作为良好的通道,是连接上地壳和中下地壳的桥梁,为岩浆的侵入、上升提供了空间。发育在岩体中的韧性剪切带不仅是地质上的断裂构造,很多时候还可以充当更多的地质角色,比如剪切生热——形成次级岩珠、构造空间——形成容矿、富矿构造。总之,谢通门-曲水韧性剪切带时代的确定,推进了青藏高原中南部的地质研究。

5.4　曲水色甫-鸡公韧性剪切带活动时限

剪切带中的花岗质岩石可以分为三类,即构造前(pre-)、同构造(syn-)和构造后(post-)。一般构造前形成的花岗岩往往受到后期变形的改造,保留了较为全面的构造信息;构造后花岗岩没有记录任何构造作用信息;而同构造花岗岩是在构造作用过程中产生的,往往也保留了重要的构造信息。由此可见,构造后花岗岩最好甄别,重点是区分构造前和同构造花岗岩。同构造花岗岩在构造剪切过程中形成,因而对准确限定构造作用的时间具有重要的应用。根据前人的研究工作,构造前花岗岩在空间展布和形态分布上和同构造花岗岩具有明显的不同(张进江,1999)。曲水色甫-鸡公韧性剪切带中长英质脉体较为发育,因而对其的判别非常重要,对限定该韧性剪切带的形成时限至关重要。

5.4.1　长英质脉体的构造特征

经过详细的野外地质调查,韧性剪切带中发育两种宽窄不一的长英质脉体:一种呈岩枝状产出(图5.50(a)~(b)),另一种呈岩墙状产出(图5.50(c))。研究后发现两种脉体具有如下野外特征:① 脉体顺叶理面(糜棱岩面理面)侵入,走向和糜棱岩面理走向一致;② 脉体仅发育在糜棱岩中,在糜棱岩外两种脉体均不发育;③ 没有明显的切割区域构造线的变质晕或者岩浆侵位的烘烤边。

图5.50　长英质脉体野外及镜下显微照

图(a)~(b)为岩枝状脉体;图(c)为岩墙状脉体

镜下观测显示,两类长英质脉体主要矿物组合相似,石英含量约为30%,长石含量约为65%,其他副矿物含量约为5%(图5.50(d)～(f))。主要显微构造特征如下:① 两类脉体均已发生明显的糜棱岩化(图5.50(d)～(f)),长石多呈碎斑状产出,可见由长石构成的书斜构造(右行剪切)(图5.50(e)～(f));② 石英多为经过动态重结晶形成的细粒化新晶粒,分布在长石碎斑的外围,其他片状矿物(云母、绿泥石等)以细小的鳞片状分布在石英、长石颗粒边界间(图5.50(d)～(f))。

5.4.2　地球化学测试

1. 主量元素地球化学特征

在主量元素组成上,花岗质糜棱岩CT7-4-3和CT7-4-7的SiO_2含量均为62.8%,Al_2O_3含量较高,分别为16.2%、16.35%,K_2O含量分别为3.09%、3.02%;A/CNK值较低,分别约为0.93、0.91,A/NK值两者约为1.66,为高钾钙碱性-准铝质花岗岩。两种长英质脉体(CT7-3-1、CT7-3-4;CT7-7-2、CT7-7-8)均具有较高的SiO_2含量,为71.7%～77.1%;Al_2O_3含量也相对较高,为12.4%～15.75%,K_2O含量为3.90%～5.68%,具有准铝质到过铝质花岗岩的地球化学特征。

2. 微量元素地球化学特征

在微量元素组成上,花岗质糜棱岩和长英质脉体的特征为均富集轻稀土元素,相对亏损重稀土元素,从Tb到Lu稀土分布样式较为平直,有微弱的Eu负异常或无异常(图5.51(a));均富集大离子亲石元素,强烈亏损Nb、Ta、Ti、P等高场强元素(图5.51(b));较富集Sr元素(1.365×10^{-4}～6.05×10^{-4}),Y含量相对较低(2.4×10^{-6}～1.44×10^{-5}),具有较高的Sr/Y值(>40);在La/Yb值方面,脉体具有较高的La/Yb值(>45),而花岗质糜棱岩具有较低的La/Yb值(<16),这可能和后期易熔组分及流体的加入有关。

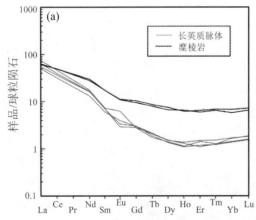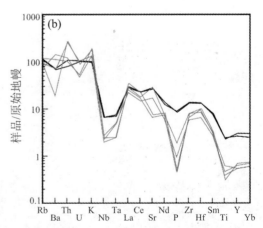

图5.51 研究区花岗质糜棱岩及同构造剪切脉稀土配分模式图及微量元素蜘蛛网图(球粒陨石标准化据Boynton(1984);原始地幔标准化值据Sun,McDonough(1989))

5.4.3 LA-ICP-MS锆石U-Pb测年

本次研究分别对3件样品进行了锆石U-Pb定年,分别是Xk111(花岗质糜棱岩)、Xk112(岩枝状脉体)和Xk113(岩墙状脉体)。锆石特点:从阴极发光图像上可以看出,锆石大小为70~120 μm,半自形到自形,短柱状到长柱状,长宽比为1:1~3:1,锆石内部发育有暗色包体(图5.52)。样品Xk111阴极发光图像中可见明显的岩浆韵律环带(图5.52),Th/U>0.4,具有岩浆成因锆石的特征(Hoskin, Schaltegger, 2003;吴元保,郑永飞,2004)。样品Xk112和Xk113锆石为半自形到自形,其中半自形者居多,具有岩浆热液成因的特征(图5.52)。在锆石成因方面,热液作用形成的锆石往往会伴有Pb丢失,因此对所获得的年龄应该进行普通Pb矫正,这样得到的年龄能代表真实的地质年龄。经过Pb校正后,在$^{207}Pb/^{235}U$-$^{206}Pb/^{238}U$和谐图上,3件样品的测试点均落在谐和曲线上或谐和曲线附近(图5.53),表明所取得年龄真实可靠。对3件样品进行年代学分析,去除掉年龄不和谐的测试点,对剩下的测点进行加权平均计算,获得的年龄分别为(49.99±0.76) Ma(Xk111,95%置信度,MSWD=1.7)、(38.67±0.88) Ma(Xk112,95%置信度,MSWD=3.0)、(35.05±0.29) Ma(Xk113,95%置信度,MSWD=0.98);这3件样品的年龄分别代表了糜棱岩的结晶年龄和脉体的侵位年龄。

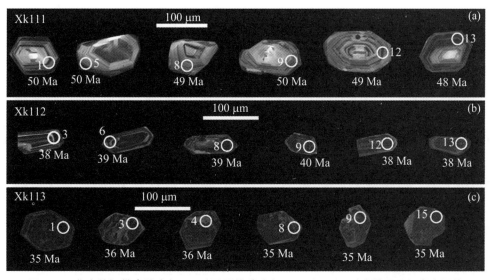

图5.52 曲水剪切带糜棱岩(Xk111)及同构造脉(Xk112和Xk113)中锆石阴极发光图像

曲水右行走滑剪切作用的时代问题对了解冈底斯曲水岩基地质构造演化十分重要,但是关于该韧性剪切带的形成时代仍然缺乏有效约束。本章对韧性剪切带内的同构造长英质脉体进行了锆石U-Pb定年。采用此方法限定剪切带形成时间的关键问题是如何确定脉体与剪切作用之间的关系(张进江,1999;Searle,2006),即剪切前(pre-shearing)、剪切后(post-shearing)及同剪切(syn-shearing)脉体的判定。剪切前和同剪切构造脉体的糜棱岩变形行为较为相似,因此对其的判别较为困难。

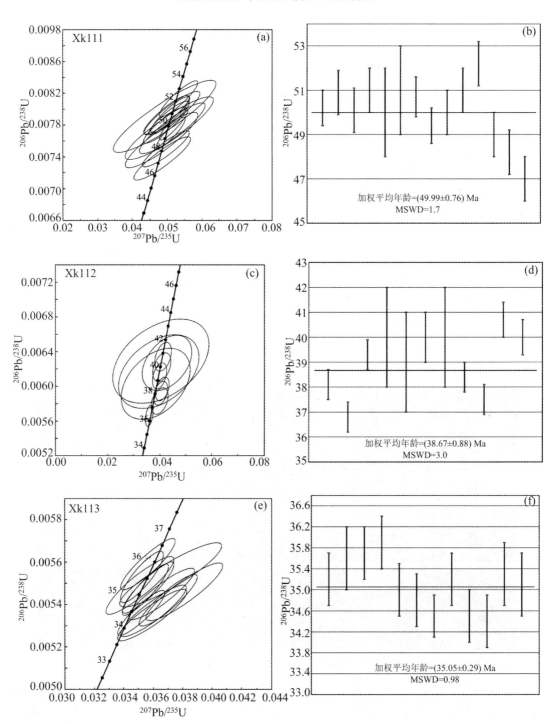

图 5.53 曲水剪切带糜棱岩（Xk111）及同构造脉锆石（Xk112 和 Xk113）的 U-Pb 年龄谐和图

为此，前人曾经做了很多出色的工作试图建立剪切前或者同剪切长英质脉体的判别准则（Paterson et al.，1989；Vernon et al.，1989；张进江，1999；李海兵，2001；戚学祥等，2003；Searle，2006；唐渊等，2013；王盟等，2014）。概而言之，剪切前形成的长英质岩石（脉）特征如下:① 分布范围不仅仅局限于韧性剪切带,在剪切带外围也可以见到同类型的脉体发育;② 与围岩一起遭受剪切,两者具有相同的叶理和线理产状;③ 在剪切带内的岩体遭受强烈剪切变形,而沿着变形的脉体追踪到剪切带外围,其变形程度减弱直至没有变形;④ 镜下薄片中可以发现,在原来岩浆流动构造的基础上还叠加了后期韧性剪切的塑性变形;⑤ 在剪切带形成前侵入就位,因而保留了剪切过程的不同阶段、不同温压条件下的构造特征。同剪切过程中形成的长英质岩石(脉)主要有以下分布的特点:① 仅仅在韧性剪切带发育,剪切带外几乎不发育与之相似的长英质岩石或者岩脉;② 主要沿剪切带的叶理发育,出露规模和宽度不一,在剪切带剪切中心其规模大,向边上逐渐变小;③ 见不到明显的烘烤边或者冷凝边;④ 同构造长英质岩石中长石往往平行面理拉长,其内双晶面平行于面理,其次原生副矿物的定向排列也是同构造成因的重要因素;⑤ 在剪切作用初期就形成,则与围岩遭受相同强度的变形,如果形成于剪切末期,则岩石内部形成的变形构造相对较弱。

另外,对构造前和同构造花岗岩中的锆石颗粒阴极发光图像的成因研究也可以提供重要的判别依据。剪切前形成的长英质岩石(脉)的锆石颗粒往往具有典型的岩浆成因特点,在阴极发光图像上表现为从核部到边部具有清晰的环带结构,锆石内部Th/U含量分布较为均匀(图5.52,Xk111)。但是,对于同构造形成的剪切长英质岩石(脉)锆石具有其独特的阴极发光特征:阴极发光图像往往呈现暗灰色,锆石一般为半自形到自形、无分带、弱分带、斑杂状分带或海绵状分带,常常具有骨架状结构(图5.52,Xk112和Xk113),Th/U值相对较低,具有变质锆石的特征,这些特点表明可能是同构造作用形成的脉体(吴元保,郑永飞,2004)。同剪切脉体锆石特征是由于在剪切过程中常有热液流体交代作用,使得锆石本身的特征发生变化,正是这些特征(暗灰色、海绵结构)为区分构造前脉体和同构造脉体提供了可靠的依据。这些锆石的年龄可以代表韧性剪切带剪切变形的时代(Hoskin,Schaltegger,2003)。此外,对糜棱岩及同剪切脉进行了地球化学主微量测试,测试结果表明长英质脉体和花岗质糜棱岩具有相似的稀土配分曲线和微量蜘蛛网图解,都具有Eu的弱负异常到正异常和LREE相对富集的特征(图5.51),显示出长英质脉体来源于糜棱岩本身而非异地侵入,这种同源性是鉴别同剪切构造脉最好的证据(戚学祥等,2003)。

综上所述,本次研究选取的2件长英质脉体具有上述同剪切构造脉的特征,因此其LA-ICP-MS锆石U-Pb年龄((38.67±0.88) Ma、(35.05±0.29) Ma)代表了剪切带剪切初期的时代,进一步说明了曲水剪切带剪切的时代在38 Ma左右,或者略早于38 Ma。该年龄数据能较好地说明曲水韧性剪切带形成于始新世末期(38.67~35.05 Ma),该时期是印度-亚洲主碰撞的中晚期(40~26 Ma)(侯增谦等,2012),伴随着印度板块持续向北俯冲,青藏高原发生了大规模以走滑/剪切为标志的构造转换(许志琴等,2007,2016b)和以钾质及煌斑岩为特征的岩浆活动(侯增谦等,2006a,b),所以该韧性剪切带的形成可能是该期事件的陆内响应。

5.4.4　动力学过程及构造意义

在研究区北部发育有一系列东西走向的逆冲断裂,该逆冲断裂和韧性走滑剪切带近乎平行,都是拉萨地体中重要的断裂构造。其中关于逆冲断裂带Li等(2015a)进行了详细的综述。拉萨地体中的逆冲断裂系可以分为三大类,即措勤逆冲断裂带、狮泉河-改则-安多逆冲断裂带和改则-色林错逆冲断裂。根据野外接触关系和火山凝灰岩 $^{39}Ar/^{40}Ar$ 年代学限定了措勤逆冲断裂带的活动时间为晚侏罗世至古新世之间(Murphy et al.,1997);其他证据显示,措勤逆冲断裂带自90 Ma年以来经历了集中的缩短(缩短量达到187 km),这均归结于拉萨-羌塘地体的碰撞(Murphy et al.,1997)以及新特提斯洋板片的俯冲(Zhang et al.,2012a)。其次,在拉萨地体中,古前陆盆地和早中新世水平地层的变形指示了褶皱和逆冲在23 Ma以前已经停止了活动(Kapp et al.,2007a,b)。此外,研究还得出在50～20 Ma,南北向的缩短量不到15%(约40 km)(van Hinsbergen et al.,2011)。狮泉河-改则-安多逆冲断裂带和改则-色林错逆冲断裂记录了斑公湖-怒江缝合带(演化的)踪迹。在新生代时,该逆冲断裂系统代表了拉萨-羌塘碰撞的变形和晚石炭世缝合带的再次活化(Zhang et al.,2012a);另外,逆冲和地壳缩短发生在90 Ma,逆冲断裂切割了31～25 Ma的地层,该地层又被早中新世的水平岩层所覆盖,表明逆冲断裂结束的时间应该早于23 Ma(Kapp et al.,2007a;Wu et al.,2008)。而研究区的走滑韧性剪切形成时代为始新世,主要形成机制为印度-欧亚板块的碰撞而引起的陆内变形,与后期青藏高原的大规模挤压、缩短关系不大。逆冲断裂的构造变形主要发生在新生代之前,特别是大规模的缩短都和拉萨-羌塘地体的碰撞有关,但新特提斯洋俯冲以及后期印度-亚洲陆陆碰撞对逆冲断裂的形成作用甚微(Li et al.,2015a)。由此可以得出,在拉萨地体中分布的逆冲断裂多是前新生代演化的产物,在新生代时活动较弱,到渐新世晚期已经完全停止了活动,而冈底斯带中段南缘的韧性剪切带及大型断裂多在渐新世和中新世开始活动,因此它们具有不同的动力学背景和形成机制。虽然韧性剪切带和拉萨地体中北部分布的逆冲断裂近乎平行,但是它们在时空、地理位置上是不尽相同的。最后,两者之间的关系很有可能是,先前形成的逆冲断裂控制了拉萨地体的整体构造格架,但后期形成的韧性走滑断层又对先前的构造格架进行了局部的调整和改造,最后共同形成了拉萨地体现今的构造格局。

对于曲水岩基中的色甫-鸡公韧性剪切带,前人只进行了简略的报道和研究,对于其运动学性质和形成的具体时限仍然存在着争议(邹干生和钟定波,1993;胡敬仁,1995)。本节重点研究了曲水色甫-鸡公韧性剪切带形成时限和构造变形特征,通过对曲水韧性剪切带的宏观、显微构造分析和变形矿物的组构分析,得出该韧性剪切带形成于高绿片岩相环境,经历了以走滑为主的构造变形。该期构造变形在野外露头尺度上表现为褶皱构造、石香肠构造、旋转碎斑等。褶皱构造主要为紧闭褶皱,为构造剪切时强烈变形所致(图5.35(d)～(e))。石香肠构造或透镜体呈现出斜对称的样式,构造上显示出强烈的压扁及东西向的拉张作用。该剪切带形成的动力学机制可以概括如下:在新生代时,由于印度板块不断向欧亚板块之下俯冲,陆内变形逐渐增强,而拉萨地体南缘成为了应力最为集中的区域。由于构造作用的不断持续,应力积累到一定程度后,最终以走滑构造的形式将应力释放,便形成了曲水岩基中的色甫-鸡公韧性剪切带。而同构造岩脉的形成很可能和剪切过中的局部熔融有关。因此,剪切热也是长英质脉体形成的一个重要因素。强烈的走滑剪切,不但为剪切的脉形成提供了热源,还为其形成的熔体提供了通道和空间,熔体顺着岩体底部裂隙快速侵位、冷凝,形成了花岗质的同构造脉体。

本 章 小 结

1. 谢通门-曲水韧性剪切带形成时限

谢通门-曲水韧性剪切带中的黑云母、绢云母^{40}Ar/^{39}Ar年代学以及锆石U-Pb年代学共同限定了剪切带活动的时限。年代学结果表明,谢通门-曲水韧性剪切带形成于中新世早期23.74～21.10 Ma。该年龄值正好处于印度-亚洲大陆碰撞阶段,该时期青藏高原地壳快速加厚,致使侧向地壳增厚不均匀,并导致了拉萨地体在中新世早期的东西向的崩塌和南北向的伸展。此时,也是冈底斯地区快速隆升剥蚀的时期。南北向的伸展和快速隆升导致花岗质岩石发生重力不稳而滑脱,此外在藏南大反向逆冲断裂的作用下,印度板块的重力载荷导致冈底斯南缘地壳发生挠曲,在多种作用的联合下,剪切带便应运而生。

2. 曲水色甫-鸡公韧性剪切带形成时限

根据野外详细的考察并结合锆石矿物成因学特征,对曲水色甫-鸡公韧性剪切带糜棱岩中的长英质脉进行了厘定。该脉体为典型的同构造花岗岩,是构造剪切过程中形成的,其锆石U-Pb年代学分别为(38.67±0.88) Ma和(35.05±0.29) Ma,代表了剪切带剪切过程中侵入的长英质熔体就位年龄在始新世普里阿邦期(Priabonian stage),进一步证明了曲水色甫-鸡公韧性剪切带可能形成于始新世末期普里阿邦期(38～34 Ma)。曲水色甫-鸡公韧性剪切带的形成、生长可能和印度-亚洲大陆的南北向汇聚、斜向碰撞挤压有关,因此曲水剪切带可能是印度-亚洲碰撞事件在冈底斯带南缘中段的陆内响应。

第6章 冈底斯带中段南缘低温热年代学研究及构造隆升

冈底斯带位于欧亚板块南缘,紧邻雅鲁藏布江缝合带,是印度-亚洲陆陆碰撞挤压应力最为集中的区域,带内的岩石构造变形比较强烈,发育有大量的断裂构造,这些构造记录了冈底斯带的构造变形历史,包括地壳区域性缩短、加厚和隆升。前人在研究区开展了大量的地质年代学、岩石学、地球化学研究,特别是对大地构造格架的研究比较完善,在冈底斯带南缘识别出了区域性断裂带(冈底斯逆冲断裂和大反向逆冲断裂)(Yin et al.,1994),并限定了其活动的主要时限(^{40}Ar/^{39}Ar年代学)(Yin et al.,1994;袁万明等,2001a,b;Li et al.,2015a,b,2016)。由于近些年来低温年代学不断发展,其已经被广泛应用于造山带的研究,特别是对造山带的隆升过程方面的研究,各研究均取得了重要的进展和突破(袁万明等,2001a,b;Gleadow et al.,2002;Reiner et al.,2005;Wang et al.,2012;Dai et al.,2013b;Li et al.,2015b,2016c;马泽良,2021)。虽然低温年代学对冈底斯地区也进行了相关研究,但是研究主要集中在拉萨地区,而在冈底斯带中段日喀则地区还未开展较为详尽和系统性的工作,并且区域性的对比性研究工作急需开展。基于以上问题,本章在前人的工作基础上,应用磷灰石裂变径迹低温测年技术(在澳大利亚墨尔本大学完成)并结合^{40}Ar/^{39}Ar年代学,对冈底斯带中段的区域性隆升以及剥蚀过程进行研究和探讨,为进一步理解造山带后期的构造演化提供制约。

6.1 样 品 采 集

采样区域从谢通门县的仁钦则乡到仁布县的奴玛乡,东西长约120 km,紧邻雅鲁藏布江缝合带,研究区及邻区主要发育有冈底斯逆冲断裂、大反向逆冲断裂以及谢通门-曲水韧性剪切带。野外共采集样品11件,具体采样点和样品分布情况见图6.1。

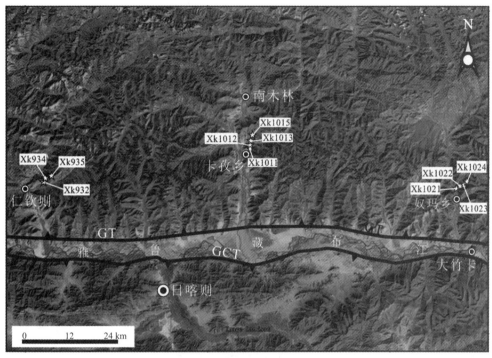

图6.1 磷灰石裂变径迹采样图

GT=冈底斯逆冲断裂;GCT=大反向逆冲断裂

6.2 分析结果

本次研究对上述11件样品进行了磷灰石裂变径迹分析。其结果显示,所有的样品低温年代学AFT均小于其岩体形成的锆石U-Pb年龄和$^{40}Ar/^{39}Ar$年龄。因此,所获得的样品数据可靠,并且认为所分析的样品在形成后都经历了热重置,记录了后期的构造隆升时间。

6.2.1 磷灰石裂变径迹结果

位于谢通门县仁钦则乡的3件样品(Xk932、Xk934、Xk935)(图6.1)的AFT中心年龄(central age)分别为(22.4±2.2) Ma、(13.3±0.7) Ma、(10.0±0.6) Ma。3件样品的裂变径迹特征如下:以单峰为主,长度分布较为均匀,平均长度较中等,12.2~12.6 μm(图6.2)。说明它们均经历了后期的构造热事件,并且在AFT的部分退火带(60~110 ℃)滞留了一定的时间后才被抬升/剥蚀到地表(Gleadow et al.,1986)。

南木林县卡孜乡附近的4件样品(Xk1011、Xk1012、Xk1013、Xk1015)(图6.1)的AFT中心年龄分别为(10.8±0.6) Ma、(12.5±0.9) Ma、(19.7±1.6) Ma、(13.6±0.9) Ma。4件样品的裂变径迹的分布特征如下:均以单峰分布为主,径迹分布长度不是很均一,为11.9~

13.4 μm(图6.3)。径迹的平均长度很好地说明了样品经历了后期的构造热事件,并且在AFT部分退火带(60~110 ℃)滞留了较短的时间后才被快速抬升到地表(Gleadow et al., 1986)。

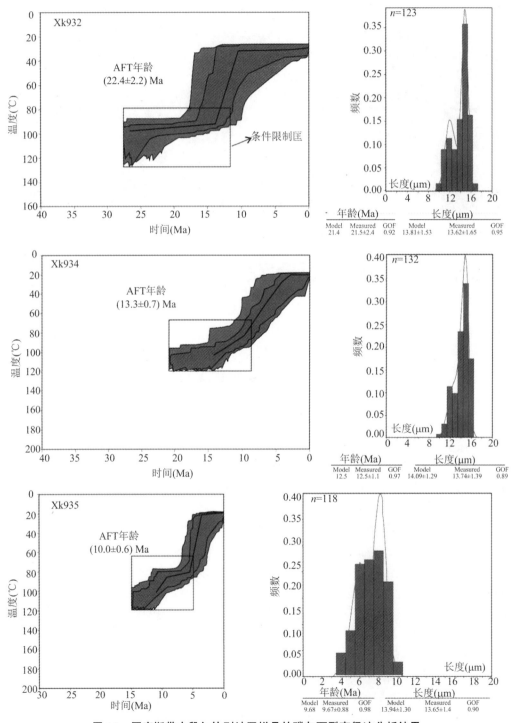

图6.2 冈底斯带中段仁钦则地区样品的磷灰石裂变径迹分析结果

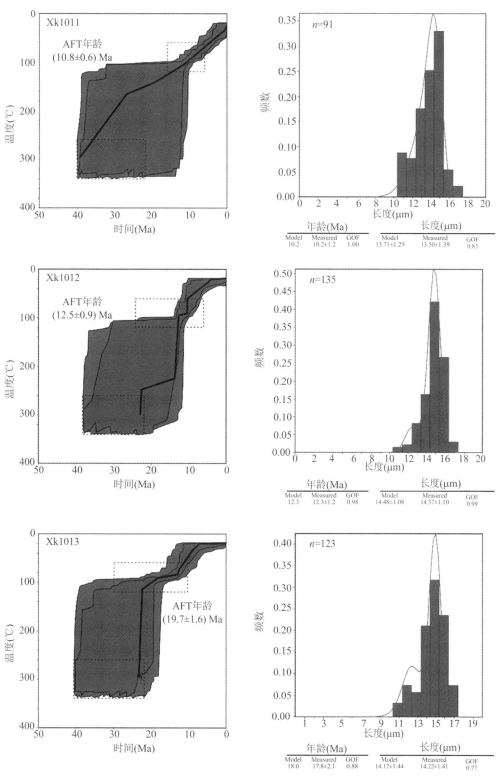

图6.3 冈底斯带中段南木林卡孜地区样品的磷灰石裂变径迹分析结果

253

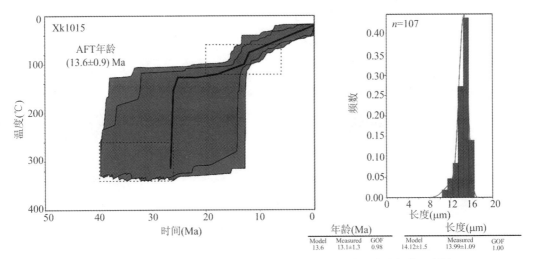

图6.3 冈底斯带中段南木林卡孜地区样品的磷灰石裂变径迹分析结果(续)

　　最后分析测试的4件样品来自大竹卡奴玛乡北6 km处(Xk1021、Xk1022、Xk1023、Xk1024)(图6.1),其AFT中心年龄分别为(9.6±0.7) Ma、(12.7±0.8) Ma、(10.06±0.46) Ma、(20.2±1.3) Ma。4件样品的裂变径迹分布特征也以单峰正态分布为主,平均长度为12.7～13.0 μm(图6.4)。较长的径迹长度表明了样品遭受了较短的热事件,并且在AFT退火带(60～110 ℃)中停留的时间很短,被快速抬升/剥蚀到地表。

6.2.2　小结

　　来自冈底斯带中段的11件磷灰石裂变径迹样品的径迹特征均以单峰分布为主,均具有较长的裂变径迹长度,说明了冈底斯带中段可能在遭受热事件后(重置)都经历了快速的冷

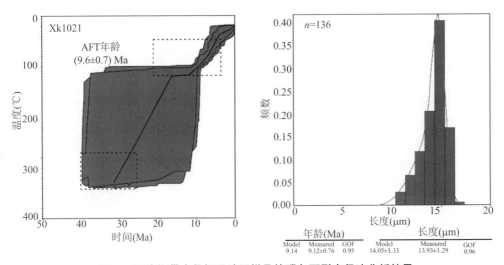

图6.4 冈底斯带中段奴玛地区样品的磷灰石裂变径迹分析结果

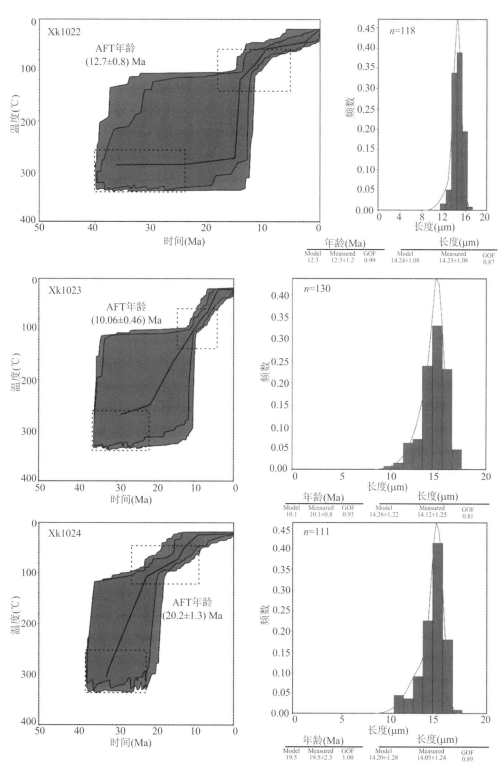

年龄(Ma)			长度(μm)		
Model	Measured	GOF	Model	Measured	GOF
12.3	12.3±1.2	0.99	14.24±1.08	14.23±1.08	0.87

年龄(Ma)			长度(μm)		
Model	Measured	GOF	Model	Measured	GOF
10.1	10.1±0.8	0.93	14.26±1.22	14.12±1.25	0.81

年龄(Ma)			长度(μm)		
Model	Measured	GOF	Model	Measured	GOF
19.5	19.5±2.3	1.00	14.20±1.28	14.05±1.24	0.89

图6.4　冈底斯带中段奴玛地区样品的磷灰石裂变径迹分析结果(续)

255

却。这很可能是冈底斯逆冲断裂带的活动(Yin et al.,1994)导致岩石快速抬升挤出地表冷却的结果,同时冈底斯带中段 10 Ma 以来的快速冷却和雅鲁藏布江的快速下切侵蚀也有关(李广伟,2014;Li et al.,2015b,2016c)。此外,所测的 11 件样品的径迹溶蚀坑的大小分布没有十分明显的差异,平均大小范围为 1.38~1.93 μm。

6.3　裂变径迹热模拟限定

本次研究主要利用磷灰石裂变径迹数据、部分 $^{40}Ar/^{39}Ar$ 数据以及结合区域地质条件做限定,对地表样品进行热历史演化模拟。此外,AFT 数据主要采用多机制退火模型(Ketcham et al.,2007)以及径迹溶蚀坑为主要参数进行模拟。同时对单件样品热历史模拟中主要考虑的附加地质限定分别为:① 现今的地表平均温度为(10±5)℃;② 对 AFT 模拟的温度和初始时间分别定为 60~120 ℃和大于 AFT 年龄的时间段,主要是因为大量的短径迹说明样品记录了大量的更早期(早于 AFT 表面年龄)的热历史过程;③ 将采自剪切带的黑云母及绢云母的 $^{40}Ar/^{39}Ar$ 年龄用于部分样品的模拟限定。值得注意的是,这些模拟前所设定的条件具有很大的不确定性,可以使模拟具有很大的自由度,结合 $^{40}Ar/^{39}Ar$ 数据,可以使得所模拟的结果更为全面、真实和有效。

基于以上的基本条件,本次研究采用 HeFTy 模拟软件(Ketcham,2005)对研究区样品进行了热历史模拟。对于模拟的限定,本次采用 C 轴投影的径迹长度进行热历史模拟,每一件样品进行模拟直到得到 100 条"Good-fit"(优化值为 0.5)为止,大部分样品的"Acceptable-fit"热历史轨迹(优化值设为 0.05)都大于 1000 条。

6.4　磷灰石裂变径迹分析结果

6.4.1　谢通门仁钦则地区

该地区 3 件样品(Xk932、Xk934 和 Xk935)的模拟结果显示它们自 27 Ma 到 14 Ma 间经历了快速冷却,然后在部分退火带,维持了一个相对平静的阶段,大约 5 Ma 后开始进入了一个急速冷却的阶段(图 6.2)。黑云母的 Ar-Ar 分析结果也显示该地区从 24 Ma 以来就开始不断地隆升、剥蚀。其中 Ar-Ar 和 AFT 具有几乎一致的冷却年龄,也表明了抬升剥蚀的快速性。

6.4.2 南木林卡孜乡地区

该区域共采集样品4件(Xk1011、Xk1012、Xk1013和Xk1015),结合Ar-Ar数据以及AFT数据对其进行了综合模拟,模拟结果显示该区域从40 Ma到20 Ma为一个急速的抬升剥蚀过程,20 Ma之后的6~7 Ma经历了一个相对平稳的时期,到了14 Ma后为一个快速的隆升过程(图6.3)。此外,由测试结果还可以得出,在采样间距相差50 m左右时由不同的样品得出的冷却速率均不一样,采样高程是主要的因素,此外这可能和数据的分析误差有关,而不均衡的剥露、抬升以及在退火带短暂的停留都是造成剥蚀速率具有差异性的因素。

6.4.3 大竹卡奴玛乡地区

来自奴玛乡的4件样品(Xk1021、Xk1022、Xk1023和Xk1024)模拟显示早期抬升的不均衡性,样品Xk1022显示了自40 Ma以来一直到13 Ma处于相对平稳的阶段,抬升较为缓慢,而其余3件样品显示了两次快速的抬升,并且两次快速抬升中有一个短暂的稳定期;4件样品共有的特征显示中新世中期后,都经历了一个快速的抬升期(图6.4)。

总之,冈底斯带中段的样品显示了自新生代以来多阶段的抬升、冷却剥蚀历史,早期阶段从40 Ma到23 Ma为一个抬升期,23 Ma以后为快速隆升期,并且在中新世中期还出现了第三个快速抬升期。图6.2~图6.4显示了,在快速抬升期间还存在短暂的构造间歇期。分析结果也告诉我们另一个事实,即在冈底斯带中段南缘的局部地区,构造隆升也具有较为明显的差异性,虽然整体的快速抬升发生在中新世。这些构造隆升的差异性可能是由多方面的因素造成的,而不是由简单的因素控制。因此,这就要求我们在进行动力学分析时不能过于片面,应该结合多种因素加以考虑,比如区域性的河流侵蚀、断层活动等。

6.5 冈底斯带中段南缘的埋藏–剥蚀历史

257

6.5.1 构造作用及意义

前人根据氧同位素以及化石的形态分析等认为青藏高原的中部在渐新世就已经达到了现今的高度(Rowley,Currie,2006;DeCelles et al.,2007;Quade et al.,2011)。Ding等(2014)根据介形类的氧同位素以及古土壤和湖泊中的钙质碳酸盐的碳同位素计算了冈底斯林周盆地的古海拔高程,认为冈底斯拉萨林周地区在古新世时就已经达到了(4500 ± 400) m的海拔高程,和现今的海拔高程相差无几,并且指出始新世冈底斯地区为典型的两山夹一盆的构造格局。此外,Hetzel等(2011)和Rohrmann等(2012)根据低温热年代学数据得出了青藏高原的中部从45 Ma开始隆升,且具有较低的剥蚀速率(<0.05 mm/a),并且认为这是该区域

形成相对准平原海拔地貌的标志。此外,Chung 等(2009)和 Zhao 等(2009)对拉萨地体中的埃达克质、超钾质和钾玄岩研究后,认为渐新世之前或者渐新世拉萨地体的地壳就已经开始加厚,进而引起了拉萨地体的整体抬升。因此,拉萨地体包括羌塘地区很可能在渐新世时就已经形成了现今高原的地貌了。并且相关研究还指出,在藏南特提斯喜马拉雅中大量发育的淡色花岗岩也表明了地壳在始新世到中新世界时的加厚(Zeng et al.,2011;Zhang et al.,2012c)。本书对拉萨南缘冈底斯带中段日喀则地区进行了详细的样品采集,所获得 AFT 年龄均为22~10 Ma,这和前人在冈底斯取得的研究成果一致(Li et al.,2015b)。此外,云母的 Ar-Ar 年龄也给出了41~21 Ma 的冷却时间。其中20 Ma 左右开始,$^{40}Ar/^{39}Ar$ 和 AFT 具有一致的冷却年龄,说明了中新世是冈底斯地区快速抬升的时期,这也和前人的综述结果一致(Li et al.,2015a,2016)。李广伟(2014)对拉萨地体及其周缘区域的隆升剥蚀历史进行了较为详细的研究和综述,研究得出了拉萨地区冈底斯带的抬升经历了多期的构造作用,早期的抬升和印度-亚洲板块的碰撞有关(60~45 Ma),从 45 Ma 到23 Ma 为一个慢速隆升的时段,而23 Ma 后为一个快速隆升剥蚀时期(图6.5)。本次的研究结果还显示,冈底斯的隆升最少分为两阶段,并且指出23 Ma 以来的快速隆升也具有阶段性,即构造快速抬升期也存在短暂的间歇期。因此,冈底斯带中段的隆升是多阶段性的,早期的隆升应该开始于始新世中期,第二次快速的隆升开始于早新世早期21 Ma 左右,并且10 Ma 以来是中新世又一次的快速隆升期。中新世中晚期冈底斯带的抬升可能是多种事件作用的结果。由图6.5可以看出,雅鲁藏布江峡谷的侵蚀和拉萨地体东西向的伸展都和10 Ma 以后的又一次快速抬升有关。11件样品虽然相隔仅仅100 km,但是获得的结果仍然具有一定的差异性,可见构造抬升和作用的不均衡性是主要因素。最近,Wang 等(2015c)认为中新世冈底斯南缘地区的快速隆升和大反向逆冲断裂的活动有关,大反向逆冲断裂的作用使得印度大陆的沉积载荷逆冲在冈底斯带之上,在重力的作用下,冈底斯花岗质地壳发生挠曲变形,导致岩基发生翘倾,造成了中新世以来的快速抬升剥蚀。因此,藏南地区的隆升剥蚀是一个联合作用的结果,多种因素共同塑造了现今的冈底斯地貌。在前人研究的成果之上,根据所取得的数据,本书提出了冈底斯带中段南缘新生代以来的构造隆升模式(图6.6)。

从图6.6中可以明显看出,冈底斯带中段南缘主要经历了三次快速的抬升剥蚀。其中第一次快速隆升剥蚀发生在60~45 Ma,该次隆升可能和印度-亚洲大陆的碰撞有关;45~23 Ma 为藏南地区构造平静期,可能和新特提斯洋板片的撕裂、断离有关;23~16 Ma 为中新世以来冈底斯快速抬升期,主要和区域性大型断裂的活动有关;16~10 Ma 为一个非常短暂的构造平静期;10 Ma 到现今又为一次快速抬升,该次的快速抬升和雅鲁藏布江的侵蚀、下切具有密切关系。此外,亚洲季风的形成和地表径流系统的共同作用使得南缘的侵蚀速率明显加强。因此,藏南冈底斯带中段南缘的隆升是多阶段的,即快速隆升期中含有构造平静期。这里需要说明的是,冈底斯带中段南缘靠近雅鲁藏布江水系,因此10 Ma 以来的隆升模式不同于拉萨地体其他地方,这是河流(下切侵蚀)在中新世晚期以来成为山脉隆升的一个重要的外在因素,即河流的搬运,进一步加剧了山脉的剥蚀和隆升。在考虑整个拉萨地体的隆升历史时,对于区域而言,整个拉萨地体的隆升剥蚀模式是非常复杂的。在研究拉萨地体隆升时,板块构造的作用只是一个内在因素,外在的因素(大型河流、区域性断裂等)才是隆升不均衡最重要的控制因素。

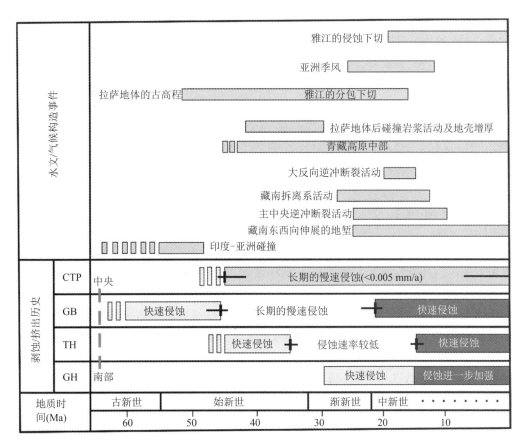

图6.5 藏南地区主要地质单元冷却/剥露历史以及主要区域构造/气候时间对照表（据李广伟（2014）修改）

GH=大喜马拉雅；TH=特提斯喜马拉雅；GB=冈底斯带；CTP=青藏高原中央隆起区

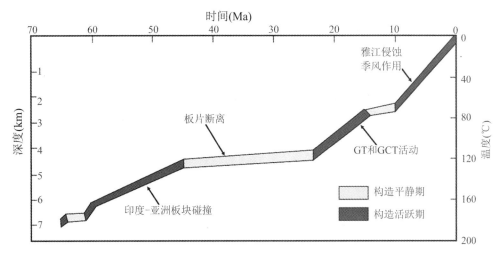

图6.6 藏南冈底斯带中段南缘新生代构造隆升模式图

GT=冈底斯逆冲断裂；GCT=大反向逆冲断裂

259

6.5.2 与雅鲁藏布江缝合带地区的低温热年代学的对比研究

在前人研究的基础上(Dai et al.,2013b;李广伟,2014;Li et al.,2015b,2016c;马泽良,2021),我们对雅鲁藏布江缝合带地区的隆升剥蚀历史进行了简单的总结,以便进一步和缝合带北侧的冈底斯地区进行对比。

李广伟(2014)和马泽良(2021)对雅鲁藏布江地区的隆升剥蚀历史进行了详细的研究,研究结果显示,雅鲁藏布江缝合带泽当地区的少量样品记录和反映了始新世以来的快速冷却阶段,而其大部分样品反映了中新世以来的快速冷却事件和剥蚀过程(马泽良,2021)。不同于北侧的冈底斯地区,雅江地区,特别是日喀则弧前盆地最早记录了$90\sim80$ Ma和50 Ma的快速冷却事件,这两个过程可能分别和新特提斯洋的斜向闭合以及印度-亚洲碰撞早期阶段发育的特提斯喜马拉雅褶皱逆冲系所造成的区域性抬升有关,而中新世以来的快速抬升可能和大反向逆冲断裂和雅拉香波以及雅鲁藏布江的侵蚀下切有关(图6.6)。而罗布莎雅江河谷以及雅拉香波等地区更是记录了约5 Ma以来的快速剥蚀过程,反映了雅鲁藏布江峡谷在5 Ma以来的快速下切侵蚀作用。此外,雅鲁藏布江缝合带地区中新世以来的快速冷却与喜马拉雅南侧的孟加拉湾沉积的速率以及^{87}Sr-^{86}Sr在同时段的明显增加有关(Hodell et al.,1991;Hodell,Woodruff,1994)。通过对雅鲁藏布江缝合带中最高层位柳区砾岩的低温年代学研究(Li et al.,2015b),认为该套砾岩沉积的年龄应该为晚渐新世到早中新世,与雅鲁藏布江缝合带中的秋乌-大竹卡砾岩应该为同时代的一套沉积。此外,雅鲁藏布江缝合带区域中新世中晚期的冷却年龄可能是由雅江河流对缝合带的侵蚀作用造成的。

拉萨冈底斯带在晚白垩世晚期到早始新世经历了一个快速的冷却和剥蚀(图6.5)。该次区域性的隆升和剥蚀与印度-亚洲两大陆地碰撞有关,冷却事件也可能和岩浆作用的间歇期有关,即岩浆作用弱,导致地温梯度下降。始新世-渐新世时,冈底斯带中段地区的构造抬升相对缓慢,为一个构造平稳期,具有较低的剥蚀速率($0.05\sim0.02$ mm/a)。到了中新世以后,冈底斯带中段地区经历快速的抬升剥蚀。最新的研究成果也表明,青藏高原中部的冈底斯地区于45 Ma左右就已经形成和初具高原规模(Li et al.,2016c),并且热史模拟结果以及来自拉萨河谷样品的AHe年代学显示中新世早期约22 Ma,印度河-雅鲁藏布江河流系不断下切冈底斯地区,此时藏南冈底斯带的快速抬升可能和冈底斯逆冲大断裂、大反向逆冲断裂的活动以及构造载荷的重力作用有关(Wang et al.,2015c)。因此,晚白垩世到中新世,冈底斯带的抬升剥蚀为拉萨地体南缘的盆地从北到南提供了沉积物源。

由此可见,冈底斯带中新世以来的抬升剥蚀和雅鲁藏布江区域具有相同的演化历史,并且此时都受到了GCT、GT的控制,10 Ma以来的快速抬升都和雅江的快速侵蚀有关,并且地表活动、气候变化以及地表径流共同作用,塑造了现今的冈底斯山的构造地貌。

本 章 小 结

本章报道的来自日喀则地区11件样品的磷灰石裂变径迹具有很年轻的中心年龄,其中仁钦地区为(22.4 ± 2.2) Ma、(13.3 ± 0.7) Ma、(10.0 ± 0.6) Ma;南木林卡孜乡地区为($10.8\pm$

0.6）Ma、（12.5±0.9）Ma、（19.7±1.6）Ma、（13.6±0.9）Ma；奴玛地区为（9.6±0.7）Ma、
（12.7±0.8）Ma、（10.06±0.46）Ma、（20.2±1.3）Ma。由此可见，AFT 的中心年龄可以明显
分为两期：早中新世和中新世中晚期。再结合研究区及邻区获得 $^{40}Ar/^{39}Ar$ 年代学，冈底斯带
中段南缘的构造演化特征可以归结如下：中新世以前的隆升、剥蚀和印度-亚洲大陆的碰撞
有关，这次隆升速率相对较慢，隆升时间较长，一直从古新世持续到渐新世，其中较快速的抬
升发生在古新世到始新世中期，始新世中期到渐新世中晚期为构造平静期，冈底斯地区活动
相对减弱。磷灰石裂变径迹显示，自 23 Ma 以来，冈底斯南缘地区进入了一个快速抬升冷却
的时期，年轻的 AFT 年龄以及 $^{40}Ar/^{39}Ar$ 年龄都暗示了构造运动的活跃，此时冈底斯逆冲断
裂开始活动，加速了冈底斯南缘地区的抬升剥蚀。并且，GCT 的活动，使得大量的沉积载荷
仰冲在冈底斯带上，致使刚性的岩基前缘发生挠曲翘倾，引起了岩基的加速抬升。其中中新
世快速隆升的过程中也具有短暂的构造间歇期，但到了中新世中晚期，冈底斯南缘地区又迎
来了一次快速隆升的阶段，该次快速的抬升剥蚀可能和雅鲁藏布江的快速下切侵蚀有关，第
四纪以来，在季风、地表径流以及新构造活动共同作用下，塑造了现今的冈底斯带中段南缘
地形、地貌。

第7章　冈底斯带中段南缘构造演化

冈底斯带中段位于拉萨地体南缘,紧邻印度河-雅鲁藏布江缝合带,记录了新特提斯洋的形成、消减以及后期印度-亚洲大陆碰撞的全过程以及印度-亚洲碰撞以来的高原隆升、剥蚀的全程信息。本章通过对冈底斯带中段的岩浆作用、韧性剪切带以及隆升剥蚀历史的综合研究,并结合前人的研究成果,对冈底斯带中段的构造演化进行一个基本的概况和总结,以让更多的读者了解冈底斯带中段自中生代以来的构造演化历程。

在青藏高原的联合陆块中,各个地体间的蛇绿混杂岩带保存了始-古-新特提斯洋盆的开启、消减和俯冲碰撞的历史记录。二叠纪以前,整个拉萨地体仍然属于冈瓦纳联合古陆,仅在联合古陆的北侧发育有特提斯大洋,并且联合古陆的北侧为典型的活动大陆边缘环境。到了中晚二叠世时,冈瓦纳大陆和拉萨地体之间出现裂谷盆地,此时北侧的拉萨地体开始从冈瓦纳大陆中裂离,到了晚二叠世和中晚三叠世时,裂谷继续扩大,形成了早期的雅鲁藏布洋——新特提斯洋早期阶段(胚胎期),随后张裂形成的初始洋盆地规模进一步扩大,新特提斯洋初见规模(Meng et al.,2016a)。到了晚三叠世时,随着新特提斯洋演化不断成熟,在拉萨地体前缘出现海沟,大洋已经开始由扩张转为俯冲,这时冈底斯带中段的岩浆作用都和新特提斯洋向拉萨地体之下的北向俯冲密切相关(彭建华等,2013;Meng et al.,2016a,b;Wang et al.,2016)。到了侏罗纪和白垩纪时期,俯冲作用持续加强,形成了以花岗岩类为主的冈底斯带,在拉萨地体南缘形成高地型的岩浆弧,此时在拉萨地体南缘为典型的安第斯型造山带,并且俯冲期的岩浆作用和造山与成矿也具有密切的关系,目前发现的雄村铜矿就形成于170 Ma左右,为俯冲期的斑岩铜矿。从早白垩世中后期开始,新特提斯洋板片俯冲的角度逐渐增加,此时拉萨地体北部的岩浆活动相对减弱或停止,岩浆活动以南拉萨地体为主。晚白垩世到新生代早期阶段(60~55 Ma),拉萨地体最南缘的埃达克质岩石揭示了新特提斯洋的平板俯冲,此时岩浆活动相对较弱,仅仅在少部分地区具有岩浆作用(纪伟强等,2009);晚白垩世也是拉萨地体强烈缩短的时期,大量活动的逆冲断裂引起了中上地壳(薄皮构造)的强烈变形缩短(Li et al.,2015a;Kapp,De Celles,2019)。到了新生代早期,新特提斯洋开始消亡,在60~55 Ma,印度-亚洲大陆发生碰撞,并引发了大规模的岩浆作用,此时高原发生第一次大规模抬升、剥蚀。研究表明,印度-亚洲大陆在60~55 Ma发生碰撞后,板块之间的相互作用并未终止,印度板块仍然以每年44~50 mm的速率向北推进,至少约有1500 km的南北向缩短量被吸收,使得现今的青藏高原成为厚度为正常地壳厚度的2倍的巨厚陆块(地壳平均厚度70 km),并形成印度与西伯利亚板块之间南北2000 km、东西3000 km的巨大范围的新生代陆内变形域(许志琴等,2007)。

55~35 Ma期间,板块的持续挤压、碰撞,在拉萨地体北缘形成了大规模的逆冲断裂带以及大型走滑断层(许志琴等,2007,2016a,b);此时,由于俯冲角度变陡,新特提斯洋板片撕裂并发生断离,在其上覆形成了一个板片窗,引发了不同种类岩浆源区的部分熔融(通过增加岩石圈的温度和降低软流圈的压力),产生强烈不同组分的岩浆作用,引起了始新世期间剧烈的岩浆作用(纪伟强等,2009)。始新世晚期到渐新世时(35~13 Ma)以来,印度陆壳已经下插到拉萨地体之下,此时冈底斯地区及其邻区具有双重地壳的特征。地壳的加厚和23 Ma后东西向的伸展,使得冈底斯地区加厚的地壳底部发生拆沉、减薄,并和地幔物质发生大面积对流,形成了碰撞型的埃达克质岩石以及同时期的钾质-超钾质岩浆作用。渐新世晚期也是冈底斯及其雅鲁藏布江缝合带地区构造隆升的快速时期,此时构造的抬升和地壳侧向增厚变化的不均匀导致拉萨地体发生了崩塌,造成了南北向的伸展。另外,大反向逆冲断裂带强烈活动,导致印度地体上大量的沉积载荷仰冲到拉萨地体南缘,致使冈底斯地区的地壳发生翘倾和挠曲,使得发生变形、弯曲的地壳的后方形成了拆离型断层带,在两种动力学机制的作用下,冈底斯带中的韧性剪切带便应运而生。此外,中新世时区内主要的断裂也开始活跃(MCT、GCT、RZT)(Yin et al.,1994;董汉文等,2016),同时亚洲季风开始盛行并且逐步增强,对冈底斯-雅江地区及其邻区开始强烈侵蚀。构造活动和气候变化、地表径流的共同作用,造成了8 Ma以来的第二次快速抬升,塑造了现今的藏南冈底斯的构造地貌。具体的演化动力学模式简图见图7.1。

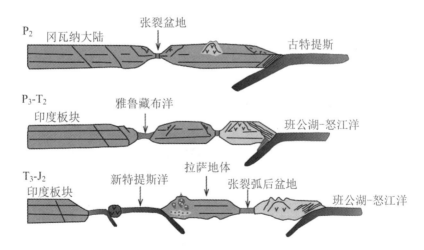

图7.1　冈底斯带中段构造演化动力学模式图(据Pan et al.(2012);Meng et al.(2016a,b)等基础上修改)

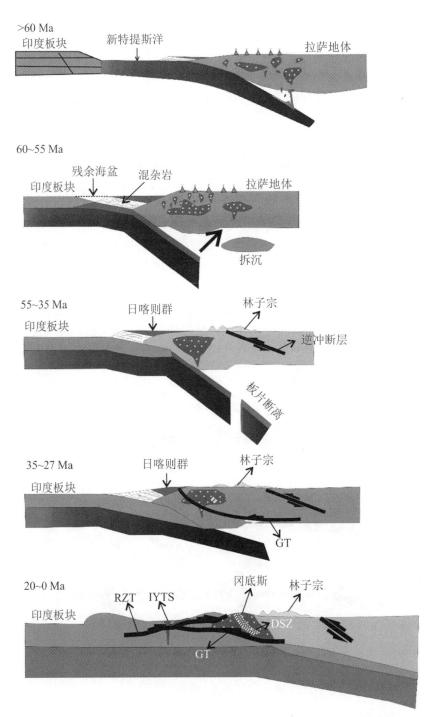

图7.1 冈底斯带中段构造演化动力学模式图(据 Pan et al.(2012);Meng et al.(2016a,b)等基础上修改)(续)

RZT=仁布泽当逆冲断裂;IYTS=印度河-雅鲁藏布江缝合带;GT=冈底斯逆冲大断裂;DSZ=韧性剪切带

参 考 文 献

Aitchison J C, Ali J R, Davis A M, 2007. When and where did India and Asia collide?[J]. Journal of Geophysics Research, 112: B05423.

Aitchison J C, Davis A M, Badengzhu B, et al., 2002. New constraints on the India-Asia collision: the Lower Miocene Gangrinboche conglomerates, Yarlung Tsangpo suture zone, SE Tibet[J]. Journal of Asian Earth Sciences, 21 (3): 251-263.

Aldanmaz E, Pearce J A, Thirlwall F, et al., 2000. Petrogenetic Evolution of Late Cenozoic, Post-Collision Volcanismin Western Anatolia, Turkey[J]. Journal of Volcanology and Geothermal Research, 102 (1-2): 67-95.

Allègre C J, Minster J F, 1978. Quantitative models of trace element behavior in magmatic processes[J]. Earth Planet. Sci. Lett., 38: 1-25.

Altherr R, Holl A, Hegner E, et al., 2000. High-potassium, calc-alkaline I-type plutonism in the European Variscides: northern Vosges (France) and northern Schwarzwald (Germany)[J]. Lithos, 50: 51-73.

Altherr R, Siebel W, 2002. I-type plutonism in a continental back-arc setting: Miocene granitoids and monzonites from the central Aegean Sea, Greece[J]. Contributions to Mineralogy and Petrology, 143: 397-415.

Altunkaynak Ş, 2007. Collision-Driven Slab Breakoff Magmatism in Northwestern Anatolia, Turkey[J]. The Journal of Geology, 115(1): 63-82.

An W, Hu X, Garzanti E, et al., 2014. Xigaze forearc basin revisited (South Tibet): Provenance changesand origin of the Xigaze Ophiolite[J]. Geological Society of America Bulletin, 126: 1595-1613.

Anma R, Armstrong R, Orihashi Y, et al., 2009. Are the Taitao granite formed due to subduction of the Chile ridge?[J]. Lithos, 113: 246-258.

Annen C, Blundy J D, Sparks R S J, 2006. The genesis of intermediate and silicic magmas in deep crustal hot zones[J]. Journal of Petrology, 47: 505-539.

Atherton M P, Ghani A A, 2002. Slab break off: a model for Caledonian, Late Granite syncollisionalmagmatismin the orthotectonic(metamorphic) zone of Scotland and Donegal, Ireland[J]. Lithos, 62: 65-85.

Atherton M P, Petford N, 1993. Generation of sodium-rich magmas from newly underplated basaltic crust[J]. Nature, 362 (6416): 144-146.

Atherton M P, Sanderson L M, 1985. The chemical variation and evolution of the super-units of the segmented Coastal Batholith[C]//Magmatism at a Plate Edge. The Peruvian Andes: 208-227.

Baker M B, Hirschmann M M, Ghiorso M S, et al., 1995. Compositions of near-solidus peridotite melts from experiments and thermodynamic calculations[J]. Nature ,375: 308-311.

Ballard J R, Palin J M, Campbell I H, 2002. Relative oxidation states of magmas inferred from Ce (Ⅳ)/Ce (Ⅲ) in zircon: application to porphyry copper deposits of northern Chile[J]. Contrib. Mineral. Petrol., 144: 347-364.

Barbarin B, Didier J, 1991. Conclusions: Enclaves and Granite Petrology[J]. Enclaves and Granite Petrology: 545-549.

Barbarin B, 1999. A review of the relationships between granitoids types, their origins and their geodynamic environments[J]. Lithos,46: 605-626.

Barbarin B, 2005. Mafic magmatic enclaves and mafic rocks associated with some granitoids of the central Sierra Nevada batholith, California: nature, origin, and relations with the hosts[J]. Lithos, 80(1-4): 155-177.

Bartley J M, Coleman D S, Glazner A F, 2006. Incremental pluton emplacement by magmatic crack-seal[J]. Transactions of the Royal Society of Edinburgh: Earth Sciences,97(4):383-396.

Baxter S, Feely M, 2002. Magma mixing and mingling textures in granitoids: examples from the Galway granites,Connemara,Ireland[J]. Mineralogy and Petrology,76: 63-74.

Bebout G E, Penniston-Dorland S C, 2016. Fluid and mass transfer at subduction interfaces-the field metamorphic record[J]. Lithos,240-243: 228-258.

Beinlich A, Mavromatis V, Austrheim H, et al., 2014. Inter-mineral Mg isotope fractionation during hydrothermal ultramafic rock alteration-Implications for the global Mg-cycle[J]. Earth and Planetary Science Letters, 392: 166-176.

Belousova E A, Griffin W L, O'Reilly S Y, et al., 2002. Igneous zircon: trace element composition as an indicator of source rock type[J]. Contrib. Mineral. Petrol., 143: 602-622.

Bezard R, Fischer-Gödde M, Hamelin C, et al., 2016. The effects of magmatic processes and crustal recycling on the molybdenum stable isotopic composition of Mid-Ocean Ridge Basalts[J]. Earth and Planetary Science Letters,453: 171-181.

Bonin B, 2007. A-type granites and related rocks: Evolution of a concept, problems and propects[J]. Lithos, 97: 1-29.

Borges F S, White S H, 1980. Micro-structural and chemical studies of sheared anorthosites, Roneval, South Harris[J]. Journal of Structural Geology,2(1-2): 237-280.

Bostock M G, Hyndman R D, Rondenay S, et al., 2002. An inverted continental Moho and serpentinization of the forearc mantle[J]. Nature,417 (6888): 536-538.

Boynton W V, 1984. Geochemistry of the rare earth elements: Meteorite Studies[J]. Rare Earth Element Geochemistry: 63-114.

Boztug D, Harlavan Y, Arehart G B, et al., 2007. K-Ar Age, whole-rock and isotope geochemistry of A-type granitoids in the Divrigi-Sivas region,eastern-central Anatolia,Turkey[J]. Lithos,97(1-2): 193-218.

Brophy J G, Marsh B D, 1986. On the origin of high-alumina arc basalt and the mechanics of melt extraction[J]. Journal of Petrology,27: 763-789.

Burchfiel B C, Royden L H, 1985. North-south extension within the convergent Himalayan region[J]. Geology, 13(10): 679-682.

Burg J P, Chen G M, 1984. Tectonics and structural formation of southern Tibet, China[J]. Nature, 311(5983): 311-223.

Burkhardt C, Hin R C, Kleine T, et al., 2014. Evidence for Mo isotope fractionation in the solar nebula and during planetary differentiation[J]. Earth and Planetary Science Letters,391: 201-211.

Burnham C W, 1979. Magmas and hydrothermal fluids[J]. Geochemistry of hydrothermal ore deposits: 71-136.

Cabanis B, Lecolle M, 1989. Le diagramme La/10-Y/15-Nb/8: un outil pour la discrimination des series volcaniques el lamise en evidence des processsus demélange et/ou de contamination crust[J]. Comptes Rendus de l'Académie des Sciences Series Ⅱ, 309: 2023-2029.

Can Genç S, Tüysüz O, 2010. Tectonic setting of the Jurassic bimodal magmatism in the Sakarya Zone (Central and Western Pontides), Northern Turkey: a geochemical and isotopic approach[J]. Lithos, 118: 95-111.

Cao W R, Yang J M, Zuza A V, et al., 2020. Crustal tilting and differential exhumation of Gangdese Batholith in southern Tibet revealed by bedrock pressures[J]. Earth and Planetary Science Letters, 543: 116347.

Cao Y H, Christina Y W, Wei B, 2019. Magma oxygen fugacity of Permian to Triassic Ni-Cu sulfide-bearing mafic-ultramafic intrusions in the central Asian orogenic belt, North China[J]. Journal of Asian Earth Sciences, 173: 250-262.

Cashman K V, Sparks R S J, Blundy J D, 2017. Vertically extensive and unstable magmatic systems: a unified view of igneous processes[J]. Science, 355(6331): 3055.

Castillo P R, Janney P E, Solidum R U, 1999. Petrology and geochemistry of Camiguin Island, southern Philippines: Insights to the source of adakites and other lavas in a complex arc setting[J]. Contributions to Mineralogy and Petrology, 134(1): 33-51.

Castillo P R, Newhall C G, 2004. Geochemical constraints on possible subduction components in lavas of Mayon and Taal volcanoes, southern Luzon, Philippines[J]. J. Petrol., 45(6): 1089-1108.

Castro A, Moreno-Ventas I, De La Rosa J D, 1991. H-type (hybrid) granitoids: A proposed revision of the granite type classification and nomenclature[J]. Earth Science Reviews, 31(3-4): 237-253.

Cawood P A, Hawkesworth C J, Dhuime B, 2012. Detrital zircon record and tectonic setting[J]. Geology, 40(10): 875-878.

Chappell B W, White A J R, 2001. Two contrasting granite types: 25 years later[J]. Aust. J. Earth Sci., 48: 489-499.

Chappell B W, White A J R, 1974. Two contrasting granite types[J]. Pacific Geology, 8: 173-174.

Chappell B W, 1999. Aluminium saturation in I- and S-type granites and the characterization of fractionated haplogranites[J]. Lithos, 46: 535-551.

Chaussidon M, Albarède F, 1992. Secular boron isotope variations in the continental crust: an ion microprobe study[J]. Earth and Planetary Science Letters, 108: 229-241.

Chen L, Qin K Z, Li G M, et al., 2015a. Zircon U-Pb ages, geochemistry and Sr-Nd-Pb-Hf isotopes of the Nuri intrusive rocks in the Gangdese area, southern Tibet: Constraints on timing, petrogenesis, and tectonic transformation[J]. Lithos, 212-215: 379-396.

Chen S, Hin R C, Brooker R, et al., 2019. Molybdenum systematics of subducted crust record reactive fluid flow from underlying slab serpentine dehydration[J]. Nature Communications, 10: 4773.

Chen W, Yang T S, Zhang S H, et al., 2012. Paleomagnetic results from the Early Cretaceous Zenong Group volcanic rocks, Cuoqin, Tibet, and their paleogeographic implications[J]. Gondwana Research, 22(2): 461-469.

Chen W, Zhang G L, Ruan M F, et al., 2021. Genesis of intermediate and silicic arc magmas constrained by Nb/Ta fractionation[J]. J. Geophys. Res. Solid Earth, 126(3).

Chen Y X, Demény A, Schertl H P, et al., 2020. Tracing subduction zone fluids with distinct Mg isotope compositions: Insights from high-pressure metasomatic rocks (leucophyllites) from the Eastern Alps[J]. Geochimica et Cosmochimica Acta, 271: 154-178.

267

Chen Y X, Schertl H P, Zheng Y F, et al., 2016a. Mg-O isotopes trace the origin of Mg-rich fluids in the deeply subducted continental crust of Western Alps[J]. Earth and Planetary Science Letters, 456: 157-167.

Chen Y, Huang F, Shi G H, et al., 2018. Magnesium isotope composition of subduction zone fluids as constrained by jadeitites from myanmar[J]. J. Geophys. Res: Solid Earth, 123: 7566-7585.

Chen Y, Yang J, Xiong F, et al., 2015b. Geochronology and Geochemistry of the Subduction-related Rocks with High Sr/Y Ratios in the Zedong Area: Implications for the Magmatism in Southern Lhasa Terrane during Late Cretaceous[J]. Acta. Petrol. Sin. (English Edition), 89: 351-368.

Chen Y, Zhu D C, Zhao Z D, et al., 2014. Slab breakoff triggered ca.113 Ma magmatism around Xainza area of the Lhasa terrane, Tibet[J]. Gondwana Research, 26: 449-463.

Chu M F, Chung S L, O'Reilly S Y, et al., 2011. India's hidden inputs to Tibetan orogeny revealed by Hf isotopes of Transhimalayan zircons and host rocks[J]. Earth and Planetary Science Letters, 307(3-4): 479-486.

Chu M F, Chung S L, Song B, et al., 2006. Zircon U-Pb and Hf isotope constraints on the Mesozoic tectonics and crustal evolution of Southern Tibet[J]. Geology, 34(9): 745-748.

Chung S L, Chu M F, Ji J Q, et al., 2009. The nature and timing of crustal thickening in southern Tibet: Geochemical and zircon Hf isotopic constraints from postcollisional adakites[J]. Tectonophysics, 477: 36-48.

Chung S L, Chu M F, Zhang Y Q, et al., 2005. Tibetan tectonic evolution inferred from spatial and temporal variations in post-collisional magmatism[J]. Earth-Science Reviews, 68(3-4): 173-196.

Chung S L, Liu D Y, Ji J Q, et al., 2003. Adakites from continental collision zones: melting of thickened lower crust in southern Tibet[J]. Geology, 31(11): 1021-1024.

Class C, Roex A P L, 2008. Ce anomalies in Gough Island lavas-Trace element characteristics of a recycled sediment component[J]. Earth Planet. Sci. Lett., 265: 475-486.

Codillo E A, Le R V, Marschall H R, 2018. Arc like magmas generated by mélange peridotite interaction in the mantle wedge[J]. Nature Communications, 9(1): 1-11.

Collins W J, 1996. S- and I-type granitoids of the eastern Lachlan Fold belt: Products of three-component mixing[J]. Transactions of the Royal Society of Edinburgh: Earth Sciences, 88: 171-179.

Coltorti M, Bonadiman C, Faccini B, et al., 2007. Amphiboles from suprasubduction and intraplate lithospheric mantle[J]. Lithos, 99: 68-84.

Costa F, Dungan M, Singer B, 2002. Hornblende- and phlogopite-bearing gabbroic xenoliths from Volcán San Pedro (36S), Chilean Andes: evidence for melt and fluid migration and reactions in subduction-related plutons[J]. Journal of Petrology, 43: 219-241.

Couch S, Sparks R S J, Carroll M R, 2001. Mineral disequilibrium in lavas explained by convective self-mixing in open magma chambers[J]. Nature, 411(6841): 1037-1039.

Coulon C, Maluski H, Bollinger C, et al., 1986. Mesocoic and Cenozoic volcanic rocks from central and southern Tibet: $^{39}Ar/^{40}Ar$ dating, petrological characteristics and geodynamical significance[J]. Earth and Planetary Science Letters, 79: 281-302.

Crawford A J, Fallon T J, Eggins S, 1987. The origin of island arc high-alumina basalts[J]. Contributions to Mineralogy and Petrology, 97: 417-430.

Cruz-Uribe A M, Marschall H R, Gaetani G A, et al., 2018. Generation of alkaline magmas in subduction zones by partial melting of mélange diapirs an experimental study[J]. Geology, 46: 343-346.

Dahl T W, Canfield D E, Rosing M T, et al., 2011. Molybdenum evidence for expansive sulfidic water masses in similar to 750 Ma oceans[J]. Earth and Planetary Science Letters, 311(3-4): 264-274.

Dai J, Wang C, Polat A, et al., 2013a. Rapid forearc spreading between 130 and 120 Ma: evidence from geochronology and geochemistry of the Xigaze ophiolite, southern Tibet[J]. Lithos, 172:1-16.

Dai J G, Wang C S, Hourigan J, et al., 2013b. Exhumation history of the Gangdese batholith, southern Tibetan plateau: evidence from apatite and zircon (U-Th)/He thermochronology[J]. Journal of Geology, 121 (2): 155-172.

Dai J G, Wang C S, Stern R J, et al., 2021. Forearcmagmatic evolution during subduction initiation: Insights from an Early Cretaceous Tibetan ophiolite and comparison with the Izu-Bonin-Mariana fore-arc[J]. GSA Bulletin, 133(3-4): 753-776.

Davidson J, Turner S, Handley H, et al., 2007. Amphibole 'sponge' in arc crust?[J]. Geology, 35:787.

Debon F, Le Fort P, Sheppard S M, 1986. The four plutonic belts of theTranshimalaya-Himalaya: a chemical, mineralogical, isotopic, and chronological synthesis along a Tibet-Nepal section[J]. Journal of Petrology, 27: 219-250.

DeCelles P G, Kapp P, Ding L, et al., 2007. Late Cretaceous to middle Tertiary basin evolution in the central Tibetan Plateau: Changing environments in response to tectonic partitioning, aridification, and regional elevation gain[J]. Geological Society of America Bulletin, 119:654-680.

Defant M J, Drummond M S, 1990. Derivation of some modern arc magmas by melting of young subducted lithosphere[J]. Nature, 347: 662-665.

Defant M, Xu J, Kepezhinskas P, et al., 2002. Adakites: some variations on a theme[J]. Acta Petrol. Sin., 18: 129-142.

DePaolo D J, 1981. Trace element and isotopic effects of combined wallrock assimilation and fractional crystallization[J]. Earth and Planetary Science Letters, 53: 189-202.

DePaolo D J, Daley E E, 2000. Neodymiun isotopes in basalts of the southwest basin and range and lithospheric thinning during continental extension[J]. Chemical Geology, 169(1-2): 157-185.

Deschamps F, Godard M, Guillot S, et al., 2013. Geochemistry of subduction zone serpentinites: a review[J]. Lithos, 178: 96-127.

Dewey J F, BurkeK C A, 1973. Tibetan, Variscan, and Precambrian basement reactivation: products of continental collision[J]. The Journal of Geology, 81(6): 683-692.

Dewey J F, Shackleton R M, Chang C, et al., 1988. The tectonic evolution of the Tibetan Plateau[J]. Philosophical Transactions of the Royal Society of London (Series A), 327: 79-413.

Didier D, Barbarin B, 1991. Enclaves and granite Petrology, Development in Petrology[J]. Elsevier Science Publications, Amsterdam: 1-625.

Ding H X, Zhang Z M, 2018. Early Cenozoic thickening and reworking of the eastern Gangdese arc, south Tibet: constraints fromthe Oligocene granitoids. 474[J]. Geological Society, London, Special Publications SP, 474: 5.

Ding L, Kapp P, Zhong D L, et al., 2003. Cenozoic volcanism in Tibet: Evidence for a transition from oceanic to continental subduction[J]. Journal of Petrology, 44(10): 1833-1865.

Ding L, Lai Q, 2003. New geological evidence of crustal thickening in the Gangdese block prior to the Indo-Asian Collision[J]. Chinese Science Bulletin, 48(8): 1604-1610.

Ding L, Xu Q, Yue Y H, et al., 2014. The Andean-type Gangdese Mountains: Paleoelevation record from the Paleocene-Eocene Linzhou Basin[J]. Earth and Planetary Science Letters, 392: 250-264.

Donaire T, Pascual E, Pin C, et al., 2005. Microgranular enclaves as evidence of rapid cooling in granitoid rocks: the case of the Los Pedroches granodiorite, Iberian massif, Spain[J]. Contributions to Mineralogy and Petrology, 149: 247-265.

Dong G C, Mo X X, Zhao Z D, et al., 2005. Geochronological constraints by SHRIMP Ⅱ zircon U-Pb dating on magma underplating in the Gangdise belt following India-Eurasia collision[J]. Acta Geologica Sinica (English Edition), 79(6): 784-787.

Dong H W, Xu Z Q, 2016. Kinematics, fabrics and geochronology analysis in the Medog shear zone, Eastern Himalayan syntaxis[J]. Tectonophysics, 667: 108-123.

Dong X, Zhang Z M, Santosh M, 2010. Zircon U-Pb chronology of the Nyingtri Group, southern Lhasa terrane, Tibetan Plateau: implcations for Grenvillian and Pan-African provenance and Mesozoic-Cenozoic metamorphism[J]. Journal of Geology, 118: 677-690.

Drummond M S, Defant M J, Kepezhinskas P K, 1996. Petrogenesis of slab-derived trondhjemite-tonalite-dacite/adakite magmas[J]. Earth and Environmental Science Transactions of the Royal Society of Edinburgh, 87: 205-215.

Drury M R, Urai J L, 1990. Deformation-related recrystallization processes[J]. Tectonophysics, 172: 235-253.

Ducea M N, Saleeby J B, Bergantz G, 2015. The architecture, chemistry, and evolution of continental magmatic arcs[J]. Annu. Rev. Earth Planet. Sci., 43: 299-331.

Eby G N, 1992. Chemical subdivision of the A-type granitoids: Petrogenetic and tectonic implications[J]. Geology, 20: 641.

Elliott T, 2003. Tracers of the Slab[J]. Washington DC American Geophysical Union Geophysical Monograph, 138: 23-45.

England P, Houseman G, 1986. Finite strain calculations of continental deformation 2. Comparison with the India-Asia collision zone[J]. Journal of Geophysical Research, 91: 3664-3676.

Evans B W, Hattori K, Baronnet A, 2013. Serpentinites: what, why and where?[J]. Elements, 9: 99-106.

Falloon T J, Green D H, Hatton C J, et al., 1988. Anhydrous partial melting of a fertile and depleted peridotite from 2 to 30 kb and application to basalt petrogenesis[J]. Journal of Petrology, 29: 1257-1282.

Fedo C M, Wayne N H, Young G M, 1995. Unraveling the effects of potassium metasomatism in sedimentary rocks and paleosols, with implications for paleoweathering conditions and provenance[J]. Geology, 23: 921-924.

Feeley T C, Wilson L F, Underwood S J, 2008. Distribution and compositions of magmatic inclusions in the Mount Helen Dome, Lassen Volcanic Center, California: insights into magma chamber processes[J]. Lithos, 106(1-2): 173-189.

Feineman M, Moriguti T, Yokoyama T, et al., 2013. Sediment-enriched adakitic magmas from the Daisen volcanic field, Southwest Japan[J]. Geochemistry, Geophysics, Geosystems, 14(8): 3009-3031.

Feng Y P, Tang Y, Wang G H, et al., 2022. Kinematics, strain pattern, and temperature environment of the Yeba shear zone and multistage structural evolution of the Yeba Group[J]. International Journal of Earth Sciences, 111(2): 439-461.

Feng Y P, Wang G H, Meng Y K, et al., 2020. Kinematics, strain patterns, rheology, and geochronology of Woka ductile shear zone: Product of uplift of Gangdese batholith and Great Counter Thrust activity[J]. Geological Journal, 55(11): 7251-7271.

Ferlito C, 2011. Bimodal geochemical evolution at Sheveluch stratovolcano, Kamchatka, Russia: consequence of a complex subduction at the junction of the Kuril Kamchatka and Aleutian island arcs[J]. Earth-Science Reviews, 105: 49-69.

Ferry J M, Watson E B, 2007. New thermodynamic models and revised calibrations for the Ti-in-zircon and Zr-in-rutile thermometers[J]. Contrib. Mineral. Petrol., 154: 429-437.

270

Foley S F, Wheller G E, 1990. Parallels in the origin of the geochemical signatures of island arc volcanics and continental potassic igneous rocks: the role of residual titanates[J]. Chemical Geology, 85(1-2): 1-18.

Foley S F, 1992a. Vein-plus-wall-rock melting mechanism in the lithosphere and the origin of potassic alkaline magmas[J]. Lithos, 28(3-6): 435-453.

Foley S F, 1992b. Petrological characterization of the source components of potassic magmas: geochemical and experimental constraints[J]. Lithos, 28(3-6): 187-204.

Forsythe L M, Nielsen R L, Fisk M R, et al., 1994. High-field-strength element partitioning between pyroxene and basaltic to dacitic magmas[J]. Chemical Geology, 117: 107-125.

Freymuth H, Elliott T, Van Soest M, et al., 2016. Tracing subducted black shales in the Lesser Antilles arc using molybdenum isotope ratios[J]. Geology, 44(12): 987-990.

Freymuth H, Vils F, Willbold M, et al., 2015. Molybdenum mobility and isotopic fractionation during subduction at the Mariana arc[J]. Earth and Planetary Science Letters, 432: 176-186.

Frost C D, Frost B R, 2011. On ferroan (A-type) granitoids: their compositional variability and modes of origin[J]. J. Petrol., 52: 39-53.

Frost C, Frost B, 1997. Reduced rapakivi-type granites: The tholeiite connection[J]. Geology, 25: 647.

Frost R B, Barnes C G, Collins W J, et al., 2001. A geochemical classification for granitic rocks[J]. J. Petrol., 42: 2033-2-48.

Gao P, Zheng Y F, Chen Y X, et al., 2018. Relict zircon U-Pb age and O isotope evidence for reworking of Neoproterozoic crustal rocks in the origin of Triassic S-type granites in South China[J]. Lithos, 300-301: 261-277.

Gao S, Luo T C, Zhang B R, et al., 1998. Chemical composition of the continental crust as revealed by studies in East China[J]. Geochimica et Cosmochimica Acta, 62(11): 1959-1975.

Gao S, Rudnick R L, Yuan H L, et al., 2004. Recycling lower continental crust in the North China craton[J]. Nature, 432(7019): 892-897.

Gao Y F, Hou Z Q, Kamber B S, et al., 2007. Adakite-like porphyries form the southern Tibetan continental collision zones: evidence for slab melt metasomatism[J]. Contributions to Mineralogy and Petrology, 153(1): 105-120.

Gao Y F, Wei R H, Hou Z Q, et al., 2008. Eocene high-MgO volcanism in southern Tibet: new constraints for mantle source characteristics and deep processes[J]. Lithos, 105: 63-72.

Gao Y F, Yang Z S, Santosh M, et al., 2010. Adakitic rocks from slab melt-modified mantle sources in the continental collision zone of southern Tibet[J]. Lithos, 119 (3-4): 651-663.

Garrido C J, Vicente L, Sánchez-Vizcaíno V, et al., 2005. Enrichment of HFSE in chlorite-harzburgite produced by high-pressure dehydration of antigorite-serpentinite: Implications for subduction magmatism[J]. Geochemistry Geophysics Geosystems, 6(1).

Gaschnig R M, Reinhard C T, Planavsky N J, et al., 2017. The Molybdenum Isotope System as a Tracer of Slab Input in Subduction Zones: An Example from Martinique, Lesser Antilles Arc[J]. Geochemistry, Geophysics, Geosystems, 18: 4674-4689.

Ge Y K, Dai J G, Wang C S, et al., 2017. Cenozoic thermos-tectonic evolution of the Gangdese batholith constrained by low-temperature thermochronology[J]. Gondwana Research, 41: 451-462.

Ge Y K, Li Y L, Wang X N, et al., 2018. Oligocene-Miocene burial and exhumation of the southernmost Gangdese mountains from sedimentary and thermochronological evidence[J]. Tectonophysics, 723: 68-80.

Glassley W, 1974. Geochemistry and tectonics of the crescent volcanic rocks, Olympic Peninsula, Washington[J].

271

Geological Society of America Bulletin, 85: 785-794.

Gleadow A J W, Duddy I R, Green P F, et al., 1986. Confined fission track lengths in apatite: a diagnostic tool for thermal history analysis[J]. Contributions to Mineralogy and Petrology, 94(4): 405-415.

Gleadow A J W, Kohn B P, Brown R W, et al., 2002. Fission track dating of phosphate minerals and the thermochronology of apatite[J]. Reviews in Mineralogy and Geochemistry, 48(1): 579-630.

Gorton M P, Schandl E S, 2000. From continents to islands arcs: A geochemical index of tectonics setting for arc-related and within-plate felsic to intermediate volcanics rocks[J]. The Canadian Mineralogist, 38(5): 1065-1073.

Green T H, 1994. Experimental studies of trace-element partitioning applicable to igneous petrogenesis-Sedona 16 years later[J]. Chemical Geology, 117: 1-36.

Gribble R F, Stern R J, Newman S, et al., 1998. Chemical and isotopic composition of lavas from the northern Mariana trough: implications for magmagenesis in back-arc basins[J]. Journal of Petrology, 39: 125-154.

Griffin W L, Pearson N J, Belousova E, et al., 2000. The Hf isotope composition of cratonic mantle: LA-MC-ICP-MS analysis of zircon megacrysts in kimberlites[J]. Geochim Cosmochim Acta, 64: 133-147.

Griffin W L, Wang X, Jackson S E, et al., 2002. Zircon chemistry and magma mixing, SE China: In – situ analysis of Hf isotopes, Tonglu and Pingtan igneous complexes[J]. Lithos, 61(3-4): 237-269

Guan Q, Zhu D C, Zhao Z D, et al., 2012. Crustal thickening prior to 38 Ma in southern Tibet: evidence from lower crust-derived adakitic magmatism in the Gangdese batholith[J]. Gondwana Research, 21(1): 88-99.

Guo L S, Liu Y L, Liu S W, et al., 2013. Petrogenesis of Early to Middle Jurassic granitoid rocks from the Gangdese belt, southern Tibet: Implications for early history of the Neo-Tethys[J]. Lithos, 179: 320-333.

Guo Z F, Wilson M, 2019. Oligocene-Early Miocene transformation of postcollisional magmatism in Tibet[J]. Geology, 47: 1-5.

Guo Z, Wilson M, Liu J, 2007. Post-collisional adakites in south Tibet: products of partial melting of subduction-modified lower crust[J]. Lithos, 96: 205-224.

Guo Z, Wilson M, Zhang M, et al., 2015. Post-collisional ultrapotassic mafic magmatism in South Tibet: products of partial melting of pyroxenite in the mantle wedge induced by roll-back and delamination of the subducted Indian continental lithosphere slab[J]. Journal of Petrology, 56: 1365-1406.

Guo Z, Wilson M, 2012. The Himalayan leucogranites: constraints on the nature of their crustal source region and geodynamic setting[J]. Gondwana Res., 22: 360-376.

Gutscher M A, Maury R, Eissen J P, et al., 2000. Can slab melting be caused by flat subduction?[J]. Geology, 28(6): 535-538.

Haase K M, Stroncik N, Garbe-Schönberg D, et al., 2006. Formation of island arc dacite magmas by extreme crystal fractionation: an example from Brothers Seamount, Kermadec island arc (SWPacific)[J]. Journal of Volcanology and Geothermal Research, 152: 316-330.

Hammarstrom J M, Zen E A, 1986. Aluminum in hornblende: An empirical igneous geobarometer[J]. American Mineralogist, 71: 1297-1313.

Hammond W C, Humphreys E D, 2000. Upper mantle seismic wave velocity: effects of realistic partial melt geometries[J]. Journal of Geophysical Research, 105: 10975-10986.

Hanmer S, 1990. Natural rotated inclusions in non-ideal shear[J]. Tectonophysics, 176(3-4): 245-255.

Hao L L, Nan X Y, Kerr A C, et al., 2022. Mg-Ba-Sr-Nd isotopic evidence for a mélange origin of early Paleozoic arc magmatism[J]. Earth and Planetary Science Letters, 577: 117263.

Hao L L, Wang Q Q, Wyman D A, et al., 2016. Andesitic crustal growth via mélange partial melting: Evidence from Early Cretaceous arc dioritic/andesitic rocks in southern Qiangtang, central Tibet[J]. Geochemistry, Geophysics, Geosystems, 17 (5): 1641-1659.

Hao L L, Wang Q, Wyman D A, et al., 2019. First identification of postcollisional A-type magmatism in the Himalayan-Tibetan orogeny[J]. Geology, 47(2): 187-190.

Harris N B W, Pearce J A, Tindle A G, 1986. Geochemical characteristics of collisional zone magmatism[J]. In: Coward, MP, Reis AC (Eds.), Collision Tectonics. London, Geological Society, Special Publications, 19: 67-81.

Harris N B W, Xu R H, Lewis C L, et al., 1988. Plutonic Rocks of the 1985 Tibet Geotraverse, Lhasa to Golmud[J]. Phil. Trans. R. Soc. Lond, A327 (1594): 145-146.

Haschke M, Günther A, 2003. Balancing crustal thickening in arcs by tectonics vs. magmatic means[J]. Geology, 31: 933-936.

Haschke M, Siebel W, Günther A, et al., 2002. Repeated crustal thickening and recycling during the Andean orogeny in north Chile (21-26S) [J]. Journal of Geophysical Research, 107.

Hastie A R, Kerr C, Pearce J A, et al., 2007. Classification of altered volcanic island arc rocks using immobile trace elements: development of the Th-Co discrimination diagram[J]. Journal of Petrology, 48: 2341-2357.

Hastie A R, Ramsook R, Mitchell S F, et al., 2010. Geochemistry of compositionally distinct Late Cretaceous back-arc basin lavas: implications for the tectonomagmatic evolution of the Caribbean plate[J]. Journal of Geology, 118: 655-676.

Hattori K H, Guillot S, 2003. Volcanic fronts form as a consequence of serpentinite dehydration in the forearc mantle wedge[J]. Geology, 31: 525-528.

Hawkesworth C J, Gallagher K, Hergt J M, et al., 1993. Mantle and slab contributions in arc magmas[J]. Annual Review of Earth and Planetary Science, 21(1): 175-204.

Hawkesworth C J, Hergt J M, Mcdermott F, et al., 1991. Destructive margin magmatism and the contributions from mantle wedge and subducted crust[J]. Australian Journal of Earth Sciences, 38(5): 577-594.

Hawkesworth C J, Turner S P, Mcdermott F, et al., 1997. U-Th isotopes in arc magmas: implications for element transfer from the subducted crust[J]. Science, 276(5312): 551-555.

Hetzel R, Dunkl I, Haider V, et al., 2011. Peneplain formation in southern Tibet predates the India-Asia collision and plateau uplift[J]. Geology, 39: 983-986.

Heuret A, Lallemand S, 2005. Plate motions, slab dynamics and back-arc deformation[J]. Phys. Earth Planet In, 149: 31-51.

Hickeyvargas R, Abdollahi M J, Parada M A, et al., 1995. Crustal xenoliths from Calbuco Volcano, Andean Southern Volcanic Zone-implications for crustal composition and magma crust interaction[J]. Contributions to Mineralogy and Petrology, 119: 331-344.

Hildreth W, Moorbath S, 1988. Crustal contributions to arc magmatism in the Andes of central Chile[J]. Contributions to Mineralogy and Petrology, 98(4): 455-489.

Hirth G, Tullis J, 1992. Dislocation creep regimes in quartz aggregates[J]. Journal of Structural Geology, 14: 145-159.

Hodell D A, Mueller P A, Garrido J R, et al., 1991. Variations in the strontium isotopic composition of seawater during the Neogene[J]. Geology, 19(1): 24-27.

Hodell D A, Woodruff F, 1994. Variations in the strontium isotopic ratio of seawater during the Miocene: stratigraphic and geochemical implications[J]. Paleoceanography, 9: 405-426.

Hofmann A W, 1988. Chemical differentiation of the Earth: The relationship between mantle, continental crust,

273

and oceanic crust[J]. Earth and Planetary Science Letters, 90(3): 297-314.

Hollister L S, Grissoin G C, Peters E K, et al., 1987. Confirmation of the empirical correlation of Al-in-hornblende with pressure of solidification of calc-alkaline plutons[J]. American Mineralogist, 72: 231-239.

Honarmand M, Omran N R, Neubauer F, et al., 2015. Geochemistry of enclaves and host granitoids from the Kashan Granitoid Complex, central Iran: implications for enclave generation by interaction of co-genetic magmas[J]. Journal of Earth Science, 26(5): 626-647.

Hoskin P W O, Schaltegger U, 2003. The composition of zircon and igneous and metamorphic petrogenesis[J]. Reviews in Mineralogy and Geochemistry, 53: 27-62.

Hou Z Q, Duan L F, Lu Y J, et al., 2015. Lithospheric architecture of the Lhasa terrane and its control on ore Deposits in the Himalayan-Tibetan orogeny[J]. Economic Geology, 110: 1541-1575.

Hou Z Q, Gao Y F, Qu X M, et al., 2004. Origin of adakitic intrusives generated during mid-Miocene east-west extension in southern Tibet[J]. Earth and Planetary Science Letters, 220: 139-155.

Hou Z Q, Zheng Y C, Yang Z M, et al., 2013. Contribution of mantle components within juvenile lower crust to collisional zone porphyry Cu systems in Tibet[J]. Mineralium Deposita, 48(2): 173-192.

Hu F, Ducea M N, Liu S, et al., 2017. Quantifying crustal thickness in continental collisional belts: Global perspective and a geologic application[J]. Scientific Reports, 7: 7058.

Hu P Y, Zhai Q G, Wang J, et al., 2018b. Ediacaran magmatism in the North Lhasa terrane, Tibet and its tectonic implications[J]. Precambrian Research, 307: 137-154.

Hu P Y, Zhai Q G, Zhao G C, et al., 2018a. Early Neoproterozoic (ca. 900 Ma) rift sedimentation and mafic magmatism in the North Lhasa Terrane, Tibet: Paleogeographic and tectonic implications[J]. Lithos, 320-321: 403-415.

Hu P, Li C, Wang M, et al., 2013. Cambrian volcanism in the Lhasa terrane, southern 269 Tibet: Record of an early Paleozoic Andean-type magmatic arc along the Gondwana proto-Tethyan margin[J]. Journal of Asian Earth Sciences, 77: 91-107.

Hu X M, Garzanti E, Moore T, et al., 2015. Direct stratigraphic dating of India-Asia collision at the Selandian (middle Paleocene, 59±1 Ma)[J]. Geology, 43(10): 859-862.

Hu X M, Garzanti E, Wang J G, et al., 2016. The timing of India-Asia collision onset-Facts, theories, controversies[J]. Earth-Science Reviews, 160: 264-299.

Hu Y, Teng F Z, Ionov D A, 2019. Magnesium isotopic composition of metasomatized upper sub-arc mantle and its implications to Mg cycling in subduction zones[J]. Geochimica et Cosmochimica Acta. https://doi.org/10.1016/j.gca.2019.09.030.

Huang J, Guo S, Jin Q Z, et al., 2019. Iron and magnesium isotopic compositions of subduction-zone fluids and implications for arc volcanism[J]. Geochimica et Cosmochimica Acta, 278: 376-391.

Huang J, Li S G, Xiao Y L, et al., 2015. Origin of low δ^{26}Mg Cenozoic basalts from South China Block and their geodynamic implications[J]. Geochim. Cosmochim. Acta, 164: 298-317.

Huang K J, Teng F Z, Plank T, et al., 2018. Magnesium isotopic composition of altered oceanic crust and the global Mg cycle[J]. Geochim. Cosmochim. Acta, 238: 357-373.

Huang W, Liang H, Zhang J, et al., 2020. Formation of the Cretaceous skarn Cu-Au deposits of the southern Gangdese belt, Tibet: case studies of the Kelu and Sangbujiala deposits[J]. Ore, Geol. Rev., 122: 103481.

Huang X L, Xu Y G, Lo C H, et al., 2007. Exsolution lamellae in a clinopyroxene megacryst aggregate from Cenozoic basalt, Leizhou Peninsula, south China: petrography and chemical evolution[J]. Contribution to Mineralogy and Petrology, 154: 691-705.

Huang Y M, Hawkesworth C, Smith I, et al., 2000. Geochemistry of Late Cenozoic Basaltic Volcanism in Northlandand Coromandel New Zealand: Implications for Mantle Enrichment Processes[J]. Chemical Geology, 64(3-4): 219-238.

Huang Y, Zhao Z D, Zhu D C, et al., 2017. The geochronologic and geochemical constraints on the early Cretaceous subduction magmatism in the central Lhasa subterrane, Tibet[J]. Geological Journal, 52: 463-475.

Ionov D A, Hofmann A W, 1995. Nb-Ta-Ti rich mantle amphiboles and micas: Implications for subduction-related metasomatic trace element fractionations[J]. Earth and Planetary Science Letters, 131(3-4): 341-356.

Irvine T N, Baragar W R A, 1971. A guide to the chemical classification of the common volcanic rocks[J]. Canadian Journal of Earth Sciences, 8: 523-48.

Ji W Q, Wu F Y, Chung S L, et al., 2014. The Gangdese magmatic constraints on a latest Cretaceous lithospheric delamination of the Lhasa terrane, southern Tibet[J]. Lithos(210-211): 168-180.

Ji W Q, Wu F Y, Chung S L, et al., 2016. Eocene Neo-Tethyan slab breakoff constrained by 45 Ma oceanic island basalt-type magmatism in southern Tibet[J]. Geology, 44(4): 283-286.

Ji W Q, Wu F Y, Liu C Z, et al., 2012. Early Eocene crustal thickening in southern Tibet: new age and geochemical constraints from the Gangdese batholith[J]. Journal of Asian Earth Sciences, 53(2): 82-95.

Ji Z, Meng Q, Wan C, et al., 2019. Early Cretaceous adakitic lavas and A-type rhyolites in the Songliao Basin, NE China: Implications for the mechanism of lithospheric extension[J]. Gondwana Res., 71: 28-48.

Jiang C Y, An S Y, 1984. On chemical characteristics of cal-cic amphiboles from igneous rocks and their petrogenesis significance[J]. J. Mineral. Petrol., 3(1): 1-9.

Jiang J S, Zheng Y Y, Gao S B, et al., 2018. The newly-discovered Late Cretaceous igneous rocks in the Nuocang district: Products of ancient crust melting trigged by Neo-Tethyan slab rollback in the western Gangdese[J]. Lithos, 308-309: 294-315.

Jiang Y H, Jiang S Y, Dai B Z, et al., 2009. Middle to Late Jurassic felsic and mafic magmatism in southern Hunan Province, southeastChina: Implications for a continental are to riffing[J]. Lithos, 107(3-4): 185-204.

Jiang Y H, Jiang S Y, Ling H F, et al., 2006. Low-degree melting of a metasomatized lithospheric mantle for the origin of Cenozoic Yulong monzogranite-porphyry, East Tibet: geochemical and Sr-Nd-Pb－Hf isotopic constraints[J]. Earth Planet. Sci. Lett., 241: 617-633.

Jiang Z Q, Wang Q, Li Z X, et al., 2012. Late Cretaceous (ca. 90Ma) adakitic intrusive rocks in the Kelu area, Gangdese Belt (southern Tibet): slab melting and implications for Cu-Au mineralization[J]. J. Asian Earth Sci., 53: 67-81.

Jiang Z Q, Wang Q, Wyman D A, et al., 2011. Origin of 30 Ma Chongmuda adakitic intrusive rocks in the southern Gangdese region, southern Tibet: partial melting of the northward subducted Indian continent crust[J]. Geochimica, 40(2): 126-146.

Jiang Z Q, Wang Q, Wyman D A, et al., 2014. Transition from oceanic to continental lithosphere subduction in southern Tibet: evidence from the Late Cretaceous-Early Oligocene (~91-30 Ma) intrusive rocks in the Chanang-Zedong area, southern Gangdese[J]. Lithos, 196-197(7): 213-231.

Jiang Z, Wang Q, Wyman D A, et al., 2015. Zircon U-Pb geochronology and geochemistry of Late Cretaceous-early Eocene granodiorites in the southern Gangdese batholith of Tibet: petrogenesis and implications for geodynamics and Cu ± Au ± Mo mineralization[J]. Int. Geol. Rev., 57(3): 373-392.

Jochum K P, McDonough W F, Palme H, et al., 1989. Compositional constraints on the continental lithospheric mantle from trace elements in spinel peridotite xenoliths[J]. Nature, 340(6243): 548-550.

Jogvan O, Muntener O, Burg J P, et al., 2006. Lower continental crust formation through focused flow in km-scale melt conduits: The zoned ultramafic bodies of the Chilas complex in the Kohistan island arc (NW Pakistan)[J]. Earth and Planetary Science Letters, 242(3-4): 320-342.

Johannes W, Holtz F, 1996. Petrogenesis and Experiment Petrology of Granitic Rock[J]. Berlin: Springer-Verlag, 1: 254.

Johnson K T M, Dick H J B, Shimizu N, 1990. Melting in the oceanic upper mantle: an ion microprobe study of diopsides in abyssal peridotites[J]. Journal of Geophysical Research (Solid Earth), 95: 2661-2678.

Kang Z Q, Xu J F, Wilde S A, et al., 2014. Geochronology and geochemistry of the Sangri Group volcanic rocks, southern Lhasa terrane: implications for the early subduction history of the Neo-Tethys and Gangdese magmatic arc[J]. Lithos, 200-201: 157-168.

Kapp P, DeCelles P G, Gehrels G E, et al., 2007. Geological records of the Lhasa-Qiangtang and Indo-Asian collisions in the Nima area of central Tibet[J]. Geological Society of America Bulletin, 119: 917-932.

Kapp P, Decelles P G, Gehrels G E, et al., 2007a. Geological records of the Lhasa-Qiangtang and Indo-Asian collisions in the Nima area of central Tibet[J]. Geological Society of America Bulletin, 119(7-8): 917-932.

Kapp P, DeCelles P G, Leier A L, et al., 2007b. The Gangdese retroarc thrust belt revealed[J]. GSA Today, 17(7): 4-9.

Kapp P, Decelles P G, 2019. Mesozoic-Cenozoic geological evolution of the Himalayan-Tibetan orogeny and working tectonic hypothese[J]. American Journal of Science, 319: 159-254.

Kapp P, Murphy M A, Yin A, et al., 2003. Mesozoic and Cenozoic tectonic evolution of the Shiquanhe area of western Tibet[J]. Tectonics, 22(4): 1029.

Kapp P, Yin A, Harrison T M, et al., 2005. Cretaceous-Tertiary shortening, basin development, and volcanism in central Tibet[J]. Geological Society of America Bulletin, 117(7-8): 865-878.

Kay R W, Kay S M, 1981. The nature of the lower continental crust: Inferences from geophysics, surface geology, and crustal xenoliths[J]. Rev. Geophys. Space Phys., 19: 271-297.

Kay S M, Mpodozis C, Tittler A, et al., 1994. Tertiary magmatic evolution of the Maricunga mineral belt in Chile[J]. International Geology Review, 36: 1079-1112.

Kay S M, Mpodozis C, 2001. Central Andean Ore Deposits Linked to Evolving Shallow Subduction Systems and Thickening Crust[J]. Geol. Soc. Am. Today, 11(3): 4-9.

Kay S M, Ramos V A, Marquez M, 1993. Evidence in Cerro Pampavolcanic rocks for slab- melting prior to ridge-trench collision in southern South America[J]. The Journal of Geology, 101(6): 703-714.

Kay S M, Ramos V A, Mpodozis C, et al., 1989. Late Paleozoic to Jurassic silicic magmatism at the Gondwanaland margin: analogy to the middle Proterozoic in North America?[J]. Geology, 17: 324-328.

Keay S, Collins W J, McCulloch M T, 1997. A three-component Sr/Nd isotopic mixing model for granitoid genesis, Lachlan fold belt, eastern Australia[J]. Geology, 25: 307-310.

Kelemen P B, Johnson K T M, Kinzler R J, et al., 1990. High-field-strength element depletions in arc basalts due to mantle-magma interaction[J]. Nature, 345(6275): 521-524.

Kemp A I S, Hawkesworth C J, Collins W J, et al., 2009. Isotopic evidence for rapid continental growth in an extensional accretionary orogeny: The Tasmanides, eastern Australia[J]. Earth and Planetary Science Letters, 284(3-4): 455-466.

Kemp A I S, Hawkesworth C J, Foster G L, et al., 2007. Magmatic and crustal differentiation history of granitic rocks from Hf-O isotopes in zircon[J]. Science, 315(5814): 980-983.

Kendall B, Creaser R A, Reinhard C T, et al., 2015. Transient episodes of mild environmental oxygenation and oxidative continental weathering during the late Archean[J]. Science Advances, 1(10).

Kendall B, Wang J Y, Zheng W, et al., 2020. Inverse correlation between the molybdenum and uranium isotope compositions of Upper Devonian black shales caused by changes in local depositional conditions rather than global ocean redox variations[J]. Geochimica et Cosmochimica Acta, 287: 141-164.

Kent D V, Muttoni G, 2008. Equatorial convergence of India and early Cenozoic climate trends[J]. Proceedings of the National Academy of Sciences of the United States of America, 105(42): 16065-16070.

Keppler H, 1996. Constraints from partitioning experiments on the composition of subduction-zone fluids[J]. Nature, 380: 237-240.

Ketcham R A, Carter A, Donelick R A, et al., 2007. Improved measurement of fission track annealing in apatite using C-axis projection[J]. American Mineralogist, 92: 789-798.

Ketcham R A, 2005. Forward and inverse modeling of low-temperature thermochronometry data[J]. Reviews in Mineralogy and Geochemistry, 58: 275-314.

Kieffer B, Arndt N, Lapierre H, et al., 2004. Flood and shield basalts from Ethiopia: magmas from the African super swell[J]. Journal of Petrology, 45(4): 793-834.

King P L, Chappell B W, Allen C M, et al., 2001. Are A-type granites the high-temperature felsic granites? Evidence from fractionated granites of the Wangrah Suite[J]. J. Geol. Soc. Australia, 48: 501-514.

King P L, White A J R, Chappell B W, et al., 1997. Characterization and Origin of Aluminous A-type Granites from the Lachlan Fold Belt[J]. Southeastern Australia. J. Petrol., 38(3):371-391.

Kodolányi J, Pettke T, Spandler C, et al., 2012. Geochemistry of ocean floor and fore-arc serpentinites: constraints on the ultramafic input to subduction zones[J]. J. Petrol., 53(2): 235-270.

Kohn M, Parkinson C D, 2002. Petrologic case for Eocene slab breakoff during the Indo-Asian collision[J]. Geology, 30: 591-594.

Kŏnig S, Wille M, Voegelin A, et al., 2016 Molybdenum isotope systematics in subduction zones[J]. Earth and Planetary Science Letters, 447: 95-102.

Kurzweil F, Drost K, Pasava J, et al., 2015. Coupled sulfur, iron and molybdenum isotope data from black shales of the Tepla-Barrandian unit argue against deep ocean oxygenation during the Ediacaran[J]. Geochimica et Cosmochimica Acta, 171: 121-142.

Lai W, Hu X, Garzanti E, et al., 2019a. Initial growth of the Northern Lhasaplano, Tibetan Plateau in the early Late Cretaceous (ca. 92 Ma)[J]. GSA Bulletin, 131 (11-12): 1823-1836.

Lai W, Hu X, Garzanti E, et al., 2019b. Early Cretaceous sedimentary evolution of the northern Lhasa terrane and the timing of initial Lhasa-Qiangtang collision[J]. Gondwana Research, 73: 136-152.

Lai W, Hu X, Ma A, et al., 2022. From the southern Gangdese Yeba arc to the Bangong Nujiang Ocean: Provenance of the Upper Jurassic-Lower Cretaceous Lagongtang Formation (northern Lhasa, Tibet) [J]. Palaeogeography, Palaeoclimatology, Palaeoecology, 588(12): 110837.

Lang X H, Wang X H, Deng Y L, et al., 2019. Early Jurassic volcanic rocks in the Xiongcun district, southern Lhasa subterrane, Tibet: Implications for the tectono-magmatic events associated with the early evolution of the Neo-Tethys Ocean[J]. Lithos, 340-341: 166-180.

Le Bas M J, Le Maitre R, Streckeisen A, et al., 1986. A chemical classification of volcanic rocks based on the total alkali-silica diagram[J]. Journal of Petrology, 27: 745-750.

Leake B E, Woolley A R, Arps C E S, et al., 1997. Nomenclature of amphiboles: Report of the subcommittee on amphiboles of the International Mineralogical Association, Commission on New Minerals and Mineral Names[J]. Canadian Mineralogist, 35: 219-246.

Leake B E, 1978. Nomenclature of amphiboles[J]. Am. Mineral., 63(11-12): 1023-1052.

277

Leake B E, 1990. Granite magmas: their sources, initiation and consequences of emplacement[J]. Journal of the Geological Society, 147(4): 579-589.

Leat P, Smellie J, Millar I, et al., 2003. Magmatism in the South Sandwich arc[J]. Geological Society of London, Special Publication, 219: 285-313.

Lee H Y, Chung S L, Lo C H, et al., 2009. Eocene Neotethyan slab breakoff in southern Tibet inferred from the Linzizong volcanic record[J]. Tectonophysics, 477: 20-35

Lei M, Chen J L, Xu J F, et al., 2019. Late Cretaceous magmatism in the NW Lhasa Terrane, southern Tibet: Implications for crustal thickening and initial surface uplift[J]. Geological Society of America Bulletin, 132(1-2):334-352.

Leier A L, Decelles P G, Kapp P, et al., 2007. Lower cretaceous strata in the Lhasa terrane, tibet, with implications for understanding the early tectonic history of the Tibetan plateau[J]. Journal of Sedimentary Research, 77: 809-825.

Li C, Zheng A, 1993. Paleozoic stratigraphy in the Qiangtang region of Tibet: Relations of the Gondwana and Yangtze continents and ocean closure near the end of the Carboniferous: International[J]. Geology Review, 35(9): 797-804.

Li G W, Kohn B, Sandiford M, et al., 2015b. Constraining the age of Liuqu Conglomerate, southern Tibet: Implications for evolution of the India-Asia Collision zone[J]. Earth and Planetary Science Letters, 426: 259-266.

Li G W, Kohn B, Sandiford M, et al., 2016c. Synorogenic morphotectonic evolution of the Gangdese batholith, south Tibet: Insights from lower-temperature thermochronology[J]. Geochemistry, Geophysics, Geosystems, 17(1): 101-112

Li H, Ling M, Li C, et al., 2012. A-type granite belts of two chemical subgroups in central eastern China: Indication of ridge subduction[J]. Lithos, 150: 26-36.

Li J X, Qin K Z, Li G M, et al., 2011. Post-collisional ore-bearing adakitic porphyries from Gangdese porphyry copper belt, southern Tibet: melting of thickened juvenile arc lower crust[J]. Lithos, 126(3-4): 265-277.

Li Q H, Zhang K J, Li Y H, et al., 2021. Contrasting latest Permian intracontinental gabbro and Late Triassic arc gabbro-diorite in the Gangdese constrain the subduction initiation of the Neo-Tethys[J]. International Geology Review, 63(18): 2356-2375.

Li R Y, Ke S, Li S G, et al., 2020. Origins of two types of Archean potassic granite constrained by Mg isotopes and statistical geochemistry: Implications for continental crustal evolution[J]. Lithos, 368-369: 105570.

Li S G, Yang W, Ke S, et al, 2017. Deep carbon cycles constrained by a large-scale mantle Mg isotope anomaly in eastern China[J]. National Science Review, 4: 111-120.

Li S G, Yang W, Ke S, et al., 2016b. Deep carbon cycles constrained by a large-scale mantle Mg isotope anomaly in eastern China[J]. National Science Review, 4(1): 111-120.

Li S M, Wang Q, Zhu D C, et al., 2018a. One or two Early Cretaceous arc systems in the Lhasa Terrane, southern Tibet[J]. Journal of Geophysical Research: Solid Earth, 123: 3391-3413.

Li S, Miller C F, Wang T, et al., 2022a. Role of sediment in generating contemporaneous, diverse type granitoid magmas[J]. Geology, 50(4): 427-431.

Li W Y, Teng F Z, Halama R, et al., 2016. Magnesium isotope fractionation during carbonatite magmatism at Oldoinyo Lengai, Tanzania[J]. Earth and Planetary Science Letters, 444: 26-33.

Li W Y, Teng F Z, Xiao Y L, 2018b. Magnesium isotope record of fluid metasomatism along the slab-mantle interface in subduction zones[J]. Geochimica et Cosmochimica Acta, 237: 312-319.

Li Y L, Wang C S, Dai J G, et al., 2015a. Propagation of the deformation and growth of the Tibetan-Himalayan orogen: A review[J]. Earth-Science Reviews, 143: 36-61.

Li Z Y, Ding L, Hinsbergen D J J, et al., 2022b. Jurassic true polar wander recorded by the Lhasa terrane on its northward journey from Gondwana to Eurasia[J]. Earth and Planetary Science Letters, 592: 117609.

Li Z Y, Ding L, Lippert P C, et al., 2016a. Paleomagnetic constraints on the Mesozoic drift of the Lhasa terrane (Tibet) from Gondwana to Eurasia[J]. Geology, 44: 727-730.

Liang X F, Chen Y, Tian X B, et al., 2016. 3D imaging of subducting and fragmenting Indian continental lithosphere beneath southern and central Tibet using body-wave finite-frequency tomography[J]. Earth and Planetary Science Letters, 443: 162-175.

Liang Y H, Chung S L, Liu D Y, et al., 2008. Detrital zircon conevidence from Burma for reorganization of the eastern Himalayan river system[J]. American Journal of Science, 308(4): 618-638.

Lin Y H, Zhang Z M, Dong X, et al., 2013. Precambrian evolution of the Lhasa terrane, Tibet: constraint from the zircon U-Pb geochronology of the gneisses[J]. Precambrian Research, 237: 64-77.

Lipman P W, Christiansen R L, Prostka H J, 1971. Evolving subduction zones in the western United States, as interpreted from igneous rocks[J]. Science, 148: 821-825.

Lippert P C, Zhao X X, Coe R S, et al., 2011. Palaeomagnetism and $^{40}Ar/^{39}Ar$ geochronology of upper Palaeogene volcanic rocks from Central Tibet: implications for the Cenozoic inclination anomaly, the palaeolatitude of Tibet and post-50Ma shortening within Asia[J]. Geophysical Journal International, 184: 131-161.

Litvinovsky B A, Jahn B M, Eyal M, 2015. Mantle-derived sources of syenites from the A-type igneous suites-New approach to the provenance of alkaline silicic magmas[J]. Lithos, 232: 242-265.

Liu D, Zhao Z D, DePaolo D J, et al., 2017a. Potassic volcanic rocks and adakitic intrusions in southern Tibet: insights into mantle-crust interaction and mass transfer from Indian plate[J]. Lithos, 268-271: 48-64.

Liu D, Zhao Z D, Zhu D C, et al., 2014. Postcollisional potassic and ultrapotassic rocks in southern Tibet: Mantle and crustal origins in response to India-Asia collision and convergence[J]. Geochimica et Cosmochimica Acta, 143: 207-231.

Liu D, Zhao Z D, Zhu D C, et al., 2015. Identifying mantle carbonatite metasomatism through Os-Sr-Mg isotopes in Tibetan ultrapotassic rocks[J]. Earth and Planetary Science Letters, 430: 458-469.

Liu D, Zhao Z, Depaolo D J, et al., 2017b. Potassic volcanic rocks and adakitic intrusions in southern Tibet: Insights into mantle-crust interaction and mass transfer from Indian plate[J]. Lithos, 268: 48-64.

Liu J, Xie C, Li C, et al., 2019. Origins and tectonic implications of Late Cretaceous adakite and primitive high-Mg andesite in the Songdo area, southern Lhasa subterrane[J]. Tibet. Gondwana. Res., 76.

Lu Y J, Loucks R R, Fiorentini M L et al., 2015. Fluid flux melting generated postcollisional high Sr/Y copper ore-forming water-rich mgmas in Tibet[J]. Geology, 43(7): 583-586.

Ma L, Kerr A C, Wang Q, et al., 2019a. Nature and evolution of crust in southern Lhasa, Tibet: Transformation from microcontinent to juvenile terrane[J]. Journal of Geophysical Research: Solid Earth, 124(7): 6452-6474.

Ma L, Wang Q, Kerr A C, et al., 2017b. Paleocene (ca. 62 Ma) leucogranites in southern Lhasa, Tibet: products of syn-collisional crustal anatexis during slab roll-back?[J]. Journal of Petrology, 58(11): 2089-2114.

Ma L, Wang Q, Li Z X, et al., 2013b. Early Late Cretaceous (ca. 93 Ma) norites and hornblendites in the Milin area, eastern Gangdese: lithosphere-asthenosphere interaction during slab roll-back and an insight into early Late Cretaceous (ca. 100-80 Ma) magmatic 'flare-up' in southern Lhasa (Tibet)[J]. Lithos, 172-173: 17-30.

Ma L, Wang Q, Li Z X, et al., 2017a. Subduction of India continent beneath southern Tibet in the latest Eocene

279

(~35 Ma): Insights from the Quguosha gabbros in southern Tibet[J]. Gondwana Research, 41: 77-92.

Ma L, Wang Q, Wyman D A, et al., 2013c. Late Cretaceous (100-89 Ma) magnesian charnockites with adakitic affinities in the Milin area, eastern Gangdese: partial melting of subducted oceanic crust and implications for crustal growth in southern Tibet[J]. Lithos, 175-176, 315-332.

Ma L, Wang Q, Wyman D A, et al., 2015. Late Cretaceous back-arc extension and arc system evolution in the Gangdese area, southern Tibet: Geochronological, petrological, and Sr-Nd-Hf-O isotopic evidence from Dagze diabases[J]. Journal of Geophysical Research: Solid Earth, 120: 6159-6181.

Ma L, Wang Q, Wyman D A, 2013a. Late Cretaceous crustal growth in the Gangdese area, southern Tibet: petrological and Sr-Nd-Hf isotopic evidence from Zhengga diorite-gabbro[J]. Chemical Geology, 349-350: 54-70.

Ma S W, Meng Y K, Xu Z Q, et al., 2017c. The discovery of late Triassic mylonitic granite and geologic significance in the middle Gangdese batholiths, southern Tibet[J]. Journal of Geodynamics, 104: 49-64.

Ma X X, Meert J G, Xu Z Q, et al., 2017d. Evidence of magma mixing identified in the Early Eocene Caina pluton from the Gangdese Batholith, southern Tibet[J]. Lithos, 278-281: 126-139.

Ma X X, Meert J G, Xu Z Q, et al., 2017e. Evidence of magma mixing identified in the Early Eocene Caina pluton from the Gangdese batholith, southern Tibet[J]. Lithos, 278-281: 126-139.

Ma X X, Meert J G, Xu Z Q, et al., 2018a. Late Triassic intra-oceanic arc system within Neotethys: Evidence from cumulate appinite in the Gangdese belt, southern Tibet[J]. Lithosphere, 10(4): 545-565.

Ma X X, Meert J, Xu Z Q, et al., 2018b. The Jurassic Yeba Formation in the Gangdese arc of S. Tibet: implications for upper plate extension in the Lhasa terrane[J]. International Geological Review, 61 (4): 481-503.

Ma X X, Xu Z Q, Meert J G, 2017f. Syn-convergence extension in the southern Lhasa terrane: evidence from Late Cretaceous adakitic granodiorite and coeval gabbroic-dioritic dykes[J]. J. Geodyn., 110: 12-30.

Ma X X, Xu Z Q, Meert J G, 2016. Eocene slab breakoff of Neotethys as suggested by dioritic dykes in the Gangdese magmatic belt, southern Tibet[J]. Lithos, 248-251: 55-65.

Ma X X, Xu Z Q, Zhao Z B, et al., 2019b. Identification of a new source for theTriassicLangjiexue Group: evidence from a gabbro-diorite complex in the Gangdese magmatic belt and zircon microstructures from sandstones in the Tethyan Himalaya, southern Tibet [J]. Geosphere, 16: 1-28.

Maas R, Nicholls I A, Legg C, 1997. Igneous and metamorphic enclaves in the S-type Deddick granodiorite, Lachlan Fold Belt, SE Australia: petrographic, geochemical and Nd-Sr isotopic evidence for crustal melting and magma mixing[J]. Journal of Petrology, 38: 815-841.

Macpherson C G, Dreher S T, Thirlwall M F, 2006. Adakites without slab melting: High pressure differentiation of island arc magma, Mindanao, the Philippines[J]. Earth and Planetary Science Letters, 243: 581-593.

Mancktelow N S, Pennacchioni G, 2004. The influence of grain boundary fluids on the microstructure of quartz-feldspar mylonites[J]. Journal of Structural Geology, 26: 47-69.

Maniar P D, Piccoli P M, 1989. Tectonic discrimination of granitoids[J]. Geological Society of America Bulletin, 101(5): 635-643.

Manning C E, 2004. The chemistry of subduction-zone fluids[J]. Earth Planet. Sci. Lett., 223: 1-16.

Marschall H R, Schumacher J C, 2012. Arc magmas sourced from mélange diapirs in subduction zones[J]. Nature Geoscience, 5(12): 862-867.

Marschall H R, Wanless V D, Shimizu N, et al., 2017. The boron and lithium isotopic composition of mid-ocean ridge basalts and the mantle[J]. Geochimica et Cosmochimica Acta, 207: 102-138.

Maruyama S, Hasegawa A, Santosh M, et al., 2009. The dynamics of big mantle wedge, magma factory, and metamorphic‐metasomatic factory in subduction zones[J]. Gondwana Research, 16(3-4): 414-430.

Mattews P E, Bond R A B, Berg J J vanden, 1974. An algebraic method of strain analysis using elliptical markers[J]. Tectonophysics, 24(1-2): 31-67.

Mcculloch M T, Gamble J, 1991. Geochemical and geodynamical constraints on subduction zone magmatism[J]. Earth and Planetary Science Letters, 102: 358-374.

McDonough W F, 2003. Compositional model for the earth's core. In: Carlson RW. The mantle and core, treatise on geochemistry[J]. Amsterdam: Elsevier, 2: 547-568.

Mclennan S M, Hemming S, Mcdaniel D K, et al., 1993. Geochemical approaches to sedimentation, provenance, and tectonics[J]. Special Paper of the Geological Society of America, 284: 21-40.

McMillan N J, Davidson J P, Wörner G, et al., 1993. Influence of crustal thickening on arc magmatism: Nevados de Payachata volcanic region, northern Chile[J]. Geology, 21: 467-470.

Means W, Hobbs B, Lister G, 1980. Vorticity and non-coaxiality in progressive deformations[J]. Journal of Structural Geology, 2: 371-378.

Menand T, 2008. The mechanics and dynamics of sills in layered elastic rocks and their implications for the growth of laccoliths and other igneous complexes[J]. Earth and Planetary Science Letters, 267(1-2): 93-99.

Menand T, 2011. Physical controls and depth of emplacement of igneous bodies: A review[J]. Tectonophysics, 500: 11-19.

Meng Y K, Dong H W, Cong Y, et al., 2016b. The early-stage evolution of the Neo-Tethys ocean: Evidence from granitoids in the middle Gangdese batholith, southern Tibet[J]. Journal of Geodynamics(94-95): 34-49.

Meng Y K, Mooney W D, Ma Y, et al., 2019b. Back-arc basin evolution in the southern Lhasa sub-terrane, southern Tibet: constraints from U-Pb ages and in-situ Lu-Hf isotopes of detrital zircons[J]. Journal of Asian Earth Sciences, 185: 104026.

Meng Y K, Santosh M, Mao G Z, et al., 2020. New constraints on the tectono-magmatic evolution of the central Gangdese belt from Late Cretaceous magmatic suite in southern Tibet[J]. Gondwana Research, 80: 123-141.

Meng Y K, Wang Q L, Wang X, et al., 2021b. Late Mesozoic diorites of the middle Gangdese magmatic belt of southern Tibet: New insights from SHRIMP U-Pb dating and Sr-Nd-Hf-O isotopes[J]. Lithos, 404-405: 106420.

Meng Y K, Xiong F H, Xu Z Q, et al., 2019a. Petrogenesis of Late Cretaceous mafic enclaves and their host granites in the Nyemo region of southern Tibet: Implications for the tectonic-magmatic evolution of the Central Gangdese Belt[J]. Journal of Asian Earth Sciences, 176: 27-41.

Meng Y K, Xiong F H, Yang J S, et al., 2019c. Tectonic Implications and Petrogenesis of the Various Types of Magmatic Rocks from the Zedang Area in Southern Tibet[J]. Journal of Earth Science, 30(6): 1125-1143.

Meng Y K, Xu Z Q, Santosh M, et al., 2016a. Late Triassic crustal growth in southern Tibet: evidence from the Gangdese magmatic belt[J]. Gondwana Research, 37: 449-464.

Meng Y K, Xu Z Q, Xu Y, et al., 2018. Late Triassic granites from the Quxu batholith shedding a new light on the evolution of the Gangdese belt in Southern Tibet[J]. Acta Geologica Sinica (English Edition), 92(2): 462-481.

Meng Y K, Yuan H Q, Santosh M, et al., 2021a. Heavy magnesium isotopes in the Gangdese Belt: Implications for magmatism in the Mesozoic subduction system of southern Tibet[J]. Lithos, 390-391: 106106.

Middlemost E A K, 1994. Naming materials in the magma/igneous rock system[J]. Earth-Science Review, 37: 215-224.

281

Miller C F, Mcdowell S M, Mapes R W, 2003. Hot and cold granites? Implications of zircon saturation temperatures and preservation of inheritance[J]. Geology,31(6):529-532.

Miller C F, 1985. Are strongly peraluminous magmas derived from pelitic sedimentary sources?[J]. Journal of Geology,93: 673-689.

Mišković A, Schaltegger U, 2009. Crustal growth along a non-collisional cratonic margin: A Lu-Hf isotopic survey of the Eastern Cordilleran granitoids of Peru[J]. Earth Planet. Sci. Lett., 279:303-315.

Mo X X, Dong G C, Zhao Z D, et al., 2005. Timing of magma mixing in the Gangdise magmatic belt during the India-Asia collision: Zircon SHRIMP U-Pb dating[J]. Acta Geologica Sinica (English Edition), 79(1): 66-76.

Mo X X, Dong G C, Zhao Z D, et al., 2009. Mantle input to the crust in southern Gangdese, Tibet, during the Cenozoic: Zircon Hf isotopic evidence[J]. Journal of Earth Science,20(2): 241-249.

Mo X X, Hou Z Q, Niu Y L, et al., 2007. Mantle contributions to crustal thickening during continental collision: Evidence from Cenozoic igneous rocks in southern Tibet[J]. Lithos,96: 225-242.

Mo X X, Niu Y L, Dong G C, et al., 2008. Contribution of syn-collisional felsic magmatism to continental crust growth: a case study of the Paleogene Linzizong volcanic succession in southern Tibet[J]. Chemical Geology, 250(1-4): 49-67.

Molnar P, Tapponnier P, 1978. Active tectonics of Tibet[J]. Journal of Geophysical Research: Solid Earth, 83 (B11): 5361-5375.

Molnar P, 1988. A review of geophysical constraints on the deep structure of the Tibetan Plateau, the Himalaya and the Karakoram, and their tectonic implications[J]. Philosophical Transactions of the Royal Society A: Mathematical, Physical and Engineering Sciences,326(1589): 33-88.

Moyen J F, 2009. High Sr/Y and La/Yb ratios: the meaning of the adakitic signature[J]. Lithos,112: 556-574.

Muir R G, Weaver S D, Bradshaw J D, 1995. Geochemistry of the Cretaceous separation point batholiths, New Zealand: granitoid magmas formed by melting mafic lithosphere[J]. Journal of Geological Society, 152: 689-701.

Muller D, Groves D I, 1994. Potassic Igneous Rocks and Associated Gold-copper Mineralization[J]. Lect. Notes Earth Sci.,56.

Müller D, Groves D I, 2019. Potassic igneous rocks and associated gold-copper mineralization (5th ed.)[J]. Mineral Resource Reviews. Springer, Switzerland:398.

Murphy M A, Yin A, Harrison T M, et al., 1997. Did the indo-asian collision alone create the tibetan plateau?[J]. Geology,25(8): 719-722.

Nakakuki T, Mura E, 2013. Dynamics of slab rollback and induced back-arc basin formation[J]. Earth Planet. Sci. Lett.,361:287-297.

Neil S M, Giorgio P, 2004. The influence of grain boundary fluids on the microstructure of Quartz-feldspar Mylonites[J]. Journal of Structural Geology,26:47-69.

Nesbitt H W, Young G M, 1982. Early Proterozoic climates and plate motions inferred from major element chemistry of lutites[J]. Nature,299: 715-717.

Nielsen S G, Marschall H R, 2017. Geochemical evidence for mélange melting in global arcs[J]. Science Advances,3(4): 4.

Niu Y L, Zhao Z D, Zhu D C, et al., 2013. Continental collision zones are primary sites for net continental crust growth-A testable hypothesis[J]. Earth-Science Reviews,127: 96-110.

Niu Y, 2012. Earth processes cause Zr-Hf and Nb-Ta fractionations, but why and how?[J]. RSC Advances,2:

3587-3591.

Niu Y, 2014. Geological understanding of plate tectonics: Basic concepts, illustrations, examples and new perspectives[J]. Earth Planet. Sci. Lett., 10: 23-46.

Noyes H J, Frey F A, Wones D R, 1983. A tale of two plutons: geochemical evidence bearing on the origin and differentiation of the Red Lake and Eagle Peak Plutons, Central Sierra Nevada, California[J]. The Journal of Geology, 91(5): 487-509.

Pan G T, Wang L Q, Li R S, et al., 2012. Tectonic evolution of the Qinghai-Tibet Plateau[J]. Journal of Asian Earth Sciences, 53(2): 3-14.

Passchier C W, Simpson C, 1986. Porphyroclast systems as kinematic indicators[J]. Journal of Structural Geology, 8: 831-843.

Passchier C W, 1987a. Efficient use of the velocity gradients tensor in flow modelling[J]. Tectonophysics, 136: 159-163.

Passchier C W, 1987b. Stable positions of rigid objects in non-coaxial flow-a study in vorticity analysis[J]. Journal of Structural Geology, 9: 679-690.

Passchier C, Trouw R A, 2005. Microtectonics[M]. 2nd ed. Berlin, Heidelberg: Springer.

Passchier C, 1988. The use of Mohr circles to describe non-coaxial progressive deformation[J]. Tectonophysics, 149: 323-338.

Passchier C, 1990a. Reconstruction of deformation and flow parameters from deformed vein sets[J]. Tectonophysics, 180: 185-199.

Passchier C, 1990b. A Mohr circle construction to plot the stretch history of material lines[J]. Journal of Structural Geology, 12: 513-515.

Paterson S R, Vernon R H, Tobisch O T, 1989. A review of criteria for the identification of magmatic and tectonic foliations in granitoids[J]. Journal of Structural Geology, 11(3): 349-363.

Patiño D A E, 1999. What do experiments tell us about the relative contributions of crust and mantle to the origin of granitic magmas?[J]. Geological Society, London, Special Publications, 168: 55-75.

Patiño D A E, Beard J S, 1996. Effects of P, f(O_2) and Mg/Fe ratio on dehydration melting of model metagreywackes[J]. Journal of Petrology, 37(5): 999-1024.

Patiño D A E, McCarthy T C, 1998. Melting of crustal rocks during continental collision and subduction. In: Hacker BR and Liou JG (eds.). When Continents collide: Geodynamics and Geochemistry of Ultrahigh-Pressure Rocks[J]. Petrology and Structural Geology. Dordrecht: Kluwer Academic Publishers, 10: 27-55.

Patiño D A E, Beard J S, 1995. Dehydration-melting of biotite gneiss and quartz amphibolite from 3 to 15 kbar[J]. Journal of Petrology, 36: 707-73.

Patiño D A E, 1999. What do experiments tell us about the relative contributions of crust and mantle to the origin of granitic magmas?[J]. Geological Society of London, Special Publication, 168: 55-75.

Pearce J A, Peate D W, 1995. Tectonic implications of the composition of volcanic arc magmas[J]. Annual Review of Earth and Planetary Sciences, 23(1): 251-285.

Pearce J A, Harris N B, Tindle A G, 1984. Trace element discrimination diagrams for the tectonic interpretation of granitic rocks[J]. Journal of Petrology, 25: 956-983.

Pearce J A, Peate D, 1995. Tectonic implications of the composition of volcanic arc magmas[J]. Annual Review of Earth and Planetary Sciences, 23: 251-286.

Pearce J A, Stern R J, Bloomer S H, et al., 2005. Geochemicalmapping of the Mariana arc-basin system: implications for the nature and distribution of subduction components[J]. Geochemistry, Geophysics,

Geosystems, 6(7).

Pearce J A, Stern R J, 2006. Origin of back-arc basin magmas: trace element and isotope perspectives[J]. Back-Arc Spreading Systems: Geological, Biological, Chemical, and Physical Interactions, 166: 63-86.

Pearce J A, 1982. Trace element characteristics of lavas from destructive plate boundaries[J]. Oroenic andesites and related rocks: 525-548.

Pearce J A, 1983. The role of sub-continental lithosphere inmagma genesis at destructive plate margins[J]. In: Hawkesworth, CJ, Norry MJ (Eds.).Continental Basalts and Mantle Xenoliths. Nantwich, Shiva: 230-249.

Pearce J A, 2008. Geochemical finger printing of oceanic basalts with applications to ophiolite classification and the search for Archaean oceanic crust[J]. Lithos, 100: 14-48.

Pearce T H, Cann J R, 1973. Tectonic setting of basic volcanic rocks determined using trace element analysis[J]. Earth and Planetary Science Letters, 19: 290-300.

Peccerillo A, Taylor S R, 1976. Geochemistry of Eocene calc-alkaline volcanic rocks from the Kastamonu area, northern Turkey[J]. Contributions to Mineralogy and Petrology, 58: 63-81.

Peccerillo A, 1992. Potassic and ultrapotassic rocks-compositional characteristics, petrogenesis, and geological significance[J]. Episodes, 15: 243-251.

Peccerillo A, 2003. Plio-Quaternary magmatism in Italy[J]. Episodes, 26: 222-226.

Pe-Piper G, Piper D J, Koukouvelas I, et al., 2009. Postorogenic shoshonitic rocks and their origin by melting underplated basalts: the Miocene of Limnos, Greece[J]. Geol. Soc. Am. Bull., 121(1-2): 39-54.

Petford N, Atherton M, 1996. Na-rich partial melts from newly underplated basaltic crust: The Cordillera Blanca batholith, Peru[J]. Journal of Petrology, 37: 1491-1521.

Pitcher W P, 1979. The nature, ascent and emplacement of granitic magmas[J]. Journal of the Geological Society, 136(6): 627-662.

Polat A, Kerrich R, 2001. Magnesian andesites, Nb-enriched basalt-andesites, and adakites from late-Archean 2.7 Ga Wawa greenstone belts, Superior Province, Canada: implications for late Archean subduction zone petrogenetic processes[J]. Contributions to Mineralogy and Petrology, 141: 36-52.

Powell C M A, 1986. Curvature of the Himalayan arc related to Miocene normal faults in southern Tibet[J]. Geology, 14: 358-359.

Qu X M, Hou Z Q, Li Y G, 2004. Melt components derived from a subducted slab in late orogenic ore-bearing porphyries in the Gangdese copper belt, southern Tibetan plateau[J]. Lithos, 74(3-4): 131-148.

Quade J, Breecker D O, Daeron M, et al., 2011. The paleoaltimetry of Tibet: an isotopic perspective[J]. American Journal Ofence, 311(2): 77-115.

Quidelleur X, Grove M, Lovera O M, et al., 1997. Thermal evolution and slip history of the Renbu Zedong Thrust, southeastern Tibet[J]. Journal of Geophysical Research, 102 (B2): 2659-2679.

Ramsay R G, Graham R H, 1970. Strain variations in shear belts[J]. Canadian Journal of Earth Sciences, 7(6): 786-810.

Ranero C R, Phipps Morgan J, McIntosh K, et al., 2003. Bending-related faulting and mantle serpentinization at the Middle America trench[J]. Nature, 425: 367-373.

Rapp R P, Shimizu N, Norman M D, et al., 1999. Reaction between slabderived melts and peridotite in the mantle wedge: experimental constraints at 3.8 GPa[J]. Chem. Geol., 160: 335-356.

Rapp R P, Watson E B, Miller C F, 1991. Partial melting of amphibolite/eclogite and the origin of Archean trondhjemites and tonalites[J]. Precambrian Research, 51(1-4): 1-25.

Rapp R P, Watson E B, 1995. Dehydration melting of metabasalt at 8-32 kbar: Implications for continental growth and crust-mantle recycling[J]. Journal of Petrology, 36: 891-931.

Reiners P W, 2005. Zircon U-Th/He thermochronometry[J]. Reviews in Mineralogy and Geochemistry, 58(1): 151-179.

Replumaz A, Negredo A M, Villaseñor A, et al., 2010. Indian continental subduction and slab breakoff during tertiary collision[J]. Terra Nova, 22: 290-296.

Richards J P, Boyce A J, Pringle M S, 2001. Geologic evolution of the Escondida Area, Northern Chile: A model for spatial and temporal localization of porphyry Cu mineralization[J]. Economic Geology, 96: 271-305.

Richards J P, Kerrich R, 2007. Adakie-like rocks: their diverse origins and questionable role in metallogenesis[J]. Economic Geology, 102 (4): 537-576.

Ridolfi F, Renzulli A, Puerini M, 2010. Stability and chemical equilibrium of amphibole in calc-alkaline magmas: an overview, new thermobarometric formulations and application to subduction-related volcanoes[J]. Contrib. Mineral. Petrol., 160: 45-66.

Rielli A, Tomkins A G, Nebel O, et al., 2018. Sulfur isotope and PGE systematics of metasomatised mantle wedge[J]. Earth and Planetary Science Letters, 497: 181-192.

Ringwood A E, 1990. Slab-mantle interactions: Petrogenesis of intraplate magmas and structure of the upper mantle[J]. Chemical geology, 82: 187-2007.

Rogers G, Hawkesworth C J, 1989. A geochemical traverse across the North Chilean Andes: Evidence for crust generation from the mantle wedge[J]. Earth and Planetary Science Letters, 91(3-4): 271-285.

Rohrmann A, Kapp P, Carrapa B, et al., 2012. Thermochronologic evidence for plateau formation in central Tibet by 45 Ma[J]. Geology, 40(2): 187-190.

Rollinson H R, 1993. Using geochemical data: evaluation, presentation, interpretation[J]. Harlow, Essex, Englang: Longman Scientific and Technical: 1-352.

Romer R L, Meixner A, Hahne K, 2014. Lithium and boron isotopic composition of sedimentary rocks-The role of source history and depositional environment: A 250 Ma record from the Cadomian orogeny to the Variscan orogeny[J]. Gondwana Research, 26: 1093-1110.

Rowley D B, Currie B S, 2006. Palaeo-altimetry of the late Eocene to Miocene Lunpola basin, central Tibet[J]. Nature, 439(7077): 677-681.

Rudnick R, Gao S, 2003. Composition of the continental crust[J]. In: Rudnick, R. (Ed.), The Crust, Treatise on Geochemistry. 3. Elsevier, Amsterdam: 1-64.

Sajona F G, Maury R C, Bellon H, et al., 1996. High field strength element enrichment of Pliocene-Pleistocene island arc basalts, Zamboanga Peninsula, Western Mindanao (Philippines)[J]. Journal of Petrology, 37(3): 693-726.

Salters V J M, Stracke A, 2004. Composition of the depleted mantle[J]. Geochemistry, Geophysics, Geosystems, 5: 469-484.

Scambelluri M, Pettke T, Cannaò E, 2015. Fluid-related inclusions in Alpine high-pressure peridotite reveal trace element recycling during subduction-zone dehydration of serpentinized mantle (Cima di Gagnone, Swiss Alps)[J]. Earth and Planeary Science Letters, 429: 45-59.

Schiano P, Monzier M, Eissen J P, et al., 2010. Simple mixing as the major control of the evolution of volcanic suites in the Ecuadorian Andes[J]. Contributions to Mineralogy and Petrology, 160 (2): 297-312.

Schlunegger F, Kissling E, 2015. Slab rollback orogeny in the Alps and evolution of the Swiss Molasse basin[J]. Nature Communication, 6: 8605.

Schmidt M W, Poli S, 1998. Experimentally basedWater Budgets for Dehydrating Slabs and Consequences for

Arc Magma Generation[J]. Earth Planet. Sci. Lett., 163 (1-4): 361-379.

Schmidt M W, 1992. Amphibole composition in tonalite as a function of pressure: An experimental calibration of the Al-in-hornblende barometer[J]. Contributions to Mineralogy and Petrology, 110: 304-310.

Searle M P, 2006. Role of the Red River shear zone, Yunnan and Vietnam, in the continental extrusion of SE Asia[J]. Journal of the Geological Society, 163(6): 1025-1036.

Sengör A M C, 1979. Mid-Mesozoic closure of Permo-Triassic Tethys and its implications[J]. Nature, 279: 590-593.

Sengör A M C, 1987. Tectonics of the Tethysides: orogenic collage development in a collisional setting[J]. Annual Review of Earth and Planetary Sciences, 15: 213.

Shellnutt J G, Jahn B M, Dostal J, 2010. Elemental and Sr-Nd isotope geochemistry of microgranular enclaves from peralkaline A-type granitic plutons of the Emeishan large igneous province, SW China[J]. Lithos, 119: 34-46.

Shen B, Jacobsen B, Lee C T, et al., 2009. The Mg isotopic systematics of granitoids in continental arcs and implications for the role of chemical weathering in crust formation[J]. Proc. Natl. Acad. Sci., 106: 20652-20657.

Shen Y, Jin S, Lei L L, et al., 2020. Deep thermal state on the eastern margin of the Lhasa-Gangdese belt and its constraints on tectonic dynamics based on the 3-D electrical model[J]. Tectonophysics, 793: 228606.

Shinjo R, Kato Y, 2000. Geochemical constraints on the origin of bimodal magmatism at the Okinawa Trough, an incipient back-arc basin[J]. Lithos, 54: 117-137.

Shu C T, Long X P, Yin C Q, et al., 2018. Continental crust growth induced by slab breakoff in collisional orogens: Evidence from the Eocene Gangdese granitoids and their mafic enclaves, South Tibet[J]. Gondwana Research, 64: 35-49.

Shui X F, He Z Y, Klemd R, et al., 2018. Early Jurassic adakitic rocks in the southern Lhasa sub-terrane, southern Tibet: petrogenesis and geodynamic implications[J]. Geological Magazine, 155(1): 132-148.

Shukuno H, Tamura Y, Tani K, et al., 2006. Origin of silicic magmas and the compositional gap at Sumisu submarine caldera, Izu-Bonin arc, Japan[J]. Journal of Volcanology and Geothermal Research, 156: 187-216.

Siebert C, Pett-Ridge J C, Opfergelt S, et al., 2015. Molybdenum isotope fractionation in soils: Influence of redox conditions, organic matter, and atmospheric inputs[J]. Geochimica et Cosmochimica Acta, 162: 1-24.

Simpson C, Paor D G D, 1993. Strain and kinematic analysis in general shear zones[J]. Journal of Structural Geology, 15(1): 1-20.

Sisson T W, Grove T L, Coleman D S, 1996. Hornblende gabbro sill complex at Onion Valley, California, and a mixing origin for the Sierra Nevada batholith[J]. Contributions to Mineralogy and Petrology, 126: 81-108.

Sisson T W, Layne G D, 1993. H_2O in basalt and basaltic andesite glass inclusions from four subduction-related volcanoes[J]. Earth and Planetary Science Letters, 117: 619-635.

Sisson T W, Ratajeski K, Hankins W B, et al., 2005. Voluminous granitic magmas from common basaltic sources[J]. Contributions to Mineralogy and Petrology, 148(6): 635-661.

Skjerlie K P, Patino Douce A E, 2002. The fluid-absent partial melting of a zoisite-bearing quartz eclogite from 1.0 to 3.2 GPa: Implications for melting in thickened continental crust and for subduction zone processes[J]. Journal of Petrology, 43: 291-314.

Smith J V, Brown W L, 1974. Feldspar minerals[J]. Springer-Verlag, 1-690.

Snow J E, Dick H J B, 1995. Pervasive magnesium loss by marine weathering of peridotite[J]. Geochimica et Cosmochimica Acta, 59(20): 4219-4235.

Spandler C, Hermann J, Faure K, et al., 2008. The importance of talc and chlorite 'hybrid' rocks for volatile recycling through subduction zones；evidence from the high-pressure subduction mélange of New Caledonia[J]. Contrib. Mineral. Petrol., 155：181-198.

Spandler C, Pettke T, Hermann J, 2014. Experimental study of trace element release during ultrahigh-pressure serpentinite dehydration[J]. Earth Planet. Sci. Let., 391：296-306.

Stampfli G M, Hochard C, Vérard C, et al., 2013. The formation of Pangea[J]. Tectonophysics, 593：1-19.

Stern C R, Kilian R, 1996. Role of the subducted slab, mantle wedge and continental crust in the generation of adakites from the Andean Austral Volcanic Zone[J]. Contrib. Mineral. Petrol., 123：263-281.

Stipp M, Stünitz H, Heilbronner R, et al., 2002. The eastern Tonale fault zone：A natural laboratory for crystal plastic deformation of quartz over temperature range from 250 to 700 ℃[J]. Journal of Structural Geology, 24：1861-1884.

Stracke A, Tipper E T, Klemme S, et al., 2018. Mg isotope systematics during magmatic processes：Intermineral fractionation in mafic to ultramafic Hawaiian xenoliths[J]. Geochimica et Cosmochimica Acta, 226：192-205.

Streck M J, Leeman W P, Chesley J, 2007. High-magnesian andesite from Mount Shasta：A product of magma mixing and contamination, not a primitive mantle[J]. Geology, 35(1)：351-354.

Su B X, Hu Y, Teng F Z, et al., 2019. Light Mg isotopes in mantle-derived lavas caused by chromite crystallization, instead of carbonatite metasomatism[J]. Earth and Planetary Science Letters, 522：79-86.

Sun G, Hu X, Sinclair H D, et al., 2015. Late Cretaceous evolution of the Coqen Basin（Lhasa terrane）and implications for early topographic growth on the Tibetan Plateau[J]. Geological Society of America Bulletin, 127（7-8）：1001-1020.

Sun G, Hu X, Sinclair H D, 2017. Early Cretaceous palaeogeographic evolution of the Coqen Basin in the Lhasa Terrane, southern Tibetan Plateau[J]. Palaeogeography, Palaeoclimatology, Palaeoecology, 485：101-118.

Sun S S, McDonough, W F, 1989. Chemical and isotopic systematics of oceanic basalts：implications for mantle composition and processes[J]. Geol. Soc. Lond, Spec. Publ., 42：313-345.

Sun X, Lu Y, McCuaig T C, et al., 2018. Miocene ultrapotassic, high-Mg dioritic, and adakite-like rocks from Zhunuo in Southern Tibet：Implications for mantle metasomatism and porphyry copper mineralization in collisional orogens[J]. Journal of Petrology, 59：341-386.

Sylvester P J, 1998. Post-collisional strongly peraluminous granites[J]. Lithos, 45：29- 44.

Tang J X, Lang X H, Xie F W, et al., 2015. Geological characteristics and genesis of the Jurassic No. I porphyry Cu-Au deposit in the Xiongcun district, Gangdese porphyry copper belt, Tibet[J]. Ore Geology Reviews, 70(4)：438-456.

Tapponnier P, Peltzer G, Dain A Y L, et al., 1982. Propagating extrusion tectonics in Asia：New insights from simple experiments with plasticine[J]. Geology, 10(12)：611-616.

Taylor S R, McLennan S M, 1985. The Continental crust：its composition and evolution[J]. Blackwell Scientific Publication, 1-132.

Teng F Z, Li W Y, Ke S, et al., 2010. Magnesium isotopic composition of the Earth and chondrites[J]. Geochimica et Cosmochimica Acta, 74(14)：4150-4166.

Teng F Z, McDonough W F, Rudnick R, et al., 2004. Lithium isotopic composition and concentration of the upper continental crust[J]. Geochim. Cosmochim. Acta, 68：4167-4178.

Teng F Z, Wang S J, Moynier F, 2019. Tracing the formation and differentiation of the Earth by non-traditional stable isotopes[J]. Sci. China Earth Sci., 62：1702-1715.

Teng F Z, 2017. Magnesium isotope geochemistry[J]. Reviews in Mineralogy and Geochemistry, 82：219-287.

Thomas J B, Bodnar R J, Shimizu N, et al., 2002. Determination of zircon/melt trace element partition coefficients from SIMS analysis of melt inclusions in zircon[J]. Geochim. Cosmochim. Acta,66: 2887-2901.

Tian H C, Yang W, Li S G, et al., 2016. Origin of low $\delta^{26}Mg$ basalts with EM-I component: evidence for interaction between enriched lithosphere and carbonated asthenosphere. Geochim[J]. Cosmochim. Acta1,88: 93-105.

Tian S H, Yang Z S, Hou Z Q, et al., 2017. Subduction of the Indian lower crust beneath southern Tibet revealed by the postcollisional potassic and ultrapotassic rocks in SW Tibet[J]. Gondwana Research,41: 29-50.

Tikoff B, Fossen H, 1995. The limitations of three-dimensional kinematic vorticity analysis[J]. Journal of Structural Geology,17: 1771-1784.

Tullis J, Yund R A, 1991. Diffusion creep in feldspar aggregates: Experimental evidence[J]. Journal of Structural Geology,13: 987-1000.

Ulmer P, Callegari E, Sonderegger U C, 1983. Genesis of the mafic and ultramafic rocks and their genetical relations to the tonalitic-trondhjemitic granitoids of the southern part of the Adamello batholith (Northern Italy)[J]. Memoriedella Societa Geologica Italiana,26: 171-222.

Ulmer P, Trommsdorff V, 1995. Serpentine stability to mantle depths and subduction-related magmatism[J]. Science,268 (5212): 858-861.

Valley J W, Kinny P D, Schulze D J, et al., 1998. Zircon megacrysts from kimberlite: Oxygen isotope variability among mantle melts[J]. Contribution to Mineralogy and Petrology,133: 1-11.

Valley J W, Lackey J S, Cavosie A J, et al., 2005. 4.4 billion years of crustal maturation: oxygen isotope ratios ofmagmatic zircon[J]. Contributions to Mineralogy and Petrology,150: 561-580.

Van Hinsbergen D J J, Lippert P C, Dupont-Nivet G, et al., 2012. Greater India Basin hypothesis and a two-stage Cenozoic collision between India and Asia[J]. Proceedings of the National Academy of Sciences,109: 7659-7664.

Van Hinsbergen D J J, Steinberger B, Doubrovine P V, et al., 2011. Acceleration and deceleration of India-Asia convergence since the Cretaceous: roles of mantle plumes and continental collision[J]. Journal of Geophysical Research (Solid Earth),116(B6): 100-114.

Vernon R H, 1983. Restite, Xenoliths and microgranitoid enclaves in granites[J]. Journal and Proceedings of the Royal Society of New South Wales,116: 77-103.

Vernon R H, 1984. Microgranitoid enclaves in granites|[mdash]|globules of hybrid magma quenched in a plutonic environment[J]. Nature,309(5967): 438-439.

Virginia G T, David J P, Richard J N, 2008. Quartz fabrics in the Alpine Fault mylonites: Influence of pre-existing preferred orientation on fabric development during progressive uplift[J]. Journal of Structural Geology,30: 602-621.

Visonà D, Lombardo B, 2002. Two-mica and tourmaline leucogranites from the Everest-Makalu region (Nepal-Tibet). Himalayan leucogranite genesis by isobaric heating?[J]. Lithos,62(3-4): 125-150.

Voegelin A R, Pettke T, Greber N D, et al., 2014. Magma differentiation fractionates Mo isotope ratios: Evidence from the Kos Plateau Tuff (Aegean Arc)[J]. Lithos,190: 440-448.

Wallis S, 1995. Vorticity analysis and recognition of ductile extension in the Sanbagawa belt, SW Japan[J]. Journal of Structural Geology,17: 1077-1094.

Wang C, Ding L, Zhang L Y, et al., 2016. Petrogenesis of middle-late Triassic volcanic rocks from the Gangdese belt, southern Lhasa terrane: Implications for early subduction of Neo-Tethyan oceanic lithosphere[J]. Lithos, 262: 320-333.

Wang D, Romer R L, Guo J H, et al., 2020b. Li and B isotopic fingerprint of Archean subduction[J]. Geochimica et Cosmochimica Acta, 268: 446-466.

Wang E C, 2017. A discussion on the timing of the initial collision between the Indian and Asian continents[J]. Science China: Earth Sciences, 47: 284-292.

Wang E Q, Kamp P J J, Xu G Q, et al., 2015c. Flexural bending of southern Tibet in a retro foreland setting[J]. Scientific Reports, 5: 12076.

Wang E, Kirby E, Furlong K P, et al., 2012. Two-phase growth of high topography in eastern Tibet during the Cenozoic[J]. Nature Geoscience, 5(9): 640-645.

Wang H Q, Ding L, Kapp P, et al., 2018. Earliest Cretaceous accretion of Neo-Tethys oceanic subduction along the Yarlung Zangbo Suture Zone, Sangsang area, southern Tibet[J]. Tectonophysics, 744: 373-389.

Wang J G, Hu X M, Garzanti E, et al., 2017b. Early Cretaceous topographic growth of the Lhasaplano, Tibetan plateau: constraints from the Damxung conglomerate[J]. J.Geophys. Res. Solid Earth, 122(7).

Wang J G, Yang F, Santosh M, et al., 2022a. Middle Triassic volcanic rocks from the Gangdese belt, southern Tibet: petrogenesis and implications for Tethys tectonic evolution[J]. International Geology Review, 64(6): 867-884.

Wang J, Zhang Z, Xin D, et al., 2009. Discovery of Late Cretaceous garnet two-pyroxene granulite in the southern Lhasa terrane, Tibet and its tectonic significances[J]. Acta. Petrol. Sin., 25: 1695-1706.

Wang Q L, Meng Y K, Wei Y Q, et al., 2022b. Identification of the early Cretaceous granitic pluton and tectonic implications in the middle Gangdese belt, southern Tibet[J]. Frontiers in Earth Science, 10: 979313.

Wang Q, Wyman D A, Xu J F, et al., 2008. Eocene melting of subducting continental crust and early uplifting of central Tibet: Evidence from central-western Qiangtang high-K calc-alkaline andesites, dacites and rhyolites[J]. Earth and Planetary Science Letters, 272(1-2): 158-171.

Wang Q, Xu J F, Jian P, et al., 2006. Petrogenesis of Adakitic Porphyriesinan ExtensionalTectonic Setting, Dexing, South China: Implications for the Genesis of Porphyry Copper Mineralization[J]. Journal of Petrology, 47(1): 119-144.

Wang Q, Xu J, Zhao Z, et al., 2004. Cretaceous high-potassium intrusive rocks in the Yueshan-Hongzhen area of east China: Adakites in an extensional tectonic regime within a continent[J]. Geochem. J., 38: 417-434.

Wang R Q, Qiu J S, Yu S B, et al., 2017a. Crust-mantle interaction during Early Jurassic subduction of Neo-Tethyan oceanic slab: evidence from the dongga gabbro-granite complex in the southern Lhasa subterrane, Tibet[J]. Lithos, 292-293: 262-277.

Wang R Q, Qiu J S, Yu S B, et al., 2019a. Magma mixing origin for the Quxu intrusive complex in southern Tibet: insights into the early Eocene magmatism and geodynamics of the southern Lhasa subterrane[J]. Lithos, 328-329: 14-32.

Wang R, Richards J P, Hou Z Q, et al., 2015a. Zircon U-Pb age and Sr-Nd-Hf-O isotope geochemistry of the Paleocene-Eocene igneous rocks in western Gangdese: Evidence for the timing of Neo-Tethyan slab breakoff[J]. Lithos, 224-225: 179-194.

Wang R, Richards J P, Zhou L M, et al., 2015b. The role of Indian and Tibetan lithosphere in spatial distribution of Cenozoic magmatism and porphyry Cu-Mo deposits in the Gangdese belt, southern Tibet[J]. Earth-Science Reviews, 150: 68-94.

Wang S J, Teng F Z, Li S G, et al., 2017. Tracing subduction zone fluid-rock interactions using trace element and Mg-Sr-Nd isotopes[J]. Lithos, 290: 94-103.

Wang X H, Lang X H, Tang J H, et al., 2019c. Early-Middle Jurassic (182-170) Ruocuo adakitic porphyries, southern margin of the Lhasa terrane, Tibet: Implications for geodynamic setting and porphyry Cu-Au mineralization[J]. Journal of Asian Earth Sciences, 173: 336-351.

Wang Y F, Zeng L S, Gao J H, et al., 2019b. Along-arc variations in isotope and trace element compositions of Paleogene gabbroic rocks in the Gangdese batholith, southern Tibet[J]. Lithos, 324-325: 877-892.

Wang Z Z, Zhao Z D, Asimow P D, et al., 2020a. Shoshonitic enclaves in the high Sr/Y Nyemo pluton, southern Tibet: Implications for Oligocene magma mixing and the onset of extension of the southern Lhasa terrane[J]. Lithos, 362-363: 105490.

Wei B, Christina Y W, Yann L, et al., 2019. S and C Isotope Constraints for Mantle-Derived Sulfur Source and Organic Carbon-Induced Sulfide Saturation of Magmatic Ni-Cu Sulfide Deposits in the Central Asian Orogenic Belt, North China[J]. Economic Geology, 144: 787-806.

Wei Y Q, Zhao Z D, Niu Y L, et al., 2017. Geochronology and geochemistry of the Early Jurassic Yeba Formation volcanic rocks in southern Tibet: initiation of back-arc rifting and crustal accretion in the southern Lhasa terrane[J]. Lithos, 278-281: 477-490.

Wei Y Q, Zhao Z D, Niu Y L, et al., 2020. Geochemistry, detrital zircon geochronology and Hf isotope of the clastic rocks in southern Tibet: Implications for the Jurassic-Cretaceous tectonic evolution of the Lhasa terrane[J]. Gondwana Research, 78: 41-57.

Wen D R, Liu D Y, Chung S L, et al., 2008a. Zircon SHRIMP U-Pb ages of the Gangdese batholith and implications for Neotethyan subduction in southern Tibet[J]. Chemical Geology, 252(3-4): 191-201.

Wen D R, Chung S L, Song B, et al., 2008b. Late Cretaceous Gangdese intrusions of adakitic geochemical characteristics, SE Tibet: Petrogenesis and tectonic implication[J]. Lithos, 105(1-2): 1-11.

Wen D R, 2007. The Gangdese batholith southern Tibet: ages, geochemical characteristic and petrogenesis[D]. Taibei: National Taiwan University.

Whalen J B, Chappell B W, 1988. Opaque mineralogy and mafic mineral chemistry of I-and S-type granites of the Lachlan fold belt, southeast Australia[J]. American Mineralogist, 73: 281-296.

Whalen J B, Currie K L, Chappell B W, 1987. A-type granites: geochemical characteristics, discrimination and petrogenesis[J]. Contrib. Mineral. Petrol, 95: 407-419.

White R V, Tarney J, Kerr A C, et al., 1999. Modification of an oceanic plateau, Aruba. Dutch Caribbean: implications for the generation of continental crust[J]. Lithos, 46: 43-68.

White S H, 1977. Geological significance of recovery and recrystallization processes in quartz[J]. Tectonophysics, 39: 143-170.

Wiebe R A, Manon M R, Hawkins D P, 2004. Late-Stage mafic injection and thermal rejuvenation of the Vinalhaven granite, coastal marine[J]. Journal of Petrology, 45(11): 2133-2153.

Williams H, Turner S, Kelley S, et al., 2001. Age and composition of dikes in southern Tibet: New constraints on the timing of east-west extension and its relationship to post collisional volcanism[J]. Geology, 29(4): 339-342.

Wilson M, 2001. Igneous Petrogenesis[M]. London: Unwin Hyman.

Winchester J, Floyd P, 1977. Geochemical discrimination of different magma series and their differentiation products using immobile elements[J]. Chemical Geology, 20: 325-343.

Winter J D, 2001. An Introduction to Igneous and Metamorphic Petrology[J]. Prenticee Hall: 1-697.

Winther K T, 1996. An experimentally based model for the origin of tonalitic and trondhjemitic melts[J]. Chemical Geology, 127(1-3): 43-59.

Wolf M B, Wyllie J P, 1994. Dehydration-melting of amphibolite at 10 kbar: The effects of temperature and time[J]. Contributions to Mineralogy and Petrology, 115(4): 369-383.

Woodhead J D, Greenwood P, Harmon R S, et al., 1993. Oxygen isotope evidence for recycled crust in the source of EM-type ocean island basalts[J]. Nature, 362(6423): 809-813.

Wright J B, 1969. A simple alkalinity ratio and its application to questions of non-orogenic granite genesis[J]. Geological Magazine, 106(4): 370-384.

Wu C D, Zheng Y C, Xu B, et al., 2018. The genetic relationship between JTA-like magmas and typical adakites: An example from the Late Cretaceous Nuri complex, southern Tibet[J]. Lithos, 320-321: 265-279.

Wu C L, Tian X B, Xu T, et al., 2019. Deformation of crust and upper mantle in central Tibet caused by the northward subduction and slab tearing of the India lithosphere: New evidence based on shear wave splitting measurements[J]. Earth and Planetary Science Letters, 514: 75-83.

Wu F Y, Ji W Q, Liu C Z, et al., 2010. Detrital zircon U-Pb and Hf isotopic data from the Xigaze fore-arc basin: constraints on Transhimalayan magmatic evolution in southern Tibet[J]. Chemical Geology, 271(1-2): 13-25.

Wu F Y, Liu X C, Ji W Q, et al., 2017. Highly fractionated granites: Recognition and research[J]. Science China Earth Sciences, 60: 1201-1219.

Wu Z H, Barosh P J, Wu Z H, et al., 2008. Vast early Miocene lakes of the central Tibetan Plateau[J]. Geological Society of America Bulletin, 120(9-10): 1326-1337.

Wunder B, Schreyer W, 1997. Antigorite: High-pressure stability in the system MgO-SiO$_2$-H$_2$O (MSH)[J]. Lithos, 41(1-3): 213-227.

Wyllie P J, Sekine T, 1982. The formation of mantle phlogopite in subduction zone hybridization. Contrib[J]. Mineral. Petrol, 79: 375-380.

Xiong F H, Meng Y K, Yang J S, et al., 2020. Geochronology and petrogenesis of the mafic dykes from the Purang ophiolite: Implications for evolution of the western Yarlung-Tsangpo suture zone, Tibet[J]. Geoscience Frontiers, 11: 277-292.

Xu J F, Shinjo R, Defant M J, et al., 2002. Origin of Mesozoic adakitic intrusive rocks in the Ningzhen area of east China: partial melting of delaminated lower continental crust[J]. Geology, 30(12): 1111-1114.

Xu W C, Zhang H F, Guo L, 2010. Miocene high Sr/Y magmatism, south Tibet: product of partial melting of subducted Indian continental crust and its tectonic implication[J]. Lithos, 114(3-4): 293-306.

Xu W C, Zhang H F, Luo B J, et al., 2015. Adakite-like geochemical signature produced by amphibole-dominated fractionation of arc magmas: an example from the Late Cretaceous magmatism in Gangdese belt, South Tibet[J]. Lithos, 232: 197-210.

Xu W, Zhu D C, Wang Q, et al., 2019. Constructing the Early Mesozoic Gangdese Crust in Southern Tibet by Hornblende-dominated Magmatic Differentiation[J]. Journal of Petrology, 60: 515-552.

Xu Y G, Wang Q, Tang G J, et al., 2020. The origin of arc basalts: New advances and remaining questions[J]. Sci. China Earth Sci., 63(12): 1969-1991.

Xu Z Q, Wang Q, Pecher A, et al., 2013. Orogen-parallel ductile shear extension and extrusion of the Greater Himalaya in the late Oligocene and Miocene[J]. Tectonics, 32: 191-215.

Xypolias P, Koukouvelas I, 2001. Kinematic vorticity and strain rate patterns associated with ductile extrusion in the Chelmos Shear Zone (External Hellenides, Greece)[J]. Tectonophysics, 338: 59-77.

Xypolias P, 2010. Vorticity analysis in shear zones: A review of methods and applications[J]. Journal of Structural Geology, 32: 2072-2092.

Yan H Y, Long X P, Li J, et al., 2019. Arc Andesitic Rocks Derived From Partial Melts of Melange Diapir in Subduction Zones: Evidence From Whole-Rock Geochemistry and Sr-Nd-Mo Isotopes of the Paleogene Linzizong Volcanic Succession in Southern Tibet[J]. Journal of Geophysical Research: Solid Earth, 124(1):

291

456-475.

Yang H, Ge W, Zhao, G, et al., 2015c. Late Triassic intrusive complex in the Jidong region, Jiamusi-Khanka Block, NE China: Geochemistry, zircon U-Pb ages, Lu-Hf isotopes, and implications for magma mingling and mixing[J]. Lithos,224:143-159.

Yang J S, Xu Z Q, Li Z L, et al., 2009. Discovery of an eclogite belt in the Lhasa block: A new border for Paleo-Tethys?[J]. Journal of Asian Earth Sciences,34: 76-89.

Yang J, Siebert C, Barling J, et al., 2015a. Absence of molybdenum isotope fractionation during magmatic differentiation at Hekla volcano,Iceland[J]. Geochimica Et Cosmochimica Acta,162: 126-136.

Yang J, Wu F, Chung S, et al., 2006. A hybrid origin for the Qianshan A-type granite, northeast China: Geochemical and Sr-Nd-Hf isotopic evidence[J]. Lithos,89:89-106.

Yang T S, Ma Y M, Bian W W, et al., 2015b. Paleomagnetic results from the Early Cretaceous Lakang Formation lavas: Constraints on the paleolatitude of the Tethyan Himalaya and the India-Asia collision[J]. Earth and Planetary Science Letters,428: 120-133.

Yang Z, Hou Z, Chang Z, et al., 2016. Cospatial Eocene and Miocene granitoids from the Jiru Cu deposit in Tibet: petrogenesis and implications for the formation of collisional and postcollisional porphyry Cu systems in continental collision zones[J]. Lithos,245:243-257.

Yang Z, Lu Y, Hou Z, et al., 2015d. High-Mg diorite from Qulong in southern Tibet: Implications for the genesis of adakite-like intrusions and associated porphyry Cu deposits in collisional orogens[J]. Journal of Petrology,56:227-254.

Yang W, Teng F Z, Zhang H F, et al., 2012. Magnesium isotopic systematics of continental basalts from the North China craton: implications for tracing subducted carbonate in the mantle [J]. Chem. Geol., 328: 185-194.

Yi J K, Wang Q, Zhu D C, et al., 2018. Westward-younging high-Mg adakitic magmatism in central Tibet: Record of a westward-migrating lithospheric foundering beneath the Lhasa-Qiangtang collision zone during the Late Cretaceous[J]. Lithos,316-317: 92-103.

Yin A, 2006. Cenozoic tectonic evolution of the Himalayan orogeny as constrained by along-strike variation of structural geometry,exhumation history,and foreland sedimentation[J]. Earth-Science Reviews,76: 1-131.

Yin A, Harrison T M,2000. Geologic evolution of the Himalayan-Tibetan orogeny[J]. Annual Reviews of Earth and Planet Science Letters,28: 211-280.

Yin A, Harrison T M, Ryerson F J, et al., 1994. Tertiary structural evolution of the Gangdese thrust system, southeastern Tibet[J]. Journal of Geophysical Research,99(B9): 18175-18201.

Yin C, Ou J, Long X, et al., 2019. Late Cretaceous Neo-Tethyan slab rollback: Evidence from zircon U-Pb-O and whole-rock geochemical and Sr-Nd-Fe isotopic data of adakitic plutons in the Himalaya-Tibetan Plateau[J]. Geol. Soc. Am. Bull., 326:144-157.

Yin J Y, Chen W, Xiao W J, et al., 2017. Late Silurian-early Devonian adakitic granodiorite, A-type and I-type granites in NW Junggar,NW China: partial melting of mafic lower crust and implications for slab roll-back[J]. Gondwana Res.,43:55-73.

Zen E A, 1989. Plumbing the depths of batholiths [J]. American Journal of Science,289: 1137-1157.

Zeng L, Gao L E, Xie K, et al., 2011. Mid-Eocene high sr/y granites in the northern himalayan gneiss domes: melting thickened lower continental crust[J]. Earth and Planetary Science Letters,303(3-4): 251-266.

Zhang B, Zhang J J, Zhong D L, et al., 2009. Strain and kinematic vorticity analysis: An indicator for sinistral transpressional strain-partitioning along the Lancangjiang shear zone, western Yunnan, China[J]. Science in

292

China Series（D：Earth Sciences），52（5）：602-618.

Zhang H L，Yang W G，Zhu L D，et al．，2019b. Zircon U-Pb age，geochemical characteristics and geological significance ofhighly differentiated S-type granites in the south Lhasa block [J]. Mineralogy and Petrology，39（01）：52-62.

Zhang J J，Santosh M，Wang X X，et al．，2012c. Tectonics of the northern Himalaya since the Inida-Asia collision[J]. Gondwana Research，21：939-960.

Zhang K J，Zhang Y X，Tang X C，et al．，2012a. Late Mesozoic tectonic evolution and growth of the Tibetan plateau prior to the Indo-Asian collision[J]. Earth-Science Reviews，114：236-249.

Zhang L L，Liu C Z，Wu F Y，et al．，2014b. Zedong terrane revisited：an intra-oceanic arc within Neo-Tethys or a part of the Asian active continental margin?[J]. Journal of Asian Earth Sciences，80：34-55.

Zhang L P，Hu Y B，Deng J H，et al．，2021.Genesis and mineralization potential of the Late Cretaceous Chemen granodiritic intrusion in the southern Gangdese magmatic belt，Tibet[J]. Journal of Asian Earth Sciences，217：104829.

Zhang L X，Wang Q，Zhu D C，et al．，2019a. Generation of leucogranites via fractional crystallization：A case from the Late Triassic Luoza batholith in the Lhasa Terrane，southern Tibet[J]. Gondwana Research，66：63-76.

Zhang L Y，Ducea M N，Ding L，et al．，2014a. Southern Tibetan Oligocene-Miocene adakites：A record of Indian slab tearing[J]. Lithos，210-211：209-223.

Zhang L Y，Ducea M N，Ding L，et al．，2014c. Southern Tibetan Oligocene－Miocene adakites：a record of Indian slab tearing[J]. Lithos，210：209-223.

Zhang Q H，Willems H，Ding L，et al．，2012b. Initial India-Asia continental collision and foreland basin evolution in the Tethyan Himalaya of Tibet：evidence from stratigraphy and paleontology[J]. Journal of Geology，120（2）：175-189.

Zhang Z M，Shen K，Santosh M，et al．，2011. High density carbonic fluids in a slab window：evidence from the Gangdese charnockite，Lhasa terrane，southern Tibet[J]. Journal of Asian Earth Sciences，42：515-524.

Zhang Z M，Zhao G C，Santosh M，et al．，2010. Late Cretaceous charnockite with adakitic affinities from the Gangdese batholith，southeastern Tibet：evidence for Neo-Tethyan mid-ocean ridge subduction? [J]. Gondwana Research，17：615-631.

Zhao W J，Nelson K D，Che J，et al．，1993. Deep seismic reflection evidence for continental underthrusting beneath southern Tibet[J]. Nature，366（6455）：557-559.

Zhao Z D，Mo X X，Dilek Y，et al．，2009. Geochemical and Sr-Nd-Pb-O isotopic compositions of the post-collisional ultrapotassic magmatism in SW Tibet：petrogenesis and implications for India intra-continental subduction beneath southern Tibet[J]. Lithos，113（S1-2）：190-212.

Zhao Z，Hu D，Wu Z，et al．，2012. Molybdenite Re-Os isotopic dating of Sangbujiala copper deposit in the south margin of the eastern gangdese section，Tibet，and its geological implications [J]. Geomech，18：178-186.

Zheng Y C，Hou Z Q，Gong Y L，et al．，2014. Petrogenesis of Cretaceous adakite-like intrusions of the Gangdese plutonic belt，southern Tibet：implication for mid-ocean ridge subduction and crustal growth[J]. Lithos，190-191：240-263.

Zheng Y，Hou Z，Li Q，et al．，2012b. Origin of Late Oligocene adakitic intrusives in the southeastern Lhasa terrane：evidence from in situ zircon U-Pb dating，Hf-O isotopes，and whole-rock geochemistry[J]. Lithos，148：296-311.

Zheng Y，Hou Z，Li W，et al．，2012a. Petrogenesis and Geological Implications of the Oligocene Chongmuda-

Mingze Adakitelike Intrusions and their Mafic Enclaves,Southern Tibet[J].Geology,120:647-669.

Zhou L M,Wang R,Hou Z Q,et al.,2018. Hot Paleocene-Eocene Gangdese arc:Growth of continental crust in southern Tibet[J]. Gondwana Research,62: 178-197.

Zhu D C,Li S M,Cawood P A,et al.,2016. Assembly of the Lhasa and Qiangtang terranes in central Tibet by divergent double subduction[J]. Lithos,245: 7-17.

Zhu D C,Pan G T,Chung S L,et al.,2008. SHRIMP zircon age and geochemical constraints on the origin of Lower Jurassic volcanic rocks from the Yeba Formation,southern Gangdese,South Tibet[J]. International Geology Review,50: 442-471.

Zhu D C,Wang Q,Cawood P A,et al., 2017. Raising the Gangdese Mountains in southern Tibet [J]. Journal of Geophysical Research:solid Earth,122(1):214-223.

Zhu D C,Wang Q,Chung S L,et al.,2018. Gangdese magmatism in southern Tibet and India-Asia convergence since 120 Ma[J]. Geological Society London Special Publications,483(1):583-604.

Zhu D C,Wang Q,Weinberg R F,et al.,2023a. Continental crustal growth processes recorded in the Gangdese Batholith,southern Tibet[J]. Annual Review of Earth and Planetary Sciences,51: 155-188.

Zhu D C,Wang Q,Weinberg R F,et al.,2023b. Interplay between oceanic subduction and continental collision in building continental crust[J]. Nature Communications,13: 7141.

Zhu D C,Wang Q,Zhao Z D,et al.,2015. Magmatic record of India-Asia collision[J]. Scientific Reports,5: 14289.

Zhu D C,Zhao Z D,Niu Y L,et al.,2011a. The Lhasa terrane:record of a micro continent and its histories of drift and growth[J]. Earth and Planetary Science Letters,301: 241-255.

Zhu D C,Zhao Z D,Niu Y L,et al.,2011b. Lhasa terrane in southern Tibet came from Australia [J]. Geology, 39: 727-730.

Zhu D C,Zhao Z D,Niu Y,et al.,2012. Cambrian bimodal volcanism in the Lhasa Terrane,southern Tibet: Record of an early Paleozoic Andean-type magmatic arc in the Australian proto-Tethyan margin[J]. Chemical Geology,328: 290-308.

Zhu D C,Zhao Z D,Niu Y,et al.,2013. The origin and pre-Cenozoic evolution of the Tibetan Plateau[J]. Gondwana Research,23: 1429-1454.

Zhu D C,Zhao Z D,Pan G T,et al.,2009. Early cretaceous subduction-related adakite-like rocks of the Gangdese Belt,southern Tibet:Products of slab melting and subsequent melt-peridotite interaction[J]. Journal of Asian Earth Sciences,34(3): 298-309.

Zorpi M J,Coulon C,Orsini J B,1991. Hybridization between felsic andmaficmagmas in calc–alkaline granitoids-a case study in northern Sardinia,Italy[J]. Chemical Geology,92: 45-86.

鲍学昭,李慧民,陆松年,1998. 锆石微区拉曼光谱研究及成因标型意义[J]. 地质科学,22(4): 454-462.

曾令森,高利娥,郭春丽,等,2017. 西藏南部冈底斯大陆弧早白垩纪弧前伸展作用[J]. 岩石学报,33(8): 2377-2394.

曾孝文,2022. 西藏狮泉河-纳木错蛇绿混杂岩带的构造属性:对中特提斯洋演化的制约[D]. 长春:吉林大学.

陈希节,许志琴,孟元库,等,2014. 冈底斯带中段中新世埃达克质岩浆作用的年代学、地球化学及Sr-Nd-Hf同位素制约[J]. 岩石学报,30(8): 2253-2268.

程立人,王天武,李才,等,2002. 藏北申扎地区上二叠统木纠错组的建立及皱纹珊瑚组合[J]. 地质通报, 3:140-143.

丛源,肖克炎,翟庆国,等,2012. 西藏南木林普洛岗岩体锆石定年和Hf同位素特征及其地质意义[J]. 吉林大学学报(地球科学版),42(6):1783-1795.

代作文,李光明,丁俊,等,2018.西藏努日晚白垩世埃达克岩:洋脊俯冲的产物[J].地球科学,43(8):2727-2741.

第五春荣,孙勇,高剑峰,等,2013.华北克拉通早前寒武纪构造-热事件性质探索:铁铜沟组石英岩中碎屑锆石U-Pb-Hf-O同位素组成[J].科学通报,58(28-29):2946-2957.

丁小稀,2016.西藏南冈底斯东部新生代侵入岩地球化学与年代学[D].北京:中国地质大学.

董传万,周新民,李惠民,等,1997.闽东南晚中生代的壳幔作用:平潭火成杂岩的同位素证据[J].科学通报,42(9):959-962.

董国臣,莫宣学,赵志丹,等,2006.冈底斯岩浆带中段岩浆混合作用:来自花岗杂岩的证据[J].岩石学报,22(4):835-844.

董国臣,莫宣学,赵志丹,等,2008.西藏冈底斯南带辉长岩及其所反映的壳幔作用信息[J].岩石学报,24(2):203-210.

董汉文,许志琴,周信,等,2016.喜马拉雅造山带北缘大反转逆冲断层(GCT)东段的活动时限及构造演化[J].地质学报,90(11):3011-3022.

董昕,张泽明,2013.拉萨地体南部早侏罗世岩浆岩的成因和构造意义[J].岩石学报,29(6):1933-1948.

董昕,张泽明,2015.青藏高原东南部寒武纪花岗岩类岩石学和锆石Hf同位素研究[J].岩石学报,31(5):1183-1199.

董彦辉,许继峰,曾庆高,等,2006.存在比桑日群弧火山岩更早的新特提斯洋俯冲记录么?[J].岩石学报,22(3):661-668.

冯益民,何世平,1996.祁连山大地构造与造山作用[M].北京:地质出版社.

冯益民,1997.祁连造山带研究概况:历史、现状及展望[J].地球科学进展,12:307-314.

傅焓埔,胡修棉,Crouch E M,等,2018.西藏雅鲁藏布缝合带甲查拉组:晚白垩世新特提斯洋海沟沉积[J].中国科学(D辑),48(10):1275-1292.

高家昊,曾令森,郭春丽,等,2017.藏南冈底斯岩基晚白垩世构造岩浆作用:以拉萨白堆复合岩体中-基性岩脉群为例[J].岩石学报,33(8):2412-2436.

高永丰,侯增谦,魏瑞华,等,2003.雅鲁藏布江北岸基性-超基性岩带的成因[J].地质通报,22(10):789-797.

耿全如,潘桂棠,王立全,等,2006.西藏冈底斯带叶巴组火山岩同位素地质年代[J].沉积与特提斯地质,26(1):1-7.

耿全如,2007.西藏冈底斯晚古生代火山岩岩石学、地球化学及其大地构造意义[D].武汉:中国地质大学.

管琪,朱弟成,赵志丹,等,2010.西藏南部冈底斯带东段晚白垩世埃达克岩:新特提斯洋脊俯冲的产物?[J].岩石学报,26(7):2165-2179.

贺娟,王启宇,王保弟,等,2020.西藏拉萨地体狮泉河则弄群凝灰岩的年代学及动力学背景[J].地球科学,45(08):2857-2867.

洪宇飞,邱检生,王睿强,等,2020.冈底斯中段谢通门县查布中新世埃达克质岩石成因及其地质意义[J].高校地质学报,26(5):481-496.

侯泉林,李继亮,孙枢,等,1995.浅层次微型韧性剪切带的发现及其形成机理讨论[J].科学通报,40(7):636-638.

侯增谦,莫宣学,高永丰,等,2003.埃达克岩:斑岩铜矿的一种可能的重要含矿母岩:以西藏和智利斑岩铜矿为例[J].矿床地质,22(1):1-12.

侯增谦,莫宣学,朱勤文,等,1996.三江古特提斯地幔热柱:洋中脊玄武岩证据[J].地球学报:中国地质科学院院报(4):343-361.

侯增谦,潘桂棠,王安建,等,2006b.青藏高原碰撞造山带:Ⅱ.晚碰撞转换成矿作用[J].矿床地质,25(5):521-543.

侯增谦,曲晓明,杨竹森,等,2006c.青藏高原碰撞造山带:Ⅲ.后碰撞伸展成矿作用[J].矿床地质,25(4):337-358.

侯增谦,王二七,莫宣学,等,2008.青藏高原碰撞造山与成矿作用[M].北京:地质出版社:1-980.

侯增谦,郑远川,杨志明,等,2012.大陆碰撞成矿作用:Ⅰ.冈底斯新生代斑岩成矿系统[J].矿床地质,31(4):647-670.

侯增谦,高永丰,黄卫,2001.西藏高原雅鲁藏布江北岸蛇绿岩带的发现及其地质意义[J].地质论评(04):344-445.

侯增谦,杨竹森,徐文艺,等,2006a.青藏高原碰撞造山带:Ⅰ.主碰撞造山成矿作用[J].矿床地质,25(4):337-358.

胡道功,吴珍汉,江万,等,2005.西藏念青唐古拉岩群SHRIMP锆石U-Pb年龄和Nd同位素研究[J].中国科学(D辑),01:29-37.

胡敬仁,1995.西藏曲水县色甫-科木韧性剪切带变形变质特征[J].西藏地质(1):99-109.

胡玲,刘俊来,纪沭,等,2009.变形显微构造识别手册[M].北京:地质出版社.

胡培远,翟庆国,唐跃,等,2016.青藏高原拉萨地体新元古代(~925 Ma)变质辉长岩的确立及其地质意义[J].科学通报,61(19):2176-2186.

黄丰,许继峰,王保弟,等,2020.印度-亚洲大陆碰撞过程中新特提斯洋岩石圈的命运[J].地球科学,45(8):2785-2804.

黄勇,丁俊,李光明,等,2015.西藏冈底斯厅宫铜矿侵入岩成因:LA-ICP-MS锆石U-Pb年龄、地球化学及Sr-Nd-Pb同位素证据[J].地质论评,61(3):664-680.

嵇少丞,1988.主要造岩矿物中位错分解及其流变学意义[J].现代地质,4:516-523.

纪伟强,吴福元,锺孙霖,等,2009.西藏南部冈底斯岩基花岗岩时代与岩石成因[J].中国科学(D辑),39(7):849-871.

江博明,张宗清,1985.冀东太古代麻粒岩-片麻岩的稀土地球化学和岩石成因[J].中国地质科学院地质研究所所刊,13:1-34.

江万,莫宣学,赵崇贺,等,1998.青藏高原冈底斯花岗岩带花岗闪长岩及其中岩石包体的岩石学特征[J].沉积与特提斯地质,22:90-95.

江万,莫宣学,赵崇贺,等,1999.青藏高原冈底斯带中段花岗岩类及其中镁铁质微粒包体地球化学特征[J].岩石学报,15(1):89-97.

蒋光武,郭建慈,2002.西藏谢通门-拉萨-沃卡韧脆性剪切带特征及其地质意义[J].西藏地质(2):64-70.

金成伟,1986.西藏拉萨曲水花岗岩类岩基中的包体[J].岩石学报,2(2):25-34.

康志强,许继峰,董彦辉,等,2008.拉萨地体中北部白垩纪则弄群火山岩:Slainajap洋南向俯冲的产物?[J].岩石学报,24(02):303-314.

康志强,许继峰,陈建林,等,2010.西藏南部桑日群火山岩的时代:来自晚期马门侵入体的约束[J].地球化学,39(6):520-530.

李才,夏代详,王义昭,等,2003.对《西藏高原雅鲁藏布江北岸蛇绿岩带的发现及其地质意义》一文的商榷[J].地质论评,22(1):57-59.

李才,1987.龙木错-双湖-澜沧江板块缝合带与石炭二叠纪冈瓦纳北界[J].长春地质学院学报,17(2):155-166.

李奋其,刘伟,王保弟,等,2012.拉萨地块内部古特提斯洋早-中三叠世仍在俯冲:来自火山岩和高压变质岩的证据[J].岩石矿物学杂志,31(2):119-132.

李光明,芮宗瑶,王高明,等,2005.西藏冈底斯成矿带甲马和知不拉铜多金属矿床的Re-Os同位素年龄及其意义[J].矿床地质,24(5):482-489.

李广伟,2014. 雅鲁藏布江(东段)新生代演化过程[D]. 北京:中国地质科学院地质研究所.

李广旭,曾令森,高利娥,等,2021. 藏南冈底斯岩基东段朗县杂岩早白垩世岩浆作用:新特提斯洋二次俯冲[J]. 岩石学报,37(10):2995-3034.

李海兵,2001. 阿尔金断裂带形成时代及其走滑作用对青藏高原北部隆升的贡献[D]. 北京:中国地质科学院.

李化启,许志琴,杨经绥,等,2011. 拉萨地体内松多榴辉岩的同碰撞折返:来自构造变形和⁴⁰Ar-³⁹Ar年代学的证据[J]. 地学前缘,18(3):66-78.

李曙光,2015. 深部碳循环的Mg同位素示踪[J]. 地学前缘,22(5):143-159.

李曙光,2017. 深部碳循环的Mg同位素示踪:2015—2016的进展与问题[J]. 矿物岩石地球化学通报,36(2):197-203.

李长民,2009. 锆石成因矿物学与锆石微区定年综述[J]. 地质调查与研究,33(3):161-174.

李忠海,许志琴,2015. 大洋俯冲和大陆碰撞沿走向的转换动力学及流体-熔体活动的作用[J]. 岩石学报,31(12):3524-3530.

林蕾,邱检生,王睿强,等,2018. 西藏尼木渐新世花岗岩中的岩浆混合作用:对岩石成因及陆壳增生的启示[J]. 地质学报,92(12):2388-2409.

刘栋,2017. 青藏高原后碰撞钾质-超钾质岩石的地球化学特征与岩石成因[D]. 北京:中国地质大学.

刘国惠,金成伟,1990. 喜马拉雅岩石圈构造演化:西藏变质岩及火成岩[M]. 北京:地质出版社:1-352.

刘江,张进江,张波,2012. 极摩尔圆法计算二维平均运动学涡度[J]. 地质科学,47(1):13-21.

刘俊来,曹淑云,邹运鑫,2008. 岩石电子背散射衍射(EBSD)组构分析及应用[J]. 地质通报,27(10):1638-1645.

刘振声,王洁民,1994. 青藏高原南部花岗岩地质地球化学[M]. 成都:四川科学技术出版社.

路风香,桑隆康,2002. 岩石学[M]. 北京:地质出版社.

马昌前,李艳青,2017. 花岗岩体的累积生长与高结晶度岩浆的分异[J]. 岩石学报,33(5):1479-1488.

马林,2013. 藏南冈底斯晚白垩世-早第三纪镁铁质侵入岩与共生岩石的成因及其对地壳生长、深部动力学的启示[D]. 北京:中国科学院大学.

马士委,许志琴,张忠坤,等,2016. 藏南甲玛铜多金属矿床构造变形及其对成矿的制约[J]. 岩石学报,32(12):3781-3799.

马绪宣,许志琴,刘飞,等,2021. 大陆弧岩浆幕式作用与地壳加厚:以藏南冈底斯弧为例[J]. 地质学报,95:107-123.

马绪宣,施斌,熊发挥,等,2020. 冈底斯曲水岩基岩浆混合:来自暗色岩浆包体角闪石显微结构的证据[J]. 岩石学报,36(10):3063-3080.

马元,许志琴,李广伟,等,2017. 藏南冈底斯白垩纪弧后盆地的地壳变形及初始高原的形成[J]. 岩石学报,33(12):3861-3872.

马泽良,2021. 西藏日喀则弧前盆地沉积-构造记录的东西差异性及其致使意义[D]. 北京:中国地质大学.

孟繁一,赵志丹,朱弟成,等,2010. 西藏冈底斯东部门巴地区晚白垩世埃达克质岩石的岩石成因[J]. 岩石学报,26(7):2181-2192.

孟元库,许志琴,陈希节,等,2015a. 藏南冈底斯中段谢通门始新世复式岩体锆石U-Pb年代学、Hf同位素特征及其地质意义[J]. 大地构造与成矿学,39(5):348-933.

孟元库,许志琴,陈希节,等,2015b. 冈底斯中段碱长花岗岩锆石U-Pb-Hf同位素特征及地质意义[J]. 中国地质,42(5):1202-1213.

孟元库,许志琴,马士委,等,2016a. 藏南冈底斯地体谢通门-曲水韧性剪切带⁴⁰Ar/³⁹Ar年代学约束[J]. 地质论评,62(4):795-806.

孟元库,许志琴,马士委,等,2016b.藏南冈底斯岩浆带中段曲水韧性剪切带的变形特征及其年代学约束[J].地球科学,41(7):1081-1098.

孟元库,许志琴,马士委,等,2016c.运动学涡度在藏南冈底斯岩浆带中段谢通门-曲水韧性剪切带中的应用[J].地质学报,90(11):3023-3038.

孟元库,许志琴,高存山,等,2018a.藏南冈底斯岩浆带中段始新世岩浆作用的厘定及其大地构造意义[J].岩石学报,34(3):513-546.

孟元库,马士委,许志琴,等,2018b.冈底斯带甲玛矿区花岗斑岩类年代学、地球化学及岩石成因[J].地球科学,43(4):1142-1163.

孟元库,许志琴,徐扬,等,2018c.藏南冈底斯带中段早侏罗世岩浆作用的厘定及其大地构造意义[J].地质学报,92(6):1196-1215.

孟元库,袁昊岐,魏友卿,等,2022.藏南冈底斯岩浆岩带研究进展与展望[J].高校地质学报,28(1):1-38.

孟元库,2016.藏南冈底斯中段南缘构造演化[D].北京:中国地质科学院.

莫宣学,董国臣,赵志丹,等,2005.西藏冈底斯带花岗岩的时空分布特征及地壳生长演化信息[J].高校地质学报,11(3):281-290.

莫宣学,赵志丹,邓晋福,等,2003.印度-亚洲大陆主碰撞过程的火山作用响应[J].地学前缘,10(3):135-148

莫宣学,赵志丹,喻学惠,等,2009.青藏高原新生代碰撞-后碰撞火成岩[M].北京:地质出版社:1-396.

莫宣学,2011.岩浆作用与青藏高原演化[J].高校地质学报,17(3):351-367.

潘桂棠,丁俊,姚东生,等,2004.青藏高原及邻区地质图(1:1,500,000附说明书)[M].成都:成都地图出版社.

潘桂棠,莫宣学,侯增谦,等,2006.冈底斯造山带的时空结构及演化[J].岩石学报,22(3):521-533.

彭建华,赵希良,何俊,等,2013.西藏冈底斯西部地区印支期岩浆岩的发现及其意义[J].东华理工大学学报(自然科学版),36(S2):21-26.

戚学祥,李海兵,张建新,等,2003.韧性剪切带的变形变质与同构造熔融作用[J].地质论评,49(4):413-421.

秦克章,夏代祥,多吉,等,2014.西藏驱龙斑岩-夕卡岩铜钼矿床[M].北京:科学出版社:1-328.

秦圣凯,张泽明,张荣辉,2023.冈底斯岩浆弧曲水地区早中新世埃达克质花岗岩的成因及构造意义[J].岩石矿物学杂志,42(3):329-349.

秦志鹏,汪雄武,多吉,等,2011.西藏甲玛中酸性侵入岩 LA-ICP-MS 锆石 U-Pb 定年及成矿意义[J].矿床地质,30(2):339-348.

秦志鹏,2013.西藏甲玛铜多金属矿床成因模式[D].成都:成都理工大学.

邱检生,王睿强,赵姣龙,等,2015.冈底斯中段早侏罗世辉长岩-花岗岩杂岩体成因及其对新特提斯构造演化的启示:以日喀则东嘎岩体为例[J].岩石学报,31(12):3569-3580.

曲晓明,侯增谦,国连杰,等,2004.冈底斯铜矿带埃达克质含矿斑岩的源区组成与地壳混染:Nd、Sr、Pb、O同位素约束[J].地质学报,78(6):813-821.

舒楚天,2018.冈底斯岩基记录的壳幔混合作用及对大陆地壳生长的启示[D].北京:中国科学院大学.

水新芳,贺振宇,张泽明,等,2016.西藏冈底斯东段早侏罗世英云闪长岩的岩浆起源及其对拉萨地体地壳演化的意义[J].地质学报,90(11):3129-3152.

水新芳,2017.冈底斯东段加查地区早朱罗世-始新世花岗岩的成因与构造演化意义[D].武汉:中国地质大学.

宋鹏飞,2013.西藏拉萨南谢通门-奴玛韧性剪切带的构造变形特征及其地质意义[D].武汉:中国地质大学.

宋绍玮,刘泽,朱弟成,等,2014.西藏打加错晚三叠世安山质岩浆作用的锆石 U-Pb 年代学和 Hf 同位素[J].岩石学报,30(10):3100-3112.

孙嘉,毛景文,姚佛军,等,2017.西藏多龙矿集区岩浆岩成因与成矿作用关系研究[J].岩石学报,33(10):

3217-3238.

谭陈诚,2012. 日喀则东嘎乡冈底斯岩体的形成年代及成因[D]. 北京:中国地质大学.

谭富文,刘朝基,1992. 冈底斯岩基中包体的初步研究[J]. 矿物岩石,12(2):24-30.

唐菊兴,邓世林,郑文宝,等,2011. 西藏墨竹工卡县甲玛铜多金属矿床勘查模型[J]. 矿床地质,30(2):179-196.

唐菊兴,王登红,汪雄武,等,2010. 西藏甲玛铜多金属矿矿床地质特征及其矿床模型[J]. 地球学报,31(4):495-506.

唐菊兴,王勤,杨欢欢,等,2017. 西藏斑岩-矽卡岩-浅成低温热液铜多金属成矿作用、勘查方向与资源潜力[J]. 地球学报,38(5):571-613.

唐演,赵志丹,齐宁远,等,2019. 西藏冈底斯岩基南木林晚白垩世岩体和脉岩地球化学与岩石成因[J]. 岩石学报,35(2):387-404.

唐渊,尹福光,王立权,等,2013. 滇西崇山剪切带南段左行走滑作用的构造特征及时代约束[J]. 岩石学报,29(4):1311-1324.

王程,魏启荣,刘小念,等,2014. 冈底斯印支晚期后碰撞花岗岩:锆石U-Pb年代学及岩石地球化学证据[J]. 地球科学,39(9):1277-1288.

王德滋,刘昌实,1993. 桐庐I型和相山S型两类碎斑熔岩对比[J]. 岩石学报,9(1):44-54.

王根厚,曾庆高,普布次仁,1995. 西藏谢通门-乌郁斜滑韧性剪切带研究[J]. 西藏地质(1):93-98.

王海涛,曾令森,许翠萍,等,2020. 藏南冈底斯岩基东段米林地区晚侏罗世-白垩纪侵入岩的岩石成因和地球动力学意义[J]. 岩石学报,36(10):3041-3062.

王莉,曾令森,高利娥,等,2013. 藏南冈底斯岩基东南缘早白垩世高镁-高Sr/Y含单斜辉石闪长岩[J]. 岩石学报,29(6):1977-1994.

王盟,张进江,戚国伟,等,2014. 中天山南缘桑树园子剪切带早志留世韧性变形事件及其地质意义[J]. 岩石学报,30(10):3051-3061.

王青,2016. 拉萨地体南北两侧碰撞后岩浆作用的岩浆起源和岩石成因[D]. 北京:中国地质大学.

王睿强,邱检生,喻思斌,等,2016. 西藏冈底斯中段桑桑花岗质岩体锆石U-Pb年龄与Hf同位素组成及其对岩石成因和构造演化的制约[J]. 高校地质学报,22(1):81-91.

王涛,王晓霞,郭磊,等,2017. 花岗岩与大地构造[J]. 岩石学报,33(5):1459-1478.

王勇生,朱光,宋传中,等,2006. 郯庐断裂带南段晚期韧性剪切带涡度分析及其构造意义[J]. 地质论评,52(5):591-600.

王勇生,朱光,2004. 运动学涡度及其测量方法[J]. 合肥工业大学学报(自然科学版),11(27):1480-1484.

魏震,2020. 雅鲁藏布江缝合带东段印度-亚洲早期碰撞的沉积记录[D]. 南京:南京大学.

吴才来,郜源红,雷敏,等,2014. 南阿尔金茫崖地区花岗岩类锆石SHRIMP U-Pb定年、Lu-Hf同位素特征及岩石成因[J]. 岩石学报,30(8):2297-2323.

吴福元,李献华,杨进辉,等,2007b. 花岗岩成因研究的若干问题[J]. 岩石学报,23:1217-1238.

吴福元,李献华,郑永飞,等,2007a. Lu-Hf同位素体系及其岩石学应用[J]. 岩石学报,23(2):185-220.

吴凯,袁洪林,吕楠,等,2020. 蛇纹石化和俯冲带蛇纹岩变质脱水过程中流体活动性元素的行为[J]. 岩石学报,36(1):141-153.

吴伟哲,王金贵,2020. 西藏桑耶地区晚白垩世中期二长花岗岩的氧逸度特征[J]. 河北地质大学学报,43(4):6-11.

吴元保,郑永飞,2004. 锆石成因矿物学研究及其对U-Pb年龄解释的制约[J]. 科学通报,49(16):1589-1604.

夏林圻,夏祖春,徐学义,1996. 北祁连海相火山岩岩石成因[M]. 北京:地质出版社.

向必伟,朱光,王勇生,等,2007. 糜棱岩化过程中矿物变形温度计[J]. 地球科学进展,22(2):126-135.

肖序常,陈国铭,朱志直,1978. 祁连山古蛇绿岩带的地质构造意义[J]. 地质学报,54:287-295.

谢富伟,郎兴海,唐菊兴,等,2022. 西藏冈底斯成矿带成矿规律[J]. 矿床地质,41(5):952-974.

熊清华,周良忠,1992. 雅鲁藏布江中段发现两条韧性剪切带[J]. 中国区域地质(3):268.

熊清华,左祖发,1999. 西藏冈底斯岩带中段南缘韧性剪切带特征[J]. 中国区域地质,18(2):175-180.

熊育青,周伏洪,姚正熙,2001. 青藏高原中西部航磁异调查[M]. 北京:地质出版社:72-88.

徐倩,曾令森,高家昊,等,2019. 藏南冈底斯岩基东段中新世中酸性高 Sr/Y 比岩浆岩的地球化学特征及成因探讨[J]. 岩石学报,35(6):1627-1646.

徐旺春,2010. 西藏冈底斯花岗岩类锆石 U-Pb 年龄和 Hf 同位素组成的空间变化及其地质意义[D]. 武汉:中国地质大学.

徐夕生,邱检生,2010. 火成岩岩石学[M]. 北京:科学出版社.

许志琴,崔军文,张建新,1996. 大陆山链变形构造动力学[M]. 北京:冶金工业出版社.

许志琴,侯立玮,王宗秀,等,1992. 中国松潘-甘孜造山带的造山过程[M]. 北京:地质出版社.

许志琴,王勤,李忠海,等,2016b. 印度-亚洲碰撞:从挤压到走滑的构造转换[J]. 地质学报,90(1):1-23.

许志琴,王勤,梁凤华,等,2009. 电子背散射衍射(EBSD)技术在大陆动力学研究中的应用[J]. 岩石学报,25(7):1721-1736.

许志琴,杨经绥,侯增谦,等,2016a. 青藏高原大陆动力学研究若干进展[J]. 中国地质,43(1):1-42.

许志琴,杨经绥,李海兵,等,2011. 印度-亚洲碰撞大地构造[J]. 地质学报,85(1):1-33.

许志琴,杨经绥,李海兵,等,2007. 造山的高原-青藏高原的地体拼合、碰撞造山及隆升机制[M]. 北京:地质出版社:1-458.

许志琴,赵忠宝,马绪宣,等,2019. 从安第斯到冈底斯:从洋-陆俯冲到陆-陆碰撞[J]. 地质学报,93(1):1-11.

许志琴,1984. 地壳变形与显微构造[M]. 北京:地质出版社.

杨经绥,许志琴,耿全如,等,2006. 中国境内可能存在一条新的高压/超高压(?)变质带:青藏高原拉萨地体中发现榴辉岩带[J]. 地质学报,80(12):1787-1792.

杨经绥,许志琴,李天福,等,2007. 青藏高原拉萨地块中的大洋俯冲型榴辉岩:古特提斯洋盆的残留?[J]. 地质通报,26(10):1277-1287.

杨凯,戴紧根,沈洁,等,2022. 全球不同构造环境蛇纹岩全岩和矿物微量元素组成及非传统稳定同位素(Fe-Zn-Cu 同位素)特征[J]. 地质学报,96(12):4149-4166.

杨震,姜华,杨明国,等,2017. 冈底斯中段岗讲斑岩铜钼矿床锆石 U-Pb 和辉钼矿 Re-Os 年代学及其地质意义[J]. 地球科学,42(3):339-356.

叶丽娟,赵志丹,刘栋,等,2015. 西藏南木林晚白垩世辉绿岩与花岗质脉岩成因及其揭示的伸展背景[J]. 岩石学报,31(5):1298-1312.

易治宇,李忠海,许志琴,等,2017. 印度-亚洲碰撞带西段初始碰撞过程:古地磁、地震层析成像及数值模拟约束[J]. 地球物理学进展,32(4):1510-1520.

尹安,2006. 喜马拉雅造山带新生代构造演化:沿走向变化的构造几何形态、剥露历史和前陆沉积的约束[J]. 地学前缘,13(5):416-515.

应立娟,唐菊兴,王登红,等,2009. 西藏甲玛铜多金属矿床矽卡岩中辉钼矿铼-锇同位素定年及其成矿意义[J]. 岩矿测试,28(3):265-268.

应立娟,唐菊兴,王登红,等,2011. 西藏甲玛超大型铜矿区斑岩脉成岩时代及其与成矿的关系[J]. 岩石学报,27(7):2095-2102.

应立娟,王登红,唐菊兴,等,2010. 西藏墨竹工卡县甲玛铜多金属矿不同矿石中辉钼矿 Re-Os 同位素定年及其成矿意义[J]. 地质学报,84(8):1165-1174.

喻思斌,邱检生,王睿强,2016. 冈底斯中段达居复式花岗岩体成因:锆石 U-Pb 年代学、元素地球化学与 Hf 同位素制约[J].岩石学报,32(12):3597-3612.

袁四化,2009.冈底斯带中段北部早白垩世火山岩及其大地构造意义[D].北京:中国地质科学院.

袁万明,侯增谦,2001a.西藏甲马多金属矿区热历史的裂变径迹证据[J].中国科学(D辑),31(增刊):117-121.

袁万明,王世成,李胜荣,等,2001b.西藏冈底斯带构造活动的裂变径迹证据[J].科学通报,46(20):1739-76.

岳雅慧,丁林,2006.西藏林周基性岩脉的$^{40}Ar/^{39}Ar$年代学、地球化学及其成因[J].岩石学报,22(4):855-866.

张宏飞,徐旺春,郭建秋,等,2007a.冈底斯南缘变形花岗岩锆石U-Pb年龄和Hf同位素组成:新特提斯洋早侏罗世俯冲作用的证据[J].岩石学报,23(6):1347-1353.

张进江,郑亚东,1995.运动学涡度、极摩尔圆及其在一般剪切带定量分析中的应用[J].地质力学学报,3(1):55-64.

张进江,1999.大型走滑带内同构造花岗岩的判别标志[J].地质科技情报,18(4):23-26.

张立雪,王青,朱弟成,等,2013.拉萨地体锆石Hf同位素填图:对地壳性质和成矿潜力的约束[J].岩石学报,29(11):3681-3688.

张旗,潘国强,李承东,等,2007.花岗岩构造环境问题:关于花岗岩研究的思考之三[J].岩石学报,23(11):2683-2698.

张旗,王焰,李承东,等,2006.花岗岩的Sr-Yb分类及其地质意义[J].岩石学报,22(9):2249-2269.

张旗,王元龙,金惟俊,等,2008.造山前、造山和造山后花岗岩的识别[J].地质通报,27(1):1-18.

张少兵,郑永飞,2013.华南陆块新元古代低的$\delta^{18}O$岩浆岩的时空分布[J].科学通报,58(23):2344-2350.

张修政,董永胜,李才,等,2013.青藏高原拉萨地体北部新元古代中期蛇绿混杂岩带的厘定及其意义[J].岩石学报,29(02):698-722.

张予杰,张以春,庞维华,等,2013.西藏申扎地区拉嘎组岩相/沉积相分析[J].沉积学报,31(2):269-281.

张玉修,2007.斑公湖-怒江缝合带中西段构造演化[D].广州:中国科学院广州地球化学研究所.

张泽明,董昕,耿官升,等,2010.青藏高原拉萨地体北部的前寒武纪变质作用及构造意义[J].地质学报,84(4):449-456.

张泽明,王金丽,董昕,等,2009.青藏高原冈底斯带南部的紫苏花岗岩:安第斯型造山作用的证据[J].岩石学报,25(7):1707-1720.

张泽明,王金丽,赵国春,等,2008.喜马拉雅造山带东构造结南迦巴瓦岩群地质年代学和前寒武纪构造演化[J].岩石学报,24(7):1477-1487.

张泽明,丁慧霞,董昕,等,2018.冈底斯弧的岩浆作用:从新特提斯俯冲到印度-亚洲碰撞[J].地学前缘,25(6):78-91.

张泽明,丁慧霞,董昕,等,2019.冈底斯岩浆弧的形成于演化[J].岩石学报,35(2):275-294.

赵兵,刘登忠,陶晓风,等,2005.西藏措勤-申扎地层分区新建中-上侏罗统仁多组[J].地质通报,7:637-641.

赵振华,2016.微量元素地球化学原理[M].北京:科学出版社.

赵志丹,莫宣学,Sebastien N,等,2006.青藏高原拉萨地块碰撞后超钾质岩石的时空分布及其意义[J].岩石学报,22(4):787-794.

郑文宝,2012.西藏甲玛铜多金属矿床成矿模式与找矿模型[D].成都:成都理工大学.

郑亚东,王涛,张进江,2008.运动学涡度的理论与实践[J].地学前缘,15(3):209-220.

郑亚东,1999.共轭伸展褶劈理夹角的定量解析[J].地学前缘,4(6):391-395.

郑永飞,2022a.21世纪板块构造[J].中国科学:地球科学,53(1):1-40.

郑永飞,2022b.汇聚板块边缘地球系统科学[M].北京:科学出版社:1-194.

郑有业,多吉,王瑞江,等,2007.西藏冈底斯巨型斑岩铜矿带勘查研究最新进展[J].中国地质,34(2):324-334.

钟大赉,季建清,胡世玲,1999. 新特提斯洋俯冲时间:变质洋壳残片 $^{40}Ar/^{39}Ar$ 微区年龄[J]. 科学通报, 44(16): 1782-1785.

钟康惠,李磊,周慧文,等,2012. 西藏甲玛-卡军果推-滑覆构造系特征[J]. 地球学报,33(4): 411-423.

周珣若,1994. 花岗岩混合作用[J]. 地学前缘,1(1-2): 87-97.

朱弟成,莫宣学,王立全,等,2008. 新特提斯演化的热点与洋脊相互作用:西藏南部晚侏罗世-早白垩世岩浆作用推论[J]. 岩石学报,24(2): 225-237.

朱弟成,赵志丹,牛耀玲,等,2012. 拉萨地体的起源和古生代构造演化[J]. 高校地质学报,18(1): 1-15.

朱日祥,赵盼,赵亮,2022. 新特提斯洋演化与动力过程[J]. 中国科学(D辑),52(1): 1-25.

朱占祥,廖远安,1996. 雅鲁藏布江开合带蛇绿岩地层[J]. 地层学杂志,20(4): 299-304.

邹干生,钟定波,1993. 西藏曲水地区韧性剪切带基本特征和变形机制[J]. 江西地质,7(2): 121-127.